成都市大气环境污染成因与控制对策研究

Cause Analysis and Contermeasures of Atmospheric Pollution in Chengdu

柴发合　周来东　主编

中国环境出版社・北京

图书在版编目（CIP）数据

成都市大气环境污染成因与控制对策研究/柴发合，
周来东主编. —北京：中国环境出版社，2017.5
ISBN 978-7-5111-3093-8

Ⅰ. ①成… Ⅱ. ①柴… ②周… Ⅲ. ①空气污染—
污染防治—研究—成都 Ⅳ. ①X51

中国版本图书馆 CIP 数据核字（2017）第 042149 号

责任编辑 葛 莉 郑中海
责任校对 尹 芳
封面设计 岳 帅

出版发行 中国环境出版社
（100062 北京市东城区广渠门内大街 16 号）
网 址：http://www.cesp.com.cn
电子邮箱：bjgl@cesp.com.cn
联系电话：010-67112765（编辑管理部）
010-67113412（第二分社）
发行热线：010-67125803，010-67113405（传真）
印 刷 北京中科印刷有限公司
经 销 各地新华书店
版 次 2017 年 6 月第 1 版
印 次 2017 年 6 月第 1 次印刷
开 本 787×1092 1/16
印 张 19
字 数 462 千字
定 价 95.00 元

前　言

21 世纪初，成都市中心城区大气环境污染相当严重，中心城区燃煤发电、冶金、建材等高耗能高污染企业众多，燃煤是城区工业和居民主要的生活燃料，道路扬尘和工地扬尘污染防治水平低，机动车排气污染显现，以二氧化硫、扬尘、氮氧化物为主的空气污染问题突出。当时民众戏称成都为“尘都”，天色灰暗、灰霾天气频繁出现、很少见到蓝天，严重影响了城市形象和居民健康。为此，市政府决心开展大气污染成因研究，为科学治理大气污染提供科技支持。本书以 2000—2003 年完成的成都市大气环境质量现状调查与污染控制对策研究项目技术报告为基础编制而成。该项目是成都市政府立项实施的科技攻关课题，是成都市历史上首次立项实施的全面系统的大气环境科学研究工作。项目以中心城区为研究对象，以 2000—2001 年为目标年，从现场调查、外场监测取样与成分分析、数据处理到编制报告历时 3 年多，内容包括大气环境质量现状评价研究、大气污染源及污染物排放清单调查研究、污染气象特征及其对环境质量的影响、大气颗粒物来源解析、环境空气质量模型建立与运用、污染控制对策研究等。项目研究成果在指导 21 世纪初成都市政府开展大气污染防治工作中起到了重要的科技支持作用。2005 年该项目获四川省政府科技进步二等奖。

本书介绍的研究成果虽然完成于 2003 年，但其成果仍然具有一定的借鉴意义。首先，大量与污染源及排放清单、空气质量观测等相关的历史数据，可通过对比分析为今天的空气污染防治提供借鉴；其次，以颗粒物为主的污染来源解析成果，特别是成都市第一次 $PM_{2.5}$ 浓度与成分监测数据可为当前成都市大气颗粒物/灰霾污染成因及变化规律分析和污染防治绩效评估提供历史背景；最后，实施的污染气象实测成果仍然是中心城区风场、逆温生消规律的最新外场实测成果。

本书由柴发合、周来东策划，由柴发合、周来东、段宁、车亚非统稿，柴发合负责技术审定，周来东负责校核。参与编制人员主要有：第 1 章由柴发合、段宁（女）完成；第 2 章由游军、陶红群、吴祥龙、何建、张普、王琴玲、瞿伦强、陈琳、贾滨洋完成；第 3 章由聂鑫淼、李定美完成；第 4 章由靳小兵、廖伍塔、聂鑫淼完成，其中“污染气象外场强化观测”主要由靳小兵组织完成；第 5 章、第 6 章由王淑兰、王琴玲、张普、何晓静完成；第 7 章由周来东、陶红群、段宁完成；第 8 章由段宁、陈义真、薛志钢完成。此外，校核过程中，尹德生、宋铭洋清绘了部分图件。

本书在成书出版过程中得到了成都市环境保护科学研究院的经费支持，在课题研究过程中得到时任成都市环境保护局领导包惠、吴松柏和时任中国环境科学研究院领导的大力支持和指导，在此表示衷心感谢。

成都市环境保护科学研究院

2017 年 5 月

目　录

第1章　总　论

1.1　项目由来

成都市是四川省省会，是全省的政治、经济、科学文化、金融、交通、通信中心。它不仅是我国的历史文化名城之一，也是我国的西南重镇和新兴的大型中心城市。

随着社会经济的持续发展，成都市在国内外的影响和地位也不断提高。尤其是近年来在省委、省政府的关怀下，市委、市政府进行了卓有成效的城市改造与建设，相继建成了诸如污水处理厂、二环路、三环路、府南河综合整治、“五路一桥”、环境综合整治、创建清洁卫生城市以及城市道路改造与园林绿化等一大批市政基础设施和市民安居工程，先后荣获了“国家城市环境综合整治奖”“卫生城市”以及“联合国人居奖”等荣誉称号。随着我国 “西部大开发”战略的实施，成都市委、市政府抓住大好历史机遇，确立了“跨越式”发展战略，一批高新产业园区的相继开发和新型生活小区雨后春笋般地拔地而起，不仅极大地提升了成都市的城市形象，也创造了优越的投资环境和优质的生活环境，并为城市的高速发展奠定了坚实的基础。

成都市作为我国实施西部大开发的战略高地，其发展速度必将日益加快，在国内外的影响也将愈显突出。特别是“十六大”提出的全面建设小康社会的宏伟目标，更为成都市的环境生态建设指明了方向。

近年来成都市结合旧城区改造、工业结构与布局调整、城市基础设施建设等加大了环境综合整治的力度，加快了污染源治理的步伐，使城市的总体环境质量有了明显的改善，城市面貌有了极大的改观。但由于成都市地处四川盆地腹地，存在常年风速小、静风频率高等不利气象条件，使城市的环境空气质量仍不尽如人意，特别是空气中的悬浮颗粒物污染，成为影响城市形象的重要环境因素。市政府对此极为重视，并指示成都市环境保护局要尽快“弄清影响大气环境质量的主要问题，提出防治对策”。

成都市环境保护局为落实市政府的指示，从 2001 年 3 月起便组织实施“成都市大气环境质量现状调查和污染控制对策研究”项目。组成由市环境保护局局长包惠为组长的领导小组，市局所属有关处、所（环科所）、站（监测中心站）和中国环境科学研究院、四川省气象环评中心等单位参加的课题协作组，由中国环境科学研究院作为技术支撑单位负责实施，开展成都市大气环境质量现状调查与污染控制对策研究工作。

1.2 研究目标

（1）系统调查成都市大气污染源，分析各类污染源的控制和排放特征，建立以 GIS 为平台的成都市大气污染源数据库，为成都市大气污染源的定量管理和大气污染控制对策的制定与实施提供基础工具；

（2）弄清成都市环境空气质量现状，确定主要污染因子及其主要污染区域和污染水平；

（3）通过气象条件、污染源分布与排放特征和环境空气质量之间关系的综合分析，弄清自然因素和人类活动对环境空气质量的影响方式和影响程度；

（4）对成都市大气中 PM_{10} 进行来源解析，确定主要污染源类对 PM_{10} 浓度的贡献，以提出大气颗粒物污染综合防治的方向和重点；

（5）开发成都市大气环境质量模型，并利用该模型模拟成都市的空气环境质量的空间分布，分析不同大气污染源对大气污染物浓度的贡献；

（6）分析机动车尾气的污染负荷，定量计算成都市不同地区机动车尾气污染负荷；

（7）提出改善成都市大气环境质量的综合对策和措施。

1.3 研究区域及研究重点

1.3.1 研究区域

该项目的研究区域为成都市中心城区，包括青羊区、武侯区、锦江区、成华区、金牛区和高新区南区所辖区域（三环路以内）。

1.3.2 研究重点

本项目的研究重点为：大气污染源和大气环境质量现状调查评价；大气颗粒物化学组分及来源解析；大气环境质量模型；机动车尾气的污染负荷；大气污染综合控制策略。

1.4 研究内容

（1）成都市空气环境质量现状评价

利用过去 10 年的空气环境质量历史资料，分析成都市环境空气质量的变化趋势，重点通过 2000 年 6 月到 2001 年 5 月自动监测资料和本课题所获得的空气环境质量强化观测资料的综合分析，弄清研究区域 SO_2、NO_x、TSP、PM_{10} 等污染物的时空分布，以确定成都市主要污染因子和重点污染地区。

（2）成都市大气污染源调查

调查成都市各类大气污染源的控制和排放情况，分析其排放特征和时间、空间分布，建立可视化的成都市大气污染源数据库，为大气环境定量管理和空气质量预测（预报）提供准确的基础工具和资料。

（3）成都市机动车污染现状调查与评价

通过对成都市机动车现状调查和发展趋势分析，以及对成都市机动车污染分析，提出成都市防治机动车污染的对策措施，为市政府及相关部门对改善成都市大气环境质量提供决策依据。

（4）成都市大气污染气象特征分析

气象条件是大气污染的外部因素，掌握成都市污染气象规律，针对分析大气污染的成因，制定切实可行的大气污染控制对策。本课题以历史资料分析和同步强化观测相结合的方式，研究成都市污染气象特征，并为空气质量模拟提供基础数据。

（5）成都市大气颗粒物化学组分及来源解析

在成都市不同功能区采集大气中 TSP、PM_{10} 和 $PM_{2.5}$ 样品，分析大气颗粒物的物理特征、化学组分（离子、元素、OC、EC）和部分样品的有机组分，利用化学质量平衡模型解析颗粒物的来源，并对成都市大气颗粒物中的有害有机组分及其水平进行分析。

（6）成都市空气环境质量模拟

根据成都市大气污染源调查结果和污染气象特征，建立成都市大气质量预测模型，并利用空气质量加密观测数据对模型进行检验。在此基础上，应用空气质量模型定量计算不同污染源对环境质量的贡献，分析区域间的相互影响，并对大气污染控制方案的环境效果进行检验。

（7）成都市大气污染综合防治对策研究

对成都市的工业布局、能源结构、污染源排放与控制现状进行系统评价，结合规划年社会经济发展和大气污染物排放趋势，提出交通源、工业源、居民生活源、无组织排放源和扬尘控制措施方案，并进行技术可行性与费用-效益分析，最终提出达到规划年环境保护目标的技术上可行、经济上合理、管理上可用的成都市大气污染综合防治推荐方案。

1.5 技术路线

本课题的总体技术路线如图 1-1 所示。

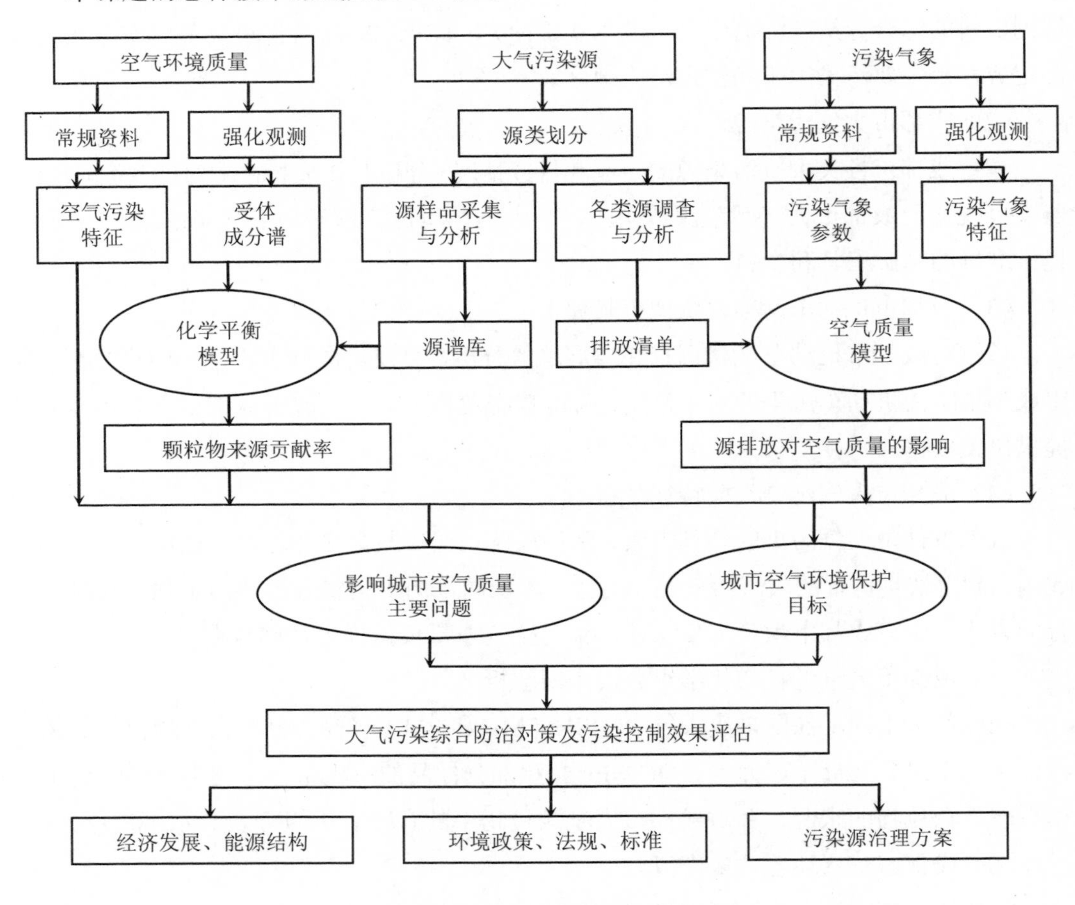

图 1-1 技术路线示意

（1）收集和利用成都市环境监测中心和气象局近 10 年空气质量和气象观测资料，对上述资料进行综合分析，以了解成都市大气污染的演变趋势，弄清大气污染与气象条件的关系。

（2）选定典型季节（2001 年 6 月和 2002 年 1 月）进行两次综合加强观测，对市区大气中的 SO_2、NO_2、TSP、PM_{10} 加密监测，以了解其地域分布；采集 PM_{10} 样品，以分析其中的离子、元素、OC、EC 和有机组分，同时为成都市颗粒物来源解析提供基础数据；在天府广场同时进行 TSP 和 $PM_{2.5}$ 采样，以了解成都市大气中 TSP、PM_{10}、$PM_{2.5}$ 浓度的相对比例及所含化学组分的差异；在夏季加强观测中，增加 O_3 浓度观测，以初步分析成都市大气光化学污染的情况；同时布设地面气象观测站和低空探空、小球测风点，以掌握强化观测期间大气地面流场和城市大气边界层热力、动力结构。

（3）利用统计资料、排污申报数据、排污收费数据、污染源监测数据分析和实地调查相结合的方法，并借鉴国内外有关科研成果，确定成都市主要大气污染物的排放因子，编制大气污染源排放清单，建立以 GIS 为平台的污染源数据库。

（4）按污染源排放清单对成都市颗粒物的来源进行分类，对主要源类进行采样和化学组分分析，并部分利用国内外有关数据，建立各颗粒物源类的源谱，使用强化监测期间得到的受体颗粒物的质量浓度、EC、OC、元素和离子等分析结果，应用化学平衡模型（CMB）对成都市的大气颗粒物的来源进行解析，给出源解析结果，分别确定夏季和冬季不同污染源类对颗粒物浓度的的贡献率和贡献值。

（5）利用污染源排放清单和强化监测期间取得的气象数据、监测数据，建立美国 EPA 推荐的 ISC3 空气质量模型并对其进行校验。应用经过检验的空气质量模型定量模拟 2000 年成都市主要大气污染物（SO_2 与 PM_{10}）的年、日均值浓度的地域分布，分析不同污染源（点、线、面；工业、民用、交通、自然）对环境空气质量的贡献。

（6）在弄清成都市大气污染的成因和不同源对空气质量影响程度的基础上，根据城市大气环境保护目标，结合城市社会经济发展和大气污染物排放趋势，提出交通源、工业源、居民生活源、无组织排放源和扬尘控制措施方案，并进行技术可行性与费用-效益分析。

第2章　污染源现状调查和特征分析

2.1　主要调查内容及工作目标

2.1.1　大气污染源调查的主要工作目标

主要工作目标是：

1）确定影响成都市城区大气环境的主要污染物、主要污染源及其排放特征；

2）掌握三环路以内居民生活污染源、第三产业污染源和机动车尾气污染源排放特征（包括点源、面源、线源）；

3）编制各类大气污染源排放清单，为建立成都市城区环境空气质量模型提供可靠准确的输入数据；

4）弄清城区工业结构和布局、能源结构特征及其变化趋势等，为制定大气污染控制对策提供依据；

5）建立以 GIS 为平台的成都市城区大气污染源数据库，为成都市城区大气污染源的定量管理和大气污染控制对策的制定与实施提供基础工具。

2.1.2　污染源调查的主要工作内容

主要工作内容是：

1）以成都市城区工业企业大气污染源调查为重点，采取先调查市属以上工业企业，然后调查区属工业企业的方法，主要抓住 5 个电厂、2 个冶金企业和 3 个玻璃生产企业及其他耗煤大户。

2）根据成都市统计局提供的年度统计数据进行能源结构分析。

3）收集成都市计委、市经委关于成都市工业结构和布局的规划方案，对主要工业区进行实地踏勘，对工业结构和布局进行调查和分析。

4）完成成都市城区高校、医院和宾馆燃煤、燃气和燃油锅炉的调查。

5）对二环路以内及城乡接合部的燃煤居民进行现场统计调查。

6）对房地产建筑进行统计，对堆料场和裸露地面进行调查。

7）对城区机动车污染进行调查。

2.1.3　污染源调查的范围和工作程序

本次大气污染源调查的范围为成都市中心城区的 6 城区，重点为三环路以内；调查基准年为 2000 年。

调查工作流程如图 2-1 所示。

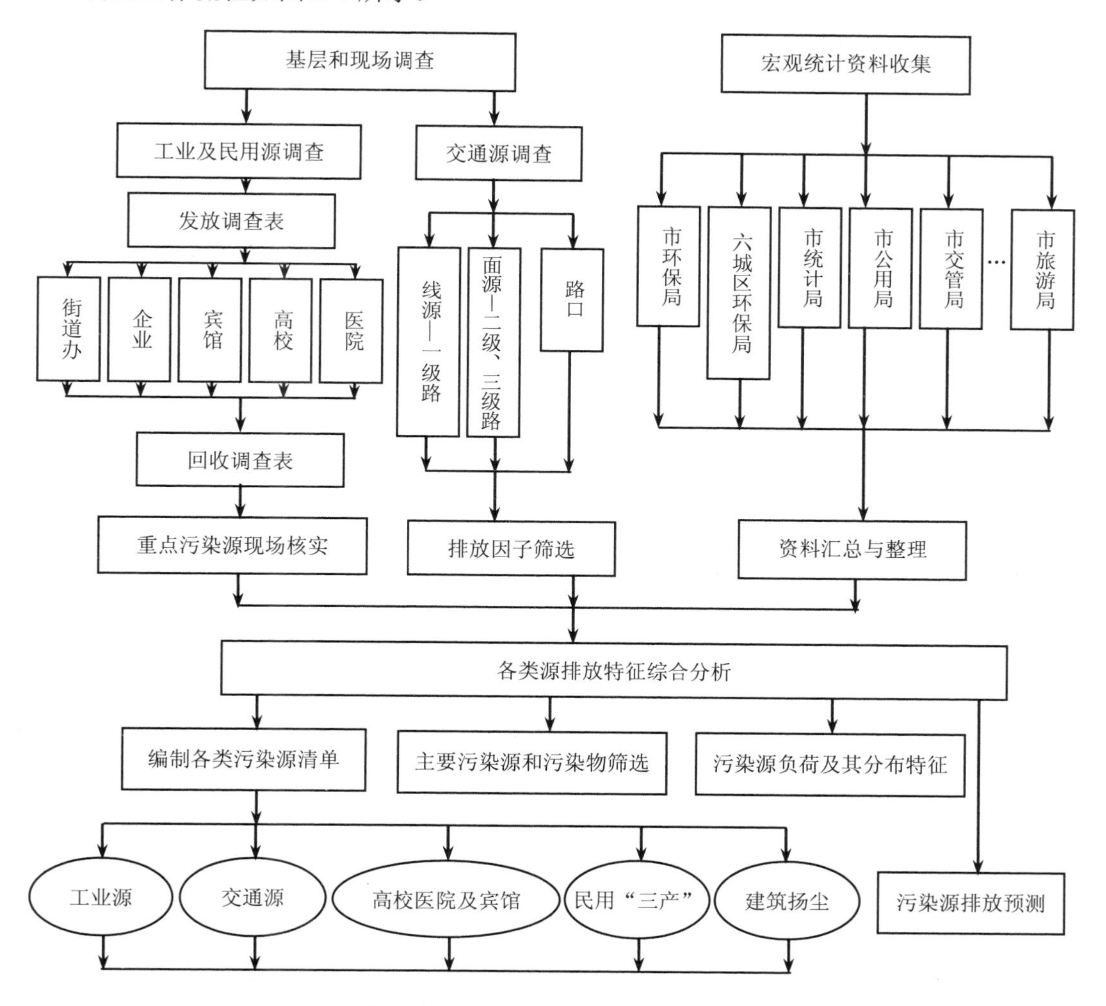

图 2-1　大气污染源调查工作流程

2.1.4 污染源调查方法

2.1.4.1 工业污染源调查方法

成都市城区工业企业大气污染源调查工作量大、涉及面广，需要多方协调工作。根据成都市城区工业企业大气污染源的特点，主要采取了填表调查的方式。即首先对成都市市属以上的103家企业和环境污染监理所提供的100多家重点收费企业进行核对、分析，筛选出77家市属以上企业进行调查。对成都市城区的高新技术开发区、成华区、锦江区、武侯区、青羊区和金牛区70家区属工业企业，根据其排污特性进行筛选，并实施现场调查和核实。

2.1.4.2 机动车污染源调查方法

机动车污染物排放是流动源排放，将机动车行驶道路分为线源和面源。原则上，一级道路归为线源，二级、三级道路归为面源。

（1）面源划分

研究范围为成都市区三环路以内。面源按网格划分，以天府广场定为城区网格的坐标原点，1 km×1 km网格有48个，2 km×2 km网格有46个。成都市区三环路以内共有94个网格，三环路内区域划分及网格分布见表2-1。

表2-1 三环路内区域划分及网格分布

区域划分	网格数/个	环路长度/km	环内面积/km^2	占三环路内总面积比例/%	占五城区总面积比例/%
一环路内	30	19.377	28.315	14.7	6.1
二环路内	51	28.028	60.167	31.2	12.9
三环路内	94	51.017	192.842	100.0	41.4
一环、二环路间	21	—	31.852	16.5	6.8
二环、三环路间	43	—	132.675	68.8	28.5
五城区建成区面积	—	—	172.000	—	36.9
五城区国土面积	—	—	466.000	—	100.0

注：五城区建成区面积及国土面积数据来源于成都市城建统计年鉴。

（2）线源划分

包括一环路、二环路、三环路、东西干道（蜀都大道）、南北干道（火车南路北站至火车南路）及三环路以内的其他一级道路。

（3）调查内容及方法

成都市机动车保有量状况分析：调查市交管、市城建的相关数据并对统计数据进行分类、分析。

线源车流量统计：按代表性路段、时间、频次，依大、中、小以及摩托车的流量分类统计。

面源车流量统计：按网格内代表路段时间、频次，依大、中、小以及摩托车的流量分类统计。

交通路口车辆滞留量统计：按代表性交通路口时间、频次，对在红灯时间内路口滞留的车辆数进行统计。

市区内平均车速调查：在选择代表性路段上，监测车辆行驶中的怠速、≤10 km/h、10～20 km/h、20～30 km/h、30～40 km/h、＞40 km/h 所占的时间比例。

各级道路车流量昼夜变化规律调查：选择成都市一级、二级、三级道路，在代表路段按一定时间、频次，监测全天 24 h 车流量并进行相关分析。

排放量计算：按一定的排放因子和机动车污染物计算模式，选择 CO、HC、NO_2、颗粒物 4 个具有代表性的污染物，对排放量进行计算、研究与分析。

污染负荷分担率计算：成都市机动车污染负荷、按车型、道路长度、区域、固定源，分别计算出污染负荷的分担率。

2.1.4.3　居民生活污染源调查方法

根据居民生活污染源为无组织排放面源的特征，用网格法进行调查。二环路内 1 km×1 km 为一个网格，考虑易于得到各街道办事处的统计数据，因此以街道办事处为一个基本单元，这样易于在网格上表示。重点调查区域在老城区难以实现“煤改气”的低矮建筑居民区，青羊区以斌升街道办事处和西御河沿街街道办事处为代表，锦江区以天涯石北街和梓潼桥正街街道办事处为代表，武侯区以小天竺街道办事处为代表，金牛区以乡农市街道办事处为代表，基本覆盖了老城区的东西南北中，具有较强的代表性。其中，天涯石北街与小天竺这两个街道调查了辖区内所有的居委会，而其余的为抽样调查，调查了部分居委会。调查内容包括：各街道办事处的详细地址，总人口数，总户数，面积，居民的燃料结构（即使用燃煤的户数、使用液化石油气的户数、使用天然气的户数），并计算出各所占的比例，在此基础上，估算出整个老城区其他街道办事处辖区内的居民的燃料结构。

2000 年成都市二环路以内的气化率已达 98%，一环路与二环路之间各街道办事处辖区内的居民基本全部使用天然气作为燃料，因此，这部分的调查采用简便的方法，即认为各街道办事处的总人口、总户数全部使用天然气。

二环路至三环路之间按 2 km×2 km 为一个网格。从成都市煤气总公司了解的资料显示，建成或即将建成的小区铺设了燃气管道，而未铺设管道区域的居民则以煤或液化石油气为燃料。因此，根据这些资料并结合乡镇或街道办事处辖区的统计数据，得到各辖区内居民的燃料结构及比例。其中重点区域在靠近三环路的城东、城北。

2.1.4.4 第三产业污染源调查方法

第三产业的宾馆、餐饮、茶、浴房，有些比较集中，有些又很分散，且变动性较大。从各区环境保护局所查找的最新第三产业登记表或统计表，基本代表了目前成都市的第三产业的现状。另外，由于大多数的登记表和统计表都以街道办事处分类，因此，第三产业也以街道办事处为一个单元，同样以面源的方式考虑。通过各区所提供的资料，并结合实地调查，重点统计第三产业比较集中的街道办事处的能源种类、年用量等。

2.1.5 污染物排放量的计算方法

2.1.5.1 工业及民用大气污染物排放计算

对未做实际监测的大气污染源，采用物料衡算的方法确定其排放量。大气污染源烟尘、SO_2、NO_x、CO 和 HC 的计算公式和方法如下。

（1）锅炉烟尘排放量计算

$$G_d = B_g（1-\eta_c）[（1-q_4）A_g d_{fh} + q_4] \quad (2-1)$$

式中：G_d——烟尘排放量，t/h；

B_g——燃料消耗量，t/h；

q_4——机械未完成燃烧损失百分数，%；

η_c——除尘器效率，%；

A_g——燃料的应用基灰分，%；

d_{fh}——锅炉排烟带出的烟气与灰分的百分比，%。

（2）SO_2 排放量计算

$$G_{SO_2} = 2 \times B_g \times C（1-\eta_{SO_2}）Y_s \quad (2-2)$$

式中：G_{SO_2}——SO_2 排放量，t/h；

B_g——燃料消耗量，t/h；

η_{SO_2}——脱硫效率，%；

C——燃料中的含硫量在燃烧后氧化成 SO_2 的百分比，%；

Y_s——燃料的应用基含硫量，%。

（3）燃煤污染物排放系数

燃烧 1 t 煤排放的各污染物量如表 2-2 所示。

表 2-2　燃烧 1 t 煤排放的各污染物量　单位：kg/t

污染物	炉型		
	电站锅炉	工业锅炉	采暖炉及家用炉
一氧化碳（CO）	0.23	1.36	22.7
碳氢化合物（C_nH_m）	0.091	0.45	4.50
氮氧化物（以 NO_2 计）	9.08	9.08	3.62
二氧化硫（SO_2）	16.0 s*	16.0 s*	16.0 s*

s* 指煤的含硫量，%。

（4）燃油污染物排放排放系数

燃烧 1 t 油排放的各污染物量如表 2-3 所示。

表 2-3　燃烧 1 t 油排放的各污染物量　单位：kg/t

污染物	炉型		
	电站锅炉	工业锅炉	采暖炉及家用炉
一氧化碳（CO）	0.005	0.238	0.238
碳氢化合物（HC）	0.381	0.238	0.357
氮氧化物（以 NO_2 计）	12.47	8.57	8.57
二氧化硫（SO_2）	20 s*	20 s*	20 s*
烟尘	1.20	渣油燃烧　2.73 蒸馏油燃烧 1.80	0.952

s* 指燃油的含硫量，%。

（5）燃烧燃料气体污染物排放系数

燃烧 10^6 m^3 燃料气排放的各污染物量如表 2-4 所示。

表 2-4　燃烧 10^6 m^3 燃料气排放的各污染物量　单位：$kg/10^6$ m^3

污染物	炉型		
	电站锅炉	工业锅炉	采暖炉及家用炉
一氧化碳（CO）	—	6.30	6.30
碳氢化合物（HC）	—	—	—
氮氧化物（以 NO_2 计）	6 200	3 400.46	1 843.24
二氧化硫（SO_2）	630	630	630
烟尘	238.50	286.20	302.0

注：— 为忽略不计。

（6）锅炉燃煤烟气量

锅炉燃煤烟气量计算公式为

$$V=(a+b)\times1.1\times Q_{低}/1\,000 \tag{2-3}$$

式中：V——燃煤燃烧排放的实际烟气量，m^3/kg；

a——炉膛过剩空气系数，量纲为 1，根据炉膛类型取 1.05～1.4；

b——燃料系数，量纲为 1，烟煤取 0.08；

$Q_{低}$——燃煤的低位发热值，kcal/kg。

（7）天然气燃烧烟气量

天然气燃烧烟气量换算公式为：1 m^3 天然气燃料产生 8 m^3 空气。

（8）PM_{10} 和 $PM_{2.5}$ 排放比例

由国内相关研究类比，按燃用大同煤的电站锅炉的排放因子来计算成都市城区电厂的 PM_{10} 和 $PM_{2.5}$ 排放因子，计算公式如下

$$PM_{10}=0.70\times TSP，PM_{2.5}=0.33\times TSP \tag{2-4}$$

燃煤锅炉的 PM_{10}、$PM_{2.5}$ 的计算原理与电厂 PM_{10}、$PM_{2.5}$ 的计算原理相同，计算公式如下

$$PM_{10}=0.73\times TSP，PM_{2.5}=0.30\times TSP \tag{2-5}$$

参照冶金行业固定污染源的排放因子中电炉钢厂的数据，成都市城区电炉钢厂的 PM_{10} 和 $PM_{2.5}$ 计算公式如下

$$PM_{10}=0.82\times TSP，PM_{2.5}=0.48\times TSP \tag{2-6}$$

（9）有关的煤质参数

燃煤灰分、硫含量计算参数：原煤灰分为 30%，硫分为 1%；精煤灰分为 20%，硫分为 0.2%。

2.1.5.2 机动车污染物计算模式

（1）污染物排放强度计算模式

$$E_p=\sum_{i=1}^{n}Q\cdot\sigma_i\cdot e_{pt} \tag{2-7}$$

式中：E_p——污染物排放强度，g/（km • h）；

Q——车流量，辆/h；

σ_i——车型比例系数；

e_{pt}——单车排放因子，g/（km·辆）。

（2）污染物排放量计算模式

$$M_p = E_p \times L_j \tag{2-8}$$

式中：M_p——污染物排放量，g/h；

L_j——j 路段长度，km。

（3）机动车排放因子选取

单车排放因子如何选取将直接影响计算结果。此次成都市城区机动车车流量调查按大型车、中型车、小型车和摩托车进行。为与调查车型一致，我们选用广州市的机动车排放因子作为计算参数。广州市机动车排放因子以实测为基础，并对照国外排放因子进行了隧道实验、MVEI 模型验证分析，其取值较适合成都实际。机动车的排放因子取值见表 2-5。

表 2-5　机动车排放因子　　单位：g/（km·辆）

车型分类	HC	CO	NO_x
大型车	2.21	17.39	5.36
中型车	2.80	18.54	1.74
小型车	33.34	33.50	1.50
摩托车	2.0	14.40	0.17

2.2　成都市城区能源结构分析

2.2.1　城区能源结构

根据 2000 年成都市统计年鉴和计委能源处提供的资料，得到了成都市的能源消耗情况；成都市统计局工业和交通处提供了具体到成都市成华区、锦江区、武侯区、高新区、青羊区、金牛区 6 个城区的能源结构资料。在此基础上，结合工业污染源调查数据，对城区的几个耗能大户如成都热电厂、成都华能热电厂、成都嘉陵热电厂、攀钢成都无缝钢管厂、三瓦窑热电厂等进行了重点现场调查。经过对大量调查数据综合分析，获得了成都市城区煤炭、天然气、燃油和电力能源消费总量和相应的 6 个区的能源消费量以及所占的比例（表 2-6），成都市城区工业用煤炭、天然气、燃油和电力能源消费总量和 6 个区工业能源消费总量以及它们所占的比例（表 2-7）。

表 2-6 2000 年成都市六城区总能源消费结构表

区名	能源消费总量（标煤）/t	煤炭		天然气		燃油		电力	
		燃煤量/t	占总量比例/%	燃气量/万 m^3	占总量比例/%	燃油量/t	占总量比例/%	耗电量/万 kW·h	占总量比例/%
锦江区	597 186	25 627	3.1	18 649	37.9	17 397	4.3	74 409	50.3
成华区	2 277 158	1 715 386	53.8	31 984	17.1	26 448	1.7	130 561	23.2
金牛区	508 886	37 524	5.3	3 838	9.2	42 241	12.2	86 560	68.7
武侯区	396 977	30 133	5.4	3 804	11.6	35 914	13.3	63 958	65.1
青羊区	537 949	34 445	4.6	7 509	16.7	52 914	14.5	79 466	59.7
高新区	446 320	326 278	52.6	3 758	10.2	27 897	9.2	31 240	28.3
合　计	4 764 476	2 169 393	32.8	69 542	17.6	202 811	6.3	466 194	39.5

表 2-7 2000 年成都市六城区工业企业能源消费结构表

区名	能源消费总量（标煤）/t	煤炭		天然气		燃油		电力	
		燃煤量/t	占总量比例/%	燃气量/万 m^3	占总量比例/%	燃油量/t	占总量比例/%	耗电量/万 kW·h	占总量比例/%
锦江区	370 488	19 220	3.7	9 730	31.9	1 009	0.39	58 694	64.0
成华区	1 679 140	1 483 910	63.1	16 653	12.0	6 534	0.6	85 736	20.6
金牛区	58 739	28 143	34.22	291	6.02	2 450	6.14	7 168	49.3
武侯区	45 140	22 600	35.76	152	4.09	2 083	6.79	5 623	50.33
青羊区	79 820	25 394	22.72	1 078	16.4	3 083	5.66	10 789	54.61
高新区	269 509	326 278	87.2	347	1.6	2 198	1.2	7 094	10.6
合计	2 502 836	19 05 545	54.8	28 251	13.6	17 357	1.0	175 104	28.3

（1）2000 年城区能源结构由燃煤为主变为以电力、天然气与燃煤并存的局面

2000 年成都市城区的能源消费总量已达到 476 万 t 标煤。

成都市城区能源消费结构已发生很大变化，总体能源消耗由过去的以燃煤为主变为现在以电力为主。电力和天然气已占能源消耗总量的 57.1%。

成都市城区能源构成为：电力（39.5%）＞煤炭（32.8%）＞天然气（17.6%）＞燃油（6.3%）＞其他（3.8%）。

燃煤消耗量仍占相当比例。成都市城区煤炭消费总量约为 216.9 万 t，占总能源消费的比例为 32.8%，其中成华区消费约为 171.5 万 t，位居第一；高新区消费约为 32.6 万 t，位居第二；其他 4 个区消费量接近，为 3 万 t 左右。

天然气消费量约为 6.9 亿 m^3，占总能源消费的比例为 17.6%，成华区消费约为 3.2 亿 m^3，位居第一；锦江区消费约为 1.9 亿 m^3，位居第二。

从区位分布看，位于东郊工业区的成华区集中了总燃煤消费量的 75%以上。这与污

染物排放量分析结果一致。

（2）2000 年城区工业能源构成中，燃煤仍占较大比重

成都市城区工业企业总能耗为 250 万 t 标煤。

成都市城区工业能源消费结构是：煤炭（54.8%）＞电力（28.3%）＞天然气（13.6%）＞其他（2.3%）＞燃油（1.0%）。

城区工业全年煤炭的消费量约为 190.6 万 t，占总能源消费的比例为 54.8%。其中成华区约为 148.4 万 t，位居第一，位于该区的成都热电厂、成都嘉陵电厂和成都华能电厂是主要的耗煤大户；高新区消费约为 32.6 万 t，位居第二，主要为三瓦窑热电有限责任公司和南星热电股份有限公司消耗；5 家热电厂的年总耗煤量约为 152.4 万 t，占城区工业全年煤炭消耗量的 79.9%，是工业耗煤的主要行业。

工业天然气消费量约为 2.8 亿 m^3，其中成华区约为 1.7 亿 m^3，位居第一；锦江区消费约为 1.0 亿 m^3，位居第二。

综上所述，成华区消费的煤炭、天然气最多，是成都市城区工业企业大气污染物的主要产生地区，成华区工业企业的集中地区是东郊工业区。

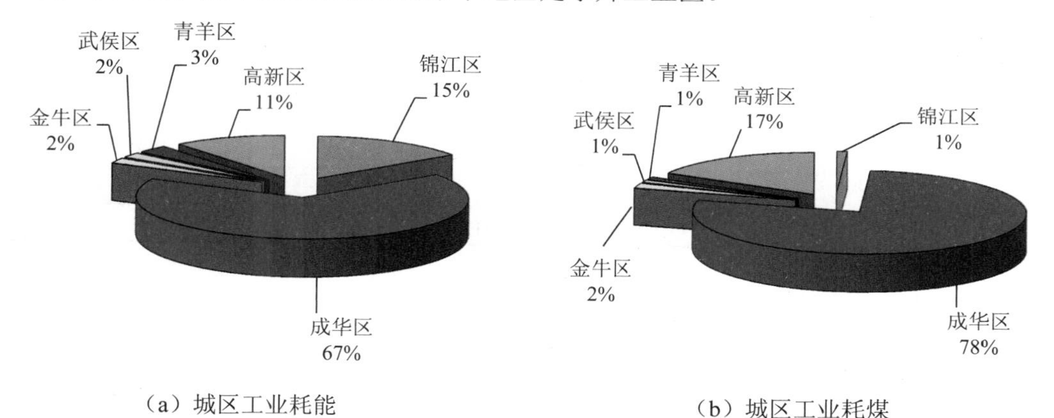

（a）城区工业耗能　　（b）城区工业耗煤

图 2-2　成都市城区工业能源及煤耗构成

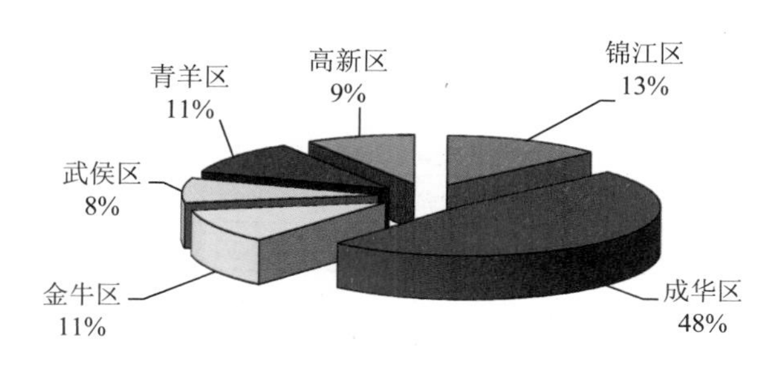

图 2-3　城区总能源消耗分区比例

工业企业燃煤型的大气主要污染源集中在成华区和高新区，燃气型的大气污染源主要集中在成华区和锦江区。

2.2.2 能源消费历史回顾和预测

2.2.2.1 城区能源结构变化情况回顾

为了解近 10 年来城区能源结构变化情况，对 1990—2000 年能源结构变化情况作一回顾。

（1）1990 年成都市城区能源消费结构见表 2-8。

表 2-8 1990 年成都市城区能源消费结构表

区名	能源消费总量（标煤）/t	煤炭		天然气		燃油		电力	
		燃煤量/t	占总量比例/%	燃气量/万 m^3	占总量比例/%	燃油量/t	占总量比例/%	耗电量/万 kW・h	占总量比例/%
锦江区	297 956	40 736	9.77	9 517	38.79	7 372	3.64	35 259	47.81
成华区	1 525 265	1 408 106	65.94	24 160	19.23	10 682	1.03	52 070	13.79
金牛区	205 602	30 073	10.45	1 934	11.42	19 512	13.96	32 655	64.17
武侯区	281 231	123 178	31.29	6 372	27.51	8 475	4.43	25 594	36.77
青羊区	301 501	36 574	8.66	4 894	19.71	35 874	17.51	40 387	54.12
高新区	—	—	—	—	—	—	—	—	—
合　计	2 611 555	1 638 667	44.82	46 877	21.79	81 915	4.62	185 965	28.77

1990 年城区能源消费结构为：煤炭消费量（44.82%）＞电力消费量（28.77%）＞天然气消费量（21.79%）＞燃油消费量（4.62%）。

（2）1995 年成都市城区能源消费结构见表 2-9。

表 2-9 1995 年成都市城区能源消费结构表

区名	能源消费总量（标煤）/t	煤炭		天然气		燃油		电力	
		燃煤量/t	占总量比例/%	燃气量/万 m^3	占总量比例/%	燃油量/t	占总量比例/%	耗电量/万 kW・h	占总量比例/%
锦江区	481 299	47 894	7.11	12 320	31.08	20 135	6.16	66 302	55.65
成华区	1 957 097	1 562 146	57.02	28 524	17.70	25 791	1.94	113 104	23.35
金牛区	357 237	23 654	4.73	2 487	8.45	33 661	13.86	64 508	72.95
武侯区	305 449	23 314	5.45	4 237	16.84	20 318	9.79	51 349	67.92
青羊区	411 965	22 346	3.87	5 372	15.83	42 330	15.12	66 457	65.17
高新区	271 907	138 574	36.40	2 401	10.72	20 014	10.83	28 297	42.04
合　计	3 784 954	1 817 928	34.31	55 341	17.75	162 249	6.31	390 017	41.63

1995 年城区能源消费结构为：电力消费量（41.63%）＞煤炭消费量（34.31%）＞天然气消费量（17.75%）＞燃油消费量（6.31%）。

（3）2000 年成都市城区能源消费结构见表 2-6。

2000 年城区能源消费结构为：电力消费量（39.5%）＞煤炭消费量（32.8%）＞天然气消费量（17.6%）＞燃油消费量（6.3%）＞其他（3.8%）。

从 1995 年与 2000 年成都市城区能源消费结构的对比分析中可以发现，时隔 5 年，能源消费结构依然类似。

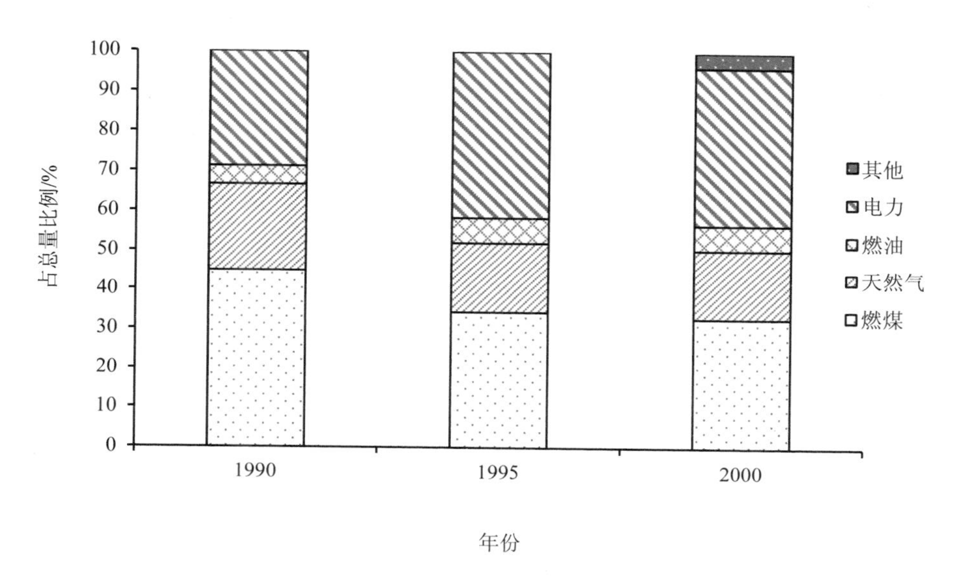

图 2-4　1990—2000 年城区能源结构变化

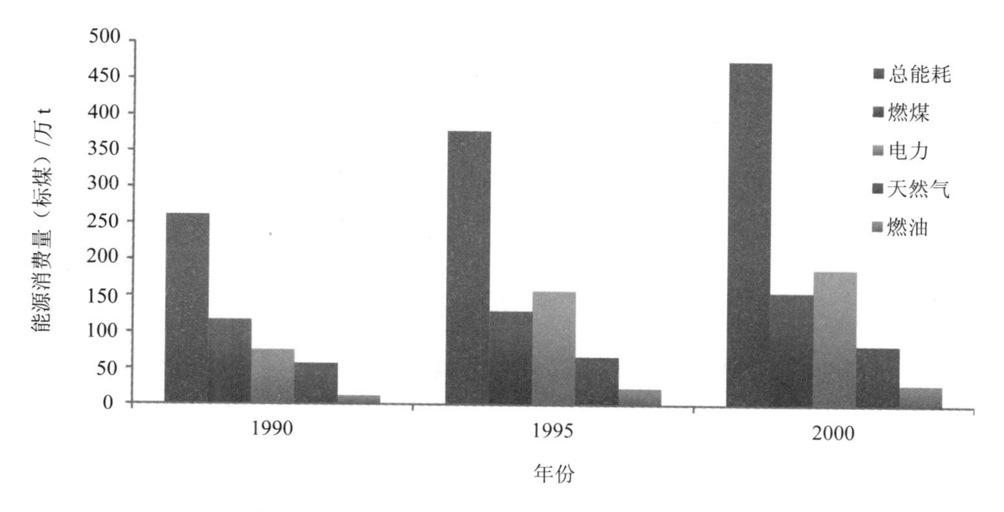

图 2-5　1990—2000 年城区能源消费量变化

从 1990 年与 2000 年成都市城区能源消费结构的对比分析可知，电力和天然气所占的比例，已从 1990 年的约 50.6%，上升到 2000 年的约 57.1%；燃煤从 1990 年的 44.8% 下降到 2000 年的约 32.8%。但是从图 2-5 的绝对消费量来看，燃煤年耗量在增加，10 年来从年耗煤量 163 万 t 增加到 217 万 t，增加了 24.9%。因此工业燃煤仍是影响大气环境质量的重要因素之一。

2.2.2.2 2010 年成都市城区能源消费量和消费结构预测

根据成都市统计年鉴的资料，1991—1995 年工业年均增长率为 23.6%；1996—2000 年工业年均增长率为 11.4%。2000 年成都市 GDP 为 1 310 亿元，第一、第二、第三产业的比值为 9.5∶44.9∶45.6，2000 年成都市工业生产总值为 588.19 亿元，成都市城区工业生产总值约占成都市工业生产总值的 80%，成都市城区工业生产总值约为 470.55 亿元。2010 年，若成都市 GDP 按年均 10% 增长计算，则 2010 年 GDP 为 $1\,310\times(1+10\%)^{10}=3\,397.80$ 亿元。如果第一、第二、第三产业比值为 7∶45.5∶47.5，则 2010 年工业生产总值为 1 546.00 亿元；如果成都市城区工业生产总值占成都市工业生产总值的 80%，则成都市城区工业生产总值为 1 236.80 亿元。

根据成都市统计局提供的能源消费增长资料，1990—1995 年 6 年能源年均增长率为 7.5%，弹性系数 $C_E=\alpha/\beta=7.5\%/23.6\%=0.32$；

1995—2000 年，6 年能源年均增长率为 3.75%，弹性系数 $C_E=\alpha/\beta=3.75\%/11.4\%=0.33$。

根据以上的数据，预测 2010 年成都市城区能源的消费量为：

$\alpha=C_E\cdot\beta$，这里 C_E 取 0.33，β 取 10%，$\alpha=0.33\times10\%=3.3\%$，则 2010 年成都市城区能源消费量为：$4\,647\,149\times(1+3.3\%)^{10}=6\,429\,687$ t 标煤。

2000 年成都市城区能源消费结构为：电力消费量（39.5%）＞煤炭消费量（32.8%）＞天然气消费量（17.6%）＞燃油消费量（6.3%）＞其他（3.8%）。

根据成都热电厂有关人员介绍，该厂的发展规划设想为燃煤机组停产或改用燃气，成都市东郊工业区的大搬迁（根据成都市人民政府的文件（成府发〔2001〕159 号），成都市城区部队、大学和医院燃煤炉灶改烧天然气（根据成都市环境保护局的环保规划），到 2010 年成都市城区大约可以削减 50 万 t/a 的煤炭消耗量。根据成都市统计局提供的资料，1995—2000 年，电力与燃油的消费比例基本没有变化，因此设想 2010 年电力与燃油的消费比例依然为 40%与 6%，则燃煤削减约 50 万 t/a，2010 年燃煤消费占总能源的消费降至约 20%，考虑 10 年发展的不定因素，取值为 25%，相应得到天然气消费占总能源的比例约为 25%，到 2010 年能源消费结构变化见表 2-10。

表 2-10　2010 年成都市六城区能源消费结构

项目	能源消费总量（标煤）/t	煤炭		天然气		燃油		电力	
		燃煤量/t	占总量比例/%	燃气量/万 m^3	占总量比例/%	燃油量/t	占总量比例/%	耗电量/万 kW・h	占总量比例/%
六城区合计	6 429 687	2 250 345	25	132 374	25	262 187	6	636 603	40

2.2.2.3　城区工业企业 2010 年大气污染物排放量预测

根据成都市统计局提供的资料，2000 年成都市城区工业燃煤占燃煤总量的 88%，工业燃气占燃气总量的 40.6%，按照这种比例，则根据表 2-10 得到 2010 年成都市城区工业能源消费量，见表 2-11。

表 2-11　2010 年工业企业能源消费量

煤炭/t	天然气/万 m^3
1 980 304	53 744

根据 2.1.5 中的计算方法，得到 2010 年大气主要污染物产生量，见表 2-12。

表 2-12　2010 年工业大气污染物排放量　单位：t/a

煤炭消费量	烟尘	SO_2	NO_x
1 980 304	16 649	32 024	19 809

按 80%计，电厂用煤为 1 584 243 t。说明烟尘总量中，电厂排放为 11 472 t/a，工业锅炉、窑炉排放为 4 753 t/a，工业燃气排放为 154 t/a，总计为 16 649 t/a。

2.3　城区工业大气污染源调查

2.3.1　城区工业结构和布局

成都市城区的工业布局目前主要为：东郊老工业区，成都高新技术开发区（南区+西区），成都市经济技术开发区（即龙泉驿经济技术开发区）和青白江工业区五大工业区。根据项目确定调查范围。这里主要考虑中心城区和靠近中心城区的工业区。

2.3.1.1 东郊老工业区

东郊老工业区是现在成华区和锦江区的部分区域。东郊工业区是在20世纪50年代和60年代发展起来的老工业区。主要包括电子、电子设备、热电、冶金、机械制造和制药企业。该区域国有企业居多，建设比较早，是成都市第一代工业基地，生产工艺、生产设备和产品结构等诸多方面尚不能适应市场经济体制和环境保护要求。

同时，东郊工业区又是成都市城区主要大气污染企业的集中区。例如，成都热电厂、成都嘉陵电厂和成都华能电厂的燃煤污染，攀钢集团成都无缝钢管有限责任公司和成都冶金实验厂的冶金污染。东郊工业区面临着巨大的工业结构调整的压力。根据成都市委和市人民政府的部署，东郊工业区原有的企业要向龙泉驿、青白江和新都工业区迁移。搬迁后留下的土地，积极发展第三产业，综合整治沙河流域，预期沙河流域建设将比府南河流域更好地实现东郊工业区向第三产业发展区转型的目标。这些目标实现后，对减少成都市城区大气污染物的排放量和改善成都市城区大气环境质量均具有重要的意义。

2.3.1.2 成都市高新技术开发区

高新技术开发区位于成都市城区南部，是城区6个城区之一。该区是改革开放后发展起来的新区，工业结构主要以电子信息企业、生物制药企业、新材料企业、光电一体化企业和食品加工企业等为主。该区的主要大气污染企业为三瓦窑热电有限责任公司和南星热电股份有限公司。

2.3.1.3 目前成都市城区的工业结构

成都市城区的工业结构正在向电子信息、生物医药、机械和食品四大支柱产业发展。以前城区内的如机械、造纸、纺织、食品、冶金、印染等行业企业，通过成都市的府南河一期工程、一环路内的大多企业搬迁，正在进行技术改造，使产业升级，高新技术产业快速成长，高新技术开发区的制药和电子行业已形成规模，城区东郊工业结构的调整正在进行。

总之，成都市城区工业企业正经历一个转型期，正从传统工业向高新技术工业转变，城区工业企业对城区大气污染的影响将会逐步减弱。

2.3.2 工业企业大气污染源分析

从成都市环境保护局计财处建立的5个城区的环境信息数据库进行调查，筛选出主要的燃煤、燃油企业。

金牛区有 12 家燃烧煤和油的工业企业，年耗煤量最大的企业耗煤 2 000 t；青羊区有 13 家，年耗煤量最大的企业耗煤 5 600 t；武侯区有 14 家，年耗煤量最大的成都市双机印染厂耗煤 7 200 t，该厂在机投镇、三环路外；成华区有 16 家工业企业，砖厂比较集中，年耗煤最大的成都瑞丰集团有限公司耗煤 700 t；锦江区有 5 家工业企业，其中 3 家是砖厂，年耗煤量大约在 1 000 t。

2.3.2.1　城区工业企业大气污染源调查结果的代表性分析

（1）调查工业企业的燃煤量占城区工业燃煤量的比例

根据成都市统计局提供的数据，2000 年成都市城区总的耗煤量为 216.93 万 t，其中工业总用煤量为 190.55 万 t。本次调查工业企业的燃煤量约为 161.22 万 t，占城区总耗煤量的 74.32%，占城区工业燃煤量的比例为 84.61%，说明调查数据具有较好的代表性。

（2）调查工业企业的燃气量占工业燃气量的比例

已调查工业企业的燃气总量为 27 119 万 m^3，其中省管供气量为 20 730 万 m^3，市管供气量为 6 389 万 m^3。根据成都市统计局提供的数据，成都市城区工业企业总的耗气量为 28 251 万 m^3，已调查工业企业的燃气量占城区工业燃气量的比例为 96%，说明燃气锅炉、窑炉这部分调查比较全面。此外，根据统计部门资料，成都市城区工业用气量有逐年减少趋势，1999 年工业企业用气量占总气量的 23%，2000 年为 19%，2001 年为 15%。

（3）调查工业企业的燃油量情况说明

已调查工业企业的燃油总量为 1 000 多 t，根据成都市统计局提供的数据，成都市城区工业总的燃油量为 17 343 t。据了解燃油主要是工业企业汽车用油，锅炉、窑炉一般烧柴油一年只用几百吨到 1 000 t。

总之，我们认为本次调查的数据具有较好的代表性。

2.3.2.2　重点工业企业大气污染源分析

（1）电力

本次调查统计结果表明，成都市电力行业是重点污染源。位于东郊老工业区的成都热电厂以及在其基础上扩建的成都嘉陵热电厂和成都华能电厂，是成都市区最大的工业用煤户，三厂 2000 年耗煤量合计达 119.96 万 t，占全城区工业用煤总量的 63%。成都南星热电股份有限公司位于成都市高新区，2000 年消耗原煤 16 万 t、天然气 55 万 m^3，锅炉为煤和天然气混合燃烧。成都三瓦窑热电有限责任公司位于成都外东三瓦窑，2000 年消耗原煤 16 万 t。5 家电厂原煤耗量共计 151.93 万 t，约占全城区工业用煤总量的 79.7%。电厂污染物排放情况见表 2-13。

表 2-13　成都市电厂耗煤及大气污染物排放情况　　单位：t/a

电厂	耗煤量	烟尘	二氧化硫	氮氧化物
成都热电厂	401 350	7 040	11 415	3 558
成都嘉陵热电厂	240 350	1 392	8 928	2 489
成都华能热电厂	558 000	1 710	6 267	5 055
南星热电股份公司	160 000	582	4 960	1 457
成都三瓦窑热电厂	160 000	1 600	4 768	908
合　计	1 519 700	12 324	36 338	13 467

成都市城区工业企业的大气污染物主要源于电力行业，其烟尘的贡献为 12 324 t/a，SO_2 的贡献为 36 337 t/a，分别占城区工业排放总量的 89%和 96%。

（2）冶金

攀钢集团成都无缝钢管有限责任公司位于成都市锦江区东风南路，有轧管车间 4 座，共有窑炉 14 座，30～110 m 高的排放筒 14 根，每天连续 24 h 生产。全年生产情况为以销定产，年生产时间占 45%，无法了解明显的变化规律。该公司有 5 t 电炉 2 座，92 t 电炉 1 座。

成都电冶厂位于成都九眼桥宏济路，该厂有燃煤锅炉烟囱 1 只，天然气锅炉烟囱 1 只，燃气反射炉 1 只，燃煤锅炉消耗原煤 6 823 t/a，燃气锅炉消耗天然气 183.6 万 m^3/a，工业反射炉约消耗天然气 234 万 m^3/a，主要污染问题除烟尘、工业粉尘、SO_2 外，尚有氯气污染周围居民。

成都冶金实验厂位于成都市二环路，该厂有生活锅炉 3 台，大的一台锅炉消耗天然气 6.4 万 m^3/a；有轧钢车间两座，有一座 10 t 炼钢电炉，一座 30 t 炼钢电炉，两座电炉共用一套除尘装置。该厂拟于 2002 年年底彻底退出冶金行业，利用现有厂房扩充“钢材仓储配送中心”和 512 厂建材市场实力，取代炼钢生产，彻底根除粉尘污染。

以上 3 家企业大气污染物排放情况见表 2-14。

表 2-14　成都市主要冶金企业大气污染物排放情况　　单位：t/a

项目	成都无缝钢管公司			成都电冶厂				成都冶金实验厂				合计
	窑炉	电炉	小计	煤锅炉	气锅炉	窑炉	小计	锅炉	轧钢	电炉	小计	
粉尘	16	48	64						8.9	38	46.9	110.9
PM_{10}	11	39	50	11			11			31	31	92
$PM_{2.5}$	7.6	22	29.6	2.5			2.5			18	18	50.1
烟尘				16		0.7	16.7	0.02	0.25		0.27	16.97

项目	成都无缝钢管公司			成都电冶厂				成都冶金实验厂				合计
	窑炉	电炉	小计	煤锅炉	气锅炉	窑炉	小计	锅炉	轧钢	电炉	小计	
SO_2	36		36	109	1	2	112	0.04	5.5		5.54	153.54
NO_x	201		201	62	6	8	76	0.22	17		17.22	294.22
CO				9	0.5	0.02	9.52	0.02	0.07		0.09	9.61
HC				3	0.01		3.01					3.01

2.3.2.3　城区市属以上工业企业主要大气污染源物排放情况

根据 2000 年成都市城区市属以上工业企业各种污染物排放量调查结果，统计得到城区工业企业主要大气污染物排放量的汇总情况，见表 2-15，分析结果如下。

表 2-15　2000 年成都市城区市属以上工业企业各种污染物排放量　单位：t/a

区　名	烟尘+粉尘	SO_2	NO_x	CO	HC
成华区	10 369	26 609	16 769	776	257
锦江区	676	825	251	41	11
武侯区	205	149	21	2	2
青羊区	324	309	340	25	9
金牛区	453	136	48	10	3
高新南区	2 183	9 728	2 364	60	15
总　计	14 210	37 756	19 793	914	297

1）成都市 6 个城区工业企业全年 SO_2 排放量为 37 756 t，烟尘（含粉尘）排放量为 14 210 t，NO_x 排放量为 19 793 t。

2）根据对成都市 6 个城区工业企业大气污染源调查的结果，按所在位置统计得到大气主要污染物排放量在各区的排序如下：

SO_2：成华区＞高新南区＞锦江区＞青羊区＞武侯区＞金牛区。

烟尘（含粉尘）：成华区＞高新南区＞锦江区＞金牛区＞青羊区＞武侯区。

NO_x：成华区＞高新南区＞金牛区＞青羊区＞锦江区＞武侯区。

从 SO_2、粉尘、NO_x 的污染物排放量及图 2-6 可见，成华区集中了城区工业企业 80%以上的大气污染物排放量。

应当重点说明的是，成华区中的成都热电厂以及在其基础上扩建的成都嘉陵热电厂和成都华能电厂，年排放烟尘 10 142 t、SO_2 26 610 t、NO_x 11 102 t，排放筒高度为 210 m。除成都华能电厂有 30%的脱硫能力外，其他均无脱硫装置。以上三厂的 SO_2、NO_x、烟尘排放量占全成都市城区工业污染源相应污染物排放总量的 70%以上，是成都市城区最大的大气污染源。

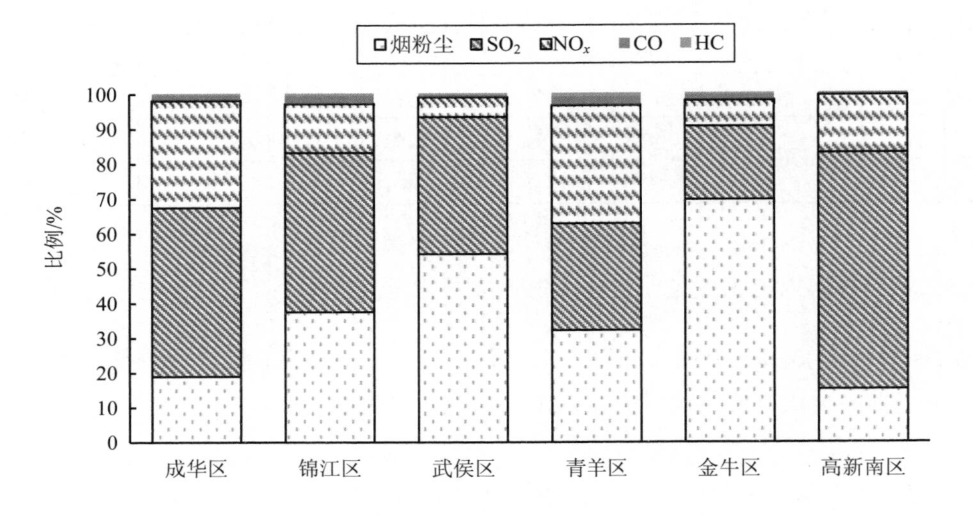

图 2-6 成都市工业大气污染物排放量分区比例

2000 年高新区中的成都南星热电股份有限公司生产运行和大气污染物排放情况是：2000 年消耗原煤 16 万 t，天然气 55 万 m^3，锅炉为循环流化床锅炉，煤和天然气混合燃烧，全年产生 SO_2 769 t；烟尘 245 t，其中 PM_{10} 为 220 t，这里 PM_{10} 是利用中国环境科学研究院等研究出的排放因子计算的，北京用的大同煤与成都用的原煤其灰分和硫分接近；排放 NO_x 1 457 t，CO 37 t，HC 15 t。该公司用三台 50 t 锅炉，2000 年全部在运行，成都三瓦窑热电有限责任公司位于成都外东三瓦窑，2000 年生产运行和大气污染物排放情况是：2000 年消耗原煤约 10 万 t，有两只各 100 m 的烟囱，SO_2 排放量共计为 2 036 t，烟尘分别为 258 t。

2.3.2.4 燃煤、燃气和燃油锅炉烟气治理装置及运行状况

（1）电厂燃煤锅炉烟气治理装置及运行状况

成都市城区有五座电厂，四座是电除尘装置，一座是水幕除尘装置，电除尘器除尘效率为 98%左右，水幕除尘器效率为 95%左右。通过我们课题组的跟踪观察，在设备正常运行时，烟囱中排出的烟气黑度很低，但平时经常能看见电厂冒出浓浓的黑烟，周边居民对此反映强烈。说明电厂除尘设备运行状况不良。

（2）工业燃煤、燃气和燃油锅炉烟气治理装置及运行状况

工业燃煤锅炉烟气治理装置绝大多数使用旋风除尘器，水幕除尘器极少见，根据课题组的调查，大多数旋风除尘器除尘效率低，设备陈旧落后，多数时间未运行。

（3）民用燃煤、燃气和燃油锅炉烟气治理装置及运行状况

情况与工业锅炉类似，燃煤锅炉多用旋风除尘器，少见水幕除尘器，大多数旋风除尘器未使用。

（4）炼钢炉、玻璃窑炉和金属冶炼厂窑炉烟气治理装置及运行状况

老式炼钢炉没有烟气治理装置，新的炼钢炉使用围罩式烟气治理装置，但是现场直观感觉使用效果不佳。

总之，目前大多数除尘装置要么未按设计要求运行，要么设备陈旧落后达不到处理目标。要消除锅炉烟气的污染，必须加大监管力度。

2.4 居民生活与第三产业污染源调查

2.4.1 居民生活与第三产业污染源的现状分析评价

2.4.1.1 居民生活与第三产业污染源的污染物的计算方法

居民生活与第三产业污染源的污染物的排放因子及排放量按 2.1.5 节给出的经验公式计算。

第三产业油烟排放量是根据《饮食业油烟排放标准》（GB 18483—2001）。假定每个标准灶头都达标排放，每个灶头的流量 Q=2 000 m^3/h，达标排放浓度 C_0=2 mg/m^3，每个灶头每天工作以 10 h 计，从而计算出各街道办事处内所有炉灶一年所产生的油烟量。

居民生活所产生的油烟量是根据成都市环境监测中心站实测值（标干体积 496 dm^3/h，排放质量浓度为 3.41 mg/m^3），结合抽样调查的结果，成都市每户居民每天的炒菜时间平均为 1 h 计，可计算出每户居民一年所产生的油烟量，进而计算出各街道办事处内一年所产生的油烟量。

居民生活与第三产业污染源的污染因子、污染物排放强度统计方法：

二环路以内 1 km×1 km 网格，二环路至三环路之间 2 km×2 km 网格。根据各街道办事处在网格内所占比例的多少，计算出各网格内的污染物的量及在网格上标出排放强度，单位为 $g/(s\cdot m^2)$。

2.4.1.2 居民生活与第三产业污染源排放清单及特征

（1）2000 年居民生活污染源排放清单及特征

对五城区及高新区三环路内共 80 个街道办事处、乡镇的调查数据进行汇总、分析后统计。总体来看，成都市的居民大多数仍然以天然气为主要燃料，但是仍然有 40 个

街道办事处的居民在不同程度上使用煤或液化石油气作为燃料。居民燃煤主要以型煤为主，所占的比例为5%～30%，大多数街道办事处为5%～10%，只有几个街道办事处在30%左右；液化石油气的比例极小。但值得一提的是，有些居委会所在辖区内的街道燃煤的比重较大，如斌升街、小天竺街、天涯石北街等，这些街道的居民燃煤比例超过了70%。经调查未通天然气的区域有30%～50%的居民以型煤和液化石油气为燃料。

根据调查和统计数据，各街道办事处辖区内居民的燃煤、燃气的户数，每户每年的型煤使用量为1.44 t，每户每年的液化石油气的使用量为0.38 t，每户每年的天然气使用量为420 m^3，从而计算出各街道办事处内各种燃料一年消耗的总量。根据三环路内各街道办事处及乡镇居民的能源结构、年消耗量及产生的污染因子排放量进行统计见表2-16。

表2-16 2000年三环路内居民生活污染源的能源结构及污染物排放量

能源消费总量			污染物排放量/（t/a）					
型煤/（t/a）	液化石油气/（t/a）	天然气/（亿 m^3/a）	SO_2	CO	HC	NO_2	烟尘	油烟
168 275	18 870.1	3.1	3 376	3 825	765	1 370	114	442

由表2-16可看出，在调查范围内目前的能源结构，居民每年消耗型煤约为168 275 t，用煤人口约为35万人，液化石油气为18 870.1 t，用液化石油气人口约为15万人，天然气为3.1亿 m^3，用气人口约为170万人。一年所产生的各污染物的总量为：SO_2 3 376 t，CO 3 825 t，HC 765 t，NO_2 1 370 t，烟尘和油烟尘556 t。

（2）第三产业的污染源排放清单

通过第三产业的登记表或报告表并结合实地调查，从能源结构上看，宾馆、餐饮店大多数以油和液化石油气为主，而茶、浴房主要以电和天然气为主，而且天然气的用量所占比例较小，因此目前成都市的茶、浴房都已实行清洁能源，这部分可以基本忽略。从范围来看，大多数集中在二环路以内，且比较集中在34个街道办事处的辖区内。考虑宾馆、餐饮店都以油和液化石油气为主，对于餐饮比较集中的街道办事处作为重点污染源分析，对这些企业每年所使用的能源种类、使用量进行统计，从而计算出第三产业比较集中的各街道办事处的污染因子及年排放量。

在调查区域中，由于第三产业的耗能量小于居民的耗能量，所以，第三产业污染源与居民污染源相比较，在以气为主要燃料区域，两种源对大气 SO_2、NO_x 都有贡献；以气、煤为混合燃料的区域，第三产业所产生的大气主要污染物的量远小于居民耗能的排放量。

根据三环路内各街道办事处辖区内第三产业的能源种类、年消耗量及产生的污染物排放量进行汇总，见表2-17。

表 2-17　2000 年三环路内第三产业污染源的能源结构及污染物排放量

能源总量			污染物质排放量/（t/a）					
燃油/（t/a）	液化石油气/（t/a）	天然气/（m^3/a）	SO_2	CO	HC	NO_2	烟尘	油烟
8 283	3 797	2×10^5	91.8	3.6	5.3	13.3	14.9	226

本次调查区域范围内第三产业一年共消耗能源为：燃油约 8 283 t，液化石油气约 3 797 t，天然气约 2×10^5 m^3；一年所产生的污染物的量为：SO_2 91.8 t，CO 3.6 t，HC 5.3 t，NO_2 13.3 t，烟尘 14.9 t，油烟 226 t。

2.4.2　城区高校、医院和宾馆大气污染源现状调查

2.4.2.1　调查范围

课题组用两个月的时间，对成都市城区高等院校、市属以上医院和三星级以上主要宾馆的民用燃煤、燃气和燃油锅炉进行详细的问卷调查和现场踏勘。调查了 13 所高等院校、21 所医院、17 家宾馆，名单见表 2-18。

表 2-18　高校、医院、宾馆名单

序号	高　校	医　院	宾　馆
1	成都理工大学	华西医院附一院	锦江宾馆
2	四川师范大学	华西医院附二院	天府丽都喜来登饭店
3	四川大学	华西医院附四院	总府皇冠假日酒店
4	成都大学	成都市中医药大学附属医院	岷山饭店
5	电子科技大学	四川省第一人民医院	银河王朝大酒店
6	西南交通大学	四川省第二人民医院	四川宾馆
7	成都体育学院	四川省第三人民医院	云龙大厦
8	成都信息工程学院	四川省第四人民医院	紫微酒店
9	成都中医药大学	四川省第五人民医院	九龙宾馆
10	西南民族学院	成都市第一人民医院	成都饭店
11	四川音乐学院	成都市第二人民医院	全兴大厦饭店
12	西南财经大学	成都市第三人民医院	成都大酒店
13	四川省委党校	成都市第四人民医院	西藏饭店
14		成都市第五人民医院	望江宾馆
15		成都市第六人民医院	喜玛拉雅饭店
16		成都市第七人民医院	锦鑫饭店

序号	高　校	医　院	宾　馆
17		成都市第八人民医院	明珠饭店
18		成都市第九人民医院	
19		成都市传染病医院	
20		解放军第四五二医院	
21		陆军总医院	

总计调查了燃煤、燃气和燃油锅炉共 120 台。成都市城区已调查的这 57 家高等院校、医院和宾馆消耗燃煤 26 721.2 t/a，天然气 20 749 150 m^3/a。

2.4.2.2 调查数据的统计和分析

调查数据的统计情况见表 2-19，分析结果如下。

SO_2 排放量按城区排序为：武侯区＞锦江区＞青羊区＞成华区＞金牛区；

TSP 排放量按城区排序为：武侯区＞青羊区＞锦江区＞金牛区＞成华区；

NO_x 排放量按城区排序为：武侯区＞青羊区＞锦江区＞金牛区＞成华区。

武侯区 SO_2、TSP、NO_x 等污染物排放量居首位是因为有四川大学、华西医院附一院等燃煤大户。

一环路以内的高校、宾馆和医院部分实现燃气和煤改气，未完成煤改气的单位已由四川省环境保护局污染监理处下达强制限期整改令，要求在 2002 年 10 月 31 日前全部完成煤改气；一环路以外的宾馆绝大多数已实现煤改气，未煤改气的也已收到限期整改令；一环路以外的高校和医院还有部分是燃煤锅炉，但是数量不多，耗煤量不大。

表 2-19　2000 年部分高校、医院、宾馆分城区大气污染物排放量　　单位：t/a

城　区	SO_2	烟尘	NO_x	CO	HC
成华区	26	25	21	3	1
锦江区	41	46	57	5	2
武侯区	48	108	88	10	3
青羊区	27	82	76	10	3
金牛区	23	42	42	6	2
总计	165	303	284	34	11

2.5　城区机动车污染现状调查

2.5.1　城区机动车保有量状况分析

近年来，随着社会、经济的快速发展，全国机动车保有量迅速增长，成都市机动车保有量也呈快速上升趋势，年均增长率达 20%以上。1996—1998 年成都市机动车保有量及年增长率见表 2-20，1996—2000 年成都市新上户机动车统计见表 2-21。

表 2-20　1996—1998 年成都市机动车保有量及年增长率

年份	货车		客车		摩托车		城区		全市	
	保有量/辆	增长率/%	保有量/辆	增长率/%	保有量/辆	增长率/%	保有量/辆	增长率/%	保有量/辆	增长率/%
1996	52 522	11.8	95 076	80.2	117 295	8.9	—	—	280 495	33.5
1997	61 182	16.5	118 810	25.0	184 659	57.4	—	—	382 659	36.4
1998	67 552	10.4	143 877	21.1	245 647	33.0	164 509	—	478 784	25.1

注：① 数据来源：市交管局，1999 年。② 全市指包括区县在内的全成都市。③ 城区指五城区，即锦江区、成华区、武侯区、青羊区和金牛区。

表 2-21　1996—2000 年成都市新上户机动车统计　　单位：辆

年份	汽油车		柴油车		CNG 车	合计	
	大	小	大	小		城区	市区
1996	9 362	79 170	3 110	1 447	398	93 487	100 483
1997	714	18 292	895	371	430	20 702	21 968
1998	567	18 996	1 282	496	1 241	22 582	24 145
1999	720	21 458	1 777	1 207	945	26 107	28 241
2000	216	22 754	1 452	1 319	2 345	28 086	30 426

注：① 数据来源：市交管局，2001 年 8 月。② 城区指六城区，即锦江区、成华区、武侯区、青羊区、金牛区和高新区。③ 市区是指六城区加上龙泉驿区和青白江区。

将 1998 年城区机动车保有量累计到 2000 年，得到 2000 年成都市机动车保有量为 72 万辆，其中市区约为 35.6 万辆，结果见表 2-22。

表 2-22　2000 年成都城区机动车统计结果

车型	汽油车		柴油车		CNG 车	城区合计
	大	小	大	小		
车型比/%	6.1	84.1	4.5	2.5	2.8	100
保有量/辆	21 581	299 453	15 872	9 021	9 988	355 915

2.5.2 城区机动车运行状况调查

由于成都市的交通发展，城区机动车运行状况也产生了相应的变化。为了进一步了解和掌握目前城区机动车的运行状况，成都市环境监测中心站于 2000 年 8 月 5 日—10 日对成都市区交通状况进行了现场监测与统计。

2.5.2.1 监测点位

监测点位一览表见表 2-23，点位设置见图 2-7。

表 2-23 成都市机动车现状调查一览表

类别	区域	测点编号	测点位置
线源29 个	一环路	L 1.1	一环路东五段
		L 1.2	一环路南四段
		L 1.3	一环路西三段
		L 1.4	一环路北四段
	二环路	L 2.1	二环路东三段（万年场）
		L 2.2	二环路东四段（牛沙便道）
		L 2.3	二环路南一段（西南食品城）
		L 2.4	二环路南四段（丽都花园）
		L 2.5	二环路西一段（武侯大道与草金路之间）
		L 2.6	二环路西三段（职工大学往北）
		L 2.7	二环路北二段（西南交大）
		L 2.8	二环路北四段（冶金实验厂）
	东西干道	L 4.1	成都饭店路段
		L 4.2	省科情所路段
		L 4.3	金河路
		L 4.4	清江中路
	南北干道	L 5.1	人民北路二段
		L 5.2	文殊院路段
		L 5.3	人民南路二段
		L 5.4	人民南路四段（一环、二环路之间）
	进出城路段	L 3.1	成渝高速路
		L 3.2	成仁路
		L 3.3	机场路
		L 3.4	成雅高速路
		L 3.5	成温路
		L 3.6	成灌高速路
		L 3.7	老成灌路
		L 3.8	老川陕路
		L 3.9	成绵高速路

类别	区域	测点编号	测点位置
面源9个	一环路内	A 1.1	二级路：上同仁路；三级路：四道街（西北角）
		A 1.2	二级路：玉沙路；三级路：福德路（东面）
		A 1.3	二级路：致民路；三级路：十二中路（南面）
	一环、二环路之间	A 2.1	二级路：菊乐路；三级路：双元路（西南角）
		A 2.2	二级路：三友路；三级路：福蓓街（东北角）
		A 2.3	二级路：莲桂路；三级路：川大正门（东南角）
	二环、三环路之间	A 3.1	二级路：创业路；三级路：九兴大道（西南角）
		A 3.2	二级路：茶店子南街；三级路：健康巷（西北角）
		A 3.3	二级路：二仙桥北街；三级路：下涧灌二坪路（东北角）
主要交通路口12个	东西干道	K 1.1	红星路口
		K 1.2	人民商场
		K 1.3	中医学院
	南北干道	K 2.1	成都剧场
		K 2.2	锦江宾馆
		K 2.3	跳伞塔
	次要干道交叉口	K 3.1	东大街
		K 3.2	西安路
	一环、二环路之间（包括二环路）	K 4.1	红牌楼
		K 4.2	高笋塘
		K 4.3	新鸿路
		K 4.4	解放路一段
车速调查路线5条	南北线	V 1	16 路公交车
	东西线	V 2	81 路公交车
	混合路段	V 3	28 路公交车
	一环路	V 4	27 路、45 路公交车
	二环路	V 5	51 路、52 路公交车
车流量变化调查路线6条	一级路	B 1	人民中路三段
		B 2	一环路南四段
	二级路	B 3	红星中路一段
		B 4	美领路
	三级路	B 5	光华路
		B 6	营门口金沙路

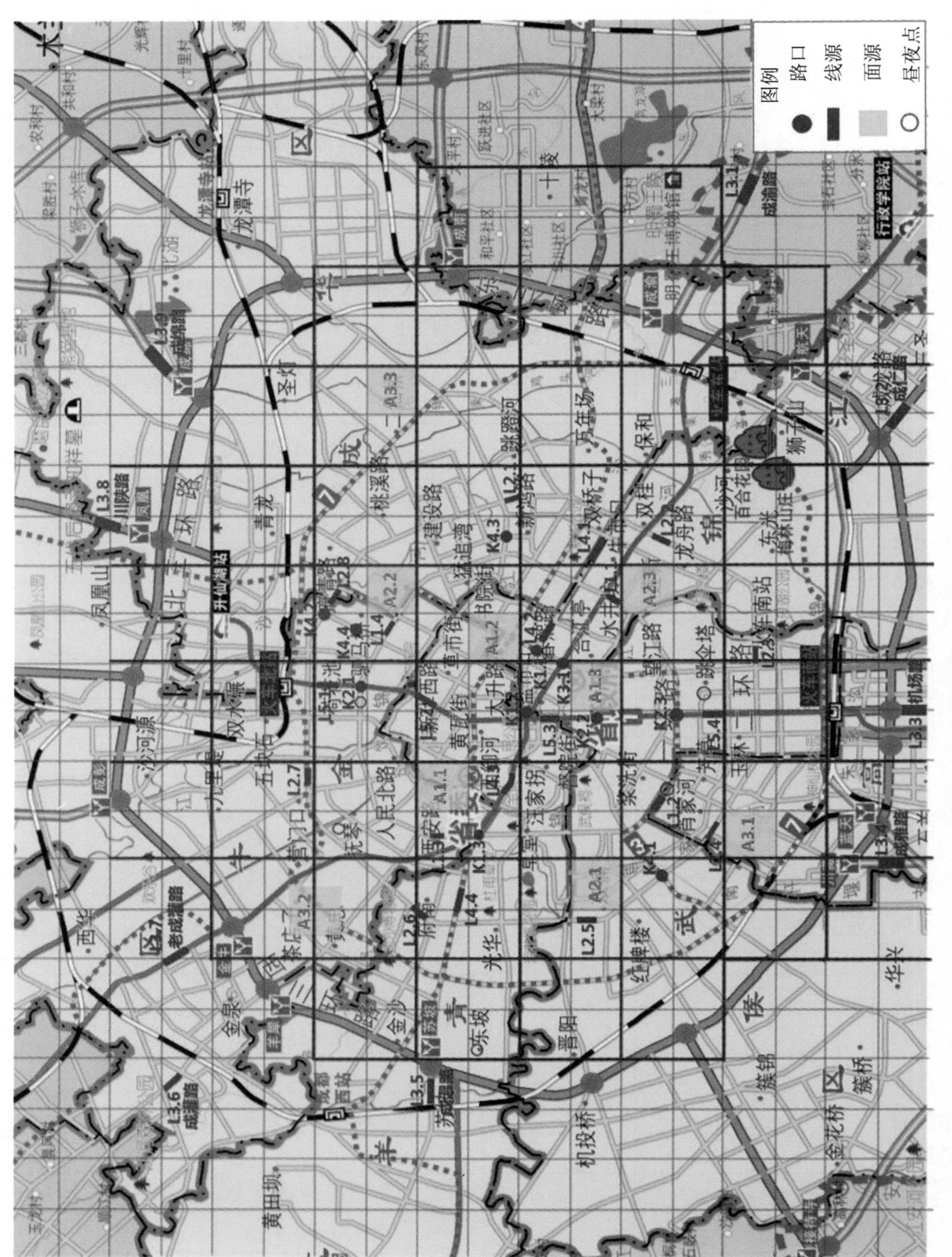

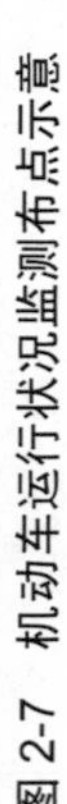
图 2-7 机动车运行状况监测布点示意

2.5.2.2　监测频次

（1）线源、面源车流量监测

在工作日（周一至周五）、工休日（周六、周日）各监测一天，每天测 7：30—9：30（车流量高峰）、14：30—16：30（平峰）、21：00—23：00（低谷）三个时段，各点位每个时段内测 10 min，计算小时车流量和各种车型比例。

（2）主要进出城道路车流量（辆/d）监测

在出口道路收费站获取工作日、工休日各一天的（进出城）车流总量及车型比例。或选取任意一天监测车流量上午、下午各一次，每次 20 min。

（3）路口车辆滞留量监测

对工作日、工休日各一天，每天在 7：30—9：30、14：30—16：30、21：00—23：00 三个时段内，对选定路口任意连续的 3 次红灯时车辆滞留数进行监测。

（4）各级道路车流量昼夜变化规律调查

在工作日（周一至周五）、工休日（周六、周日）各监测一天，每天 24 h，每小时监测 20 min。

2.5.2.3　城区线源车流量统计结果

市区以东西蜀都大道、南北人民路、一环路、二环路为主要交通干道，而二环路目前仍是一条连接着呈放射状的几条进出城公路的重要交通链条：大量外地车在此过境，因而二环路及城区主要进出口道路车型、车流量变化较大。

通过对现场调查资料分类、归纳、整理及统计后，得出几条主要交通干道的车流量结果，见表 2-24。

表 2-24　城区线源车流量及车型状况统计

路段名称	代表路段	车流量/（辆/h）						车型比/%			
		工作日			休息日			大型车	中型车	小型车	摩托车
		7：30—9：30	14：30—16：30	21：00—23：00	7：30—9：30	14：30—16：30	21：00—23：00				
一环路	东五段	2 010	2 976	2 322	1 866	2 790	2 196	8.09	3.60	85.00	3.31
	南三段	2 904	2 856	1 326	2 502	2 394	1 680	6.02	2.02	89.76	2.20
	西三段	2 736	2 712	2 526	1 836	2 322	2 766	4.39	1.65	89.93	4.03
	北四段	2 118	2 568	1 368	1 620	2 364	1 680	6.09	2.36	86.69	4.86
二环路	东三段	2 586	2 466	1 566	2 052	1 818	1 452	11.11	8.94	60.60	19.35
	东四段	3 798	3 246	2 208	3 234	2 580	2 358	7.89	4.89	69.38	17.84
	南一段	3 522	3 042	1 734	2 976	2 640	2 112	8.50	4.01	71.69	15.80

路段名称	代表路段	车流量/（辆/h）						车型比/%			
		工作日			休息日			大型车	中型车	小型车	摩托车
		7：30 —9：30	14：30 —16：30	21：00 —23：00	7：30 —9：30	14：30 —16：30	21：00 —23：00				
二环路	南四段	4 656	4 182	2 556	2 658	3 414	1 962	13.19	3.09	71.80	11.92
	西一段	4 644	3 930	2 010	4 296	3 462	2 766	10.60	2.81	74.51	12.08
	西三段	4 386	3 750	3 414	3 450	3 948	3 732	9.37	1.01	77.04	12.58
	北二段	3 816	3 222	2 178	3 258	3 144	3 084	11.29	0.80	70.52	17.39
	北四段	2 430	2 556	1 800	2 910	2 538	1 506	10.83	6.72	65.75	16.68
南北干道	人民北路二段	2 676	2 526	1 542	2 400	2 244	1 572	12.41	1.66	83.75	2.18
	文殊院	1 608	2 532	1 818	1 440	2 202	1 746	7.67	1.48	88.26	2.59
	人民南路一段	2 484	4 164	2 082	1 254	2 064	2 100	5.30	1.95	91.65	1.10
	人民南路四段	2 352	3 012	1 800	1 032	2 208	1 494	5.90	2.22	90.42	1.46
东西干道	成都饭店	2 574	2 448	1 710	2 118	2 826	1 710	3.27	3.41	88.12	5.20
	省科情所	2 874	2 292	1 896	1 236	2 658	2 178	3.43	2.47	90.00	4.10
	金河路	2 046	2 268	2 526	876	2 232	2 652	7.90	1.75	86.90	3.43
	清江中路	3 504	3 270	2 322	2 292	2 058	2 292	3.66	1.45	90.47	4.42
主要进出城道路	成渝高速路口	1 005			960			13.13	18.47	68.40	0.00
	成仁路口	1 092			858			10.00	6.00	60.00	24.00
	机场路进出口	1 785			393			6.89	1.79	91.32	0.00
	成雅高速收费口	1 047			1 659			14.41	3.55	82.04	0.00
	成温路老收费站	1 557			1 992			14.96	1.86	68.22	14.96
	成灌高速收费站	1 554			1 800			6.71	4.38	84.53	4.38
	老成灌路（金牛宾馆）	2 841			2 499			13.54	4.49	68.37	13.60
	老川陕路	2 118			753			19.85	0.01	67.29	12.85
	成绵高速路	1 095			1 563			19.41	0.00	73.59	7.00

由表 2-24 可知，二环路上车流量最大，且南四段、西一段、西四段车流量在工作日的上行高达 4 000 辆/h 以上；而一环路及南北、东西干道车流量相差不大；休息日车各线路车流量相应减少一些，但减少量并不太明显；且上午时段与中午时段车流量无明显高低之分，有的路段甚至中午时段车流量超过上午时段的车流量。

各交通干道上行驶的主要为小型车，车型比均在 60%以上，有的路段甚至达到 90%以上。二环路大型车及摩托车流量比市内其他各主干道明显较大；二环路上摩托车流量也不容忽视，其车型比已超过大型车的比例。

主要进出城道路在工作日老成灌路的车流量最大、老川陕路其次，车流量均超过 2 000 辆/h。休息日机场路及老川陕路车流量明显减少。成仁路、成温路、老成灌路上摩托车较多，其车型比超过或接近大型车的车型比。

2.5.2.4　城区面源车流量统计结果

三环路内地区面积约 200 km^2，划分为 1 km×1 km 的网格 48 个、2 km×2 km 的网格 46 个，按抽样样本数以及城区功能状况共选 9 个网格作为面源车流量、车型的统计区域。

数据统计结果见表 2-25。由表 2-25 可知，由于选取监测的网格内主要是以交通次干道为代表路段，18 个代表路段中，除玉沙路、创业路等少量路段的车流量与交通主干道车流量相当外，其余路段车流量均明显小于交通主干道的车流量，且大多数未超过 1 000 辆/h。

表 2-25　城区面源车流量及车型状况统计表

网格区域	网格代码	代表路段	平均车流量/（辆/h）						平均车型比/%			
			工作日			休息日			大型车	小型车	柴油车	摩托车
			7：30—9：30	14：30—16：30	21：00—23：00	7：30—9：30	14：30—16：30	21：00—23：00				
一环路内	A1.1	上同仁路	702	492	294	192	396	342	0.25	96.27	0.25	3.23
		四道街	234	258	102	222	180	108	0.00	91.85	0.00	8.15
	A1.2	玉沙路	2 268	2 370	1 548	1 842	2 088	2 016	3.96	91.99	0.00	4.05
		福德路	90	36	30	300	162	48	0.00	66.67	0.00	33.33
	A1.3	十二中街	216	306	240	336	318	276	0.71	89.72	0.35	9.22
		致民路	600	558	330	516	528	402	2.25	90.18	0.82	6.75
	平均		685	670	424	568	612	532	2.69	91.24	0.17	5.90
一二环路间	A2.1	菊乐路	546	624	792	786	666	630	5.19	85.02	1.48	8.31
		双元路	624	390	684	780	390	726	7.35	83.46	3.51	5.68
	A2.2	福蓓路	402	324	180	258	444	102	0.00	89.12	0.00	10.88
		三友路	1 602	1 530	1 074	1 224	1 140	1 032	4.74	88.95	0.00	6.31
	A2.3	川大正门	918	774	642	726	996	660	8.02	77.74	1.40	12.84
		连桂路	1 428	1 284	918	1 044	1 002	1 254	6.75	82.08	2.60	8.57
	平均		920	821	715	803	773	734	5.87	84.20	1.52	8.41
二三环路间	A3.1	九兴大道	1 236	810	414	984	1 308	684	5.63	75.61	1.98	16.78
		创业路	3 216	1 944	1 254	2 184	1 746	1 374	11.78	79.47	2.61	6.14
	A3.2	健康路	264	150	150	120	162	168	0.59	56.80	0.01	42.60
		茶店子南街	246	936	292	930	444	624	8.01	63.75	2.27	25.97
	A3.3	二仙桥北街	744	768	468	846	798	408	13.10	68.00	0.00	18.90
		下涧灌二坪路	216	132	156	234	72	126	1.92	61.54	0.00	36.54
	平均		987	790	456	883	755	564	9.43	73.22	1.86	15.49

小型车仍是主要车型，车型比与交通主干道较为一致。由于网格内道路大多为非主要干道，所以有的路段摩托车相对较多，健康路、下涧灌二坪路及福德路摩托车的车型比甚至高达 30%以上，其车流量仅次于小型车。

2.5.2.5　城区机动车的行驶状况

为了解成都市市区主要交通干线车辆运行情况，成都市环境监测中心站采用选取行驶于成都市区主要交通干线的公交车进行跟车调查方式，以双向来回为一个周期，获取大量机动车行驶状况数据参数，归纳统计出汽车的怠速状况及车速状况。统计结果见表 2-26。

表 2-26　2000 年成都市主要干道公交车行车工况特征表

行驶路线	公交车线路	全线里程/km	平均运行时间/min	平均速度/（km/h）	在以下速度段运行的时间比/%					
					怠速	10 km 以下	10～20 km	20～30 km	30～40 km	40 km 以上
南北干道	16 路	11	41	16.10	19.63	21.53	20.58	21.58	11.20	5.48
东西干道	81 路	12	47.5	15.16	20.62	18.65	11.29	24.63	19.13	5.68
一环路	27 路、34 路	19	73	15.62	24.58	13.12	16.36	29.26	12.82	3.86
二环路	51 路、52 路	28	96.5	17.41	18.18	15.77	16.54	29.37	15.96	4.18
混合路段	28 路	18	50	21.60	21.09	18.18	12.18	24.16	11.75	12.64
全市平均	—	—	—	17.18	20.82	17.45	15.39	25.80	14.17	6.37

从表 2-26 可知，一环路、二环路及南北、东西干道上汽车行驶的平均车速均为 15～18 km/h，混合路线上汽车行驶的平均车速相对快一些，在 20 km/h 以上，但车辆的怠速时间均较长，各调查路线的怠速时间均在 20%左右，而怠速时间比最大的道路是一环路，说明车辆运行的通畅性不强，30～40 km/h 速度段的运行时间比均未超过 20%，40 km/h 以上更是除混合型线路运行的时间比上了 10%而外，其余都在 5%左右。低速行驶和机动车的怠速更加重了污染的程度。

2.5.2.6　城区机动车怠速滞留量

成都市区道路交通多呈网状分布，平交道口较多，主要交通路口均设置红绿灯，全市红绿灯路口总数为 162 个。为了掌握成都市运行的机动车怠速滞留量的实际状况，我们选择了 11 个主要交通路口作机动车怠速滞留量调查，结果见表 2-27。

表 2-27　2000 年成都市区运行的机动车在主要交通路口怠速滞留量统计表　单位：辆

所处道路	路口名称	怠速滞留量					
		工作日			休息日		
		7：30—9：30	14：30—16：30	21：00—23：00	7：30—9：30	14：30—16：30	21：00—23：00
东西干道	红星路口	296	652	487	171	447	196
	人民商场	405	495	398	99	415	343
	中医学院	405	469	195	233	286	309
	平均	369	539	360	168	383	283
南北干道	成都剧场	471	517	317	53	99	70
	锦江宾馆	351	363	208	119	446	472
	跳伞塔	109	170	72	194	319	370
	平均	310	350	199	122	288	304
次要干道交叉口	东大街	441	512	105	156	424	118
	西安路	276	685	134	77	211	274
	平均	359	599	120	117	318	196
一环、二环路之间包括二环路	红牌楼	81	77	28	209	386	198
	高笋塘	174	929	375	352	367	82
	新鸿路	230	365	186	71	74	37
	平均	162	457	196	211	276	106
平均		294	475	228	158	316	224

各交通干道所调查的路口在工作日机动车滞留量较休息日相对较大，且休息日的早、晚是交通最通畅之时，而工作日各时段均相对阻塞，阻塞情况最严重的是在中午时段，高笋塘路口中午时段车辆滞留量高达 900 多辆，相对通畅的路口有红牌楼路口和跳伞塔路口，而休息日交通较通畅的路口则为成都剧场路口及新鸿路口。

2.5.2.7　成都市区机动车车流量昼夜变化规律

为了解成都市一级、二级、三级道路 24 h 车流量昼夜变化情况，各选取两个代表路段做车流量调查。变化规律见图 2-8、图 2-9、图 2-10。

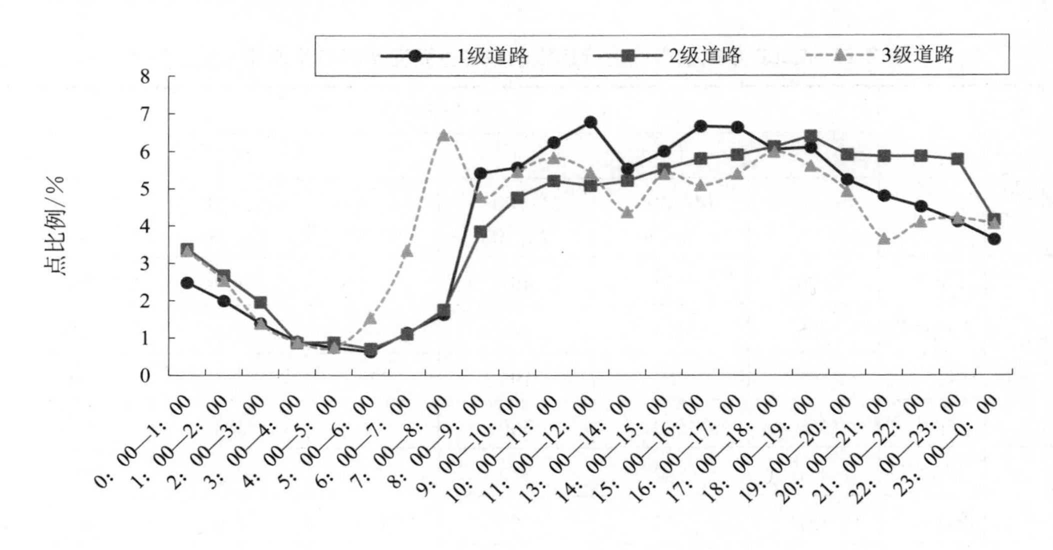

图 2-8 成都市机动车车流量昼夜变化曲线（工作日）

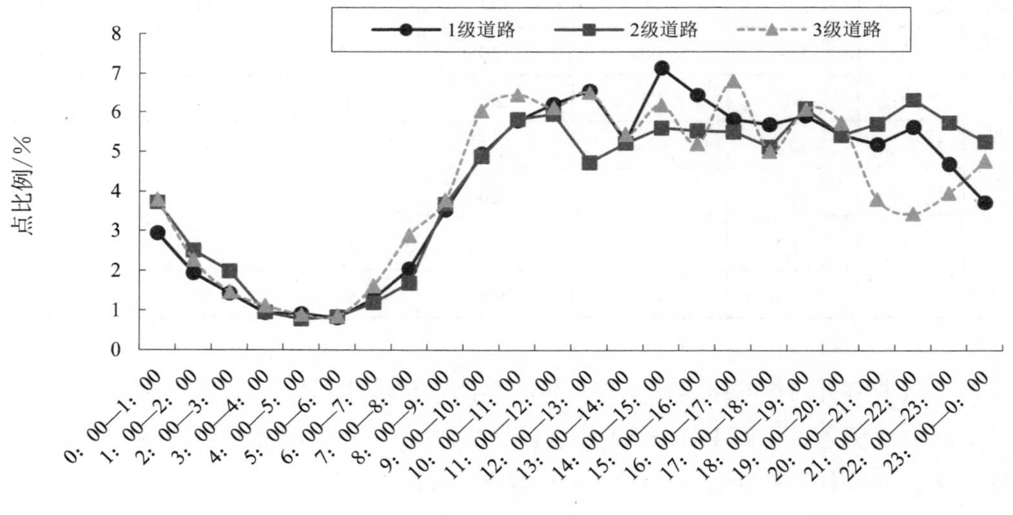

图 2-9 成都市机动车车流量昼夜变化曲线（休息日）

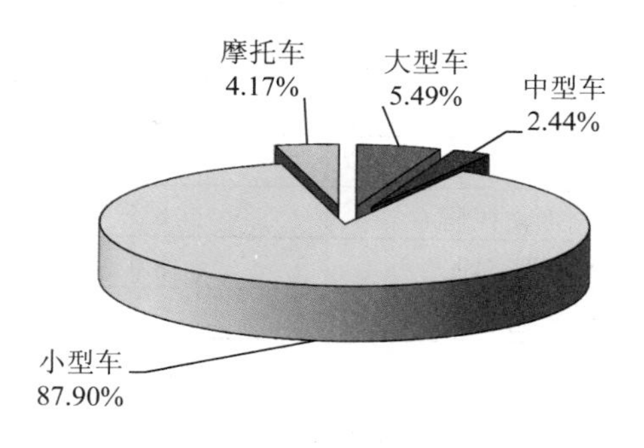

（a）工作日

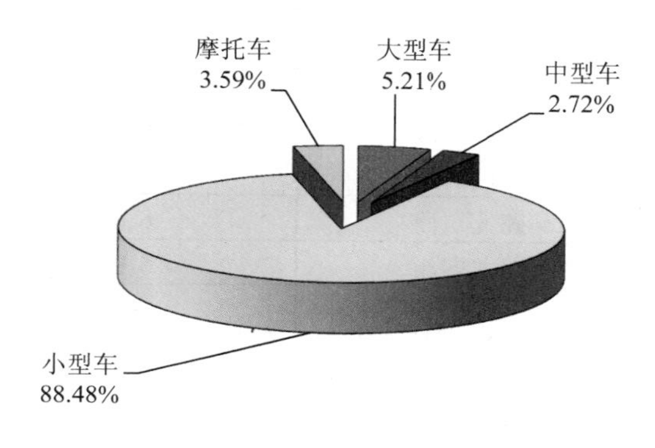

（b）休息日

图 2-10　成都市机动车车型比例示意

由图 2-10 可直观看出，无论一级、二级还是三级道路，在工作日车流量在凌晨 3：00—6：00 为全天最低谷，从上午 8：00 后车流量高峰来到，一级、三级道路持续到下午 18：00 开始下降，而二级道路持续到晚上 22：00 以后才逐渐减少，其间在下午 13：00 左右均有一个轻微的下降。

休息日与工作日车流量低谷时段基本一致，只是高峰时段后延至上午 10：00 以后，一级、二级道路均持续至晚上 22：00 后才逐渐下降，而三级路在晚上 20：00 后稍微减少后又有所上升，至 0：00 后才又逐渐下降，表明休息日车流量的变化与人的休闲活动时间较为一致。成都市区的机动车主要是小型车，接近 90%。

2.5.3　城区流动源污染分担率

2.5.3.1　线源道路长度取值

一级道路上各测点相对应的代表路段长度见表 2-28。

表 2-28 三环路内一级道路测点分段长度

路段编号	路段名	图上长度/cm	代表长度/km
一环路			
L1.1	一环路东五段	8.8	5.28
L1.2	一环路西南民院	8.5	5.1
L1.3	一环路西三段	8.9	5.34
L1.4	一环路北四段	7.3	4.38
合 计		33.5	20.1
二环路			
L2.1	二环路东三段	5.3	3.18
L2.2	二环路东四段	5.8	3.48
L2.3	二环路南一段	6.2	3.72
L2.4	二环路南四段	5.1	4.86
L2.5	二环路西一段	6.3	3.78
L2.6	二环路西三段	6.0	3.6
L2.7	二环路北二段	6.1	3.66
L2.8	二环路北四段	5.1	3.06
合 计		45.9	29.34
东西干道			
L4.1	成都饭店	9.4	5.6
L4.2	省科情所	5.5	3.3
L4.3	金河路	5.2	3.1
L4.4	清江中路	7.7	4.6
合计		27.8	16.6
南北干道			
L5.1	人民北路二段	3.0	1.8
L5.2	文殊院	3.4	2.04
L5.3	人民南路一段	6.3	3.8
L5.4	人民南路四段	6.9	4.14
合 计		19.6	11.78
线源道路总计		126.8	77.82

2.5.3.2 城区机动车线源污染物排放量

经机动车污染物模式计算，三环路内的一级道路上机动车污染物排放量为：HC：工作日 12.7 t/d，休息日 11.4 t/d，排放量 0.451 6 万 t/a；CO：工作日 125.4 t/d，休息日 112.2 t/d，排放量 4.438 7 万 t/a；NO_x：工作日 6.8 t/d，休息日 6.0 t/d，排放量 0.237 8 万 t/a。各线源路段排放量详见表 2-29。

表 2-29　三环路内一级道路上机动车气态污染物排放量

路段编号	路段名称	工作日/（kg/d）			休息日/（kg/d）			排放量/（t/a）		
		HC	CO	NO_x	HC	CO	NO_x	HC	CO	NO_x
一环路		2 816	27 702	1 487	2 641	25 954	1 366	1 009	9 929	530
L1.1	一环路东五段	803	7 887	423	719	7 046	370	284	2 791	149
L1.2	一环路西南民院	728	7 138	396	645	6 313	334	257	2 519	138
L1.3	一环路西三段	786	7 754	408	758	7 478	392	284	2 802	147
L1.4	一环路北四段	499	4 923	260	519	5 117	270	184	1 817	96
二环路		5 322	52 287	2 842	4 937	48 476	2 561	1 903	18 688	1 007
L2.1	二环路东三段	392	3 859	204	348	3 428	181	138	1 364	72
L2.2	二环路东四段	640	6 277	347	537	5 257	277	223	2 185	119
L2.3	二环路南一段	614	6 020	334	549	5 369	284	217	2 129	117
L2.4	二环路南四段	1 106	10 844	600	773	7 560	400	369	3 616	198
L2.5	二环路西一段	794	7 783	434	753	7 366	390	286	2 797	154
L2.6	二环路西三段	765	7 541	397	826	8 146	429	286	2 816	148
L2.7	二环路北二段	624	6 150	325	711	7 015	370	237	2 335	123
L2.8	二环路北四段	387	3 813	201	440	4 335	230	147	1 446	76
东西干道		2 385	23 449	1 263	2 140	21 019	1 105	845	8 306	445
L4.1	成都饭店	757	7 425	408	739	7 232	382	274	2 690	146
L4.2	省科情所	461	4 518	249	407	3 989	208	163	1 594	87
L4.3	金河路	391	3 856	202	371	3 657	191	141	1 387	73
L4.4	清江中路	776	7 650	404	623	6 141	324	267	2 635	139
南北干道		1 768	17 367	935	1 269	12 474	655	593	5 828	312
L5.1	人民北路二段	226	2 227	118	231	2 277	121	83	818	43
L5.2	文殊院	229	2 260	118	229	2 263	119	84	825	43
L5.3	人民南路一段	701	6 877	372	409	4 010	209	225	2 211	119
L5.4	人民南路四段	612	6 003	327	400	3 924	206	201	1 974	107
三环内其他一级道路		3 131	30 788	1 655	2 990	29 366	1 546	1 128	11 089	593
总计		15 422	151 593	8 182	13 971	137 289	7 233	5 478	53 840	2 887

注：年排放量按工作日占 5/7、休息日占 2/7 计算。

2.5.3.3　面源道路长度取值

对三环路内 94 个网格的二级、三级道路进行详细统计，分别为 346.858 km 和

876.981 km。统计结果见表 2-30。

表 2-30　三环路内二级、三级道路长度

单位：m

网格编号	二级路	三级路	网格编号	二级路	三级路	网格编号	二级路	三级路
1	3 565	7 065	33	1 413	4 413	65	2 804	7 500
2	3 695	7 630	34	1 283	9 000	66	2 761	7 935
3	6 239	4 869	35	1 022	8 891	67	4 326	8 261
4	1 978	5 108	36	1 435	9 087	68	761	8 630
5	6 870	18 978	37	8 326	28 674	69	413	6 978
6	14 478	10 087	38	3 957	18 348	70	2 217	6 348
7	5 261	3 021	39	3 435	5 391	71	2 152	6 957
8	3 500	7 804	40	2 239	2 587	72	3 457	25 978
9	3 152	10 044	41	1 087	7 783	73	6 848	20 304
10	1 217	9 435	42	1 413	10 370	74	4 652	9 870
11	2 522	4 152	43	4 652	26 674	75	3 413	6 696
12	6 413	14 870	44	5 457	10 478	76	2 304	5 544
13		2 521	45	2 348	6 761	77	5 652	31 174
14		7 456	46	1 000	9 522	78	7 870	14 348
15	3 587	11 457	47	1 065	7 044	79	4 674	4 609
16	3 478	5 326	48	1 000	4 217	80	1 000	8 544
17	3 217	6 761	49	761	8 261	81	1 739	5 587
18	6 391	22 000	50	5 761	11 152	82	1 804	7 826
19	6 196	8 739	51	6 370	13 848	83	1 696	8 696
20	6 217	3 652	52	7 783	10 565	84	4 348	14 739
21	3 087	5 304	53	4 935	5 935	85	6 652	15 109
22	3 283	9 044	54	3 935	18 065	86	3 630	6 130
23	2 935	4 783	55	2 696	14 783	87	7 587	16 304
24	1 630	5 239	56	2 750	4 935	88	8 565	24 696
25	4 326	9 761	57	2 891	10 326	89	5 978	7 957
26	2 413	7 457	58	4 522	6 674	90	3 021	6 109
27	4 391	8 544	59	1 348	5 674	91	2 130	5 848
28	5 500	8 891	60	3 087	5 587	92	2 174	5 587
29	2 283	7 261	61	3 717	2 261	93	8 761	3 522
30	3 022	5 978	62	3 652	6 587	94	2 326	6 913
31	3 587	6 522	63	5 261	6 326	合计	346 858	876 981
32	2 348	8 478	64	3 761	3 826			

2.5.3.4 城区机动车面源污染物排放量

经计算得到三环路内二级、三级道路（共 94 个网格）机动车 HC、CO 和 NO_x 排放量

为：HC：日排放 38.852 t，年排放 1.418 1 万 t；CO：日排放 377.258 t，年排放 13.77 万 t；NO_x：日排放 19.849 t，年排放 0.724 5 万 t。各网格污染物排放量详见表 2-31 和表 2-32（注：年排放量按工作日占 5/7、休息日占 2/7 计）。

表 2-31　三环路内机动车面源污染物排放量　　单位：kg/d

网格	HC	CO	NO_x	网格	HC	CO	NO_x	网格	HC	CO	NO_x
1	917	8 953	476	34	928	8 945	471	67	545	5 330	285
2	954	9 317	495	35	400	3 854	204	68	397	3 884	208
3	1 512	14 761	783	36	1 192	11 471	602	69	302	2 949	159
4	464	4 527	242	37	4 304	41 542	2 174	70	595	5 804	309
5	864	8 438	449	38	626	6 118	325	71	587	5 730	305
6	1 303	12 712	677	39	361	3 524	188	72	1 402	13 692	737
7	462	4 510	240	40	219	2 140	114	73	885	8 646	460
8	488	4 772	255	41	362	3 490	184	74	533	5 209	277
9	566	5 536	296	42	480	4 629	244	75	312	3 050	164
10	452	4 419	237	43	3 033	29 264	1 539	76	333	3 256	174
11	509	4 971	265	44	2 613	25 368	1 328	77	1 900	18 556	997
12	733	7 165	380	45	1 410	13 646	715	78	823	8 039	426
13	50	487	26	46	1 178	11 311	595	79	411	4 018	213
14	283	2 716	144	47	918	8 825	463	80	441	4 310	232
15	654	6 335	333	48	537	5 196	273	81	446	4 351	233
16	415	4 036	211	49	790	7 601	401	82	533	5 202	279
17	1 193	11 560	603	50	642	6 269	334	83	547	5 345	287
18	879	8 587	457	51	736	7 189	382	84	594	5 803	309
19	634	6 190	329	52	789	7 706	410	85	780	7 617	405
20	548	5 344	284	53	487	4 756	253	86	389	3 798	202
21	390	3 792	198	54	3 218	31 033	1 630	87	842	8 228	436
22	544	5 273	277	55	2 510	24 178	1 271	88	1 075	10 504	557
23	361	3 511	184	56	1 273	12 366	647	89	567	5 538	293
24	753	7 289	383	57	404	3 948	210	90	341	3 331	177
25	2 256	21 874	1 146	58	468	4 568	243	91	267	2 610	139
26	1 514	14 641	768	59	203	1 986	106	92	266	2 599	138
27	593	5 758	302	60	1 435	13 938	729	93	670	6 542	347
28	674	6 553	343	61	1 161	11 369	592	94	296	2 892	153
29	1 115	10 765	563	62	931	9 093	483				
30	1 080	10 471	546	63	1 303	12 716	675	一环内合计	8 831	85 959	4 544
31	467	4 537	238	64	923	9 006	478	一环、二环间合计	11 866	114 795	6 022
32	466	4 503	237	65	666	6 505	348	二环、三环间合计	18 155	176 514	9 282
33	254	2 459	129	66	460	4 495	241	三环内合计	38 852	377 268	19 848

表 2-32 三环路内机动车面源污染物排放量

单位：t/a

网格	HC	CO	NO_x	网格	HC	CO	NO_x	网格	HC	CO	NO_x
1	165	1 608	85	34	156	1 502	78	67	108	1 390	74
2	171	1 672	89	35	71	679	36	68	78	766	41
3	275	2 687	142	36	216	2 073	108	69	56	545	29
4	87	850	45	37	781	7 532	391	70	106	1 033	55
5	159	1 554	82	38	116	1 134	60	71	104	1 016	54
6	237	2 310	123	39	66	645	34	72	261	2 544	136
7	84	819	43	40	40	390	21	73	163	1 594	85
8	97	943	50	41	64	616	32	74	98	956	51
9	112	1 093	59	42	85	816	43	75	62	602	32
10	89	872	47	43	498	4 791	249	76	66	644	34
11	96	936	50	44	473	4 592	239	77	354	3 458	185
12	133	1 296	69	45	253	2 450	128	78	148	1 449	77
13	9	92	5	46	213	2 040	106	79	74	718	38
14	50	475	25	47	166	1 594	83	80	82	800	43
15	116	1 125	59	48	86	833	43	81	83	815	44
16	74	722	38	49	134	1 289	67	82	100	972	52
17	217	2 104	109	50	118	1 150	61	83	102	997	53
18	162	1 586	84	51	135	1 320	70	84	110	1 071	57
19	116	1 131	60	52	144	1 408	75	85	143	1 399	74
20	99	970	52	53	89	868	46	86	71	695	37
21	70	678	35	54	574	5 523	288	87	152	1 486	79
22	97	938	49	55	446	4 290	224	88	195	1 906	101
23	65	628	33	56	231	2 242	117	89	102	994	53
24	119	1 146	60	57	75	729	39	90	63	611	32
25	407	3 947	206	58	86	835	44	91	49	481	25
26	272	2 625	137	59	38	368	19	92	49	478	25
27	106	1 028	54	60	260	2 526	132	93	119	1 161	61
28	121	1 172	61	61	215	2 102	109	94	54	525	28
29	202	1 953	101	62	168	1 636	87				
30	197	1 906	99	63	236	2 303	122	一环内合计	3 223	31 375	1 677
31	83	811	42	64	168	1 635	87	一环、二环间合计	4 331	41 900	2 198
32	83	799	42	65	125	1 220	65	二环、三环间合计	6 627	64 428	3 388
33	45	437	23	66	91	888	48	三环内合计	14 181	137 703	7 263

表 2-33　城区机动车污染物排放量汇总　单位：万 t/a

污染物	面源	线源	总计
HC	1.418 1	0.451 9	1.870 0
CO	13.770 0	4.438 7	18.208 7
NO_x	0.724 5	0.237 8	0.962 3

2.5.3.5　城区流动源与固定源污染的分担率

（1）城区内植被排放 HC 总负荷

由于植物也会排放一定浓度的污染物 HC，所以固定源所排放污染物中不可忽视这一点，据资料分析，树木排放的 HC 的综合排放因子为 0.074 t/（10^2 m^2 • a）。成都市有灌木 30 万株，按每株灌木占面积 8 m^2 计算，则成都市灌木覆盖面积为 240 万 m^2，其他乔木及草坪排放 HC 可忽略不计，则成都市区每年植被排放 HC 为 1 776 t。

（2）城区三环路内加油站及油库挥发源（HC）

加油站在加油过程中会排放一定的污染物影响大气环境质量。加油站排放 HC 化合物的因子取 3.92 g/L。成都市区三环路内加油站大多分布于各个交通道路两旁，共有 148 个加油站，据统计，2000 年年销售油量为 209 478 t。计算得出成都市 2000 年加油站排放污染物的量为 HC 821.2 t。

（3）2000 年城区固定源污染物排放量统计

2000 年城区主要污染物排放量按工业、居民、第三产业、医院、高校、宾馆分类调查统计，结果见表 2-34。

表 2-34　2000 年成都市固定源污染物排放量统计　单位：t/a

固定源分类	污染物排放量		
	NO_x	CO	HC
工业	19 495	914	297
第三产业	13.3	3.6	5.3
居民	1 370	3 825	765
高校、医院、宾馆	284	34	11
加油站	—	—	941
植被	—	—	1 776
总计	21 162.3	4 776.6	3 795.3

（4）城区流动源污染物排放量分析统计及分担率

城区流动源污染物排放量统计，应考虑三环路内线源、面源各污染物排放量之和。但二环、三环路之间小区开发占地较多，仍有一部分土地待开发，空闲地段较多。这些网格地段车流量较少，部分地段无车流量。根据实地调查，对照交通地图和城区电子地图分析，二环、三环路之间仅有 1/3 的城区满足流动污染物排放量统计，即仅 44.18 km^2 参与污染物排放量计算。

因固定源相关数据取自 2000 年的数据，因此计算分担率以 2001 年的车流量，按年平均 20%的年车辆增幅，倒推至 2000 年的车流量的污染物排放量。

表 2-35　2000 年成都市城区机动车与固定源污染分担率

污染源	CO		NO_x		HC	
	排放总量/（万 t/a）	分担率/%	排放总量/（万 t/a）	分担率/%	排放总量/（万 t/a）	分担率/%
固定源	0.477 6	3	2.12	72.6	0.38	19.6
流动源	15.18	97	0.80	27.4	1.56	80.4
总计	15.657 6	100	2.92	100	1.94	100

由表 2-35 可见，与固定源污染排放量对比，成都市城区机动车排放的 CO、NO_x 和 HC 占绝对地位，其中，CO 和 HC 分担率特别高，说明成都机动车排气污染是成都市城区大气环境中的首要污染物。

2.5.3.6　城区流动污染源各车型污染负荷分担率

三环路内机动车平均车型比为：大型车 5.3%，中型车 2.8%，小型车 86.3%，摩托车 5.6%；各车型污染负荷分担率分别为：大型车 2.1%，中型车 0.9%，小型车 95.9%，摩托车 1.1%。小型车污染负荷分担率高达 95%以上，是机动车排气污染物的最大贡献者，见图 2-11。

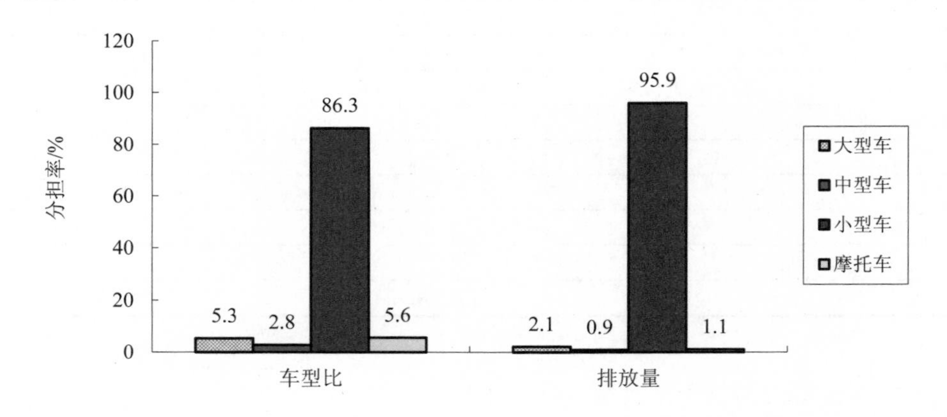

图 2-11　机动车车型比与排放分担率

2.5.3.7 城区污染源各区域污染负荷分担率

三环路内区域构成及机动车区域污染负荷见表 2-36 和图 2-12。可以看出：一环路内面积仅占 10.54%，但污染负荷分担率达到 30.0%；一环、二环路间虽然面积只占 17.32%，但机动车污染负荷分担率高达到 40.1%，即二环路以内不到 30%的面积（27.86%）排放了 70.1%的污染负荷；二环、三环路间虽然面积占到 72.14%，但机动车污染负荷分担率仅为 29.91%。说明二环路内受机动车排气污染较突出。

表 2-36 机动车区域污染负荷分担率

区域	面积/km²	占三环路内面积的比例/%	区域污染负荷分担率/%
一环路内	19.377	10.54	30.0
一环、二环路间	31.852	17.32	40.1
二环、三环路间	132.675	72.14	29.9
三环路内	183.904	100.0	100

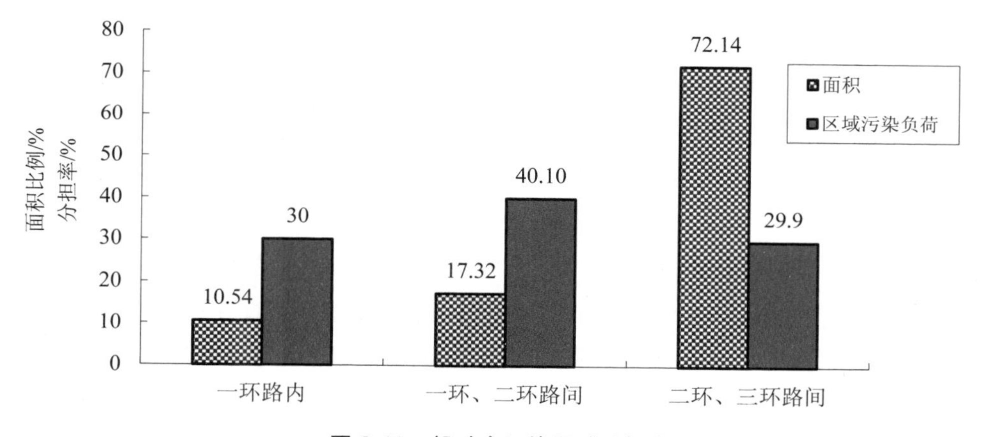

图 2-12 机动车污染区域分担率

2.6 无组织排放源调查

2.6.1 扬尘污染源现状

2.6.1.1 扬尘的来源

大气扬尘无组织排放是指不经过专设排放口的固体颗粒物向大气环境的直接排放。从事室外作业场所、料堆、废物堆等的排尘，机动车行驶中、机械扰动作用产生的道路扬尘，建筑施工、裸露地面或自然尘土在机械或风力因素双重作用下产生的建筑扬尘等，均属无组织排尘。因此，扬尘的无组织排放种类繁多，分布极为广泛。成都市人口众多，道路纵横交错，交通发达，城市规模不断扩大，经济发展迅速，各类建设项目连年不断，机动车保有量逐年增加，使大气中颗粒物污染居高不下，无组织排放的扬尘占据重要份额。

2000年年初到2000年年末，成都市仅在市级部门登记建设的房地产开发建设项目有近210项，建筑总面积约800多万 m^2，加上大规模的市政工程建设项目，如“五路一桥”的建设等，可以说成都是一个大的建筑工地。根据对部分建筑工地及拆迁工地的现场调查，建筑工地环保措施简单，缺乏明确的职责和严格规范的管理，给周围环境造成大量建筑扬尘及因运输物料而带来的道路扬尘，它们对整个城市的大气环境中尘的贡献不能忽视，虽然它们的粒径较大，但一经辗扬，会对区域环境产生影响。

2.6.1.2 扬尘的种类

1）料堆扬尘。各类工业钢渣、粉煤灰、水泥库的堆放场，原煤堆放场等随风飞扬的堆放物尘是扬尘的重要来源。成都市，特别是东郊各类物料堆放场较多，并且大多数都没有采取有效的防尘措施，如果把城市所有物料堆放场集合在一起，就是一个大的开放源，若没有合理有效的防尘措施，在不利的气象条件下，可产生大气扬尘污染。

2）交通扬尘。交通运输过程洒落于道路上的渣土、煤灰、灰土、煤矸石、沙土、垃圾等，经来往车辆的碾压后形成粒径较小的颗粒以及沉积在道路上的其他排放源排放的颗粒物（如汽车尾气尘），经卷扬进入空气，构成道路交通尘。在道路等级不高、道路两旁绿化不好的路面上常常集有大量的尘土，汽车行驶在路面上会造成尘土飞扬。这部分颗粒物往往是反复扬起，反复沉降，造成重复污染。由于道路的面积占城市面积的10%以上，所以道路尘对TSP的贡献不容勿视，道路尘对行人影响也较大。

3）裸露地面扬尘。裸露地面也是造成扬尘的原因，以裸露树坑为例，城市中每一棵树的根部周围基本上都有一块裸地，若每一个树坑按1 m^2 计算，那成都市有1 000多万棵树，仅此一项就有裸地10多 km^2。可见，成都市还存在着相当大的裸露地面，这些裸露地面都是扬尘的来源。

4）建筑施工扬尘。建筑过程中土方开挖、土渣与物料运输、装卸过程，以及主体工程施工和装修过程均会产生扬尘。因数据收集原因，此处只考虑了当时成都市主要道路施工的扬尘。

2.6.2 成都市扬尘排放清单

2.6.2.1 成都市在建项目分析统计

根据对成都市城区在建项目的统计，城区民用建筑总面积约为809万 m^2。北京地区建筑扬尘排放因子为 0.292 kg/m^2，经湿度校正后（取湿度校正因子为 0.895），得到在建项目扬尘排放因子 0.261 kg/m^2。以北京市在建项目扬尘排放因子为基准，估计成都市目前民用建筑工地扬尘全年排放量为 2 116 t。

2.6.2.2　成都市拆迁项目统计

从 2001 年 1 月初到 2002 年 1 月底，对成都市城区拆迁项目加以统计，大约拆迁总面积为 58.8 万 m^2。研究得到拆迁扬尘排放经验因子为 7.969 kg/m^2，取湿度校正因子为 0.895，估算成都市目前拆迁扬尘大约为 4 195 t/a。

2.6.2.3　成都市物料堆放及装卸场扬尘排放

成都物料堆放及装卸场扬尘，一般产生于装卸、运输作业和堆放的自然风蚀吹扬等过程。成都市料堆主要为煤堆（包括工业锅炉用煤）、灰渣等，这些都成为扬尘的重要产生源。

形成扬尘的 3 个条件：① 颗粒直径小于 100 μm 以下；② 颗粒之间的凝结力小于颗粒在外界扰动下克服凝结力的束缚，形成空中扬尘；③ 外界的扰动，空气的扰动或人类活动的扰动（如物料上下车作业）。很明显，扰动小引起的扬尘就小。

通过调查，对成都市主要物料堆放及装卸场进行了统计（表 2-37）。其中，成都东站煤装卸场污染较严重，该煤场每天约 1 000 t 原煤由人工装卸，由于没有采取防护措施，原煤粉末四处飞扬。

表 2-37　成都市物料堆放场统计

序号	名称	地点	体积/m^3	堆料量/t	物料类	风蚀扬尘/（kg/a）
1	成都煤建公司堆煤场	成都东站	12 500	40 000	散煤	1 780
2	成发集团公司	双桥子	50	80	散煤	3
3	前锋电子电器集团有限公司	府青路二段	208	333	散煤	14
4	成都机车车辆厂	二仙桥	80	128	垃圾	16
5	成都化工股份有限公司	驷马桥横街	1 365	2 184	散煤	97
6	铁道部成都木材防腐厂	二仙桥北一路	80	128	散煤	6
7	成都热电厂	催家店路	69 120	110 592	散煤	4 820
8	成都飞机工业集团有限公司	黄田坝	60	96	散煤	4
9	成都华能综合利用公司	催家店路	1 000	1 600	散煤	71
10	华能成都电厂	催家店路	18 480	29 568	散煤	1 315
11	四川川化集团	龙舟路	75	120	散煤	5
12	成都罐头食品厂	牛沙北路	100	160	散煤	7
13	四川旅行车制造厂	解放路一段	30	48	散煤	2

序号	名称	地点	体积/m^3	堆料量/t	物料类	风蚀扬尘/（kg/a）
14	四川磨床场	天回外北大湾	40	56	垃圾	6
15	成都蜀化石油化学有限公司	天回镇	120	192	散煤	8
16	总计	—	—	—	—	8 154

料堆场扬尘产生于料堆的装卸、堆放和自然风蚀等过程，排放因子的测定与计算可分为作业扬尘与自然风蚀扬尘，结合成都市的情况，选择美国国家环境保护局推荐的计算地面起尘因子的半经验公式，得到成都市扬尘计算分析结果。

（1）作业扬尘（美国的推荐公式）

$$E=K\times0.001\,6\times（v/2.2）^{1.3}/（M/2.2）^{1.4}$$

式中：E —— 排尘因子，kg/t 物料；

K —— 粒径系数，%；

v —— 平均风速，m/s（成都地区 v=1.3 m/s）；

M —— 物料的含水率，%。

1）煤堆装卸作业排尘因子：

K=24.2，M=0.46，则 E=0.174 7（kg/t 物料）

2）水泥装卸作业排尘因子：

K=56.37，M=0.46，则 E=0.407（kg/t 物料）

3）垃圾灰堆装卸作业排尘因子：

K=63.9，M=0.46，则 E=0.461 5（kg/t 物料）

（2）风蚀扬尘（北京环科院与北大环境中心研究的经验公式）

$$E=K\times0.000\,853\,5\,v^{3.22}\,e^{-0.2M}$$

式中：E —— 排尘因子，kg/t 物料；

K —— 粒径系数，%；

v —— 风速，m/s，启动风速为 1.3 m/s；

M —— 物料的含水率，%。

1）煤堆：K=24.2，M=0.46，则 E=0.043 8 kg/t 物料

2）垃圾灰堆：K=63.9，M=0.46，则 E=0.115 8 kg/t 物料

根据目前所统计的料堆场加以计算，每年所排放的扬尘量为 8 154 kg。

根据目前所统计的资料（表 2-38），这些物料装卸场每天将排放 1 391 kgTSP，如果 1 年以 300 个工作日计算，则每年所排放的扬尘量为 417.3 t。将作业扬尘和风蚀扬尘相加，本次调查的物料堆放和装卸作业场每年将产生扬尘 425.454 t。由于成都市风速较低，静风频率较高、湿度大，因此，成都市料堆场产生的风蚀扬尘量相对较小。

表 2-38 成都市物料装卸场统计表

序号	名称	地点	占地面积/m^2	日装卸量/t	物料类	作业扬尘/（kg/d）
1	东站煤装卸场	二仙桥北街	4 000	1 000	散煤	174
2	二仙桥散装水泥中转库	二仙桥	4 个连体筒仓	2 500	散装水泥	1 012
3	天回镇火车站煤装卸场	天回镇火车站	1 800	600	散煤	104
4	沙河堡火车站煤装卸场	沙河堡火车站	2 000	360	散煤	63
5	成都九里纺织集团公司	二环路东三段	120	82	垃圾堆	38
6	总计					1 391

2.6.2.4 成都市“五路一桥”工程建设扬尘排放估算

“五路一桥”即三环路、人民南路南延线、老成渝路、成洛路、成龙路和火车南站立交桥。道路总长 116.40 km，计划总投资 104 亿元，是成都市于 2000 年开工，目前正在建设的投资最大的基础设施建设项目。

（1）“五路一桥”简介

1）三环路

三环路是一条位于规划主城区范围内的城市交通环形主干道。道路全长 51.079 km，规划红线宽 80 m，设计行车速度为 80 km/h。三环路建成后，总体通行能力是二环路的 4～5 倍。

2）人民南路南延线

人民南路南延线是规划建设的南北重要骨架道路。道路全长 13.465 km，规划道路红线宽 80 m，双向 8 车道，按城市 1 级主干道设计，道路设计车速 60 km/h。

3）老成渝路

老成渝路是综合性城市主干道。道路全长 15.905 km，规划宽 50 m，双向 6 车道，设计车速为 60 km/h。

4）成龙路

成龙路是市区到龙泉驿片区之间的一条快捷通道。道路全长 15.707 km，红线宽为 40 m，双向 6 车道，设计车速为 60 km/h。

5）成洛路

成洛路交通性质为城市主干道。道路全长 20.245 km，规划红线宽度 40 m，两侧各设 10 m 绿化带，设计车速为 60 km/h。

6）火车南站立交桥

火车南站立交桥是人民南路南延线上的一座规模最大的立交桥。其主要交通功能是解决南北直通交通和连接机场高速公路。桥梁南北长 1.47 km，东西长 1.024 km，桥面为双向 6 车道。

（2）“五路一桥”工程建设扬尘估算

1）“五路”工程建设的扬尘排放量估算。

“五路”工程建设的扬尘估算排放量见表 2-39。

表 2-39 “五路”工程建筑扬尘统计

名称	道路长度/km	扬尘排放因子/[kg/（km · a）]	扬尘排放量/（t/a）
三环路	51.079	46 565	2 379
人民南路南延线	13.465	46 565	627
老成渝路	15.905	46 565	741
成龙路	15.070	46 565	702
成洛路	20.245	46 565	943
总排放量/（t/a）			5 392

注：扬尘排放因子是根据北京地区相关研究得到的年排放经验因子。

“五路”工程建设三环路（含三环路）以内城区段的扬尘估算排放量由表 2-40 给出。

表 2-40 “五路”工程三环路内城区段建筑扬尘统计

名称	道路长度/km	扬尘排放因子[kg/（km · a）]	扬尘排放量/（t/a）
三环路	51.079	46 565	2 379
人民南路南延线三环以内	2.42	46 565	113
老成渝路三环以内	5.87	46 565	273
成龙路三环以内	6.12	46 565	285
成洛路三环以内	4.24	46 565	197
总排放量/（t/a）			3 247

注：扬尘排放因子是根据北京地区相关研究得到的年排放经验因子。

2）火车南站立交桥工程建设扬尘排放量估算。

a. 火车南站立交桥在建建筑面积估算扬尘量。

火车南站立交桥建筑面积大约为：

（南北长+东西长）×桥宽度=（1 470 m+1 024 m）×40 m=99 760 m^2

扬尘排放量=建筑面积×排放因子=99 760 m^2×0.26 kg/m^2=25 937.6 kg

b. 从桥的道路长路估算扬尘量：

（桥道路南北长路+东西长路）×排放因子=（1.470+1.024）km×46 565 kg/km=116 133.11 kg

c. 火车南站立交桥总的扬尘估算量：

$$25\,937.6\text{ kg}+116\,133.11\text{ kg}=142\,070.71\text{ kg}\approx 142\text{ t}$$

3）"五路一桥"工程建设扬尘估算总量。

$$5\,392\text{ t}+142\text{ t}=5\,534\text{ t}$$

其中"五路一桥"工程建设三环路（含三环路）以内城区段扬尘估算总量为 3 247 t+142 t=3 389 t

2.6.2.5　成都市各类无组织排放源扬尘产生量统计

根据以上估算，2001 年 1 月至 2002 年 1 月成都市三环路以内城区无组织排放源统计见表 2-41。

表 2-41　成都市区各类扬尘排放量统计

序号	项目	扬尘量/（t/a）
1	在建项目	2 364
2	拆迁项目	4 687
3	物料堆放和装卸作业场	426
4	道路交通（不含三环路）	9 320
5	"五路一桥"	3 389
6	总　计	20 186

从表 2-41 可知成都市 2001 年 1 月至 2002 年 1 月的扬尘排放总量为 20 186 t。

2.6.3　成都市交通尘调查

2.6.3.1　交通尘排放量调查

交通尘指因公路交通引起的大气尘污染，包括交通扬尘和汽车尾气尘。交通扬尘是指因交通行为使沉积在道路上的细小颗粒尘被车辆搅动扬起后，进入空气的固体颗粒物，其粒径一般较大，容易沉降；汽车尾气尘是由道路上的机动车直接排放的尾气烟尘，粒径细小（80%以上小于或等于 2.5 μm），可长期飘浮于空气中。交通尘大部分随着道路上的车流在路网上及道路两侧输送扩散，少部分向道路两边扩散时被绿化带和建筑物滞留。

交通尘发生量的计算，主要依据本次调查的不同路段车流量、不同类型车辆构成比数据（见本章 2.5.2），和北京市同类课题有关排放因子实验数据。一级路（人民路、蜀都大道、一环路、二环路）以线源处理，其他二级路和三级路作为面源处理。交通扬尘 PM_{10} 排放因子为（北京隧道实验结果）：一级路 0.8 g/（km・辆），二级路 1.016 g/（km・辆），三级路 1.399 g/（km・辆）。长度为 L（km），车流量为 Q（辆/h），排放因子为 q［g/（km・辆）］的道路扬尘计算公式为：PM_{10}（g/h）$=LQq$。机动车尾气排放因子为：一级路 0.236 g/（km・辆），二级路 0.232 g/（km・辆），三级路 0.232 g/（km・辆）。考虑成都地区空气相对湿度大，汽车尾气环保管理要求低等因素，对北京的排放因子用到成都地区时作了适当校正。即扬尘校正因子取 0.756，机动车尾气尘校正因子为 1.5。

长度为 L（km），车流量为 Q（辆/h），排放因子为 q［g/（km・辆）］的机动车尾气尘计算公式为：PM_{10}（g/h）$=LQq$。

表 2-42 三环路内交通尘（PM_{10}）统计表

项 目	一级路长度/m	排放量/（t/a）	二级、三级路长度/m	排放量/（t/a）	道路总长度/m	总排放量/（g/h）
扬 尘	72 939	504	1 223 839	3 090	1 296 778	3 594
尾气尘		200		980		1 180
总 计		704		4 070		4 774

考虑交通流量调查得到的不均匀系数如图 2-8、图 2-9 所示，计算全年交通尘（PM_{10}）排放量为 4 774 t/a。考虑交通扬尘中 PM_{10}/TSP 约为 0.5，尾气尘几乎全部为 PM_{10}，则交通尘排放量中 TSP 总量为 8 368 t/a。

2.6.3.2 交通源对大气环境质量的影响调查

为了了解交通尘对道路及两边环境空气质量的影响，课题组于 2002 年 3 月 16—20 日，选择二环路上一典型路段（置信丽都花园段，此处除了交通污染外无其他污染源），对道路两侧不同距离空气中的颗粒物质量浓度进行了实际监测。

颗粒物采样时段：07：00—14：00，14：00—21：30，22：00—06：00；

布点：二环路置信丽都花园段。以二环路边界为起点，分别以距起点 16.6 m、28.6 m、58.6 m、99.3 m 设置 4 个采样点，监测项目为 TSP、PM_{10}、$PM_{2.5}$、车流量、气压、温度、风向、风速。

（1）道路两侧颗粒物浓度随距离的变化规律

道路两侧不同距离处大气颗粒物浓度如图 2-13 所示。图中 TSP 在离道路边缘约 30 m 处开始下降，在距离道路 100 m 处已降低 37%，而 PM_{10} 只降低 11%左右，$PM_{2.5}$ 几乎无变化。这是因为大粒径的颗粒物容易沉降。以上说明：

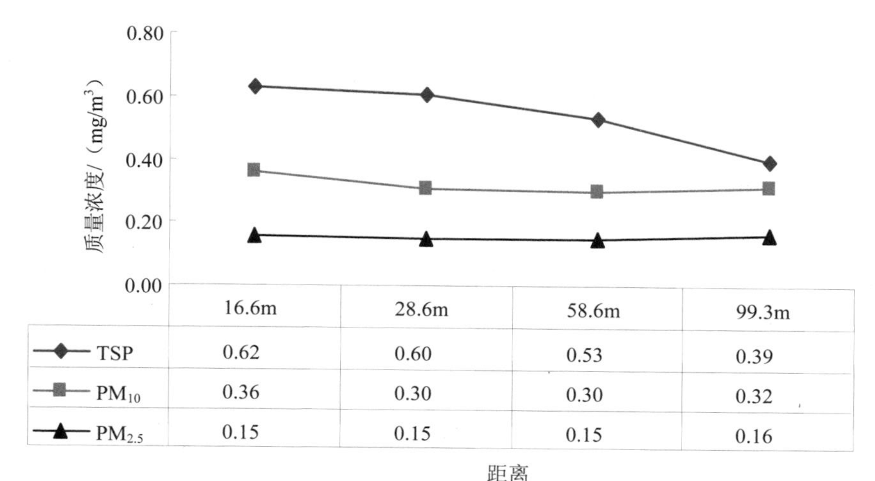

图 2-13　道路两侧大气颗粒物浓度随距离的变化

a. TSP 浓度随距离变化较大，即大粒子沉降较快，在约 100 m 处下降近 40%。此处大粒子主要为道路扬尘。

b. 由于 PM_{10} 和 $PM_{2.5}$ 可以长期悬浮、积累于空气中，空间分布比较均匀，也表明由交通尘引起的细小颗粒物的影响范围大。

c. 实际监测时，道路两侧颗粒物污染严重，TSP（30 m 内）、PM_{10}（100 m 内）日均值超过 GB 3095—1996 二级标准 2 倍以上。

（2）道路两侧大气颗粒物的粒径分布

如图 2-14 所示，在距离道路边沿约 60 m 内，大于 10 μm 粒子比例为 40%～50%，约 100 m 处迅速下降到不足 20%。考虑监测点位布设于置信丽都花园草坪上，表明绿地对大粒子的滞留作用非常明显。当道路两旁有行道树时，道路扬尘首先被滞留、过滤，因此道路两旁树叶上的积尘主要由道路扬尘引起。

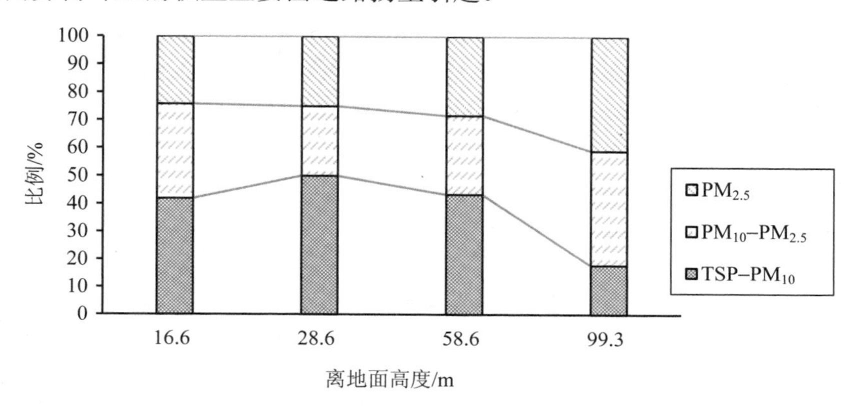

图 2-14　道路两侧大气中不同粒径颗粒物构成比例

（3）道路两侧大气颗粒物的昼夜变化规律

从整体来看，道路两侧颗粒物浓度的共同特征是：14：00—21：30（时段Ⅰ）最小，此时大气扩散条件好，相应空气质量也好；22：00—14：00（时段Ⅱ）大气中颗粒物浓度高，TSP、PM_{10}和$PM_{2.5}$浓度分别是Ⅰ时段的1.44倍、1.64倍和1.63倍。

粒径小于10 μm的粒子浓度，时段Ⅱ大于时段Ⅰ60%以上，且基本上不随距离而变化；大粒子不同时段差别相对较小，平均为40%左右。

2.7 小结

通过本次大气污染源调查和分析，得到如下结论。

（1）成都市城区能源结构已由20世纪90年代初的以燃煤为主，变为2000年以燃煤、电力、天然气和燃油等多种能源消费局面，清洁能源的比例逐步增加

成都市经过近10年的努力，特别是二滩水电站建成投产后，将使能源结构发生变化的速度迅速加快，向有利于环境生态保护的方向发展。电力消耗已占全部能源消耗量的40%，电力、天然气和燃油等清洁和较清洁能源在全部能源消耗中的比重已达到了近70%；中心城区的汽化率达到了95%以上。燃煤占总能源的比例由1990年的44%，降到2000年的33%。

（2）工业生产和机动车尾气是城区大气污染物的主要来源

经调查，成都市城区由工业生产、居民生活和第三产业、交通等产生的污染物总量见表2-43。

表2-43 城区由工业生产、居民生活和第三产业、交通产生的污染物总量

项　目	污染物质				
	SO_2	CO	HC	NO_x	颗粒物
工　业	37 756	914	297	19 495	14 852
民用锅炉	165	34	11	284	303
居民生活	3 376	3 825	765	1 370	556
第三产业	92	3.6	5.3	13.3	241
小　计	41 389	4 776.6	1 078.3	21 162.3	15 952
道路交通		151 800	15 600	8 000	8 368
建筑施工					10 866
总　计	41 389	156 576.6	16 678.3	29 162.3	35 186

2000年，成都市区主要大气污染物SO_2、CO、HC、NO_x和颗粒物的排放量分别约为4.14万t、15.66万t、1.67万t、2.92万t和3.61万t。

工业、居民生活、第三产业和交通等污染物排放量的相对贡献如图 2-15 所示。可见，SO_2和 NO_x 主要是工业生产的贡献（65%～90%）；CO、HC 则主要由机动车尾气引起，机动车尾气对 NO_x 的排放量占总排放量的 30%以上，由交通引起的交通尘排放量占大气颗粒物排放总量 20%以上。因此，污染源调查结果表明，机动车尾气的污染已上升为城区大气污染物的主要来源。

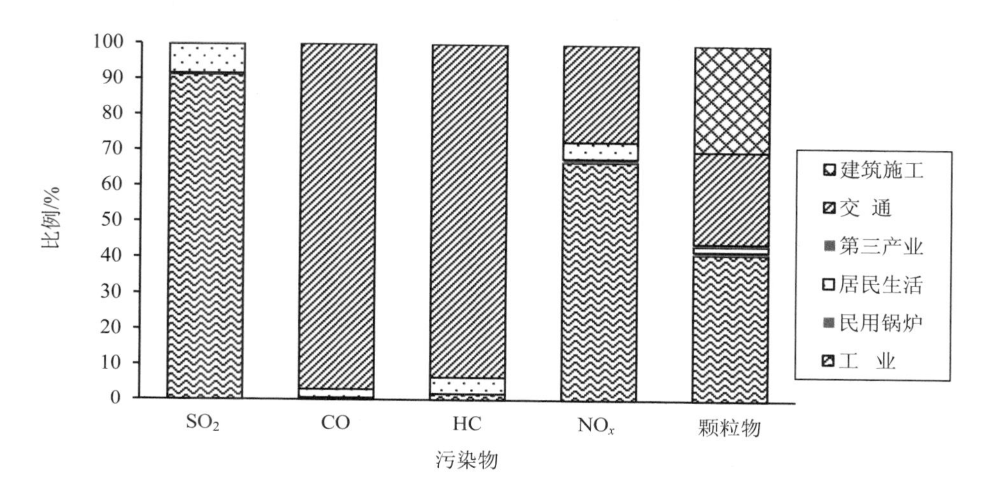

图 2-15　成都市区各种污染物排放量分类构成比例

（3）扬尘是大气颗粒物的主要来源

表 2-44 所示大气颗粒物污染源调查结果表明，建筑扬尘、道路交通扬尘（含机动车尾气尘）等的排放量，占总颗粒物排放量的 54%以上，加之该类扬尘是低空的无组织排放，直接影响人类活动，因此，根据污染源调查结果，扬尘是城区大气颗粒物的主要来源。其中，建筑扬尘排放量占城区总扬尘排放量的 30%以上。因此建筑扬尘和道路交通尘是大气颗粒物的首要来源。

表 2-44　各种颗粒物排放量统计

项目	排放量（t/a）	占比/%	排放方式
工业烟尘	13 841	39.20	有组织排放（点源）
工业粉尘	1 011	2.86	有组织排放（点源）
建筑扬尘	10 866	30.78	无组织排放（面源）
道路交通尘	8 368	23.70	无组织排放（面源）
料堆扬尘	425	1.20	无组织排放（面源）
居民与第三产业	797	2.26	无组织排放（面源）
总计	35 308	100	

（4）工业烟粉尘是大气颗粒物的重要来源

工业烟尘排放占比达到 39%以上，主要是燃煤烟尘。工业烟尘和工业粉尘合计占比达 42.1%。因此，工业排放也是大气颗粒物的重要来源。

（5）工业大气污染源主要集中在城区东部的成华区

该区的成都热电厂、成都华能热电厂和成都嘉陵热电厂，是成都城区主要的工业大气污染源。以上三厂的 SO_2、NO_x、粉尘排放量占全成都城区工业污染源相应污染物排放总量的 80%以上，2000 年耗煤量为 122.5 万 t，占城区总耗煤量的 61%。

（6）交通尘是影响道路两侧环境空气质量的主要因素

现场调查表明，由市内交通因素引起的交通扬尘、机动车尾气尘对道路两侧空气质量影响严重。在地势开阔且有草地覆盖的情况下，影响范围大于 100 m，TSP、PM_{10} 质量浓度在 100 m 范围内超过《环境空气质量标准》(GB 3095—1996）二级标准 2 倍以上；在道路侧向不同距离上，TSP 质量浓度随距离增大迅速降低，PM_{10} 质量浓度随距离变化较小，$PM_{2.5}$ 质量浓度则基本不随距离变化。

TSP 质量浓度随距离变化大说明，路边植被对其有较强的滞留作用，因此交通道路两旁布设一定宽度的绿化隔离带，是减少交通扬尘污染的有效手段。同时说明，影响成都市区市容的路旁树叶积尘的主要贡献源于交通扬尘。

（7）大气环境污染类型由 20 世纪 90 年代中的煤烟型污染，变为现在煤烟和机动车尾气混合型污染，大气污染负荷有逐年增加的趋势

1995—2000 年，城区工业燃煤绝对量增加了 18.5%；全市机动车保有量由 1996 年的 33.5 万辆增加到 2000 年 72 万辆，机动车污染负荷比大幅增加；城区大气污染类型由 20 世纪 90 年代中的煤烟型污染变为目前的煤烟和机动车尾气混合型污染。同时，燃煤绝对量增加、机动车尾气排放量和城市建筑扬尘量大幅增加，使城区污染负荷有增加的趋势。

第 3 章　成都市环境空气质量变化趋势与现状分析

本次研究分 3 个层次对成都市环境空气质量变化趋势及现状进行分析。首先通过对 1991—2000 年 10 年间环境监测结果的回顾，了解成都市环境空气质量的变化及发展趋势；其次通过对 2000 年 6 月—2001 年 5 月监测结果的分析，掌握成都市目前的空气质量基本状况；最后重点对 2001 年 6 月和 2002 年 1 月大气强化监测资料加以分析，更深入了解夏季、冬季环境空气质量状况及时空分布特征。

3.1　环境空气质量评价标准

根据《成都市人民政府关于划分成都市环境功能区的通知》（成府发[1997]104 号），成都市建成区范围内属环境空气二类区，因此，对 SO_2、NO_x、NO_2、TSP、PM_{10} 的评价执行国家《环境空气质量标准》（GB 3095—1996）中二级标准，硫酸盐化速率、降尘采用国家《环境质量报告书编写技术规定》推荐值。评价标准值见表 3-1。

表 3-1　环境空气质量评价标准

污染物名称	取值时间	标准或推荐值	单位	备注
氮氧化物（NO_x）	年均值	0.050	mg/m^3	
	日均值	0.100		
二氧化硫（SO_2）	年均值	0.060	mg/m^3	GB 3095—1996
	日均值	0.150		
二氧化氮（NO_2）	年均值	0.080		
	日均值	0.120		
可吸入颗粒物（PM_{10}）	年日均值	0.100		
	日均值	0.150		
总悬浮颗粒物（TSP）	年均值	0.200		
	日均值	0.300		
臭氧（O_3）	小时均值	0.200		
自然降尘	年平均	对照点平均值+3	t/（km^2·月）	国家环境保护局《环境质量报告书编写技术规定》推荐值
硫酸盐化速率	月平均	0.50	mg SO_3/（10^2 cm^2·碱片·d）	
	年平均	0.25		

3.2 环境空气质量历史回顾（1991—2000 年）

1991—2000 年，成都市城区环境空气质量监测项目为二氧化硫、氮氧化物、总悬浮颗粒物、自然降尘及硫酸盐化速率 5 个项目，按照国家监测技术规范和国家有关规定，于 2000 年 3 月和 6 月改氮氧化物为二氧化氮，并增加可吸入颗粒物监测项目。

为保证 10 年监测数据的可比性，统一采用二氧化硫、氮氧化物、总悬浮颗粒物、自然降尘和硫酸盐化速率 5 个项目进行评价。

3.2.1 监测点位概况

1991—2000 年监测点位名称及编号见表 3-2。

1991—2000 年二氧化硫、氮氧化物、总悬浮颗粒物监测点位见图 3-1。

1991—2000 年自然降尘、硫酸盐化速率监测点位见图 3-2。

1991—1993 年，城区大气二氧化硫、氮氧化物、总悬浮颗粒物监测点位为 6 个，自 1994 年起，采用经优化后的 5 个点位。10 年间自然降尘与硫酸盐化速率监测点为 18 个，点位及数目保持不变。

表 3-2 1991—2000 年城区环境空气质量监测点位名称

监测项目	年份	监测点位代码及名称
二氧化硫 氮氧化物 总悬浮颗粒物	1991—1993	1#.文化宫、2#.草堂寺、3#.电感厂、4#.六五厂、5#.金牛坝（清洁对照点）、6#.火车南站
	1994—2000	1#.体育场、2#.草堂寺、3#.铁二局、4#.六五厂、5#.金牛坝（清洁对照点）
自然降尘	1991—2000	1#.文化宫、2#.六五厂、3#.铁二局、4#.玉林村、5#.罗家碾、6#.金牛坝（清洁对照点）、7#.776 厂、8#.动物园 9#.火车南站、10#.红牌楼、11#.磺门铺
硫酸盐化速率	1991—2000	1#.文化宫、2#.六五厂、3#.铁二局、4#.玉林村、5#.罗家碾、6#.金牛坝、7#.776 厂、8#.动物园、9#.火车南站、10#.红牌楼、11#.磺门铺、12#.川医、13#.文化局、14#.无机校、15#.红旗仪表厂、16#.草堂寺、17#.电感元件厂、18#.机车车辆厂

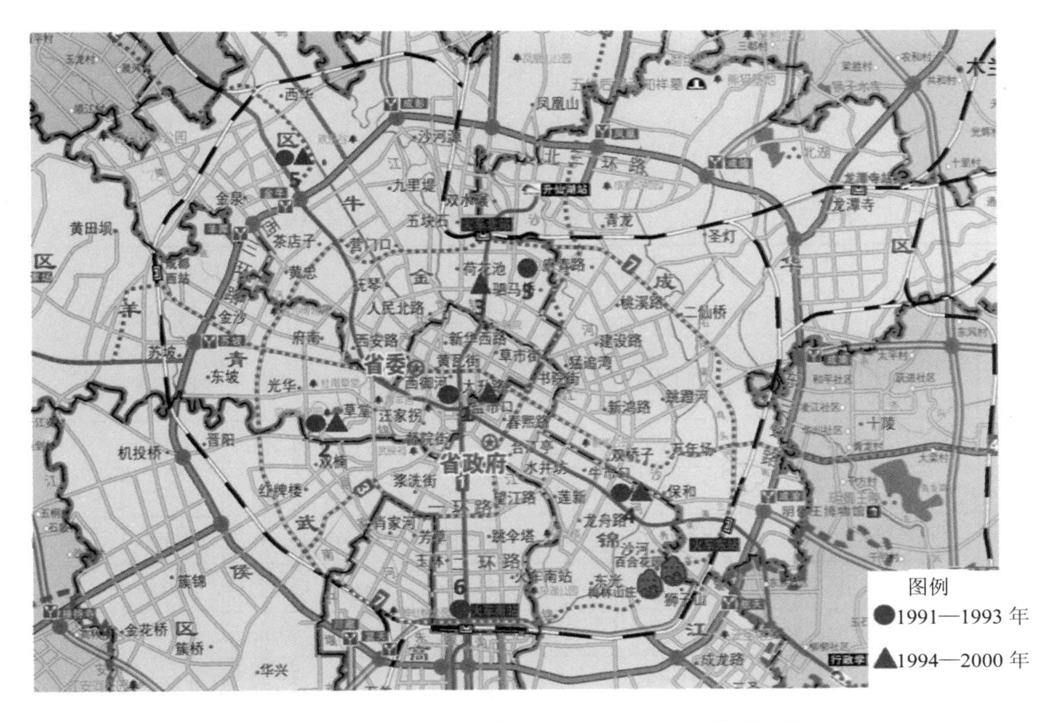

图 3-1　1991—2000 年 SO_2、NO_x、TSP 监测点位

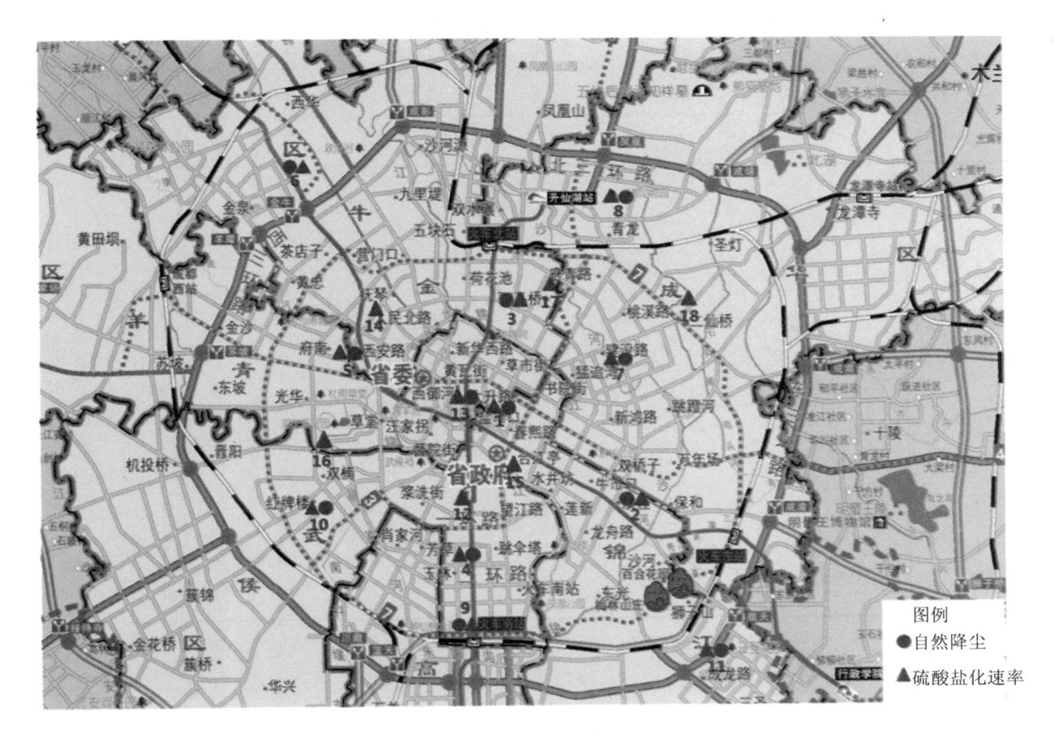

图 3-2　1991—2000 年自然降尘、硫酸盐转化速率监测点位

3.2.2 环境空气质量年际变化

1991—2000 年城区各项污染物监测结果见表 3-3、表 3-4 和图 3-3、图 3-4。

表 3-3 1991—2000 年成都市城区环境空气质量监测结果统计

年份	自然降尘/[t/（km^2·月）]				硫酸盐化速率/[mg SO_3/（10^2 cm^2·碱片·d）]			
	样本数/个	月均值范围	年均值	月均值超标率/%	样本数/个	月均值范围	年均值	日均值超标率/%
1991	120	6.00～34.87	11.90	72.5	204	0.060～1.720	0.695	74.5
1992	120	5.26～28.24	13.06	86.7	204	0.150～1.90	0.82	83.3
1993	120	6.63～44.34	17.79	81.7	204	0.192～2.039	0.860	79.4
1994	120	7.06～42.08	17.98	77.5	204	0.062～2.052	0.718	71.6
1995	120	4.57～34.81	13.57	41.7	204	0.143～1.960	0.759	87.2
1996	120	4.06～24.48	12.59	50.0	204	0.157～1.784	0.564	49.5
1997	120	4.55～29.80	12.05	70.8	204	0.118～1.478	0.688	75.5
1998	120	3.67～28.67	11.70	73.3	204	0.146～1.622	0.695	81.8
1999	120	4.75～25.19	11.82	54.2	204	0.162～0.801	0.517	57.8
2000	120	4.18～18.74	11.34	75.8	204	0.105～0.804	0.484	41.2
10 年均值			13.38				0.68	

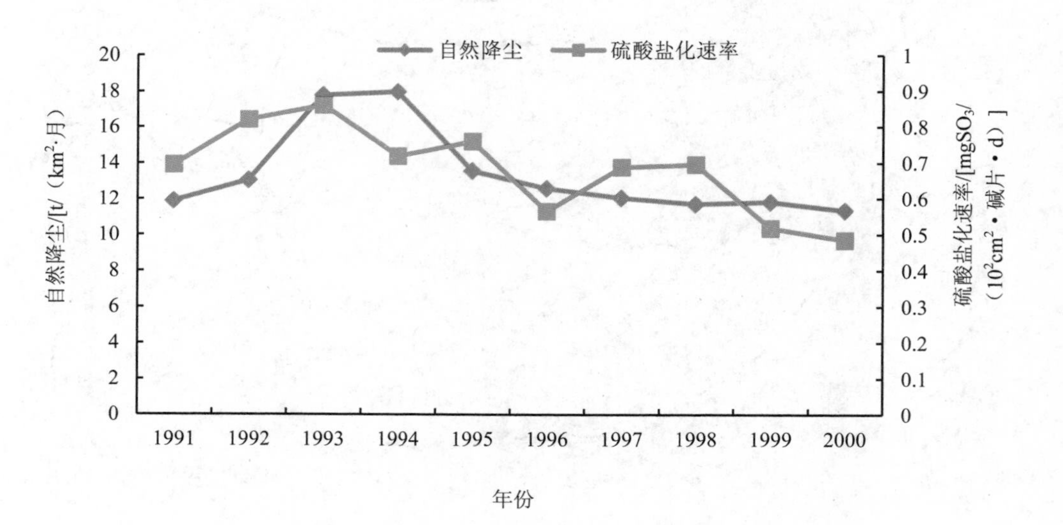

图 3-3 1991—2000 年自然降尘、硫酸盐转化速率变化趋势

表 3-4　1991—2000 年成都市城区环境空气质量监测结果统计

年份	SO_2				NO_x				TSP			
	监测日数/d	日均值范围/（mg/m^3）	年均值/（mg/m^3）	日均值超标率/%	监测日数/d	日均值范围/（mg/m^3）	年均值/（mg/m^3）	日均值超标率/%	监测日数/d	日均值范围/（mg/m^3）	年均值/（mg/m^3）	日均值超标率/%
1991	20	0.01～0.160	0.070	2.0	20	0.01～0.200	0.060	11.0	20	0.100～0.740	0.350	55.8
1992	20	0.002～0.288	0.082	12.0	20	0.013～0.250	0.072	20.0	20	0.022～0.954	0.398	60.6
1993	20	0.009～0.152	0.060	1.00	20	0.024～0.216	0.070	13.0	20	0.054～0.617	0.290	42.0
1994	20.	0.014～0.250	0.075	11.2	20	0.006～0.246	0.070	21.2	20	0.093～0.901	0.431	68.4
1995	20	0.016～0.260	0.078	75.0	20	0.013～0.258	0.074	26.2	20	0.126～0.922	0.359	51.9
1996	635	0.059～0.089	0.070	0	181	0.031～0.131	0.068	12.5	240	0.104～0.534	0.277	35.4
1997	606	0.030～0.089	0.060	0	606	0.022～0.077	0.050	0	240	0.097～.048 9	0.248	20.0
1998	648	0.029～0.095	0.060	0	648	0.018～0.085	0.050	0	624	0.075～0.623	0.243	8.8
1999	624	0.030～0.083	0.055	0	624	0.024～0.076	0.047	0	624	0.088～.036 3	0.231	12.2
2000	1 062	0.004～.017 5	0.047	0.19	1 073	0.010～0.123	0.046	0.20	568	0.052～0.464	0.198	7.4
10 年均值			0.066				0.061				0.303	

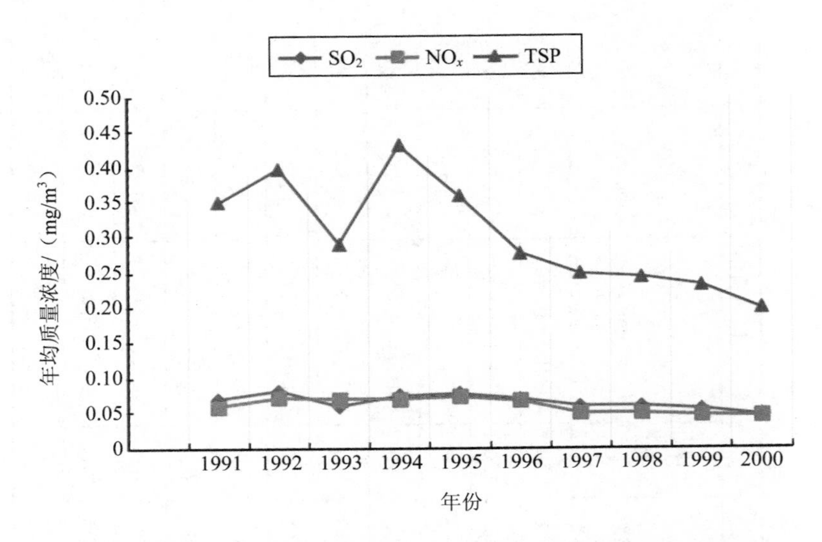

图 3-4　1991—2000 年 SO_2、NO_x、TSP 年均质量浓度变化趋势

3.2.2.1　二氧化硫年际变化趋势

2000 年城区二氧化硫年均值为 0.047 mg/m^3，达到 GB 3095—1996 二级标准。测点日均值超标率为 0.2%，对照点未出现超标值。

由图 3-4 可知，1991—2000 年，年日平均值范围为 0.047 mg/m^3（2000 年）～0.080 mg/m^3（1992 年），1992 年日均值超标率为 12.0%。自 1996 年开始呈逐年下降趋势，1997—2000 年连续 4 年达到 GB 3095—1996 二级标准。10 年均值为 0.066 mg/m^3。

3.2.2.2　氮氧化物年际变化趋势

2000 年城区氮氧化物年日均值为 0.046 mg/m^3，达到 GB 3095—1996 二级标准。测点日均值超标率为 0.19%，对照点未出现超标值。

由图 3-4 可知，1991—2000 年，年平均值范围为 0.046 mg/m^3（2000 年）～0.074 mg/m^3（1995 年），1995 年超标率为 26.2%。自 1996 年开始呈逐年下降趋势。1997—2000 年连续 4 年达到 GB 3095—1996 二级标准。10 年均值为 0.061 mg/m^3。

3.2.2.3　总悬浮颗粒物（TSP）年际变化

2000 年城区总悬浮颗粒物年均值为 0.198 mg/m^3，达到 GB 3095—1996 二级标准。测点日均值超标率为 7.39%。

由图 3-4 可知，1991—2000 年，年均值范围为 0.198 mg/m^3（2000 年）～0.431 mg/m^3（1994 年），自 1995 年开始呈逐年下降趋势。2000 年首次达到 GB 3095—1996 二级标准。

10 年均值为 0.303 mg/m^3。

3.2.2.4　自然降尘年际变化

2000 年自然降尘年月均值为 11.34 t/（km^2 • 月），超标 0.22 倍。对照点年月均值 6.32 t/（km^2 • 月）。

由图 3-3 可知，1991—2000 年，年月平均值为 11.34 t/（km^2 •月）（2000 年）～17.98t/（km^2 •月）（1994 年）。自 1995 年开始呈逐年下降趋势。10 年均值为 13.4 t/（km^2 •月）。

3.2.2.5　硫酸盐化速率年际变化

2000 年硫酸盐化速率年月均值为 0.484 mg SO_3/（10^2 cm^2 •碱片 •d），超标 0.94 倍。一次值超标率为 41.2%，最大值 0.804 mg SO_3/（10^2 cm^2 • 碱片 • d），超标 0.61 倍。

由图 3-3 可见，1991—2000 年，年月平均值 0.484 mg SO_3/（10^2 cm^2 •碱片 •d）（2000 年）～0.860mg SO_3/（10^2 cm^2 • 碱片 • d）（1993 年）。年际变化呈波动状，但总体上呈下降趋势。全市 10 年均值为 0.607 mg SO_3/（10^2 cm^2 • 碱片 • d）。

3.2.2.6　综合污染指数年际变化

1991—2000 年城区年均空气污染综合指数年际变化见图 3-5，1991—2000 年空气中二氧化硫、氮氧化物和总悬浮颗粒物三项的污染物综合污染指数呈逐年降低趋势，自 1997 年起为稳步下降趋势。

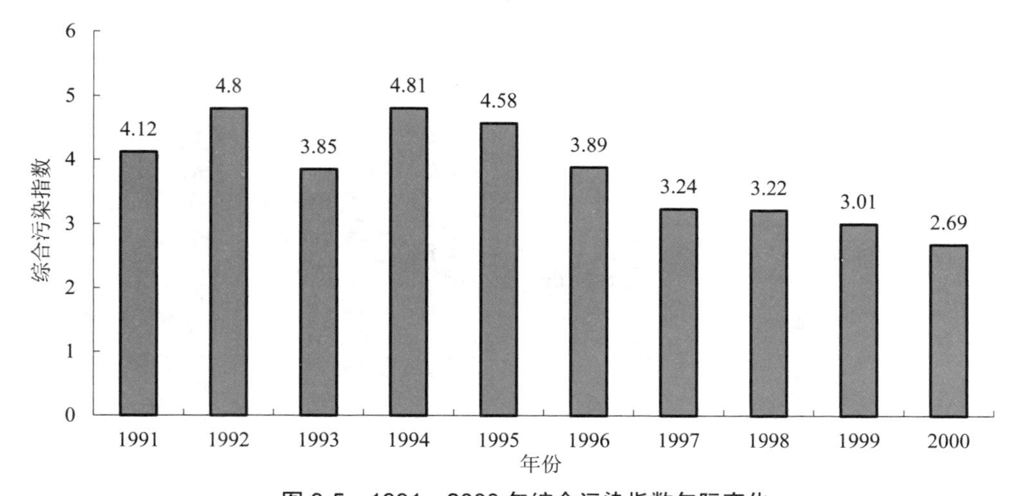

图 3-5　1991—2000 年综合污染指数年际变化

3.2.3 空气质量季节变化

3.2.3.1 综合污染指数季节变化

由图 3-6 可知，1991—2000 年空气中二氧化硫、氮氧化物和总悬浮颗粒物 3 项的污染物综合污染指数季节变化的基本规律是：冬季＞春季＞秋季＞夏季。

2000 年季节变化规律与 10 年平均状况一致，但各季综合指数明显低于 10 年均值。

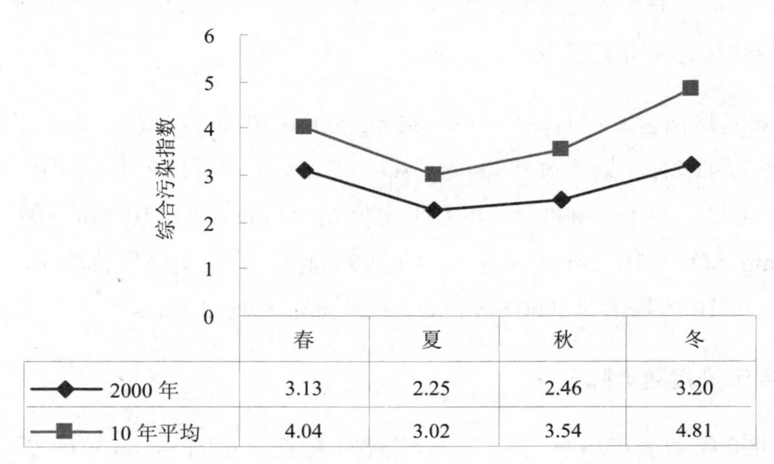

图 3-6 综合污染指数季节变化

3.2.3.2 空气质量浓度季节变化

1991—2000 年度成都市城区二氧化硫、氮氧化物、总悬浮颗粒物、自然降尘和硫酸盐化速率 10 年平均值季节变化见图 3-7。

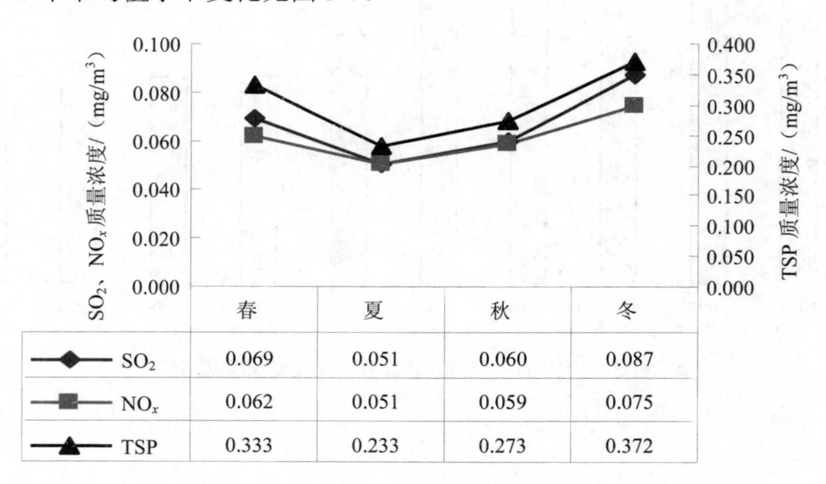

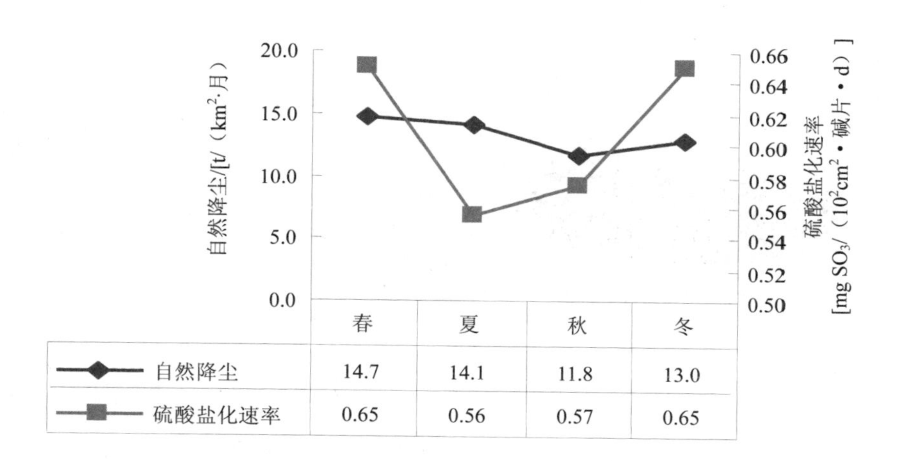

	春	夏	秋	冬
自然降尘	14.7	14.1	11.8	13.0
硫酸盐化速率	0.65	0.56	0.57	0.65

图 3-7　主要污染指标 10 年均值季节变化

由图 3-7 可知，除自然降尘项目外，SO_2、TSP、NO_x、硫酸盐化速率项目均有明显的季节变化，冬季最重，夏季最轻，春、秋季居中。这与成都市大气污染源排放无明显的季节差别(不存在冬季采暖季)，大气污染受气象条件的季节影响显著的特征吻合。

3.2.4　首要污染物及污染负荷变化

1991—2000 年城区环境空气中首要污染物是总悬浮颗粒物，其污染负荷最大，其次是氮氧化物，其污染负荷均大于或等于二氧化硫污染负荷。

1991 年、1995 年、2000 年空气中主要污染物比例见图 3-8。总悬浮颗粒物在空气主要污染物中所占比例逐年下降，氮氧化物比例逐年增加，二氧化硫比例基本稳定。机动车污染日趋明显。

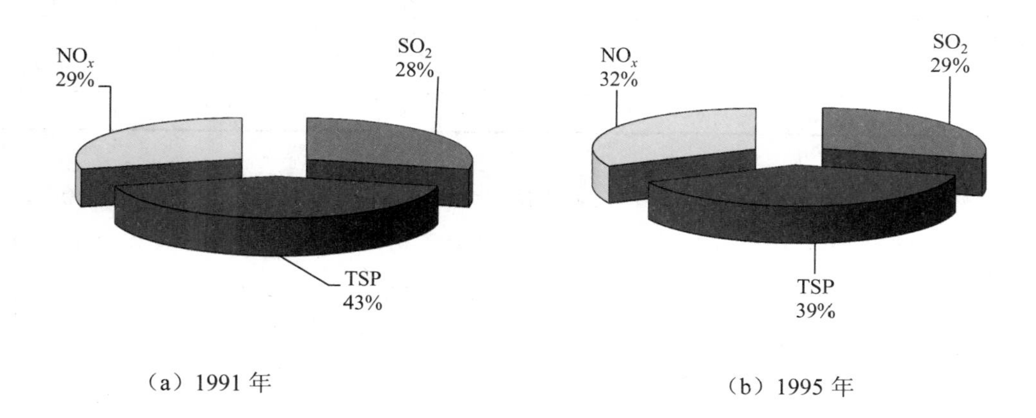

（a）1991 年　　（b）1995 年

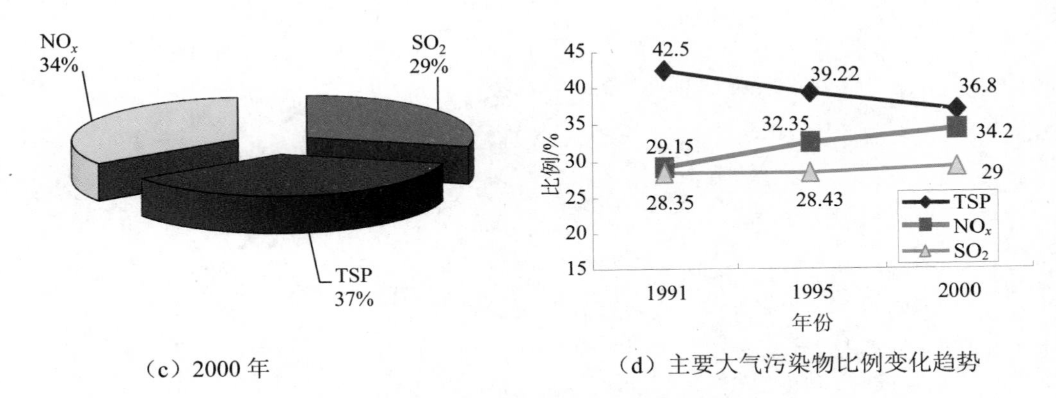

（c）2000 年

（d）主要大气污染物比例变化趋势

图 3-8 主要空气污染物比例及其变化趋势

3.3 环境空气质量现状

选取 2000 年 6 月—2001 年 5 月的监测资料进行分析，其结果代表目前成都市空气污染的状况。

3.3.1 城区空气污染特征

成都市城区各季节空气污染指数见表 3-5 和图 3-9。

表 3-5 2000 年 6 月—2001 年 5 月成都市城区各季节空气综合污染指数

项目	夏季（6—8 月）	秋季（9—11 月）	冬季（12—2 月）	春季（3—5 月）	全年
P（SO_2）	0.67	0.68	0.88	0.73	0.74
P（NO_2）	0.45	0.41	0.50	0.49	0.46
P（PM_{10}）	1.31	1.27	2.40	2.07	1.76
$\sum P$	2.43	2.36	3.78	3.29	2.97

2009 年 6 月—2001 年 5 月，二氧化硫分指数最大值为 0.88，年平均值为 0.74；二氧化氮分指数最大值为 0.50，年平均值为 0.46；可吸入颗粒物最大值为 2.40，年平均值为 1.76。二氧化硫、二氧化氮、可吸入颗粒物各项污染物分指数最大值均出现在冬季。

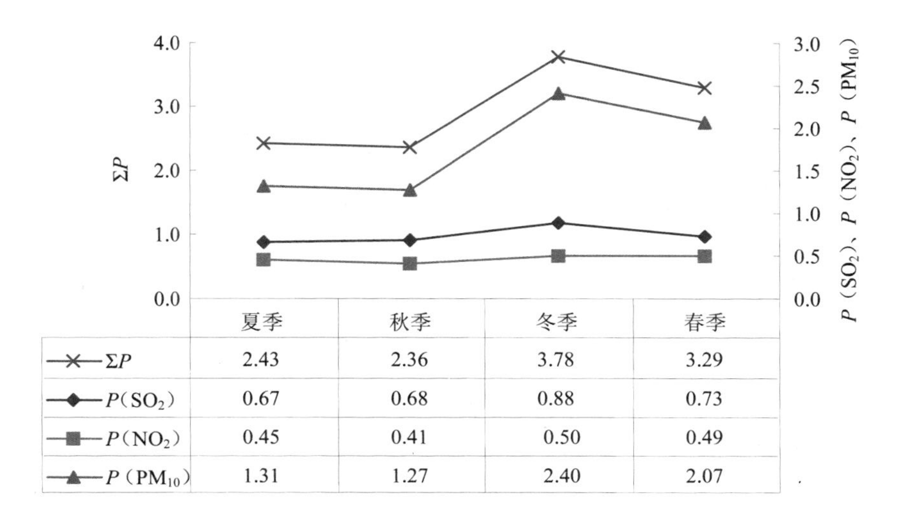

图 3-9　综合污染指数季度变化

由表 3-5 和图 3-9 可知，综合污染指数 ΣP 的季节值依次为：冬季>春季>夏季>秋季。

由表 3-6 和图 3-10 可知，2000 年 6 月—2001 年 5 月，可吸入颗粒物是成都市大气首要污染物。污染负荷占总负荷的 58.5%，其次为二氧化硫的 25.5%、二氧化氮的 16.0%。

表 3-6　2000 年 6 月—2001 年 5 月成都市城区各季节空气污染物负荷系数

项目	夏季（6—8 月）	秋季（9—11 月）	冬季（12—2 月）	春季（3—5 月）	全年
F（SO_2）	0.276	0.288	0.233	0.222	0.255
F（NO_2）	0.185	0.174	0.132	0.149	0.160
F（PM_{10}）	0.539	0.538	0.635	0.629	0.585

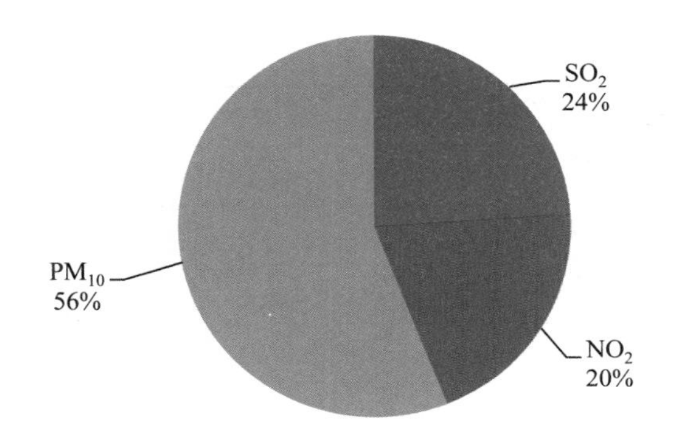

图 3-10　空气污染负荷系数

3.3.2 2000 年 6 月—2001 年 5 月城区空气质量状况

3.3.2.1 大气中 SO_2 的基本情况

2000 年 6 月—2001 年 5 月，共获取 SO_2 的市日均质量浓度数据 365 个，年算术平均值为 0.045 mg/m^3（清洁对照点不参与计算），未超过《环境空气质量标准》（GB 3095—1996）二级标准年均值限值。全年共获取 SO_2 各点位日均质量浓度数据 1 387 个，日均浓度范围为 0.004～0.170 mg/m^3（中位数为 0.044 mg/m^3）。SO_2 日均质量浓度主要范围 0.023～0.076 mg/m^3，累计频率 92.33%。其中以 0.030～0.060 mg/m^3 出现频数最多，累计频率为 57.8%。SO_2 日均浓度为正偏态分布。

SO_2 的点位日均浓度值仅在冬季超过《环境空气质量标准》（GB 3095—1996）二级标准，超标率为 0.3%；SO_2 季均质量浓度依次为：冬季＞春季＞秋季＞夏季。SO_2 季均质量浓度统计见表 3-7。

表 3-7 2001 年 6 月—2001 年 5 月城区 SO_2 季均质量浓度统计表

统计量	夏季（6—8 月）	秋季（9—11 月）	冬季（12—2 月）	春季（3—5 月）	年均值
样品数/个	330	344	352	361	1 387
最高浓度/（mg/m^3）	0.130	0.073	0.170	0.100	0.118
均值/（mg/m^3）	0.040	0.041	0.053	0.044	0.045
超标率/%	0	0	0.3	0	0

各测点年均质量浓度依次为：草堂寺＞铁二局＞体育场＞六五厂＞金牛坝。各点位季均质量浓度统计见表 3-8。

表 3-8 城区各测点 SO_2 季均质量浓度统计表　　单位：mg/m^3

季节	铁二局	体育场	草堂寺	六五厂	金牛坝
夏季	0.035	0.041	0.051	0.034	0.026
秋季	0.044	0.044	0.043	0.033	0.037
冬季	0.058	0.051	0.055	0.049	0.046
春季	0.048	0.040	0.043	0.046	0.039
年均值	0.046	0.044	0.048	0.041	0.037

3.3.2.2　大气中 NO_2 的基本情况

2000 年 6 月—2001 年 5 月，共获取市日均质量浓度数据 365 个，年算术均值为 0.037 mg/m³，未超过《环境空气质量标准》（GB 3095—1996）二级标准年均值限值。获取各点位日均质量浓度数据 1 399 个，年日均质量浓度范围为 0.007～0.092 mg/m³（中位数为 0.037 mg/m³）。日均质量浓度主要范围 0.020～0.060 mg/m³，累计频率 87.95%，其中以 0.025～0.055 mg/m³ 出现频数最多，累计频率 87.0%。NO_2 浓度分布为正偏态分布。

NO_2 各季节点位质量浓度日均值均未超过《环境空气质量标准》（GB 3095—1996）的二级标准；NO_2 季均质量浓度依次为：冬季＞春季＞夏季＞秋季。

NO_2 季均浓度统计见表 3-9。

表 3-9　2001 年 6 月—2001 年 5 月城区 NO_2 季均质量浓度统计表

统计量	夏季（6—8 月）	秋季（9—11 月）	冬季（12—2 月）	春季（3—5 月）	年均值
样品数/个	336	351	352	360	1 399
最高浓度/（mg/m³）	0.097	0.070	0.076	0.086	0.082
均值/（mg/m³）	0.035	0.033	0.04	0.039	0.037
超标率/%	0	0	0	0	0

各测点年均浓度依次为：体育场＞铁二局=草堂寺＞六五厂＞金牛坝。NO_2 各季均浓度见表 3-10。

表 3-10　2000 年 6 月—2001 年 5 月城区测点 NO_2 质量浓度季均值　　单位：mg/m³

季节	铁二局	体育场	草堂寺	六五厂	金牛坝
夏季	0.036	0.041	0.033	0.032	0.022
秋季	0.029	0.034	0.034	0.035	0.022
冬季	0.047	0.035	0.036	0.042	0.035
春季	0.035	0.045	0.043	0.031	0.034
年均值	0.037	0.039	0.037	0.035	0.028

3.3.3　城区首要污染物——可吸入颗粒物（PM_{10}）污染特征

3.3.3.1　PM_{10} 全年污染特征

2000 年 6 月—2001 年 5 月，共获取可吸入颗粒物（PM_{10}）成都市日均质量浓度（清洁对照点不参与计算）数据 365 个，成都市全年日均质量浓度范围为 0.025～0.686 mg/m³。

年算术平均值为 0.176 mg/m³，超过国家《环境空气质量标准》（GB 3095—1996）二级标准年均值限值（0.100 mg/m³）的 76%。

全年 PM_{10} 空气质量以良和轻度污染为主，分别占全年的 45.2%和 44.7%；全年中度污染占全年的 2.7%；重度污染占全年的 3.3%；优级占全年的 4.1%，与重度污染出现频次接近，见图 3-11。

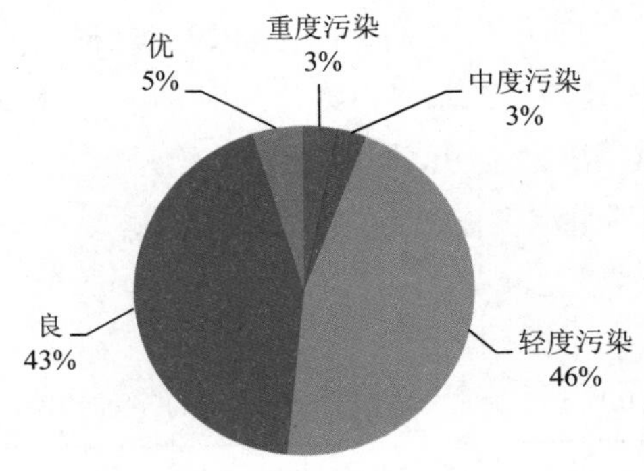

图 3-11　PM_{10} 各污染等级分布

成都市全年日均值超标率为 50.7%，超过《环境空气质量标准》（GB 3095—1996）二级标准日均值限值 0.150 mg/m³。

2000 年 6 月—2001 年 5 月，共获取 PM_{10} 点位日均质量浓度数据 1 435 个，点位日均质量浓度范围为 0.023～0.800 mg/m³（中位数为 0.153 mg/m³）。日均质量浓度主要范围为 0.050～0.350 mg/m³，累计频率 89.1%，其中以 0.050～0.150 mg/m³ 出现频数最多，为 653 次，累计频率 45.5%。城区 PM_{10} 质量浓度分布为正偏态分布，见图 3-12。

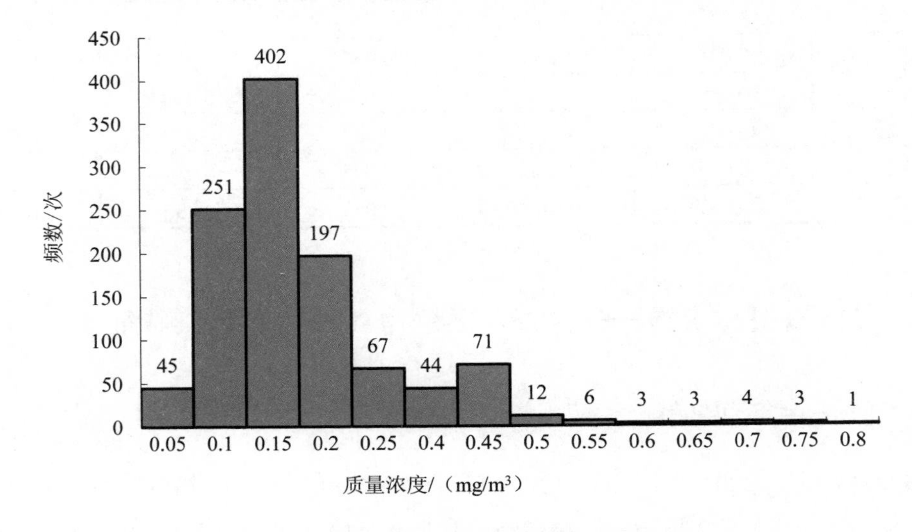

图 3-12　可吸入颗粒物日均值频数分布

3.3.3.2 PM_{10}季节污染特征

2000 年 6 月—2001 年 5 月，成都市城区各季节可吸入颗粒物 PM_{10} 季均浓度以冬季最高，秋季最低，分别为 0.206 mg/m^3 和 0.127 mg/m^3，冬季均值是秋季的 1.9 倍。

PM_{10} 冬季日均值超标率为 72.7%，为超标最重的季节；春季空气污染次之，日均值超标率为 69.5%；夏季日均值超标率最小，为 29.7%。

PM_{10} 季均值浓度依次为：冬季＞春季＞夏季＞秋季。

PM_{10} 季均浓度统计见表 3-11，各季节超标日数及各污染等级比例见图 3-13。

表 3-11 2001 年 6 月—2001 年 5 月城区 PM_{10} 日均值浓度统计表 单位：mg/m^3

统计量	夏季（6—8 月）	秋季（9—11 月）	冬季（12—2 月）	春季（3—5 月）	年均值
最高日均浓度	0.354	0.436	0.686	0.446	0.686
最低日均浓度	0.044	0.025	0.037	0.029	0.025
季均值	0.132	0.127	0.241	0.206	0.176

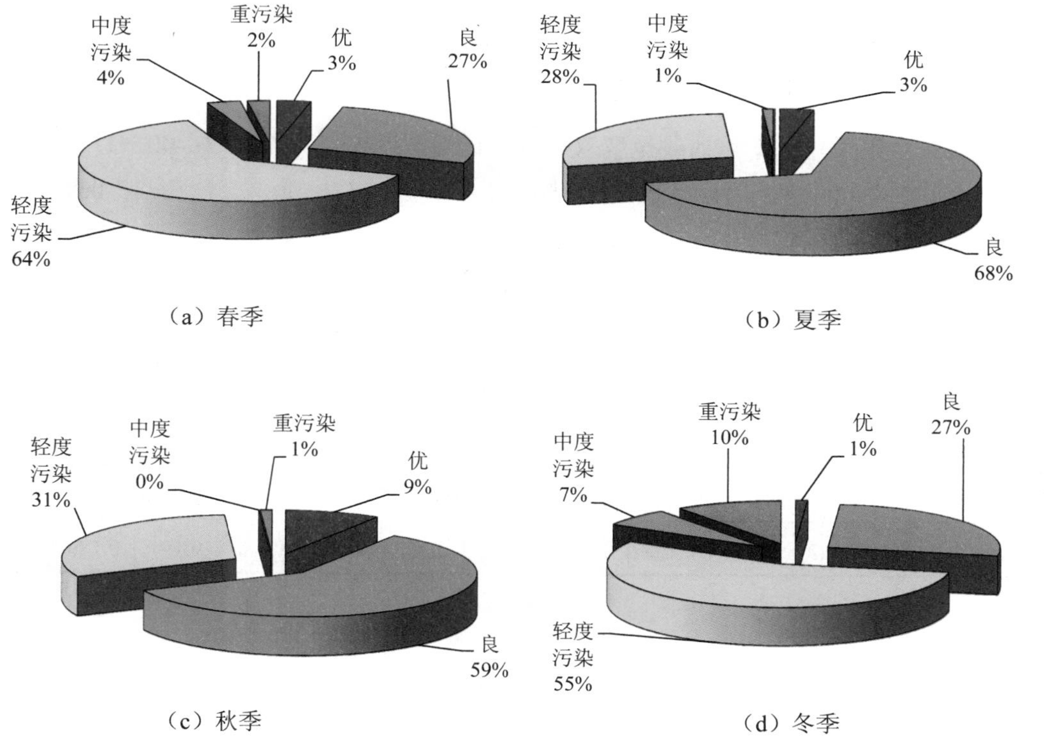

（a）春季

（b）夏季

（c）秋季

（d）冬季

图 3-13 各季节 PM_{10} 污染级别比例

3.3.3.3 PM_{10}质量浓度月变化

2000 年 6 月—2001 年 5 月 PM_{10} 月质量浓度变化曲线见图 3-14。2000 年 12 月—2001 年 4 月 PM_{10}污染质量浓度较高，12 月质量浓度最高，月质量浓度均值为 0.317 mg/m^3。10 月质量浓度最低，月质量浓度均值为 0.096 mg/m^3。

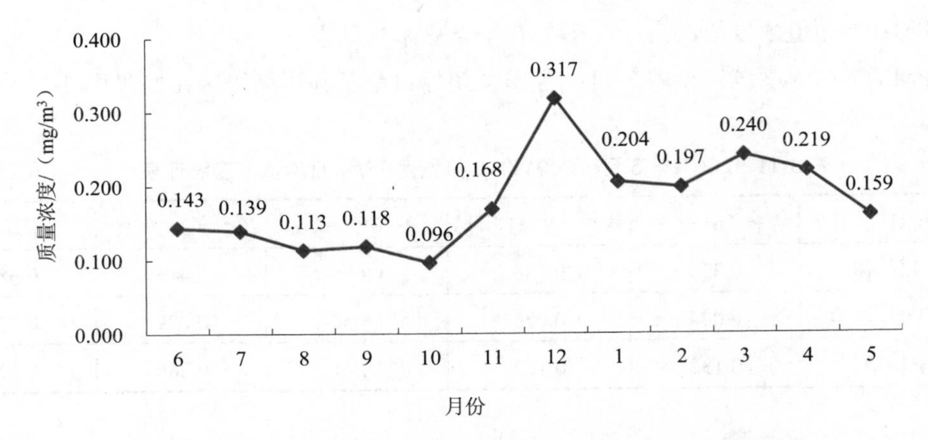

图 3-14　2000 年 6 月—2001 年 5 月 PM_{10} 月质量浓度变化曲线

3.3.3.4 PM_{10}质量浓度日变化

PM_{10} 全年平均日变化曲线呈现双峰形，最高浓度时段出现在 7：00—11：00，其次出现在 20：00—23：00。最低时段出现在 14：00—17：00，其次为 2：00—5：00（表 3-12 和图 3-15）。

表 3-12　PM_{10} 逐时年均质量浓度统计表　　单位：mg/m^3

时间	00：00	01：00	02：00	03：00	04：00	05：00	06：00	07：00	08：00	09：00	10：00	11：00
浓度	0.182	0.176	0.169	0.164	0.165	0.169	0.183	0.210	0.232	0.239	0.226	0.201
时间	12：00	13：00	14：00	15：00	16：00	17：00	18：00	19：00	20：00	21：00	22：00	23：00
浓度	0.167	0.143	0.133	0.128	0.129	0.135	0.156	0.169	0.184	0.191	0.189	0.187

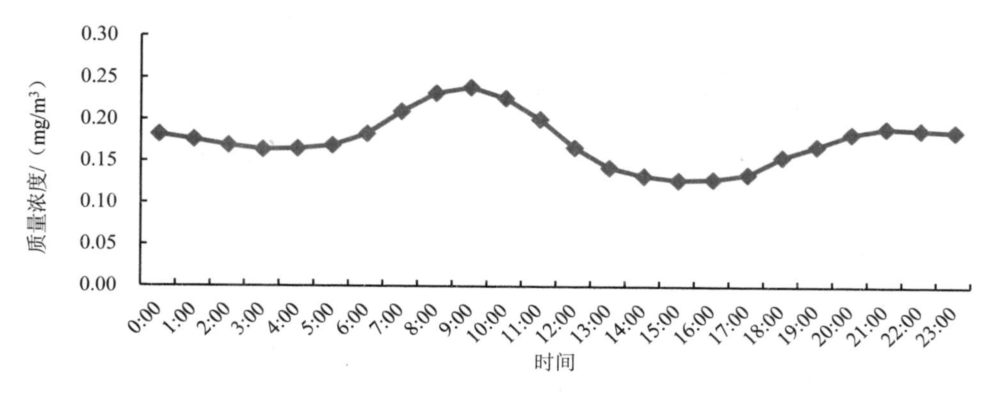

图 3-15 PM_{10} 全年平均日变化曲线

3.3.3.5 PM_{10} 区域污染特征

由表 3-13 可知，城区各测点 PM_{10} 年均质量浓度均超过国家《环境空气质量标准》（GB 3095—1996）二级标准，由于草堂寺测点所处区域进行大规模的小区建设和金牛坝测点附近的三环路建设等原因，其年均浓度依次为：草堂寺＞金牛坝＞铁二局＞六五厂＞体育场，见图 3-16。

表 3-13 2000 年 6 月—2001 年 5 月城区测点 PM_{10} 季均质量浓度统计 单位：mg/m^3

季节	体育场	草堂寺	铁二局	六五厂	金牛坝
夏季	0.125	0.141	0.132	0.125	0.127
秋季	0.129	0.129	0.129	0.122	0.133
冬季	0.231	0.251	0.243	0.236	0.267
春季	0.196	0.214	0.202	0.215	0.207
年均值	0.170	0.184	0.177	0.175	0.184

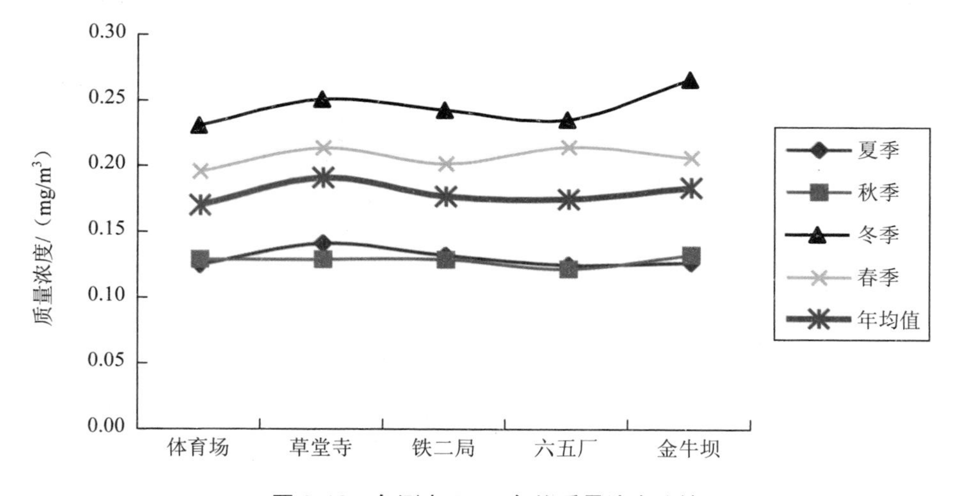

图 3-16 各测点 PM_{10} 年均质量浓度比较

3.4 环境空气质量强化监测结果

3.4.1 强化监测概况

3.4.1.1 监测点位

环境空气质量现状调查监测点位概况见表 3-14。

表 3-14 环境空气质量现状调查监测点位概况

点位编号	点位名称	采样方式	点位图符号	监测内容		点位特征	植被特征	距地高度/m	人口密度/（人/km^2）	备注
				常规监测	尘源监测					
1	金牛宾馆	自动	▲◆	√	√	清洁对照点	树林、草坪	5	8 400	
2	科泰汽修厂	人工	●	√		小集镇区	花木、农田	7	3 160	
3	帝殿宾馆	人工	●	√		居住区	花木	4.5	17 700	
4	草堂干疗院	自动	▲◆	√	√	风景文化区	乔木、花草	14	9 200	
5	新蓉街	人工	●	√		居住区		15	14 900	
6	利迅宾馆	人工	●	√		下风向、控制点	乔木、草坪	8	13 600	
7	月亮岛	人工	●	√		商业、交通	乔木、花草	18	20 800	
8	君平街	自动、人工	▲●◆	√	√	商业、居住混合区	乔木、草坪	14	31 000	对照监测点
9	红十字医院	人工	●	√		居民文教区		17	15 800	
10	新华宾馆	人工	●	√		商业、居住混合区	乔木、花草	7	50 000	
11	成华北巷	自动	▲◆	√	√	交通、居住混合区	乔木	10	28 700	
12	九眼桥	人工	●	√		工业、交通混合区		13	34 300	

点位编号	点位名称	采样方式	点位图符号	监测内容		点位特征	植被特征	距地高度/m	人口密度/（人/km^2）	备注
				常规监测	尘源监测					
13	电子宾馆	人工	●	√		工业、居住	乔木	17	9 800	
14	塔子山	自动	▲◆	√	√	工业、交通混合区	乔木、草坪	3	7 700	
15	理工学院	人工	●	√		上风向、居住、文教区	乔木、花草	8	7 800	
16	植物园	人工	●◆	√	√	上风向、疗养区	树林、草坪	14	4 791	
17	国防乐园	人工	●	√		城市副中心地带	乔木、草坪	15		冬季新增点

垂直梯度监测：两季均在市中心（红照壁）百川大厦设立 1 个监测点位，分别在 1.5 m、15 m、50 m、110 m 4 个不同高度进监测，见图 3-17。

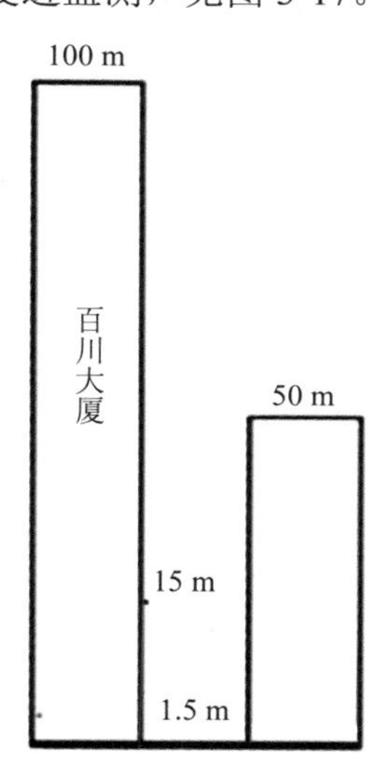

图 3-17　垂直梯度监测不同高度布点

地面监测：夏季 SO_2、NO_2、PM_{10} 监测点位 16 个，冬季为 17 个；两季 TSP 监测点位均为 7 个、气象参数监测点位为 12 个、对比监测点位为 1 个；夏季 O_3 监测点位为 8 个，见图 3-18。

尘源解析监测：PM_{10}、TSP 监测点位为 6 个，其中 8#点（天府广场，与君平街大气监测点位相距约 500 m）加测 $PM_{2.5}$，见图 3-18。

图 3-18 成都市大气强化监测点位示意

3.4.1.2 监测时间

地面监测：（夏季）2001 年 6 月 10 日—6 月 29 日，连续 20 d；（冬季）2002 年 1 月 8 日—1 月 23 日，连续 15 d。

垂直梯度监测：（夏季）2001 年 7 月 10 日—7 月 12 日，连续 3 d；（冬季）2002 年 1 月 23 日—25 日，连续 3 d。

尘源解析监测：（夏季）2001 年 6 月 10 日—7 月 4 日，连续 25 d；（冬季）2002 年 1 月 8 日—1 月 23 日，连续 15 d。

3.4.1.3 监测项目

地面空气质量监测项目：TSP、PM_{10}、SO_2、NO_2、O_3（夏季）、降尘、硫酸盐化速率；

垂直梯度监测项目：TSP、PM_{10}、$PM_{2.5}$、SO_2、NO_2、O_3（夏季）；

尘源解析监测项目：1#、4#、11#、16#点位监测项目为 PM_{10}、TSP，8#点位为 $PM_{2.5}$、PM_{10}、TSP。

对比监测项目：SO_2、NO_2、PM_{10}。

气象参数：气温、气压、湿度、风向、风速。

3.4.1.4　监测频次

尘源解析监测：$PM_{2.5}$、PM_{10}、TSP 每天 7：00—4：00 连续 21 h。

人工监测点位：SO_2、NO_2、O_3 每天 7：00 至次日 7：00，等间隔时间采集 8 个样，每个样品采集时间为 1 h；PM_{10} 每天 2 个样，每个样品连续采集 7 h，分别为 7：00 —14：00、19：00—02：00；TSP 每天 1 个样，7：00—4：00 连续采样 21 h；气象参数每天观测 8 次（与气体采样同步）。

自动监测点位：SO_2、NO_2、PM_{10} 逐小时监测，每天 24 h 均值。

3.4.2　空气污染浓度及污染负荷系数

3.4.2.1　污染物浓度

夏季强化监测结果见表 3-15。冬季强化监测结果见表 3-16。

表 3-15　夏季大气强化监测结果

监测日期	监测项目						
	SO_2 均值/（mg/m^3）	NO_2 均值/（mg/m^3）	O_3 日均值/（mg/m^3）	PM_{10} 均值/（mg/m^3）	TSP 均值/（mg/m^3）	降尘/[t/（km^2·月）]	硫酸盐化速率/[$mgSO_3$/（10^2cm^2·碱片·d）]
6 月 10 日	0.039	0.017	0.009	0.189	0.440	—	—
6 月 11 日	0.032	0.049	0.011	0.079	0.218		
6 月 12 日	0.048	0.062	0.010	0.107	0.231		
6 月 13 日	0.061	0.072	0.020	0.164	0.258		
6 月 14 日	0.103	0.087	0.040	0.265	0.437		
6 月 15 日	0.069	0.049	0.059	0.153	0.350		
6 月 16 日	0.046	0.063	0.039	0.080	0.193		
6 月 17 日	0.036	0.061	0.046	0.127	0.232		
6 月 18 日	0.035	0.050	0.054	0.096	0.203		
6 月 19 日	0.033	0.046	0.054	0.074	0.196		
6 月 20 日	0.024	0.053	0.039	0.074	0.162		
6 月 21 日	0.027	0.043	0.067	0.072	0.180		
6 月 22 日	0.028	0.037	0.060	0.081	0.176		
6 月 23 日	0.075	0.061	0.052	0.155	0.296		
6 月 24 日	0.032	0.054	0.050	0.095	0.241		
6 月 25 日	0.039	0.043	0.065	0.088	0.206		
6 月 26 日	0.025	0.059	0.031	0.101	0.207		
6 月 27 日	0.039	0.055	0.023	0.147	0.280		
6 月 28 日	0.025	0.051	0.037	0.086	0.187		
6 月 29 日	0.045	0.048	0.037	0.070	0.207		
监测期均值	0.043	0.053	0.040	0.115	0.245	8.72	0.462
测点数/个	16	16	8	16	7	16	16

监测日期	监测项目						
	SO_2均值/（mg/m^3）	NO_2均值/（mg/m^3）	O_3日均值/（mg/m^3）	PM_{10}均值/（mg/m^3）	TSP均值/（mg/m^3）	降尘/[t/（km^2·月）]	硫酸盐化速率/[mgSO_3/（10^{2}cm^2·碱片·d）]
点位日均值样本数/个	2 540	2 534	1 280	640	139	15	16
点位最大日均值	0.137	0.176	0.185	0.446	0.578	13.150	0.796
点位最小日均值	0.011	0.012	0.008	0.026	0.088	6.910	0.106
标准或推荐值	0.15	0.120	0.200	0.150	0.300	6.910	0.500
点位值超标率/%	0	1.7	0	18.6	26.4	21.4	37.5
点位最大值超标倍数	—	0.47	—	1.97	0.93	0.90	0.59

表 3-16 冬季大气强化监测结果

监测日期	监测项目					
	SO_2均值/（mg/m^3）	NO_2均值/（mg/m^3）	PM_{10}均值/（mg/m^3）	TSP均值/（mg/m^3）	降尘/[t/（km^2·月）]	硫酸盐化速率/[mgSO_3/（10^{2}cm^2·碱片·d）]
1月8日	0.101	0.097	0.429	1.072	—	—
1月9日	0.071	0.077	0.319	0.957		
1月10日	0.078	0.067	0.260	0.648		
1月11日	0.109	0.055	0.191	0.432		
1月12日	0.133	0.068	0.180	0.434		
1月13日	0.145	0.081	0.242	0.547		
1月14日	0.139	0.073	0.262	0.591		
1月15日	0.146	0.078	0.255	0.642		
1月16日	0.146	0.080	0.273	0.542		
1月17日	0.123	0.035	0.122	0.336		
1月18日	0.079	0.037	0.088	0.211		
1月19日	0.059	0.038	0.111	0.129		
1月20日	0.067	0.054	0.098	0.237		
1月21日	0.087	0.053	0.167	0.401		
1月22日	0.089	0.063	0.157	0.353		
监测期间均值	0.104	0.064	0.210	0.502	10.24	0.764
点位日均值样本数/个	2 014	2 002	500	224	17	17
测点数/个	17	17	17	8	17	17
点位最大日均值	0.228	0.196	0.622	1.660	14.990	1.576
点位最小日均值	0.029	0.012	0.043	0.103	6.070	0.409
标准或推荐值	0.150	0.120	0.150	0.300	6.831	0.500
点位值超标率/%	15.7	4.7	62.4	77.5	81.3	88.2
点位最大值超标倍数	0.52	0.63	3.15	4.53	1.19	2.15

（1）SO_2

夏季强化监测 SO_2 总平均值为 0.043 mg/m^3，达到 GB 3095—1996 二级标准。6 月 14 日为夏季强化监测期间最大值，全市均值为 0.103 mg/m^3。16 个测点 320 个日均值未出现超标值，最大值测点日均值为 0.137 mg/m^3。

冬季监测 SO_2 总平均值为 0.104 mg/m^3，达到 GB 3095—1996 二级标准。1 月 15 日、16 日为冬季强化监测期间最大值，两天的全市均值均为 0.146 mg/m^3。17 个测点 255 个日均值中，超标率为 15.7%，最大值为 0.228 mg/m^3，最大值超标倍数为 0.52。

（2）NO_2

夏季强化监测 NO_2 总日平均值为 0.053 mg/m^3，达到 GB 3095—1996 二级标准。16 个测点 320 个日均值中，超标率为 1.7%，最大值为 0.176 mg/m^3，最大值超标倍数为 0.47。

冬季监测 NO_2 总平均值为 0.064 mg/m^3，达到 GB 3095—1996 二级标准。17 个测点 255 个日均值中，超标率为 4.7%，最大值为 0.196 mg/m^3，最大值超标倍数为 0.63。

（3）O_3

夏季强化监测 O_3 总小时平均值为 0.040 mg/m^3，达到 GB 3095—1996 二级标准。16 个测点 2 560 个小时值中，未出现超标值，最大值为 0.185 mg/m^3。

（4）PM_{10}

夏季强化监测 PM_{10} 总日平均值为 0.115 mg/m^3，达到 GB 3095—1996 二级标准。16 个测点 320 个日均值中，超标率为 18.6%，点位最大日均值为 0.446 mg/m^3。

冬季监测 PM_{10} 总平均值为 0.210 mg/m^3，超过 GB 3095—1996 二级标准。17 个测点 255 个日均值中，超标率为 62.4%，点位最大日均值为 0.622 mg/m^3。

（5）TSP

夏季强化监测 TSP 总日平均值为 0.245 mg/m^3，达到 GB 3095—1996 二级标准。16 个测点 139 个日均值中，超标率为 26.4%，点位最大日均值为 0.578 mg/m^3。

冬季监测 TSP 总平均值为 0.502 mg/m^3，超过 GB 3095—199 二级标准。17 个测点 120 个日均值中，超标率为 77.5%，点位最大日均值为 1.66 mg/m^3。

（6）降尘

夏季强化监测成都市降尘均值为 8.72 t/（km^2·月），对照点月均值为 6.91 t/（km^2·月），成都市均值未超标。测点超标率为 21.4%，最大值为 13.15 t/（km^2·月），最大值超标倍数为 0.9。

冬季强化监测成都市降尘均值为 10.24 t/（km^2·月），对照点月均值 6.831 t/（km^2·月），成都市均值超标。17 个测点超标率为 81.3%，最大值为 14.99 t/（km^2·月），最大值超标倍数为 1.19。

（7）硫酸盐化速率

夏季强化监测成都市硫酸盐化速率平均值为 0.462 mg SO_3/（10^2cm^2·碱片·d），未超标，最大值为 0.796，最大值超标倍数为 0.59。

冬季监测成都市硫酸盐化速率平均值为 0.764 mg SO_3/（10^2cm^2·碱片·d），超标。17 个测点值超标率为 88.2%，最大值为 1.576 mg SO_3/（10^2cm^2·碱片·d），最大值超标倍数为 2.15。

3.4.2.2 空气污染指数、空气污染负荷系数

夏季、冬季强化监测期间各污染物空气污染指数、空气污染负荷系数计算见表 3-17。

表 3-17 夏季、冬季强化监测期间成都市空气综合污染指数、污染负荷系数

夏季					冬季				
	SO_2	NO_2	PM_{10}	Σ		SO_2	NO_2	PM_{10}	Σ
C_i	0.043	0.053	0.115		C_i	0.104	0.064	0.208	
S_i	0.15	0.12	0.15		S_i	0.15	0.12	0.15	
P_i	0.29	0.44	0.74	1.47	P_i	0.69	0.53	1.39	2.61
F_i/%	19.7	29.9	50.3	100	F_i/%	26.4	20.3	53.3	100

夏季强化监测期间城区环境空气中首要污染物是 PM_{10}，其污染负荷系数为 0.503，其次是 NO_2 污染负荷系数为 0.299，SO_2 污染负荷系数为 0.197。夏季空气中主要污染物比例见图 3-19。

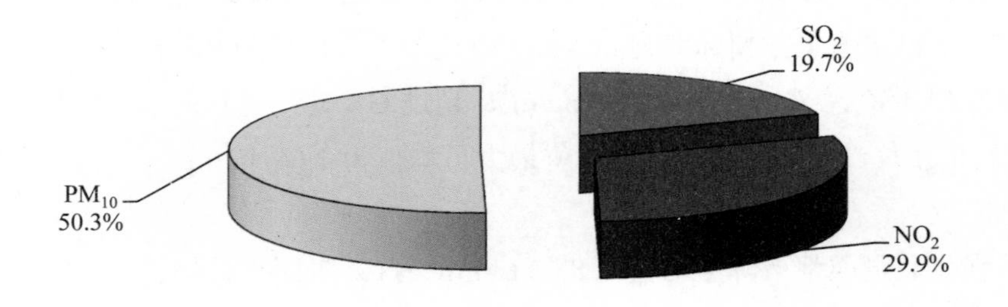

图 3-19 夏季强化监测空气中主要污染物比例

冬季监测期间城区环境空气中首要污染物是 PM_{10}，其污染负荷系数为 0.533；其次是 SO_2，其污染负荷系数为 0.264；NO_2 污染负荷系数为 0.203。冬季空气中主要污染物比例见图 3-20。

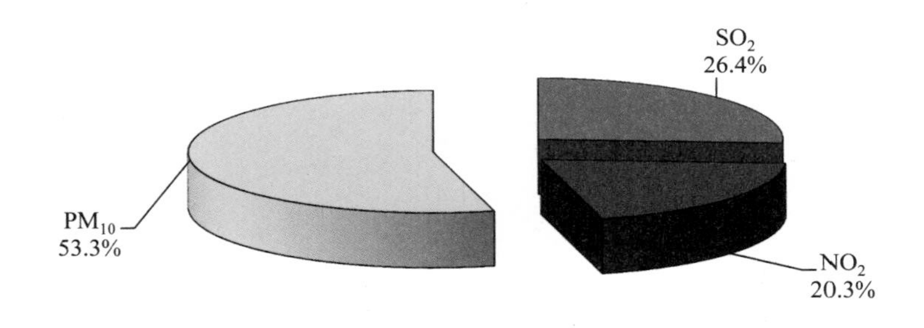

图 3-20　冬季空气中主要污染物比例

3.4.3　污染物时段分布特征

强化监测 7 个项目中，SO_2、NO_2、O_3 和 PM_{10}（自动监测夏季 7 个点、冬季 5 个点）4 个项目有时段监测值，污染物浓度随时段有明显的变化。

夏季、冬季 SO_2、NO_2、O_3 时段浓度均值统计见表 3-18。夏季、冬季 PM_{10} 时段浓度均值统计见表 3-19。

表 3-18　SO_2、NO_2、O_3 浓度时段均值　　单位：mg/m^3

项目	季节	时段							
		7：00	10：00	13：00	16：00	19：00	22：00	1：00	4：00
SO_2	夏季	0.056	0.049	0.044	0.032	0.037	0.047	0.040	0.041
	冬季	0.105	0.131	0.117	0.098	0.113	0.102	0.093	0.089
NO_2	夏季	0.060	0.053	0.04	0.037	0.058	0.074	0.055	0.050
	冬季	0.055	0.068	0.066	0.071	0.077	0.065	0.056	0.049
O_3	夏季	0.026	0.047	0.065	0.064	0.046	0.027	0.026	0.028

3.4.3.1　SO_2 时段分布特征

夏季、冬季 SO_2 时段变化见图 3-21。SO_2 质量浓度变化有较明显的双峰时段特征。

夏季浓度高峰值主要出现在 7：00 左右，次高值出现在 22：00 左右，最低值出现在 16：00 左右，最大值与最小值之比为 1.75；冬季高峰值主要出现在 10：00 左右，次高值出现在 13：00 左右，最低值出现在 4：00 左右，最大值与最小值之比为 1.47。

冬季两峰值的时间间隔明显短于夏季，与冬季白昼较短，人类活动时间相对缩短有一定关系。

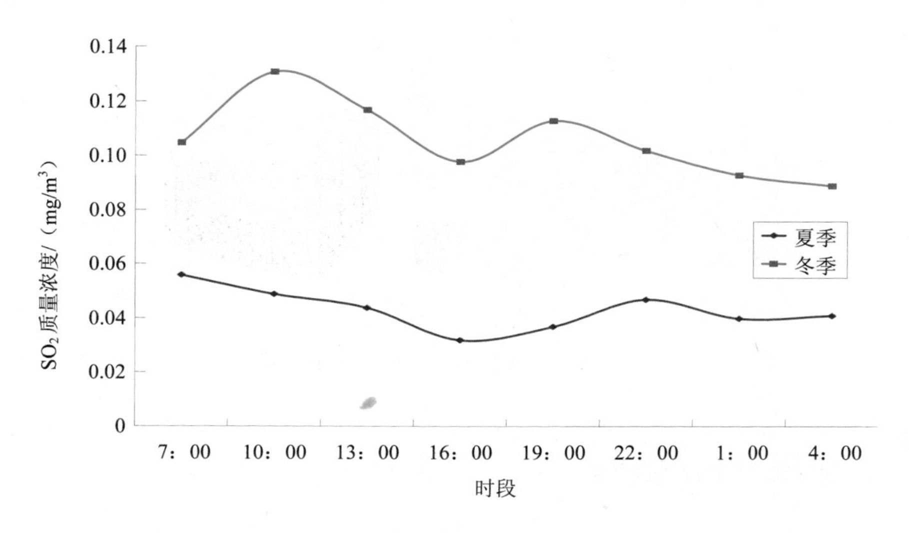

图 3-21 夏季、冬季 SO_2 时段分布

3.4.3.2 NO_2 时段分布特征

夏季、冬季 NO_2 时段变化见图 3-22。NO_2 的质量浓度变化有明显的双峰时段特征。

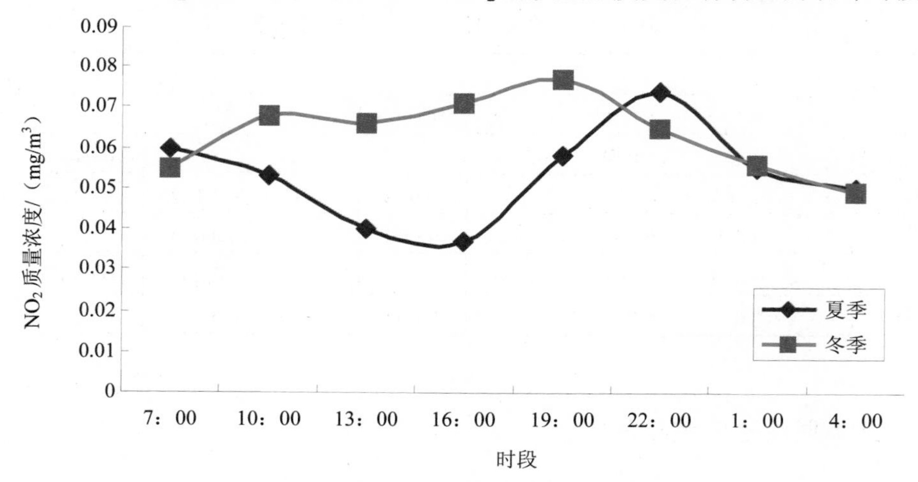

3-22 夏季、冬季 NO_2 时段分布

夏季质量浓度高峰值出现在 22：00 左右，次高值出现在 8：00 左右，最低值出现在 16：00 左右，最大值与最小值之比为 2.00；冬季质量浓度高峰值出现在 19：00 左右，最低值出现在 4：00 左右，最大值与最小值之比为 1.57。

冬季两峰值的时间间隔明显短于夏季，与冬季白昼较短、人类活动时间相对缩短有一定关系。

3.4.3.3　O_3时段分布特征

夏季 O_3 时段变化见图 3-23。夏季 O_3 的质量浓度变化有非常明显的单峰时段特征，与日照强度有密切的关系。O_3 质量浓度从 7：00 随日出开始升高，13：00 到 16：00 为一天的最高时段。19：00 随日落而下降，晚上趋于稳定。最大值与最小值之比为 2.50。

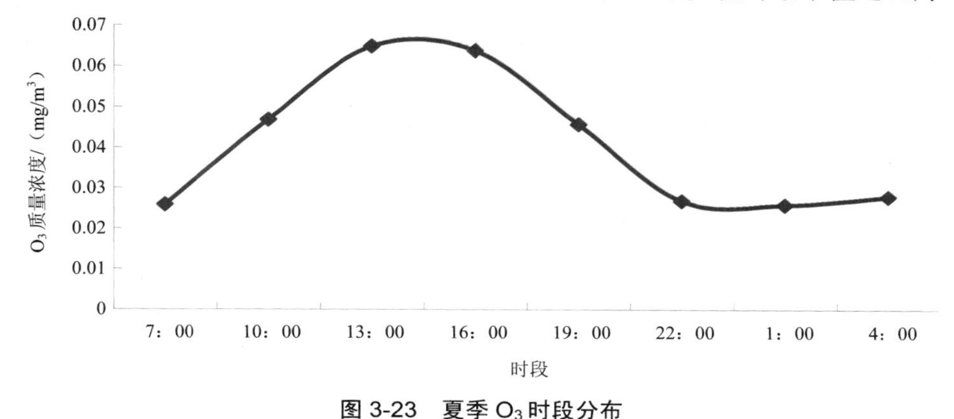

图 3-23　夏季 O_3 时段分布

3.4.3.4　PM_{10}时段分布特征

夏季、冬季 PM_{10} 时段变化见图 3-24 和表 3-19。夏季 PM_{10} 的质量浓度变化有明显的双峰时段特征。质量浓度高峰出现在 8：00 左右，次高值出现在 23：00 左右，低值出现在 17：00 左右，最大值与最小值之比为 2.00。

冬季由于雾日较多，且持续时间长，PM_{10} 质量浓度的时段分布特征不十分明显。白天 8：00—20：00 质量浓度较高，13：00 出现最高峰，次高值出现在 9：00 和 12：00，低值出现在 5：00，最大值与最小值之比为 1.53。

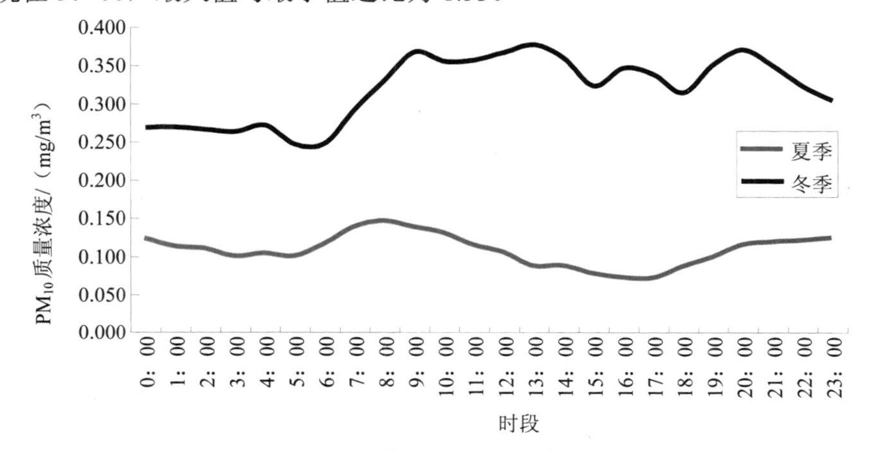

图 3-24　夏季、冬季 PM_{10} 时段变化

表 3-19　夏季、冬季强化监测期间 PM_{10} 质量浓度时段均值

时段		0：00	1：00	2：00	3：00	4：00	5：00	6：00	7：00
成都市均值	夏季	0.125	0.115	0.112	0.103	0.106	0.102	0.118	0.140
	冬季	0.269	0.270	0.266	0.264	0.272	0.247	0.248	0.293
时段		8：00	9：00	10：00	11：00	12：00	13：00	14：00	15；00
成都市均值	夏季	0.148	0.140	0.133	0.117	0.108	0.090	0.090	0.080
	冬季	0.331	0.368	0.356	0.357	0.368	0.377	0.360	0.324
时段		16：00	17：00	18：00	19：00	20：00	21：00	22：00	23：00
成都市均值	夏季	0.075	0.074	0.089	0.101	0.117	0.121	0.123	0.126
	冬季	0.347	0.339	0.315	0.351	0.371	0.350	0.323	0.305

3.4.4　污染物平面分布特征

为了解成都市区污染物的水平分布，在本次强化监测中分别用夏季 20 d、冬季 15 d 各测点强化监测总均值做等值线图，对污染物区域分布特征做初步分析。由于仪器有限，TSP 监测点位在夏季只有 7 个、冬季只有 8 个，故不对 TSP 作平面分布特征分析。

3.4.4.1　SO_2 平面分布特征

夏季 SO_2 质量浓度的平面分布见图 3-25，冬季 SO_2 质量浓度的平面分布见图 3-26。

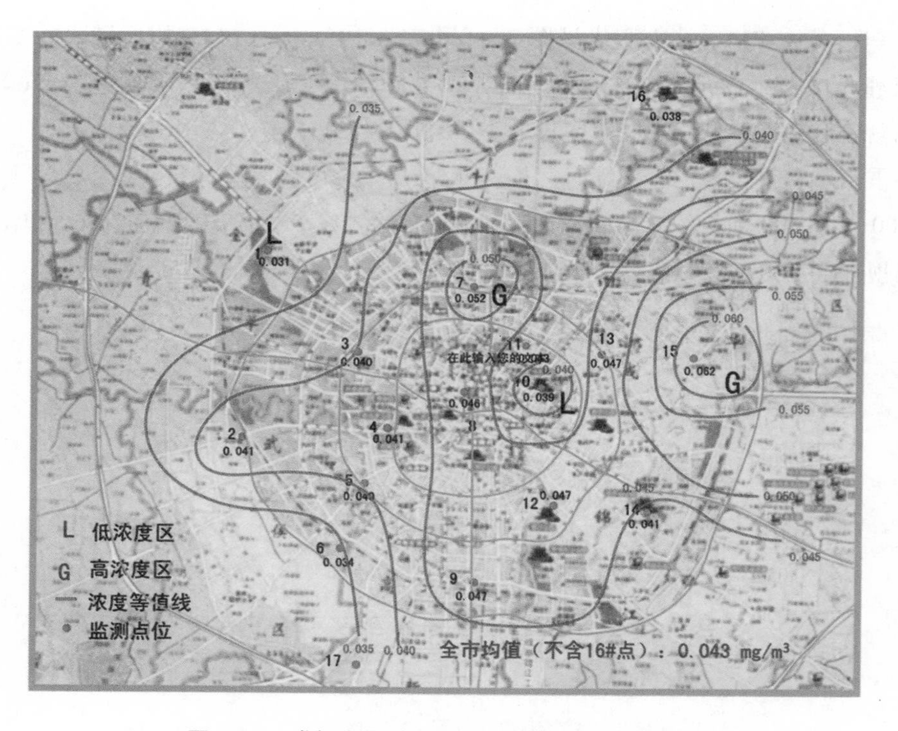

图 3-25　成都市夏季大气强化监测 SO_2 浓度分布

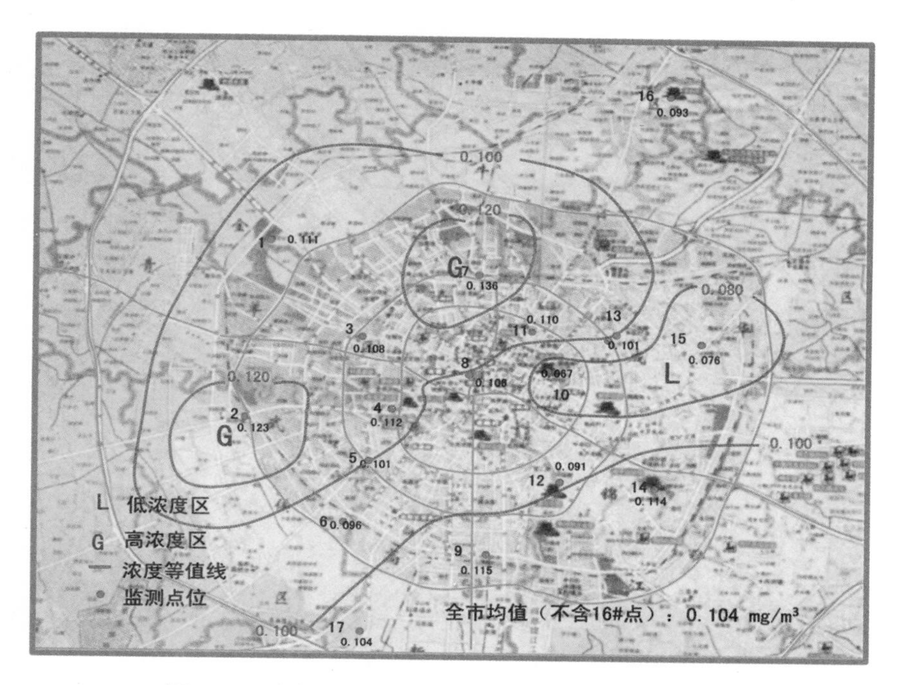

图 3-26　成都市冬季大气强化监测 SO_2 质量浓度分布

夏季 SO_2 质量浓度整体水平较低，成都市平均质量浓度为 0.043 mg/m^3，16 个测点的点位平均质量浓度为 0.031～0.062 mg/m^3，呈现东高西低的区域分布特征。高值区出现在市区东面理工学院（0.062 mg/m^3），和北面火车站（0.052 mg/m^3）一带；市区西北面金牛宾馆为质量浓度的低值区，质量浓度为 0.031 mg/m^3；市区二环路以内质量浓度较低，在 0.040 mg/m^3 左右。

冬季 SO_2 质量浓度整体水平较夏季高，成都市平均质量浓度为 0.105 mg/m^3，17 个测点的点位平均质量浓度为 0.093～0.136 mg/m^3。等值线高值区出现在市区北面火车站（0.136 mg/m^3）和市区西南面武侯大道（0.123 mg/m^3）；除上述两个范围较小的高值区外，其余区域质量浓度分布较为均匀；市区东北面为质量浓度低值区，且低值区呈狭长状向西南延伸。

夏季 SO_2 质量浓度的区域分布特征与冬季明显不同，夏季呈现东高西低的分布特征，在冬季则出现东面区域质量浓度相对较低的分布特征。

3.4.4.2　NO_2 平面分布特征

夏季 NO_2 质量浓度的平面分布见图 3-27，冬季 NO_2 质量浓度的平面分布见图 3-28。

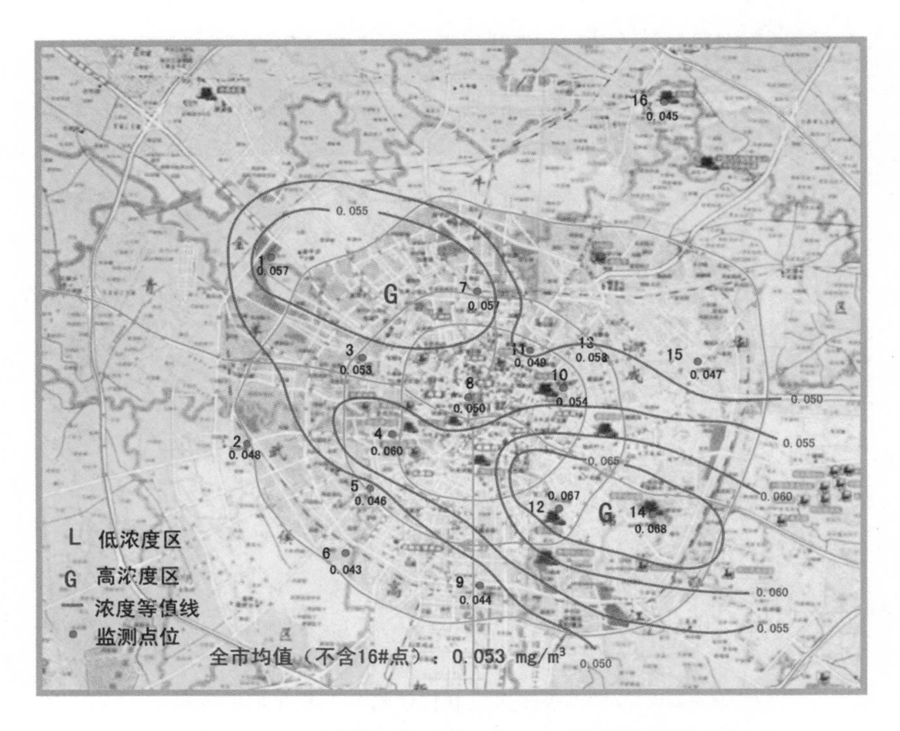

图 3-27 成都市夏季大气强化监测 NO_2 质量浓度分布

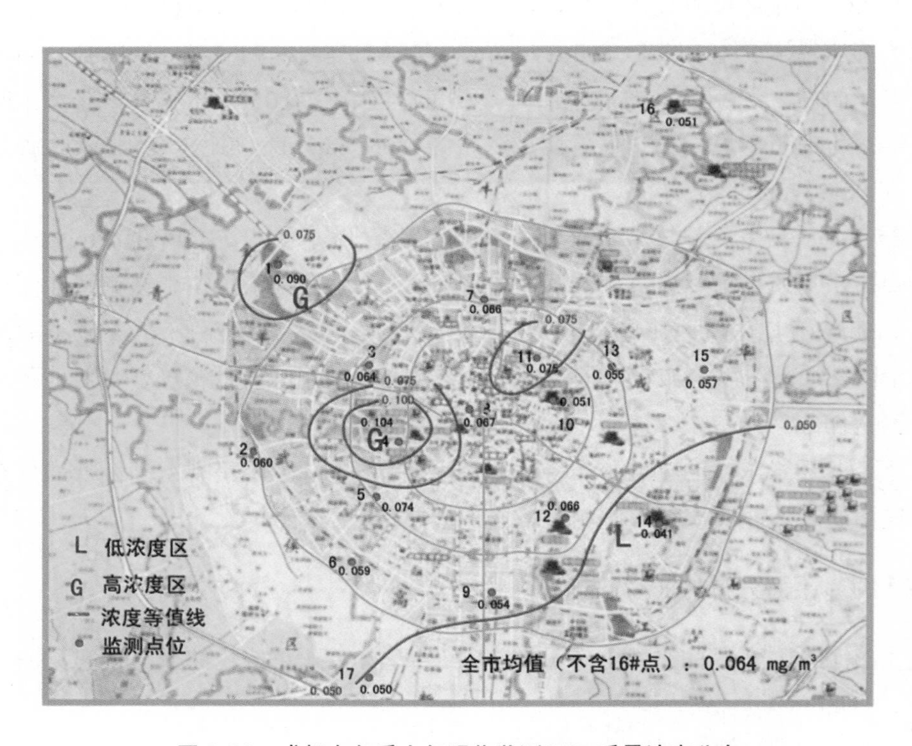

图 3-28 成都市冬季大气强化监测 NO_2 质量浓度分布

夏季 NO_2 质量浓度整体水平较低，成都市平均质量浓度为 0.053 mg/m^3，点位平均质量浓度为 0.043～0.068 mg/m^3，呈现东高西低的区域分布特征。高值区位于城东南区域的九眼桥至塔子山一带（九眼桥测点质量浓度为 0.067 mg/m^3，塔子山测点质量浓度为 0.068 mg/m^3）；草堂寺为次高质量浓度区，质量浓度为 0.060 mg/m^3；火车北站至金牛坝一带为另一次高质量浓度区，为 0.057 mg/m^3；城东北和西南区域为低值区，平均质量浓度为 0.043～0.049 mg/m^3。

冬季 NO_2 质量浓度整体水平较夏季略高，成都市平均质量浓度为 0.065 mg/m^3，点位平均质量浓度为 0.041～0.104 mg/m^3；高值区位于城中偏西南区域的草堂干疗院，测点平均质量浓度为 0.104 mg/m^3。低值区位于城东南区域塔子山附近，测点平均质量浓度为 0.041 mg/m^3。

夏季 NO_2 质量浓度区域分布特征是城东南区域为高值区。冬季该区域则为低值区域。西南区域的草堂干疗院在夏、冬两季均为高值区域。

3.4.4.3　O_3 平面分布特征

夏季 O_3 质量浓度的平面分布见图 3-29。

图 3-29　成都市夏季大气强化监测 O_3 质量浓度分布

夏季 O_3 成都市平均水平较低，区域分布均匀，无明显高值区，点位均值为 0.038～0.044 mg/m^3，成都市平均值为 0.040 mg/m^3。

3.4.4.4 PM_{10}平面分布特征

夏季PM_{10}质量浓度的平面分布见图3-30，冬季PM_{10}质量浓度的平面分布见图3-31。

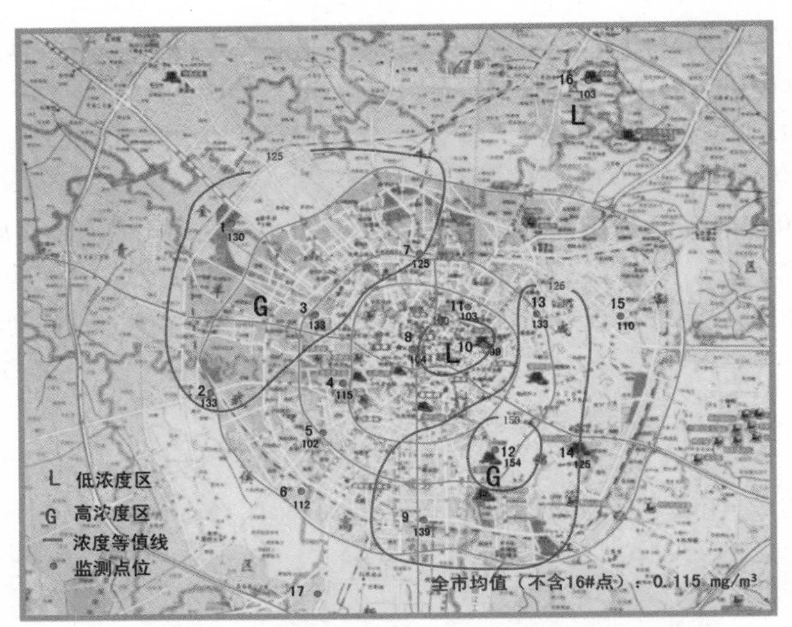

图3-30 成都市夏季大气强化监测PM_{10}质量浓度分布

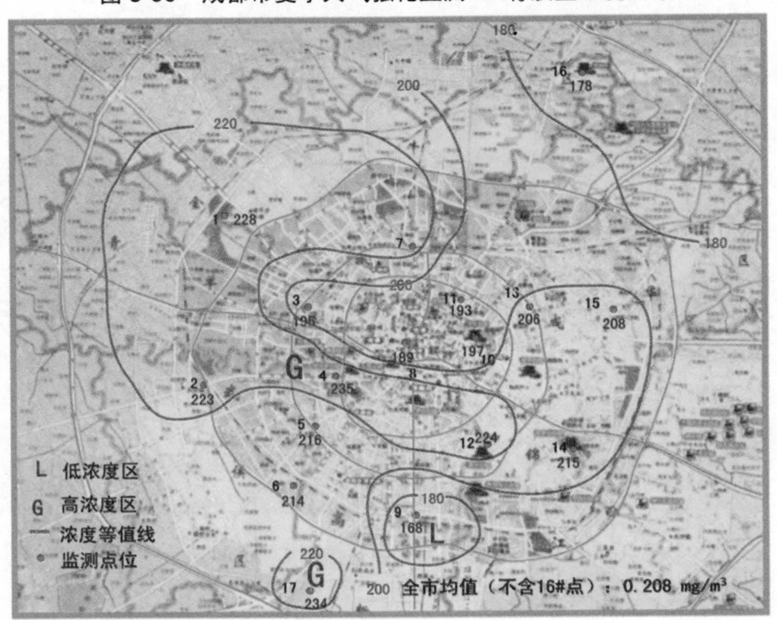

图3-31 成都市冬季大气强化监测PM_{10}质量浓度分布

夏季 PM_{10} 质量浓度整体水平较低，成都市平均质量浓度为 0.115 mg/m^3，16 个测点平均质量浓度为 0.102～0.154 mg/m^3。区域分布呈现由东北到西南沿主导风方向惯穿城区的低值区域带，测点平均质量浓度在 0.100 mg/m^3 左右。东南区域九眼桥一带和西北区域火车北站、金牛宾馆、武侯大道一带为两个高值区域，九眼桥测点平均质量浓度为 0.154 mg/m^3，城西北高值区质量浓度为 0.130 mg/m^3 左右。

冬季 PM_{10} 质量浓度整体水平较高，成都市平均质量浓度为 0.210 mg/m^3，测点平均质量浓度为 0.168～0.234 mg/m^3。区域分布与夏季大致相同，呈现由东北到西南沿主导风方向惯穿城区的低值区域带，低值区测点平均质量浓度在 0.200 mg/m^3 左右。东南区域的九眼桥和国防乐园（0.224 mg/m^3、0.234 mg/m^3）以及西北区域的火车北站、金牛宾馆、武侯大道一带（0.220 mg/m^3 左右）为高值区域。

冬季与夏季 PM_{10} 质量浓度区域分布基本吻合，但南区的火车南站附近在夏季是高质量浓度区，而冬季则为低值区，可能原因是由于夏季时人南立交桥正在建设中，而冬季已完工。

3.4.4.5 强化监测期间降尘平面分布特征

夏季降尘的平面分布见图 3-32，冬季降尘的平面分布见图 3-33。

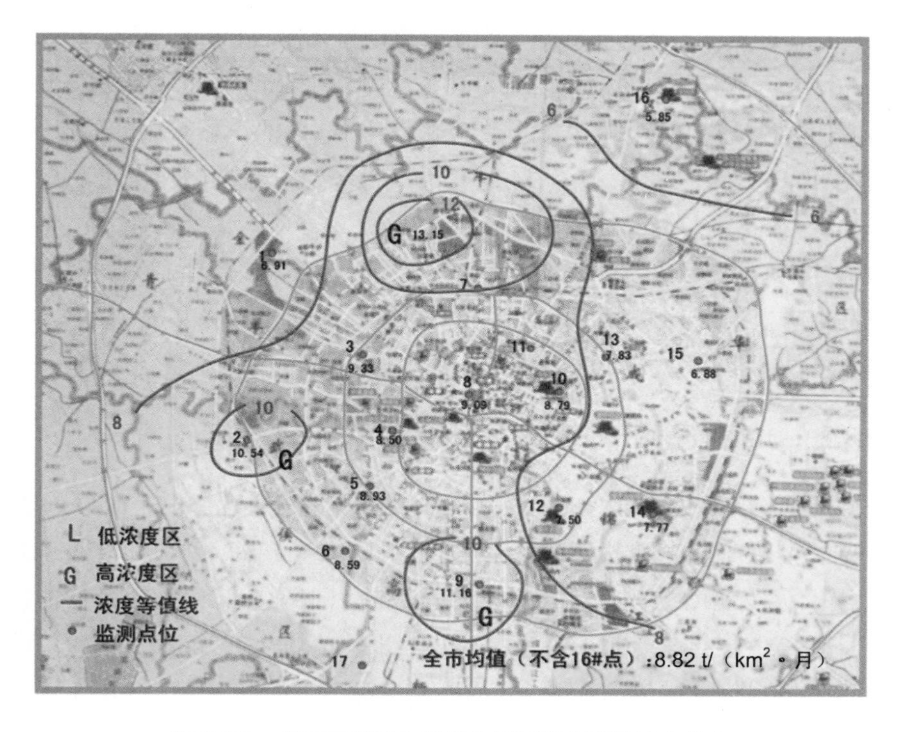

图 3-32 成都市夏季大气强化监测降尘质量浓度分布

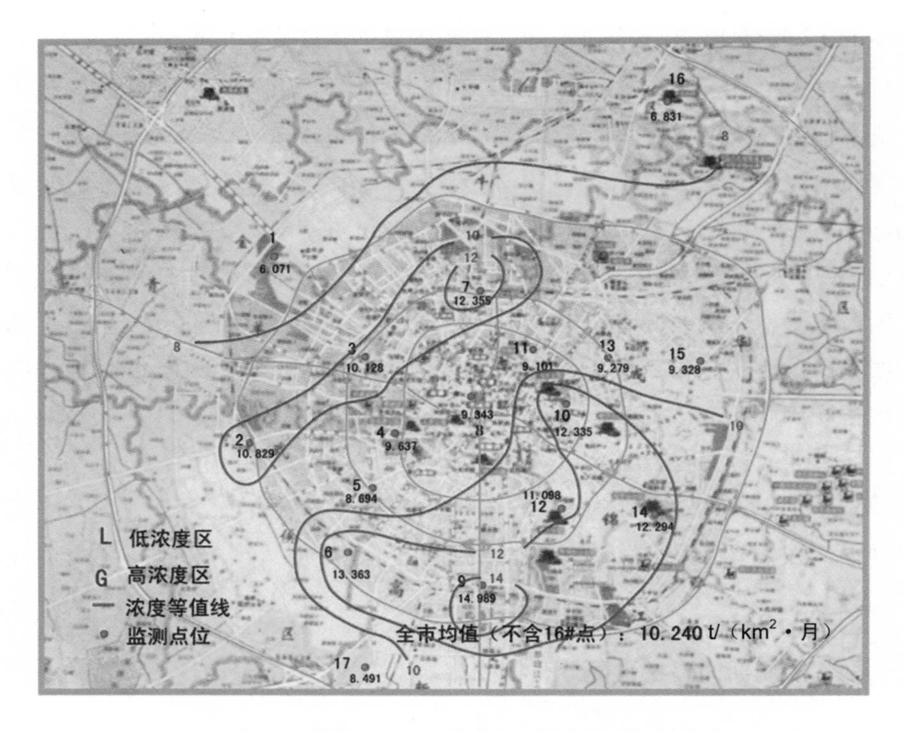

图 3-33 成都市冬季大气强化监测降尘质量浓度分布

夏季强化监测期间，成都市降尘平均质量浓度为 8.72 t/（km^2·月）。以火车北站测点为中心的城北区域为一高值区，降尘量高达 13.15 t/（km^2·月）；以火车南站红十字医院为中心的城南区域和以武侯大道科泰汽修厂为中心的西南区域为次高值区，其降尘量分别为 11.16 t/（km^2·月）和 10.54 t/（km^2·月）；以植物园为中心的东北区域为低值区，降尘量为 5.85 t/（km^2·月）。

冬季降尘平均质量浓度为 10.24 t/（km^2·月）。城东南为一高值区，区域中心的红十字医院测点降尘量为 14.989 t/（km^2·月）；城北至城西的长条形区域为次高值区。东北至西南贯穿城区为一狭长低值区域带。

3.4.4.6 硫酸盐化速率平面分布特征

夏季硫酸盐化速率的平面分布见图 3-34，冬季硫酸盐化速率的平面分布见图 3-35。

夏季强化监测期间硫酸盐化速率平均值为 0.462 mg SO_3/（10^2cm^2·碱片·d），包括植物园、火车北站、西沿线二环路口在内的由市区东北向西南延伸的狭长区域为高值区，最高值在火车北站的月亮岛测点，平均值为 0.795 mg SO_3/（10^2cm^2·碱片·d）；次高值区位于城南高新区［0.648 mg SO_3/（10^2cm^2·碱片·d）］和城中偏东区域的新华宾馆［0.601 mg SO_3/（10^2cm^2·碱片·d）］，城东南的塔子山为低值区

［0.106 mg SO_3/（10^2cm^2 · 碱片 · d）］。

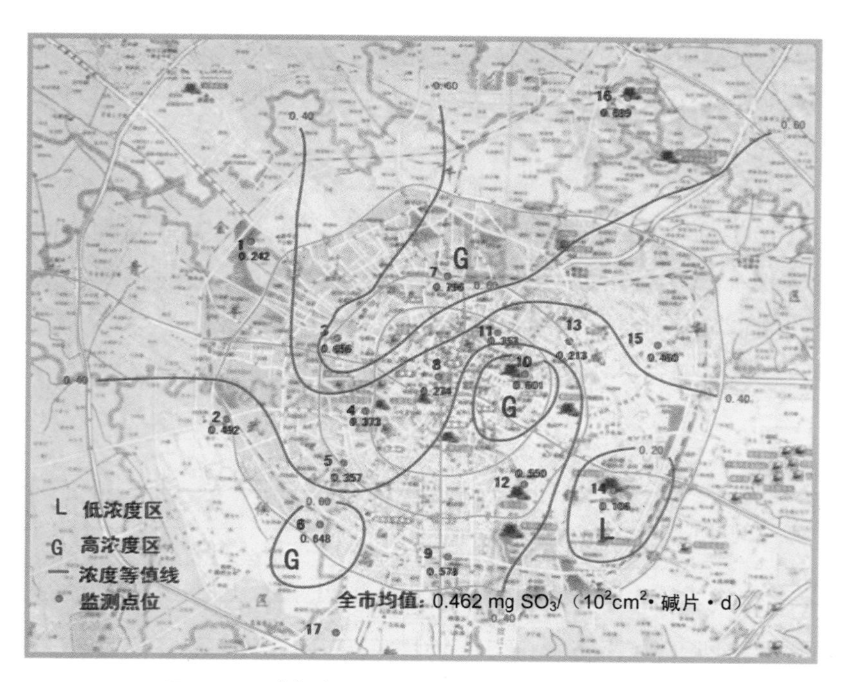

图 3-34　成都市夏季强化监测硫酸盐化速率分布

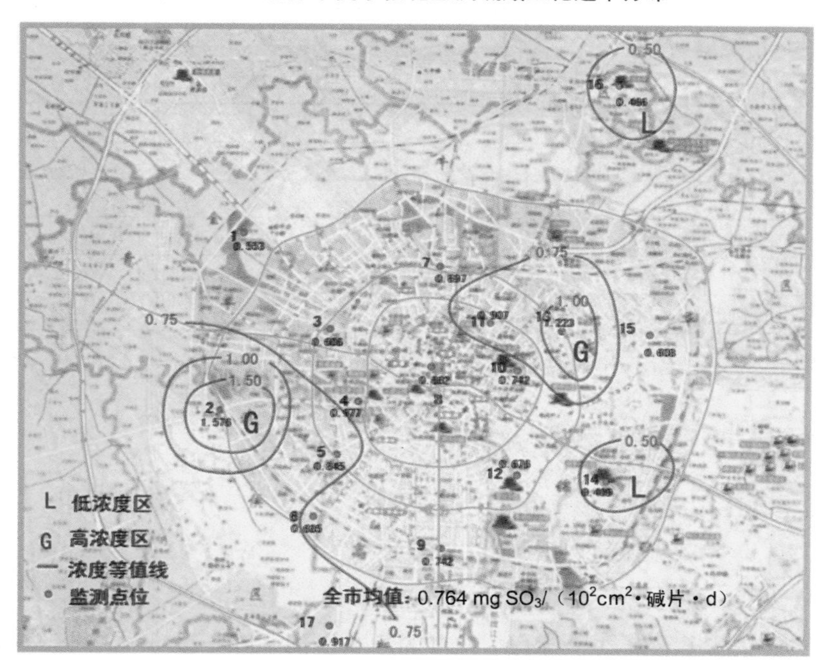

图 3-35　成都市冬季大气强化监测硫酸盐化速率分布

冬季强化监测期间硫酸盐化速率平均值 0.782 mg SO_3/（10^2cm^2·碱片·d）。浓度高值区位于城区西南面武侯大道的科泰汽修厂（1.576 mg SO_3/（10^2cm^2·碱片·d）），次高值区位于城东二环路的电子宾馆（1.223 mg SO_3/（10^2cm^2·碱片·d）），范围较小；市中心及城西北为低值区。与夏季平面分布特征相比，冬季高值区由市心区域向城东偏移。

3.4.5 空气质量垂直分布特征

为了了解污染物垂直梯度分布特征，2001 年 7 月 10 日—13 日和 2002 年 1 月 23 日—25 日，在成都市中心川信大厦主建筑楼（高度为 110 m）分别进行了两次为期 3 天的垂直梯度监测。

夏季垂直梯度监测结果见表 3-20，冬季垂直梯度监测结果见表 3-21。

表 3-20 夏季大气垂直梯度监测结果

点位编号	垂直高度/m	污染物质量浓度/（mg/m^3）					
		SO_2	NO_2	O_3	TSP	PM_{10}	$PM_{2.5}$
1	1.5	0.068	0.062	0.048	0.542	0.232	0.102
2	15	0.055	0.069	0.066	0.230	0.151	0.077
3	50	0.055	0.060	0.068	0.180	0.116	0.051
4	100	0.048	0.070	0.070	0.230	0.112	0.057

表 3-21 冬季大气垂直梯度监测结果

点位编号	垂直高度/m	污染物质量浓度/（mg/m^3）					
		SO_2	NO_2	O_3	TSP	PM_{10}	$PM_{2.5}$
1	1.5	0.125	0.072	—	0.39	0.31	0.35
2	15	0.07	0.068	—	0.40	0.31	0.29
3	50	0.094	0.062	—	0.40	0.24	0.20
4	100	0.085	0.059	—	0.33	0.28	0.20

3.4.5.1 气态污染物垂直分布特征

（1）夏季气态污染物垂直分布特征

从表 3-20 和图 3-36 中可以看出：

1）SO_2 质量浓度随高度上升而下降，到 100 m 高度时，下降了 30%；

2）NO_2 质量浓度随高度上升有小幅度的升高，到 100 m 高度时，升高 13%；

3）O_3 质量浓度随高度上升有明显的上升，到 100 m 高度时，升高 46%。

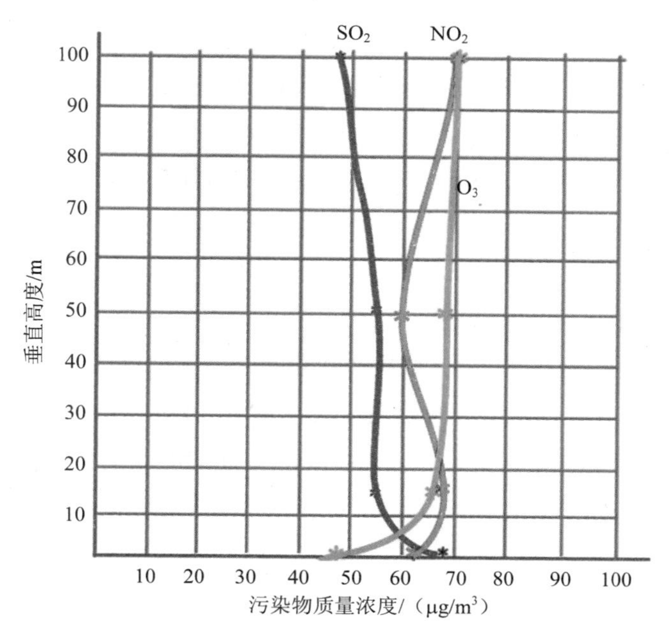

图 3-36　夏季大气主要气态污染物质量浓度随高度变化曲线

（2）冬季气态污染物垂直分布特征

从表 3-21 和图 3-37 中可以看出：

1）SO_2 质量浓度随高度上升而下降，到 100 m 高度时，下降了 32%；

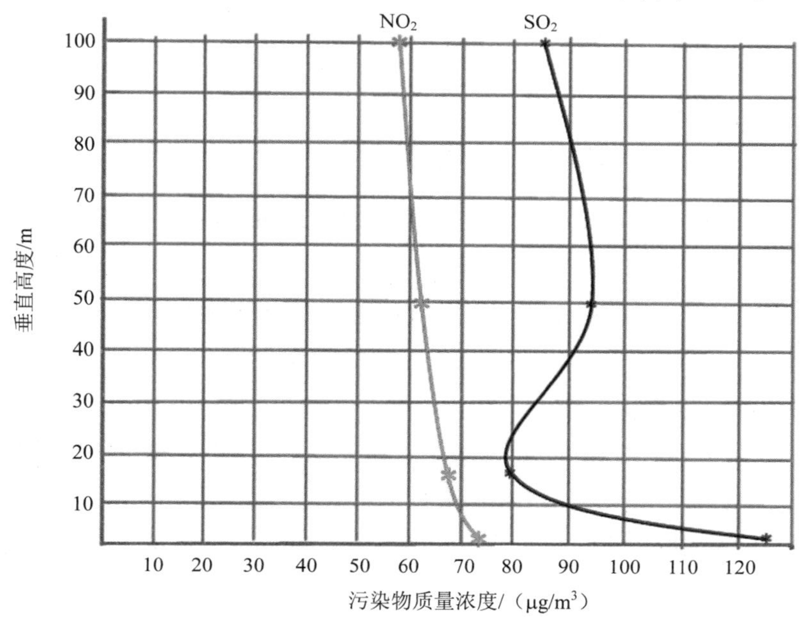

图 3-37　冬季大气主要气态污染物质量浓度随高度变化曲线

2）NO_2 质量浓度随高度上升有小幅度的下降，到 100 m 高度时，下降了 18%；

3）冬季颗粒物随高度下降，但幅度较小，在 1.5～15 m 高度层几乎均匀分布；其中 TSP 在 100 m 以下随高度几乎不变，可吸入颗粒物（PM_{10}）和细颗粒物（$PM_{2.5}$）在 15～50 m 下降了 23%～31%，50 m 以上高度层呈均匀分布特征。

3.4.5.2 颗粒物垂直分布特征

（1）夏季颗粒物垂直分布特征

由表 3-20 和图 3-38 可见，大气颗粒物随高度升高呈指数型下降，从 15 m 高度的质量浓度值与 1.5 m 高度质量浓度值的比例可见，TSP 的 15 m 质量浓度为 1.5 m 的 42.4%，PM_{10} 为 65.1%，$PM_{2.5}$ 为 75.5%；当达到 50 m 高度时 TSP 质量浓度为 1.5 m 的 33.2%，PM_{10} 和 $PM_{2.5}$ 为 50%，到 50 m 高度以上颗粒物质量浓度基本保持不变且趋于均匀分布。

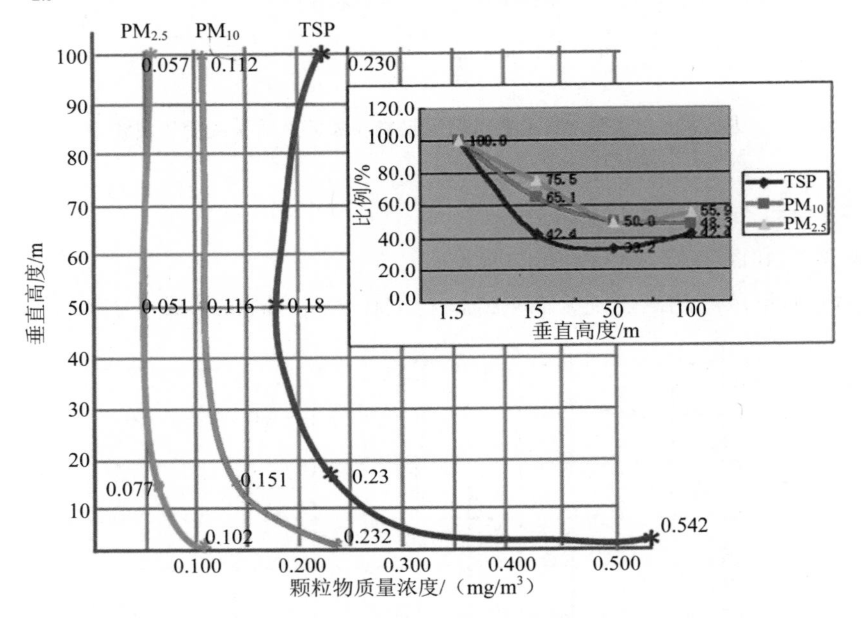

图 3-38 夏季大气颗粒物质量浓度随高度变化曲线

（2）冬季颗粒物垂直分布特征

由图 3-39 可见，TSP 在 50 m 高度以下质量浓度值基本不变，50～100 m 随高度下降。100 m 高度的质量浓度值为 1.5 m 的 85%。

PM_{10} 在 50 m 高度以下质量浓度随高度下降，50 m 高度质量浓度值为近 1.5 m 高度的 69%，50～100 m 随高度上升。

$PM_{2.5}$ 质量浓度值在 50 m 以下随高度呈指数性下降，50 m 高度质量浓度值为近地面的 65%，50 m 以上趋于均匀分布。

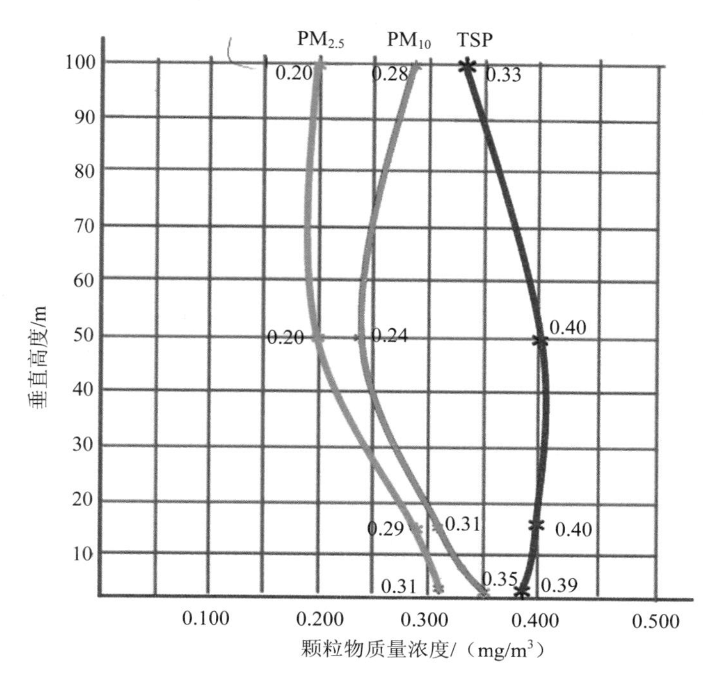

图 3-39　冬季大气颗粒物质量浓度随高度变化曲线

3.5 小结

（1）成都市 10 年环境空气质量现状评价综述

1）1991—2000 年 10 年间成都市城区环境空气质量有明显改善，空气中各项污染物浓度有明显下降趋势。

2）大气颗粒物一直是空气中的首要污染物，其次是 NO_x。

3）TSP 在空气污染物中所占比例逐年下降，NO_x 比例逐年增加，SO_2 比例基本稳定。机动车污染日趋明显。

4）空气污染的季节变化呈现出：冬季＞春季＞秋季＞夏季。

5）城区污染物分布规律为：由东向西污染程度逐渐减轻，城北、城东污染相对较重。

（2）2000 年 6 月—2001 年 5 月城区空气质量现状概述

1）SO_2、NO_2 年均值分别为 0.045 mg/m^3 和 0.037 mg/m^3，均达到 GB 3095—1996 二级标准（0.060 mg/m^3、0.080 mg/m^3）。

2）PM_{10} 是本市的首污染物，年均值 0.176 mg/m^3，超过国家二级标准（0.100 mg/m^3），日均值超标率 50.7%。

3）污染季节变化冬季最重，日均值超标 72.7%，其次为春季，日均值超标率为 69.5%；

秋季和夏季空气质量较好，超标率在30%左右。

4）7：00—10：00 为 PM_{10} 最高浓度时段，14：00—17：00 为最低浓度时段。

5）全年空气质量等级以良和轻度污染为主，中度和重度污染天气 20 d，为全年的6%。

6）影响城区空气质量的主要气象因子是持续的逆温和静风或小风速天气。所以，建立空气质量预测预警系统、合理调节不利气象条件下的污染排放量尤为重要。

7）因受建筑扬尘的影响所致，草堂寺、金牛坝颗粒物年均浓度较其他区域略高。

（3）强化监测期间空气质量现状概述

可吸入颗粒物是成都市的首要污染物，夏季、冬季次要污染物各不相同，夏季为 NO_2、冬季为 SO_2。

1）SO_2 夏季平均值为 0.043 mg/m^3、冬季平均值为 0.104 mg/m^3，均未超过 GB 3095—1996 二级标准。夏季高浓度区分别在成都理工学院（注：现为成都理工大学）和火车北站两个区域，冬季高浓度区在市区北面火车站和市区西南面武侯大道。市区二环路以内在两季均为低浓度区。

2）NO_2 夏季监测平均值为 0.053 mg/m^3、冬季平均值为 0.064 mg/m^3。均未超过 GB 3095—1996 二级标准。夏季高浓度区分别在车辆稠密的九眼桥至塔子山区域和火车北站至金牛坝区域，草堂寺和以火车北站至金牛坝一带为次高浓度区，城东北和西南区域为低值区；冬季高值区位于城中偏西南区域的草堂干疗院，低值区位于城东南区域塔子山附近。

3）O_3 监测平均值为 0.040 mg/m^3，远低于 GB 3095—1996 二级标准。

4）PM_{10} 夏季平均值为 0.115 mg/m^3，达到 GB 3095—1996 二级标准；冬季平均值为 0.208 mg/m^3，超过 GB 3095—1996 二级标准。夏季、冬季区域分布大致相同，呈现由东北到西南沿主导风方向贯穿城区的低值区域带。夏季东南区域九眼桥一带和西北区域火车北站、金牛宾馆、武侯大道一带为高值区域；冬季东南区域的九眼桥和国防乐园以及西北区域的火车北站、金牛宾馆、武侯大道一带为高值区域。

5）TSP 夏季总平均值为 0.243 mg/m^3，达到 GB 3095—1996 二级标准。冬季平均值为 0.502 mg/m^3，超过 GB 3095—1996 二级标准。颗粒物的重污染区域主要在火车北站至西沿线二环路口至武候大道三环路口的西北区域和火车南站至九眼桥一线的东南区域。

6）地面扬尘引起的颗粒物污染主要在 30 m 以下。

7）大气中 PM_{10} 约占 TSP 的 42%。

第 4 章　成都地区污染气象特征及其对环境空气质量的影响

4.1　成都地区污染气象特征分析

4.1.1　成都地区地理气候特点及污染气象基本特征

成都市地处中国西南部，为四川省省会，位于四川盆地西部，成都平原南部。地势总体起伏大，高差悬殊。东部平原海拔 500 m 左右，最低为新津县岷江出境处仅 445 m；而西北部山地海拔达 5 000 m 以上，高低相差 4 000 余 m。

气候特点：风速小、静风频率高、逆温频率较高、云雾多、日照少、雨量充沛、湿度高，属中亚热带湿润气候。该地区不利于污染物扩散的静小风和逆温天气状况出现频率较高，平均风速 1.2 m/s，静风频率高达 42%，贴地逆温出现频率为 13.1%；上部逆温出现频率为 2.5%。

4.1.1.1　成都市地形特征与大气环流相关性

成都地处川西北高原东缘与四川盆地交接地带，龙门山与龙泉山从东北向西南贯穿成都地区，龙泉山海拔 600～1 000 m，西北缘的龙门山，走向为东北—西南，北起摩天岭，南至茶坪山，海拔由盆地边缘 1 000 m 向西逐渐升高到 3 000 m 左右，主峰九顶山高达 4 984 m。两山之间为西北向东倾斜的成都平原，海拔 400～700 m，由于其特殊的地理环境，城市特有的下垫面及天气系统的影响使成都市边界层流场复杂多变。

成都市区的风向受地形及城市下垫面影响很大，由于龙门山主峰九顶山与其东侧平原相对高差达 3 000 m 以上，其强烈的热力差异造成的大型山谷风可伸展至离山 50 多 km 的成都市区，使市区内风向有明显的日变化。

四川盆地大范围的大风，主要由冷气团侵入造成，以盆西北山地及南北走向的河谷中大风最多。盛行风向的分布，实际上是大气环流的反映，但受地形影响，各地盛行风向频率不一致。成都 7 月以北风频率最大，就是受地形影响的缘故。冷高压伴随的大风天气，对污染物的扩散稀释极为有利。

西南低涡是夏半年造成西南地区重要降水过程的一种天气系统。常见的西南低涡是在西藏高原和四川盆地这种特殊地形下，在近地表 1～1.5 km 的边界层中的产物。西南涡是污染潜势中天气形势的一个重要因子，西南涡降水前的低压辐合区，将造成污染物的堆积，易出现高浓度污染；当出现降水时，由于云内的吸附和降水冲刷，对烟尘尤其是对大粒径的粉尘等污染物有净化作用，降水的净化作用与降水强度有关。

四川盆地处于云贵高原夏季风的背风地位，气流越山下沉增温，又因盆地热量不易与外界交换，因而川西高原和四川盆地，气候大陆度一般在 50%以下，从气温分布上显示出类似海洋性气候特征，就是因地形影响所致。因此 24 h 变温可作为污染潜势预报因子考虑。

4.1.1.2 市区下垫面与大气污染物扩散相关性

城市环境空气的污染与城市污染源排放和气象条件有关，同时也与城市本身的特点相关。

1988 年成都市气象局公布的《成都城市热岛效应研究》中得出如下结论：成都城市的热岛明显存在，且强度较大；热岛强度的季节变化是冬、夏大于春、秋；日变化规律是夜间大于白天，午间最小；晴天大于阴天。热岛在垂直方向的特征是：城市上空很少出现贴地逆温，而是有一层或多层上部逆温，郊区的贴地逆温频率明显高于城市，较少出现上部逆温。

热岛使城市上空温度层结更不稳定，复杂的热力结构增加了流场的紊乱性，使城市的扩散稀释速率比周围更快，有利于污染物的扩散；但上部逆温的出现，限制了高架源排放的污染物的扩散，易出现短时的高浓度污染。

城市下垫面对流场的动力效应是影响城市气象条件的另一个重要因素。成都市城市建设的高速发展，高层建筑物和交通道路的增加，使城市下垫面的粗糙度增加，空气流过会产生更多的湍流，水平和铅直湍流交换强度比城郊大，对低层大气污染物的扩散稀释有利；大气在动力和热力作用下，地面气流在城市中心辐合上升，高空辐散，形成热岛环流，城市地面的小风和气流辐合，是造成城市区污染物富集的气象条件。

总之，城市近地层的风速减小，湍流增强，温度层结更不稳定，扩散稀释速率增快。城市下垫面的动力作用，在高层建筑和街道间引起的“狭管效应”，可产生小尺度的局地环流，气流绕过建筑物形成更小的涡旋运动，使近地面流场更不规则，因而污染物浓度分布亦不均匀。成都市区大气污染物浓度值分布不均匀的状况是这些气象因子综合作用的结果。

4.1.2 地面气象特征

通过对成都地区 10 年的气象观测资料进行分析，可以掌握本地区各种污染气象要素的一般规律。

4.1.2.1　地面逐月各气象要素特征

1990—1999 年 10 年地面各月平均气压、相对湿度、总云量、低云量及降雨量特征统计见表 4-1。

表 4-1　10 年地面各月各气象要素统计

时　间	1	2	3	4	5	6	7	8	9	10	11	12	平均
气压/mb*	964.3	962.1	958.2	954.8	952.7	948.7	946.5	949.4	955.3	961.6	953.3	966.1	956.1
相对湿度/%	81	81	80	78	75	79	85	85	83	83	82	83	81
总云量 N/%	81	88	89	85	85	84	81	76	85	91	80	81	84
低云量 NL/%	14	20	20	19	17	18	22	21	16	11	7	11	16
降雨/mm	62.9	13.3	21.5	41.8	56.1	138.5	181.3	214.0	101.3	35.3	16.3	5.4	74.0

* 1mb=100Pa，全书同。

（1）地面气压特征

近 10 年地面气压平均值为 956.1 mb，逐月变化规律为：7 月最低，为 946.5 mb；12 月最高，为 966.1 mb；其余月份气压居中。

（2）地面相对湿度特征

在 10 年地面相对湿度特征及逐月变化中，7 月、8 月（夏季）相对湿度最大，可达 85%，5 月最低为 75%，即 5 月为相对较干燥时段。

（3）地面总/低云量特征

总云量 10 月最高，可达 91%；8 月总云量最少，仅 76%；7 月低云量最大，可达 22%，11 月低云量最少，仅 7%，这与 7 月降水较多（低云）是一致的。

（4）10 年地面降水特征

10 年降水统计具有很明显的峰值特征。降水高值区是 8 月，降水量为 214.0 mm；以 8 月为中心向秋、春两季展开，逐月降水量衰减很快，尤其是冬季。12 月降水量仅 5.4 mm。全年月平均降水量为 74.0 mm；年总降水量 887.7 mm。降水主要分布在 5—10 月。与之前 30 年降水比较，1990—1999 年降水量有所减少。

4.1.2.2　地面风向特征

地面主导风向为 NNE，风频为 12%；次主导风向为 N 风向，风频 11%；最少风频风向为 ESE，风频为 1%；全年静风频率高达 42%，见表 4-2 和图 4-1。

10 年各代表月（1 月、4 月、7 月、10 月）的地面风频仍以偏北风为主。1 月（冬季）主导风向为 NNE，风频为 11%，静风频率为 49%；4 月（春季）主导风向为 N 风向和 NNE 风向，风频为 10%，静风频率为 36%；7 月（夏季）主导风向为 N 风向，风频 9%，静风频率为 42%；10 月（秋季）主导风向为 N 风向，风频为 9%，静风频率为 47%。

表 4-2　近 10 年各代表月地面风向累计风频

月份	风向																
	N	NNE	NE	ENE	E	ESE	SE	SSE	S	SSW	SW	WSW	W	WNW	NW	NNW	C
1	9	11	9	2	1	1	1	2	3	1	3	1	2	1	2	3	49
4	10	10	7	2	2	2	3	4	4	3	4	2	2	2	4	6	36
7	9	6	5	1	1	1	2	2	6	3	4	3	5	3	5	6	42
10	9	8	6	2	2	1	2	2	4	2	3	1	3	2	3	4	47
全年	12	11	7	2	2	1	2	2	4	3	4	2	3	2	4	5	42

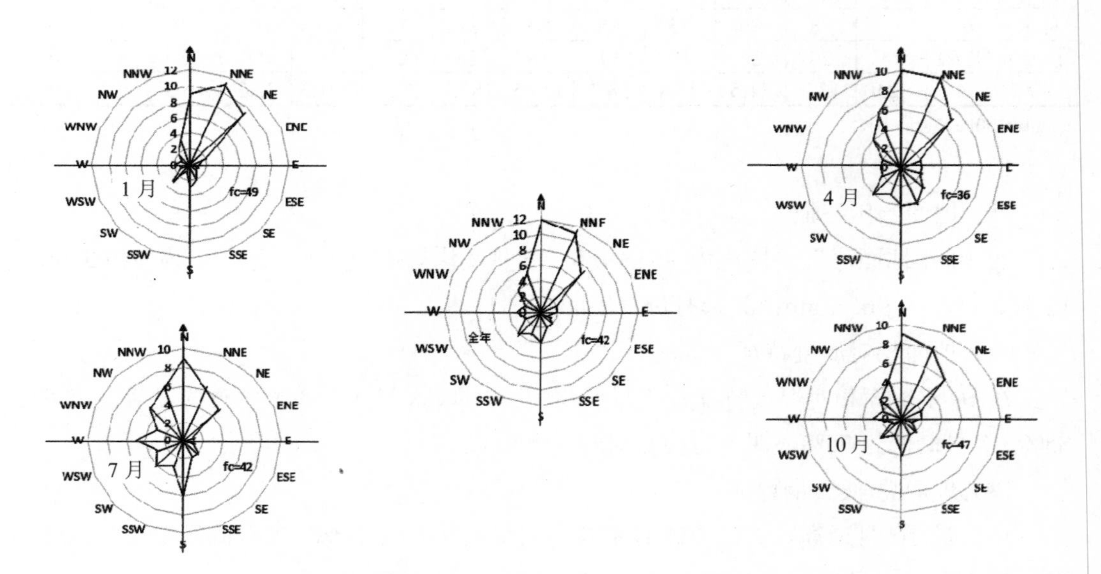

图 4-1　1990—1999 年成都市年季地面风频玫瑰图

4.1.2.3　风速特征

1990—1999 年地面资料统计表明：全年平均风速以 4—6 月（春夏交季）为最大，风速为 1.4 m/s；12 月（冬季）最小，风速为 0.9 m/s。风速年变化为春、夏季风速大而冬季风速小。

4.1.3　各高度风向风速特征

4.1.3.1　风向特征

根据 1990—1999 年逐日 1：00、7：00、19：00 探空资料统计，10 m、300 m、600 m、900 m、1 000、1 500、2 000 m 各高度风向频率见表 4-3；各高度层风频玫瑰图见图 4-2。

表 4-3　1990—1999 年各高度各风向累计风频

距地面高度/m	风向																
	N	NNE	NE	ENE	E	ESE	SE	SSE	S	SSW	SW	WSW	W	WNW	NW	NNW	C
	12	11	7	2	2	1	2	2	4	3	4	2	3	2	4	5	42
300	4.3	12.1	17.8	8.0	4.3	3.3	3.4	4.9	7.3	9.1	7.3	4.5	3.3	3.2	2.7	2.7	1.0
600	4.4	12.0	18.3	8.8	4.5	3.1	2.8	3.8	6.2	8.6	7.0	4.8	3.1	3.2	2.8	2.8	2.1
900	4.8	12.4	19.7	8.8	5.1	4.3	4.1	4.1	5.8	7.3	6.8	4.3	3.0	2.8	2.8	2.8	2.8
1 000	5.1	11.8	19.4	8.1	4.5	2.9	3.3	3.8	6.7	9.1	7.7	4.8	3.3	3.3	2.6	2.8	2.3
1 500	5.1	12.3	20.1	8.4	4.6	4.2	4.0	4.3	5.6	7.3	6.3	4.3	2.8	2.8	2.7	2.8	2.3
2 000	5.4	12.7	18.8	8.1	4.3	4.0	4.3	5.1	5.9	6.9	2.4	4.5	3.4	2.9	2.8	2.7	1.3

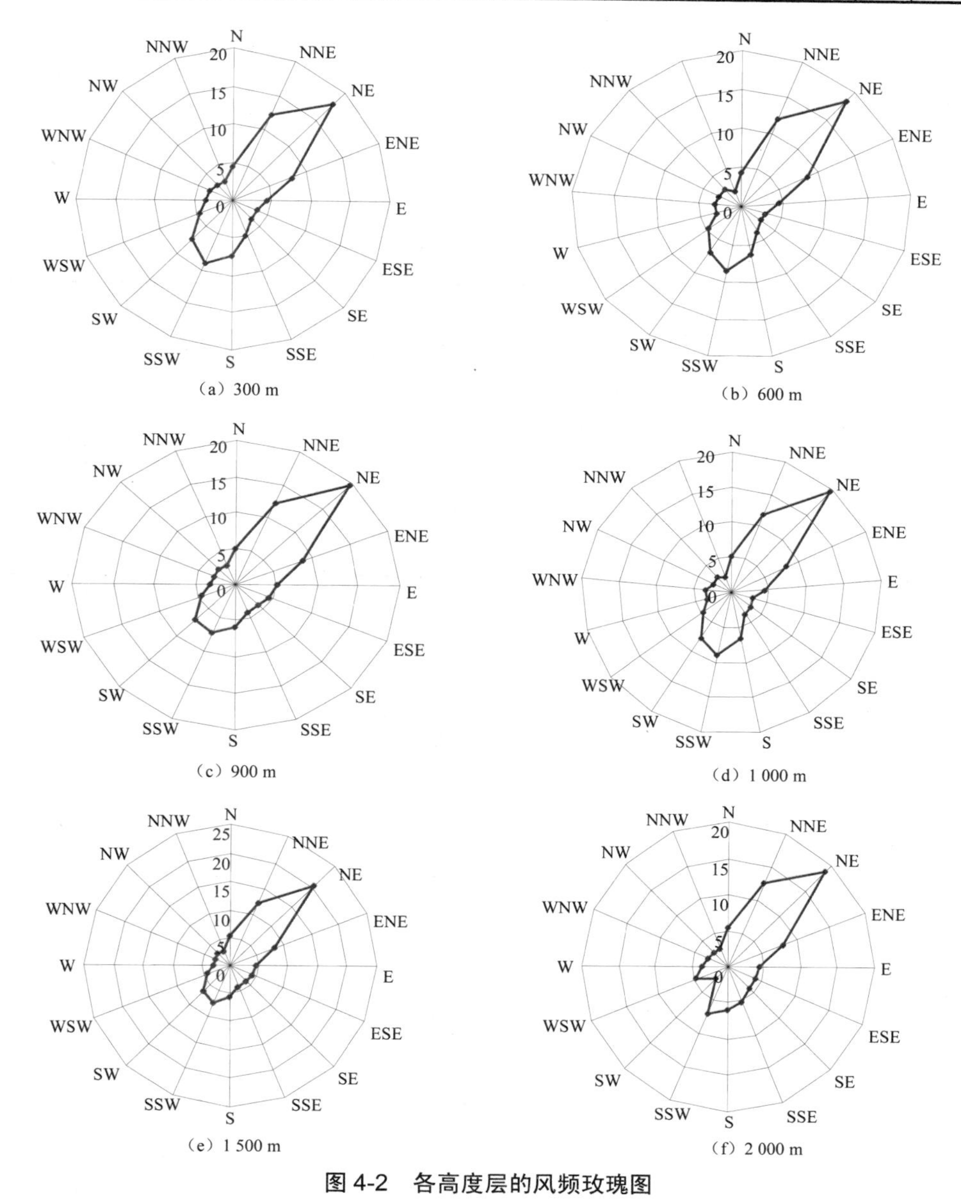

（a）300 m　（b）600 m　（c）900 m　（d）1 000 m　（e）1 500 m　（f）2 000 m

图 4-2　各高度层的风频玫瑰图

各高度层上主导风向均为NE，但风频有所不同。300 m 高度NE风频为17.8%；600 m 高度NE风频为18.3%；900 m 高度NE风频为19.7%；1 000 m 高度NE风频为19.4%；1 500 m 高度NE风频为20.1%；2 000 m 高度NE风频为18.8%。

次主导风频各高度层均为NNE风向。最少风频300 m为NW和NNW风向，风频为2.7%；600 m 高度最少风向为NW、NNW和SE风向，风频为2.8%；900 m 高度最少风向为N风向和NNW风向，风频为2.8%；1 000 m 高度最少风向分布与900 m 高度分布一致；1 500 m 高度最少风向为NW风向，风频为2.7%；2 000 m 高度最少风向为NNW，风频为2.7%。各高度层静风频率分别为1%、2.1%、2.8%、2.3%、2.3%、1.3%。

4.1.3.2 各高度层风速特征

各高度层逐月风速变化见表4-4和图4-3。

表4-4 10年各月各高度风速统计 单位：m/s

距地面高度/m	1月	2月	3月	4月	5月	6月	7月	8月	9月	10月	11月	12月	全年
地面	1.0	1.1	1.3	1.4	1.4	1.4	1.2	1.2	1.3	1.1	1.1	0.9	1.2
300	3.1	3.6	3.9	4.4	4.6	4.6	3.8	4.2	4.0	3.8	3.5	3.5	3.8
600	3.1	3.6	3.6	4.4	4.6	4.7	3.7	3.6	3.9	3.7	3.5	3.3	3.8
900	3.3	3.6	3.6	4.2	4.4	4.9	3.6	3.8	4.0	3.6	3.5	3.4	3.8
1 000	3.0	3.6	3.9	4.4	4.6	4.6	3.7	3.7	3.9	3.7	3.5	3.4	3.8
1 500	3.2	3.4	3.9	4.1	4.4	4.3	3.7	3.8	4.1	3.7	3.4	3.4	3.8
2 000	3.6	4.0	3.8	4.5	4.5	4.4	4.1	4.3	4.6	4.1	3.8	3.9	4.2

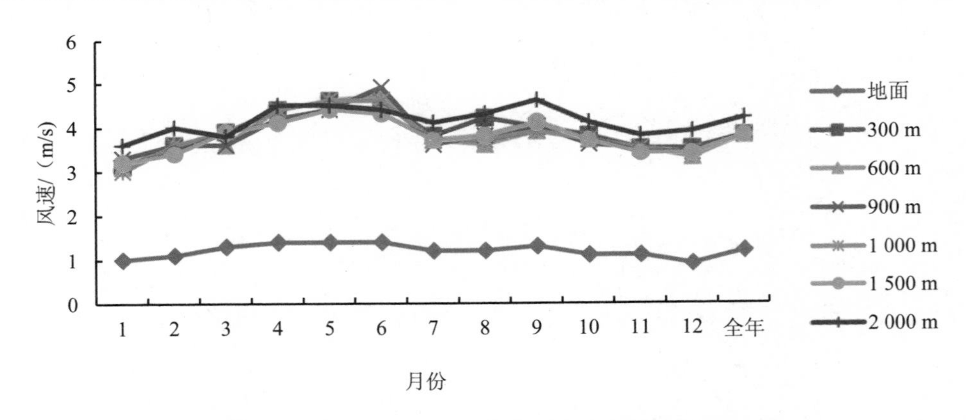

图4-3 1990—1999年10年各高度风速月份变化

由表4-4和图4-2可见，10 m、300 m、600 m、900 m、1 000 m、1 500 m 各高度层1990—1999年平均风速均为3.8 m/s；2 000 m 高度10年平均风速为4.2 m/s；各高度层风速变化为：9月、4月、5月、6月风速较大，而1月、7月、8月、12月风速较小与地面风速逐月分布类似，呈双峰双谷形态。

4.1.4　大气稳定度特征

1990—1999 年 10 年地面风速和云量观测逐时资料按 P-G 法划分稳定度进行统计，得到成都市累年各月及全年大气稳定度分布特征。

本市累年各月及全年中 D 级大气稳定度出现得最多；冬季 F 级出现最多而 A-C 级大气稳定度出现较少；夏季 A-C 级大气稳定度出现较多而 E-F 级大气稳定度出现较少，这与太阳高度角夏季高冬季低明显一致。从稳定度分布来讲，不稳定大多分布在 B 级；稳定大都分布在 E 级。

全年不稳定天气占 18.3%，中性天气占 46.2%，稳定天气占 35.5%。不稳定天气以 7 月出现频率最高频率为 26%；12 月最少，仅占 9.5%；中性天气以 2 月出现最多频率，为 56.5%；7 月频率最低，为 35.6%。稳定天气以 12 月出现最多，频率可达 50.5%；8 月最低，频率为 28.4%。

各类稳定度频率逐月变化趋势见图 4-4。由图可知不稳定逐月变化呈双峰双谷形。

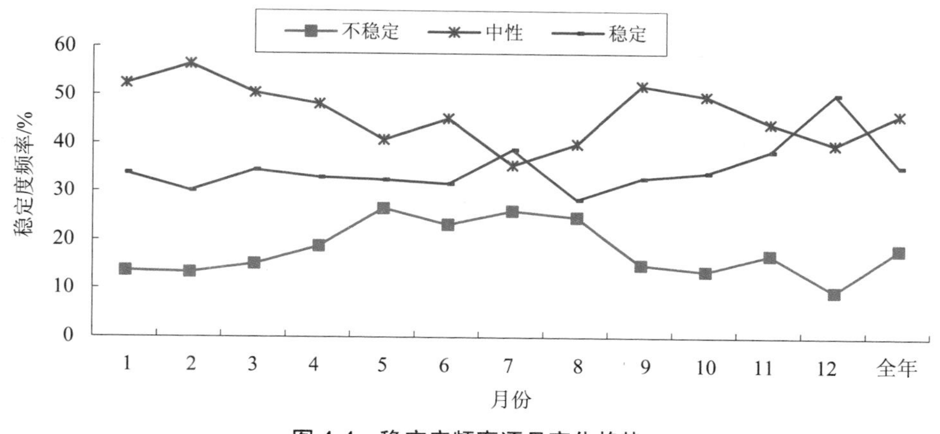

图 4-4　稳定度频率逐月变化趋势

4.1.5　各高度层温度统计特征

根据 1990—1999 年 10 年地面及探空资料统计，得出累年各高度各月及全年温度变化特征，见表 4-5 和图 4-5。

由表 4-5 和图 4-5 可见，全年地面温度基本上呈递减趋势，但在 900～1 000 m 高度出现较强逆温现象。逐月变化规律是：以 7 月为中心点向春、秋季展开呈单峰状。同一高度层上，7 月温度最高，1 月温度最低。

表 4-5 10 年各月各高度温度统计 单位：℃

距地面高度/m	1 月	2 月	3 月	4 月	5 月	6 月	7 月	8 月	9 月	10 月	11 月	12 月	全年
地面	5.8	8.0	11.5	17.1	19.1	24.1	25.4	25.2	21.9	16.9	12.8	7.5	16.5
300	5.2	7.1	10.5	16.2	19.7	22.6	24.6	24.6	21.0	15.8	12.2	6.5	15.5
600	3.4	5.2	8.5	14.4	18.2	21.3	23.2	23.3	19.4	14.0	10.4	5.1	13.9
900	1.3	3.1	6.4	12.3	16.3	19.4	20.9	21.4	17.6	12.0	8.4	3.4	11.9
1 000	3.9	5.8	9.3	14.9	18.8	22.0	23.4	23.8	19.6	14.4	10.9	5.7	14.4
1 500	0.8	2.4	5.8	11.6	15.6	18.8	20.8	20.8	16.9	11.5	7.7	2.5	11.3
2 000	–2.6	–0.8	2.6	8.3	12.3	15.7	18.2	17.8	14.0	8.4	4.7	–0.4	8.2

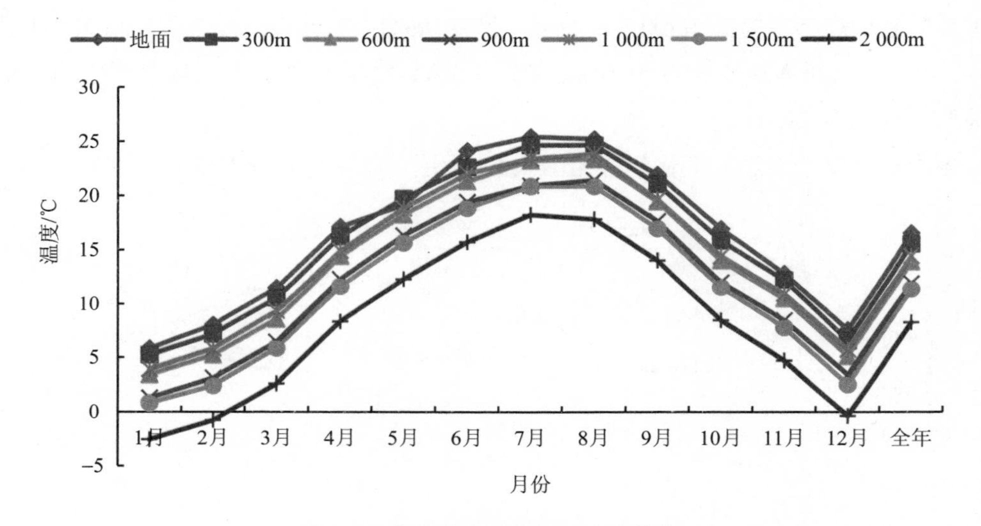

图 4-5 各高度层温度的月变化趋势

4.1.6 1990—1999 年 10 年逆温统计特性

1990—1999 年 7：00、19：00 探空资料逆温统计特征见表 4-6。

根据 1990—1999 年统计，7：00 贴地逆温平均厚度为 301 m，1991 年贴地逆温出现，最高可达 368 m；1992 年贴切地逆温厚度最小，仅为 276 m。7：00 逆温强度 10 年平均值为 0.764℃/100 m，1996 年贴地逆温强度最大可达 0.844℃/100 m，1991 年贴地逆温强度最小，仅 0.571℃/100 m。19：00 贴地逆温平均厚度为 187 m，1999 年贴地逆温厚度最大，可达 243 m；1990 年贴地逆温厚度最小，仅为 157 m；1993 年 19：00 贴地逆温强度最小，仅 0.649℃/100 m；19：00 贴地逆温平均强度为 0.749℃/100 m。7：00 贴地逆温出现频率为 21.5%，19：00 贴地逆温出现频率为 4.6%。7：00 逆温出现频率远高于 19：00 贴地逆温频率。

近 10 年历史探空资料分析表明：7：00 上部逆温平均底高 882 m，平均厚度为 237 m，平均强度为 0.675℃/100 m；上部逆温厚度最大为 1993 年，厚度为 266 m，1997 年最小，为 211 m，即历年上部逆温厚度变化不大；上部逆温底高以 1991 年为最大，可达 1 119 m，1999 年上部逆温底高最低，仅 735 m；上部逆温强度变化特征是：1995 年强度最大，可达 0.848℃/100 m；1991 年最小，仅为 0.549℃/100 m。19：00 上部逆温变化特征为：上部逆温 10 年平均厚度为 176 m；1999 年厚度最大，可达 296 m；1990 年最小，仅为 90 m；上部逆温底高为 859 m；上部逆温 10 年平均强度为 0.852℃/100 m；1999 年强度最大，可达 1.35℃/100 m；1998 年最小，仅为 0.46℃/100 m。

表 4-6　1990—1999 年成都地区 10 年探空逆温统计

逆温类型	贴地逆温						上部逆温							
时段	7：00			19：00			7：00				19：00			
参数	厚度/m	温差/℃	强度/（℃/100 m）	厚度/m	温差/℃	强度/（℃/100 m）	底高/m	厚度/m	温差/℃	强度/（℃/100 m）	底高/m	厚度/m	温差/℃	强度/（℃/100 m）
1990	306	2.2	0.72	157	1.3	0.83	856	214	1.4	0.65	1 128	90	0.7	0.78
1991	368	2.1	0.57	170	1.4	0.82	1 119	237	1.3	0.55	1 087	158	1.4	0.89
1992	276	2.3	0.83	184	1.2	0.65	913	216	1.3	0.6	870	166	1.2	0.72
1993	278	2.3	0.82	185	1.2	0.65	981	266	1.6	0.6	1 077	138	1.3	0.94
1994	296	2.2	0.74	202	1.4	0.69	826	239	1.9	0.79	929	185	1.9	1.02
1995	286	2.1	0.73	167	1.1	0.66	769	224	1.9	0.85	895	199	1.1	0.55
1996	308	2.6	0.84	176	1.3	0.74	954	272	1.9	0.69	1 048	118	1.7	1.44
1997	302	2.3	0.76	184	1.3	0.71	837	211	1.5	0.71	859	190	0.9	0.47
1998	321	2.1	0.65	200	1.2	0.6	832	244	1.6	0.65	1 043	217	1	0.46
1999	324	2.3	0.71	243	2.3	0.95	735	245	2	0.81	1 028	296	4	1.35
10 年平均	306	2.3	0.74	187	1.4	0.73	882	237	1.6	0.69	996	176	1.5	0.86
频率	21.50%			4.60%			3.10%				1.90%			

4.1.7　1990—1999 年 10 年污染性气象条件概况

由于成都市受其地形条件所限，使境内常年的气象条件带有明显的盆地气候特征。通过对 1990—1999 年 10 年各种气象条件的分析，主要污染气象因素归纳如下。

1）风速小，静风频率高。地面风速为 0.9～1.4 m/s；低空 300～1 500 m 平均风速为 3.8 m/s；2 000 m 以上平均风速约为 4.2 m/s；全年静风频率高，平均为 42%。

2）主导风向以偏北风为主。地面至 2 000 m 高度的常年主导风向为偏北风（NNE、NE），风频为 23%左右，最少风频为偏南风（ESE），风频约为 1%。

3）气压变化不大。年平均气压为 956.1 mb，月均最高（12 月）为 966.1 mb，月均最低为（7 月）946.5 mb。

4）云量偏多。常年总云量为 76%～91%，低云量为 7%～22%；秋冬季总云量较多；夏季低云量出现概率较多。

5）大气降雨多集中在 7—9 月。最多月（8 月）降雨量为 214.0 mm，最少月（12 月）仅为 5.4 mm；全年平均降雨量为 887.7 mm。

6）湿度大。年温度变化范围为 75%～85%，年平均为 81%；8 月最大，达 85%，一般春末（5 月）最小，约为 75%，也是全年空气相对干燥时段。

7）大气稳定度以中性天气为主，频率占 46.2%；不稳定性天气最少，频率为 18.3%；稳定性天气居中，频率约 35.5%；中性天气多出现在春季（2 月较明显），不稳定性天气以夏初（7 月）较常出现，稳定性天气则主要出现在初冬的 12 月，出现频率可达 50.5%。

8）逆温天气出现较频繁。一般为冬季最多、夏季较少、春秋居中；逆温出现高度多在距地面 800～1 000 m 处，5 月、12 月常出现在距地面约 300 m 处；常见的逆温类型为贴地逆温和上部逆温，一般情况下冬季、春季多出现贴地逆温，而夏季、秋季则为上部逆温；逆温出现时段一般于夜间开始形成、至凌晨至早上时段（7：00—9：00）强度最大，可达 0.6～0.8℃/100 m，厚度可达 200～300 m。

由上所述市境内的气象条件可知，由于风速小、云雾多、湿度大、中性及稳定性天气多、逆温出现频繁且厚度大、强度高等，均是形成空气流动不畅，阻碍大气污染物扩散、迁移的不利气象条件，即污染性气象条件。加之常年各季节时段的气候特点和气象条件有相当明显的差异，这也导致大气污染物在市区环境空气中的富集、迁移和扩散能力的不同和方向的变化。而每年 12 月是最不利的气象时段，即平均风速最小、平均降雨量最少、气温相对较低、大气稳定性频率最大、逆温频率高、湿度相对较大。

由此，可以将不同季节及每天的不同时段气象条件与大气污染物的扩散基本关系大致概括为：

1）不利于污染物快速扩散的季节排序：冬季＞春季＞秋季＞夏季；

2）一天中污染程度的时间段排序：凌晨至早上＞傍晚至夜间＞上午＞下午。

4.2　强化监测期气候及气象条件观测结果与分析

4.2.1　观测内容及天气背景

4.2.1.1　观测内容

为寻找成都市区大气污染物的输送和扩散途径的基本规律，并为建立环境空气质量预报模式提供污染气象因子及相关污染气象参数，在 2001 年 6 月 9 日—30 日（夏季）和 2002 年 1 月 8 日—28 日（冬季）两季代表月的环境空气质量监测期，同步进行气候及气象条件观测，获得了同步观测的相关参数。

1）天气状况观测：天气状况、总/低云量、能见度、雾、相对湿度、降雨量；

2）地面风流场及温度场观测：在市区范围内设置 6 台 EL 型电接风观测点（点位设置见表 4-7），夏季观测 30 d，冬季观测 21 d，合计 51 d；每天连续昼夜 24 h 记录，错/漏测率小于 3%；

表 4-7　流场观测布点图及功能

点位	地　点	功　能	内　容
1	成都市气象局直属观测站	二环、三环路之间市区西部，新居民区	电接风、温度、气压、湿度自记观测，云能天、降水等全项地面要素
2	天府广场附近市政府机关楼顶	成都市市中心，交通要道，人口聚集地，城市绿地附近	电接风、温度、气压、湿度自记观测
3	成都市干疗院	城北地区，城市边缘，主导风上风向，三环路以外	电接风、温度自记观测
4	石羊场 大力食品厂	下垫面较为宽阔的城南地区，城市边缘	电接风、温度自记观测
5	成都理工大学 招待所	城东北地区，老工业及老人口聚集地，三环路以外	电接风、温度自记观测
6	市区西天九茶楼	城东人口聚集地，老工业聚集地	电接风自记观测

3）低空风场观测：两季分别在市区中心的天府广场和西南侧的环保大楼设测风基线，采用双经纬仪进行夏季、冬季代表月低空风场观测，夏季观测 15 d，每天 10～12 次，冬季观测 24 d、每天 10～12 次，每季获有效样本 150～160 份；

4）低空探空观测：两季均在市区西南侧的环保大楼设低空探空观测点，采用 GNZ3 型遥测接收机，在成都市区偏西部的成都市环境保护科学研究所六楼低空探空测试，低探施放高度约为 20 m，接近市区边界层下垫面的平均高度；用 20#探空气球将其控制在 100 m/min 的标准密度升速，每季获有效样本 150～170 份。

夏季自 2001 年 6 月 14 日—29 日共 16 d，每日 5：00、7：00、9：00、11：00、13：00、15：00、17：00、19：00、21：00、23：00 观测共 10 次，其中 18 日—24 日连续 7 d 进行加密观测，每日增加 1：00、3：00，共 12 次。

冬季自 2002 年 1 月 8 日—28 日共 21 d，探测时次同夏季，其中 16 日—22 日连续 7 d 进行加密观测，每日增加 1：00、3：00 共 12 次。

4.2.1.2 两季观测期天气背景

（1）夏季（2001 年 6 月）天气背景

本测试期是进入初夏的时段，降水相对增多。测试期间以晴天和晴间多云为主，500 mb 为青藏高压环流控制，高原中部到东部为一脊，700 mb 为高压前的偏北气流及高压后的弱偏南气流控制。测试期间出现了 8 次降水，累计降水量为 51.2 mm，其中 15 日 500 mb 时高原横切变，850 mb 时低涡云系与切变云系结合，地面有弱冷空气，气压低。出现大风及降水，降水量为 9.8 mm；17 日 500 mb 为两槽一脊型，高原切变明显，700 mb 时偏东气流明显，带来一次中等强度的降水，降水量达 15.6 mm。

（2）冬季（2002 年 1 月）天气背景

强化监测期间，天气形势变化较大，降水和雾日较往年同期增多，能见度较同期差，天气形势高压、低槽反复交替，期间有符合重污染形成的气象背景。

8 日—10 日，成都市处于冷高压前部，晴空辐射弱，大雾、地面能见度差（大气凝结核多），地面静小风频率较高，上部逆温较强，逆温底高较低，符合颗粒物重污染形成的污染气象条件；

11 日—12 日，南支槽，地面能见度差（大气凝结核多），地面静小风频率较高，上部逆温较强，逆温底部有所抬高，污染气象条件朝有利于颗粒物扩散的方向演变；

13 日—16 日，受高原低槽控制，能见度变好（凝结核减少），有阵性弱降水，上部逆温底部抬高，强度减弱乃至消失，风速开始逐渐增大；

1 7 日—19 日，弱冷空气入侵，夜间有降水，能见度较好（凝结核减少），风速较大，逆温消失；

20 日—21 日，高压控制，天气转好，能见度较好，风速一般，有弱上部逆温；

22 日—25 日，高原低槽控制，阵性降水，达小雨量级，风速较大，能见度较好；

26 日—28 日，有弱冷空气进入，风速较大，能见度较好，夜间有降水，风速一般。

4.2.2　地面流场及特征

根据课题要求，在本市区域内布设了 6 个地面流场观测点，观测期为 2001 年 6 月 9 日—7 月 9 日；2002 年 1 月 8 日—28 日；观测内容为逐时风向、风速。

4.2.2.1 各测点风频统计

两季测试期，各测点风频统计见表 4-8 和图 4-6、图 4-7。

从表 4-10 可看出，城市区夏、冬季节的地面风流场（风频）具有以下特征：

1）夏季地面风以偏南风为主，出现 SSW 风向的风频为 17%～34%；冬季的地面风流场则以偏北风为主，出现 NNE 风向的风频为 15%～41%。

2）夏季的静风频率较小，为 6%～9%；冬季的静风频率大，为 7%～32%。

表 4-8　夏季和冬季测试期各测点风频统计

风向	流场测点					
	1# 市气象站	2# 天府广场	3# 植物园	4# 石羊场	5# 理工大学	6# 双林路
N	6/25	2/21	7/14	3/2	4/8	3/9
NNE	4/6	6/11	9/15	4/2	4/7	2/11
ENE	7/1	6/3	7/4	2/11	4/7	6/4
NE	1/10	6/6	3/10	3/11	5/11	5/7
E	3/2	2/3	3/2	7/6	3/6	6/1
ESE	0/0	1/3	1/2	2/6	5/3	4/3
SE	3/2	2/4	4/6	7/4	6/1	5/1
SSE	4/0	7/6	7/6	10/2	5/2	4/2
S	19/9	11/3	9/5	25/3	19/5	7/2
SSW	5/2	14/4	8/4	9/8	11/3	10/6
SW	19/7	16/2	10/6	4/4	12/3	17/3
WSW	3/1	9/5	8/4	5/5	4/2	10/3
W	7/4	6/3	6/2	6/3	5/1	5/1
WNW	4/0	3/6	5/5	1/6	1/2	4/4
NW	6/10	1/6	3/5	3/5	2/5	3/4
NNW	1/3	0/5	4/4	2/4	3/2	3/8
C	7/18	8/13	9/7	7/17	8/32	6/32

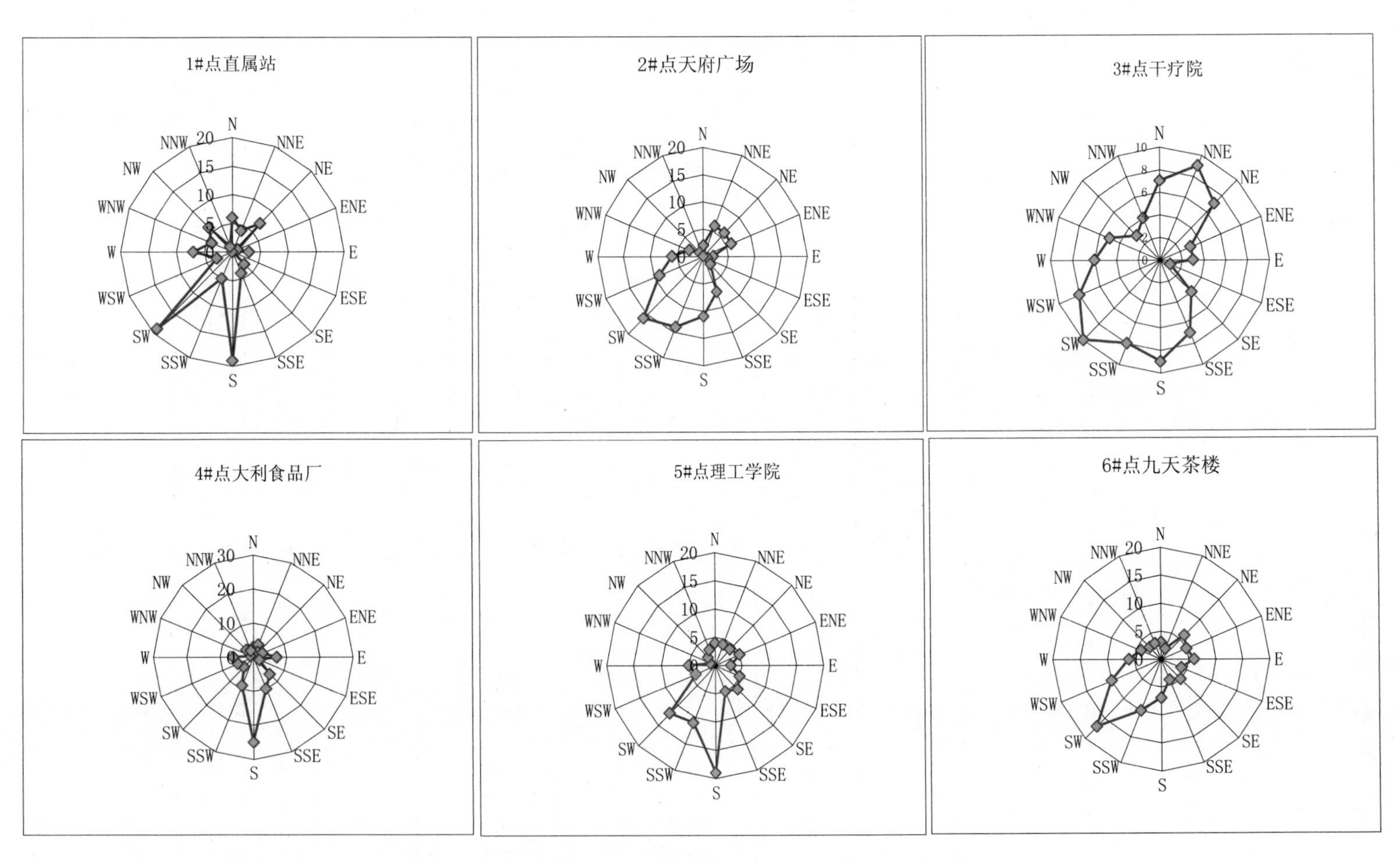

图4-6 2001年夏季（6月9日—7月9日）各测点处地面风频

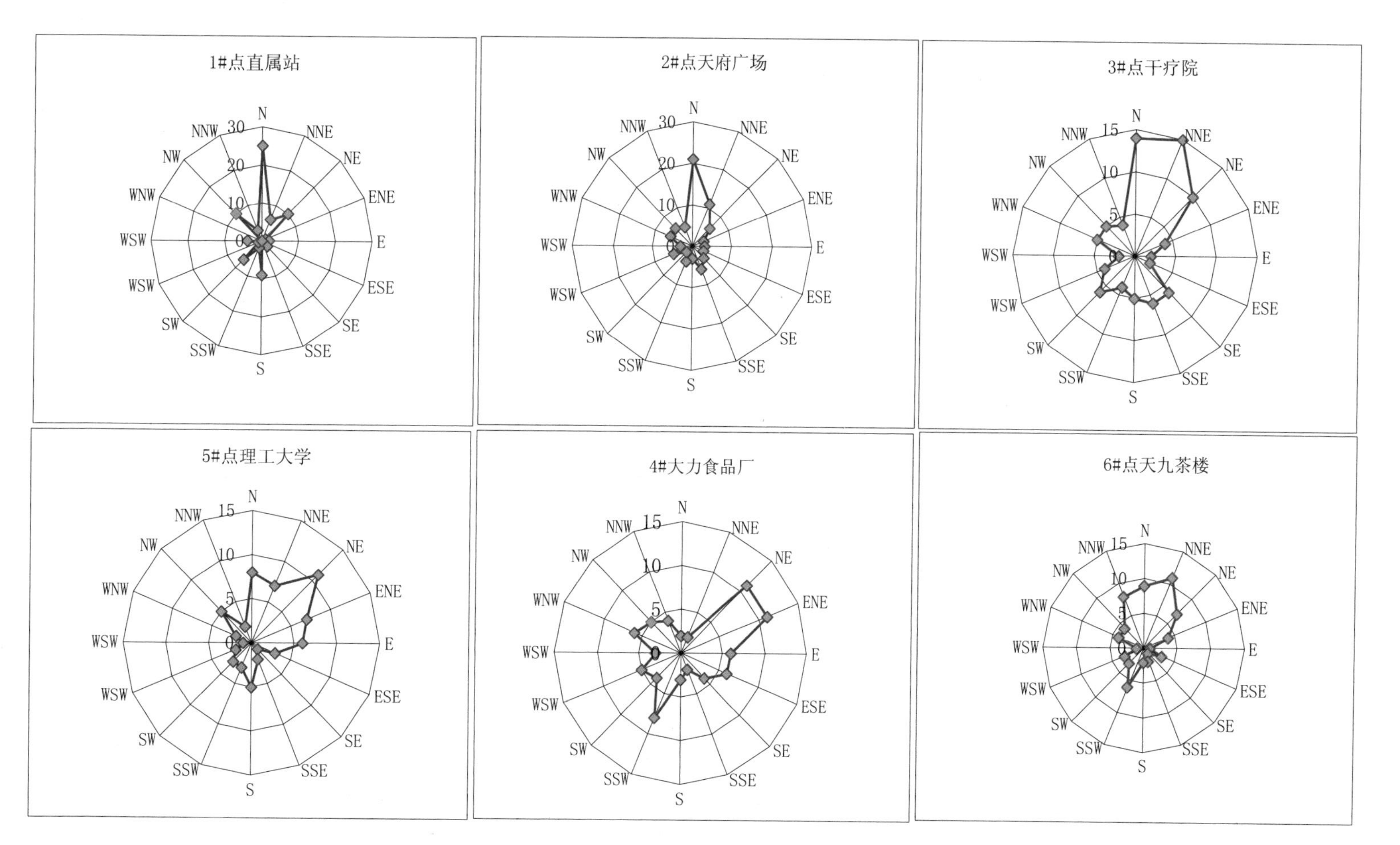

图 4-7　2002 年冬季（1 月 8 日—1 月 28 日）各测点地面风频

4.2.2.2 各测点风速统计

夏、冬两季代表月测试期各测点风速变化情况见表 4-9 和图 4-8、图 4-9。

夏季测试期的风速为 0.8～2.3 m/s，其中 2#点处平均风速最大，可达 1.4 m/s；3#点、5#点处平均风速最小，为 1.1 m/s；各测点处高风速均出现在 13：00－18：00，低风速出现在 2：00－8：00。风向以偏南风（S、SW）为主，风速小、平均风速为 1.1～1.4 m/s。

表 4-9 测试期各点电接风逐时风速平均值 单位：m/s

	站点	时段																								平均
		21	22	23	24	1	2	3	4	5	6	7	8	9	10	11	12	13	14	15	16	17	18	19	20	
夏季	直属站	1.7	1.5	1.4	1.3	1.2	1.1	1.2	1.2	0.8	1.2	1.1	1.5	1.6	1.6	1.9	2.0	1.7	2.3	2.2	1.9	2.0	2.3	2.2	1.8	1.6
	煤炭局	1.2	1.2	1.5	1.4	1.3	1.3	1.4	1.3	1.2	1.4	1.2	1.3	1.7	1.6	1.8	1.8	1.8	1.7	1.7	1.8	2.0	1.9	1.6	1.4	1.5
	干疗院	1.3	1.2	1.2	1.3	1.3	10	1.0	1.0	0.8	0.7	0.9	0.8	1.2	1.2	1.4	1.5	1.5	1.4	1.5	1.7	1.4	1.4	1.4	1.2	1.6
	大利食品	1.5	1.6	1.5	1.2	1.3	1.0	1.2	1.0	0.9	0.9	0.9	1.1	1.4	1.7	1.8	1.9	1.9	2.2	2.3	2.2	2.3	2.3	2.1	1.7	1.6
	理工学院	1.2	1.4	1.2	1.0	1.1	0.8	1.1	0.9	0.9	0.8	0.9	0.9	1.2	1.4	1.5	1.5	1.5	1.6	1.5	1.5	1.7	1.7	1.5	1.4	1.3
	天九茶楼	1.2	1.2	1.2	1.0	1.0	1.0	1.0	0.9	0.9	1.0	0.9	1.2	1.4	1.3	1.4	1.7	1.7	2.1	1.7	2.0	1.9	1.9	1.6	1.4	1.4
冬季	直属站	1.0	1.1	1.0	0.9	0.7	0.5	1.0	1.0	0.8	1.2	0.9	0.7	0.9	0.9	0.9	1.0	1.0	1.3	1.4	1.4	1.3	1.6	1.2	1.1	1.0
	市政府	1.0	0.9	0.9	0.9	0.7	0.7	0.8	0.8	0.8	0.8	0.8	0.6	0.9	0.8	0.8	1.1	1.0	1.0	1.2	1.3	1.3	1.1	0.8	1.1	0.9
	干疗院	1.0	1.1	1.0	1.1	0.9	0.9	0.9	0.9	1.1	1.1	1.0	1.0	0.9	0.7	0.8	0.9	1.0	0.9	1.0	1.1	1.1	0.9	0.9	0.9	1.0
	大利食品	1.1	1.0	0.9	1.0	0.9	1.0	0.9	0.9	1.0	0.8	0.8	0.5	0.7	0.8	0.9	1.1	1.3	1.5	1.6	1.5	1.4	1.4	0.7	1.1	1.0
	理工学院	0.5	0.6	0.5	0.5	0.4	0.5	0.4	0.5	0.4	0.6	0.5	0.5	0.4	0.4	0.6	0.7	0.8	0.9	1.0	1.0	0.9	0.8	0.7	0.6	0.6
	九天茶楼	0.6	0.6	0.4	0.6	0.5	0.5	0.4	0.6	0.5	0.6	0.5	0.4	0.6	0.7	0.6	0.9	1.1	1.2	1.1	1.0	0.9	0.9	0.8	0.5	0.7

冬季监测期各观测点平均风速为 0.4～1.6 m/s，平均风速为 0.88 m/s。各测点中以 5#点（理工学院）平均风速最小，为 0.6 m/s；6#点（九天茶楼）平均风速也较小，为 0.7 m/s；其他 4 个点位平均风速相对较大，为 0.9～1.0 m/s。各风向平均风速以偏北风（NNE、NE）风向下风速最大，为 1.3 m/s；偏南、偏西风（SE、SSE、WNW、NW）风向下平均风速最小，仅为 0.8 m/s。

从总体看，市区夏季的风向以偏南风（S、SW）为主，风速小。但从各观测点的风频统计值看，有些测点间，例如作为市郊观测点（1#、3#测点）与市内观测点（2#、4#测点）间的风频分布以及同时段的风速仍有一定差异，郊区的风速一般大于市区内的风速。此种差异与市区高大楼房群分布密集有相当大的关系。

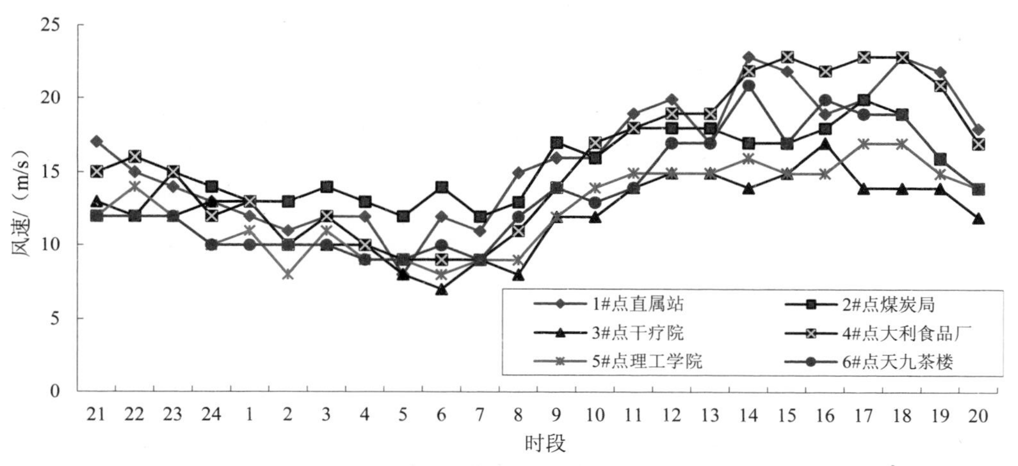

图 4-8 夏季测试期各点逐时风速平均值变化

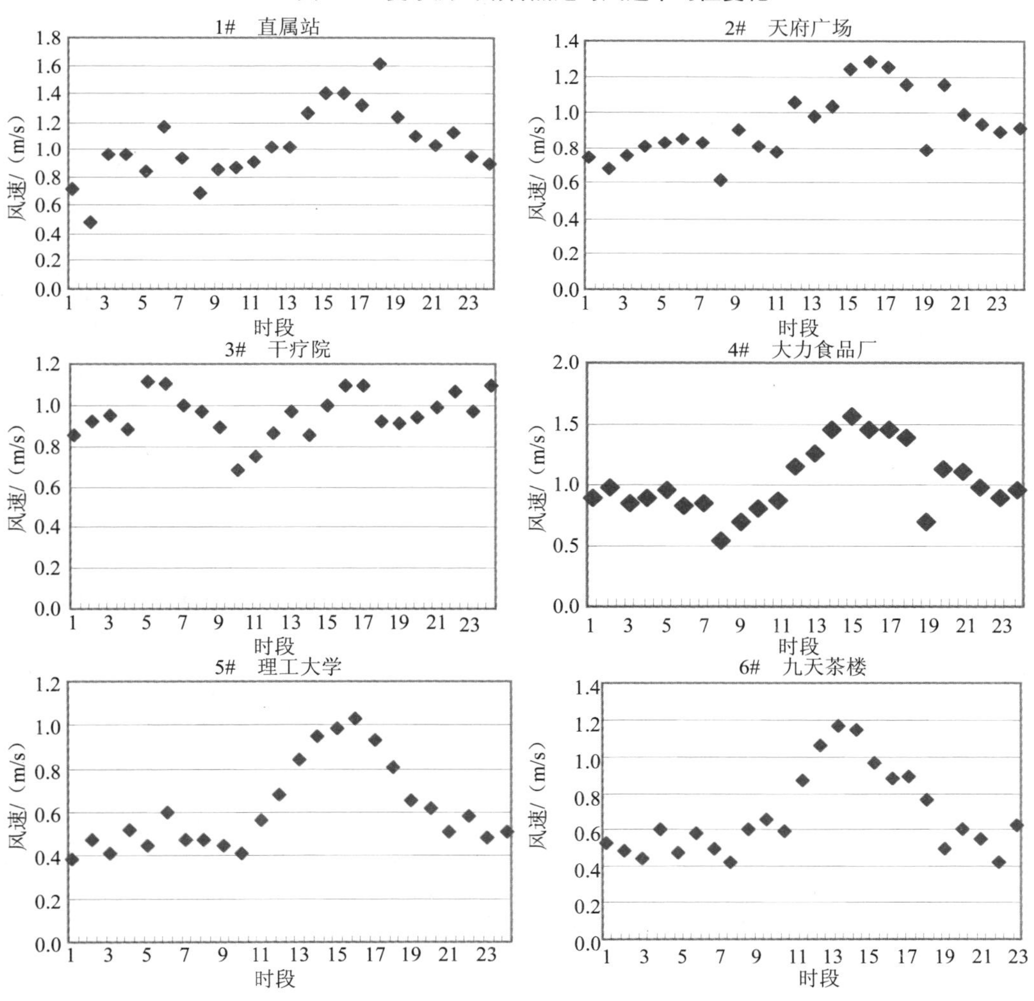

图 4-9 冬季测试期各点逐时风速平均值变化

冬季各测点处风速随时间变化特征多呈双峰双谷形，一般峰值出现在6：00、18：00，风速分别为1.2～1.6 m/s，双谷出现在2：00、8：00，低值分别为0.5～0.7 m/s；8日—15日，日平均风速变化较小，约为0.7 m/s，15日—19日，有弱冷空气入侵，风速增大，约为2.0 m/s；自19日后天气形势变化趋缓，风速趋于平稳，平均风速约为1.0 m/s。各测点风速逐日变化见图4-10。

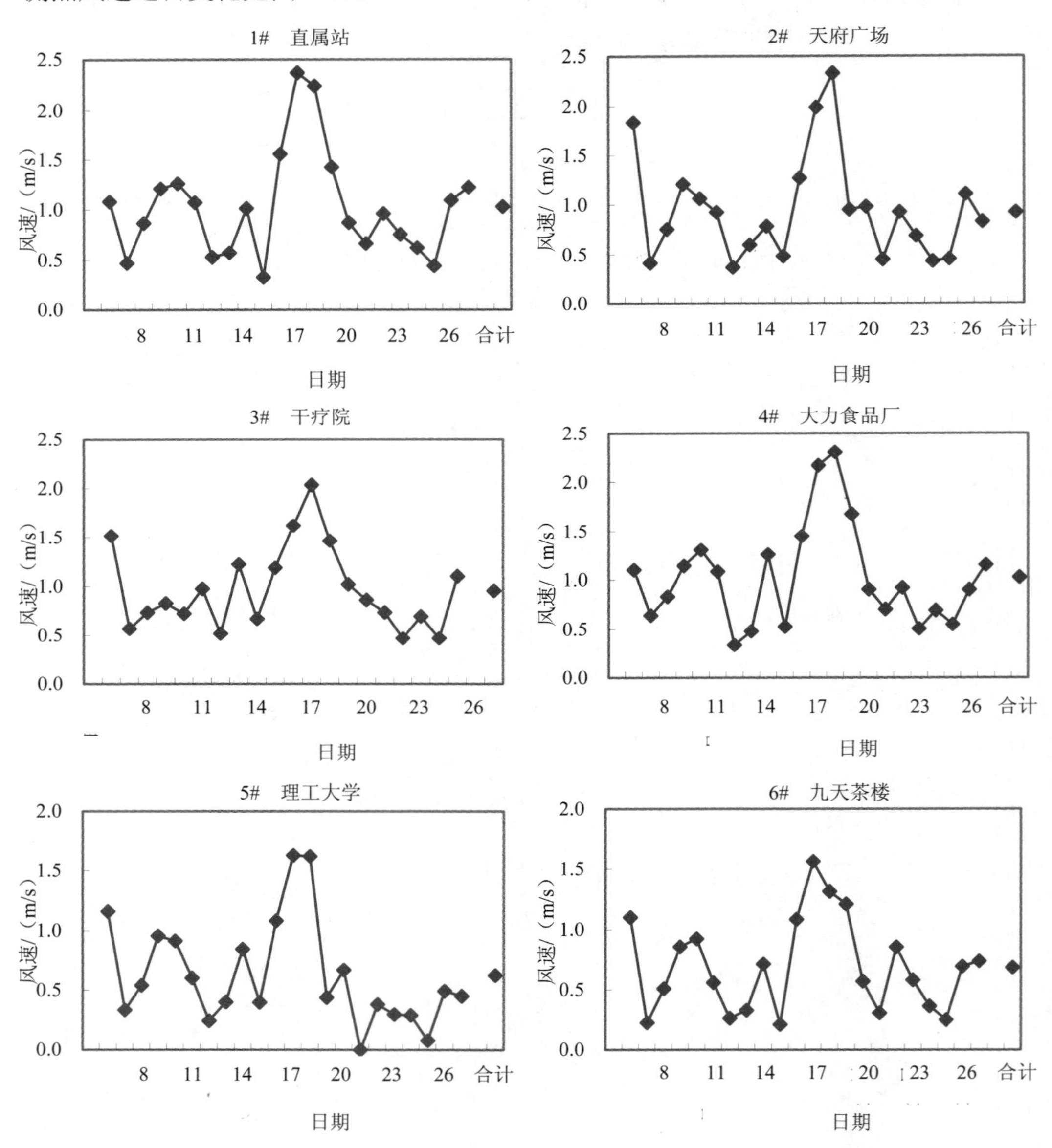

图4-10 冬季（1月）测试期各点逐日风速平均值变化

4.2.2.3　观测期城市地面风场基本特征

根据对所绘制的百余幅夏、冬两季代表月观测期每日的 10：00 和冬季代表日的风矢量图进行分析，从中可看出，来自郊区的气流在经过城市区后，其输送方向和风速都有一定的变化，而且在市区还存在风的切变和幅合现象；这些变化即形成城市区的风场特征。

（1）夏季（代表月 6 月）观测期地面风场

1）城市地区主导风向以偏南及南西风为主，最大风速为 2.3 m/s；次主导风向为北东风，最大风速为 1.0 m/s；静风频率较小，为 6%～9%。

2）当风速较大时（大于 1.5 m/s），通过城市区的总体风向无明显改变，如 6 月 14 日、16 日、17 日 10：00 的地面流场。

3）当风速较小时（在 1.0 m/s 左右），气流在经过市区后表现出有风的切变和幅合现象，如 6 月 11 日、12 日、19 日、23 日、29 日 10：00 的地面流场。

6 月 11 日 10：00，由于盛行偏东北气流，该日矢量分析呈总体偏东北流场，但在市中心天府广场附近时因受局地影响，使气流在经市中心时有明显的切变现象，中心区呈偏东气流，而市区东部则呈偏东北流场，且风速较小。

6 月 12 日 10：00，当日盛行偏南气流，且风速较大，但在市中区天府广场附近，流场方向明显转为偏西南流场；偏南气流在经过市区后有偏转现象。

6 月 19 日 10：00，当日风速较大，风速分布西高东低，整体呈偏西南风流场。在双林路附近流场明显形成一个涡流状，流场改为偏西风，但随风向走势，又恢复偏西南风流场。

6 月 23 日 10：00，因当日市区域内风速较小，风速分布特征为东西面高、中部低，流场变化较大，区域内各地风向变化复杂；如东北面呈偏南风，双林路附近是偏北风、火车站一带是偏东南风，而建设路则呈西北风，市中心又呈西南风；城市区气流的切变现象极为明显。

6 月 27 日 10：00，该时次风由西、南、东向市中区府青路、建设路交界处辐合，然后向牛龙路方向转换，整个区域流场风速较低，在气流辐合区中部，风速几乎为 0。

6 月 29 日 10：00，当日城市区域的流场大体是东南风，但由于城市地形等各种影响，气流在市区的风向有一定偏转；市区西部和东部呈南风，而在经过双林路一带后，气流明显分为东、南两方向；风速分布大体呈中低边高的形态。

4）当在风速更小时（小于 1.0 m/s）（如 6 月 21 日、27 日、28 日 10：00 地面流场），气流在经过市区后有减弱的现象，即风速进一步减小。

（2）冬季（代表月 1 月）观测期地面风场

1）该月城区主导风向以偏北风（N、NW）为主，并有短时段南西风出现。最大风速为 2.3 m/s（4#点）；次主导风向为南西风，最大风速为 1.8 m/s（1#点）；静风频率较夏季明显增大，达 7%～32%。

2）当风速较大时（大于 1.5 m/s），通过城市区的总体风向无明显改变。如 1 月 9 日 13：00、22：00 和 24 日 4：00、19：00、22：00 的地面流场。

3）在同一时段，郊区的风速与市中心区的风速有明显变化，如 1 月 9 日 9：00，1 月 24 日 4：00、19：00，郊区风速明显大于市区风速。而 1 月 24 日 10：00、13：00，则反映出在偏北风时市区的风速得到加强。

4）当风速较小时（在 1.0 m/s 左右），气流在经过市区后也同样反映有风的切变和辐合现象。如 1 月 9 日 4：00、10：00、13：00 和 24 日 13：00、19：00 地面风流场。

1 月 9 日 4：00、10：00、和 13：00，城市西面为偏西风，风速较大，约为 1.1 m/s，而其余各点风速较小，约为 0.5 m/s，总体风速分布呈西高东低趋势；西部风向呈偏西南风，东北部呈东南风，市中区由于风矢量的辐合，市中区风速较小，风向变化较大，其他区域呈偏南风，流场总的风向有向市中区辐合的趋势。

1 月 9 日 13：00，24 日 13：00、19：00 的地面流场更表明城市风流场切变与辐合现象的客观存在。24 日 19：00 反映出在东郊呈东风时，在经过市区时则出现向南的偏转现象，风向呈现 E→NNE→E 的轨迹走向；而 1 月 9 日和 24 日 13：00 的风矢量图则更明显地反映出来。在一定时间段内还可以出现城市北部为偏北风，而南部则为偏南西风，并在城市区南部的南河以南至南二环路一带形成风向的切变与辐合区，风速减小，风向变化频繁。

4.2.3 城市低空风场一般规律

2001 年夏季 6 月 11 日—28 日观测期，在市中心天府广场之两端、省煤炭局和省环境保护局楼顶布设了一条双经纬仪基线进行小球测风观测，基线长 436.6 m，与正北夹角为 332°，高差为 1.6 m。

2002 年冬季 1 月 8 日—30 日，在成都市环保大楼与市气象局楼顶布设了一条双经纬仪基线进行小球测风观测，基线长为 452 m，与正北夹角为 316.8°，高差为 1.6 m。

观测期间，共取得小球测风资料 412 份，根据本课题要求的观测时间，共取得有效资料 249 份。

4.2.3.1　测试期地面风向风速特征

（1）2001 年夏季（6 月）测试期地面风向风速特征

夏季测试期 2#测点（市中心天府广场）地面各稳定度、各风向、风频见表 4-10。

表 4-10　夏季 2#（市中心天府广场）测点各风向频率表　　单位：%

稳定度	风向																
	N	NNE	NE	ENE	E	ESE	SE	SSE	S	SSW	SW	WSW	W	WNW	NW	NNW	*C*
不稳定	4	6	7	8	2	1	5	10	10	12	19	6	4	1	3	0	5
中性	1	5	7	7	1	1	1	6	10	13	17	11	7	3	1	0	8
稳定	1	9	3	1	2	0	1	8	16	17	11	10	10	7	0	0	2

由表 4-10 可知，测试期 2#测点（市中心天府广场）处，不同稳定度下主导风向为偏南风（S-SW）。其中，不稳定天气主导风向为 SW，风频为 19%，平均风速为 2.3 m/s；中性天气主导风向为 SW，风频为 17%，平均风速为 2.3 m/s；稳定天气主导风向为 S，风频为 16%，风速为 1.2 m/s；各类稳定度下主导风向仍为 SW，风频为 16%，平均风速为 2.1 m/s。

不稳定、中性和稳定天气下静风频率分别为 5%、8%和 2%；各类稳定度天气下，静风频率为 8%。

（2）2002 年冬季（1 月）测试期地面风向风速特征

冬季监测期 1#测点（市气象直属站），2#测点（中心天府广场市政府）不同稳定度下风频特征见表 4-11、表 4-12。

表 4-11　冬季 1#（直属站）测点各风向频率表　　单位：%

稳定度	风向																
	N	NNE	NE	ENE	E	ESE	SE	SSE	S	SSW	SW	WSW	W	WNW	NW	NNW	*C*
不稳定	11	11	17	0	0	1	8	0	7	3	4	3	3	0	6	1	24
中性	26	7	10	1	2	0	2	0	11	3	8	1	4	0	11	2	14
稳定	27	5	9	0	3	0	0	1	8	1	7	0	4	0	10	5	19

表 4-12　冬季 2#（市中心天府广场）测点各风向频率表　　单位：%

稳定度	风向																
	N	NNE	NE	ENE	E	ESE	SE	SSE	S	SSW	SW	WSW	W	WNW	NW	NNW	*C*
不稳定	0	0	0	14	0	0	29	14	0	14	14	14	0	0	0	0	0
中性	22	12	6	3	3	3	4	5	3	3	2	5	3	3	7	5	11
稳定	0	0	0	0	5	5	5	14	9	5	5	0	0	0	0	0	55

由表 4-11 可见，1#点（市气象直属站）不稳定天气主导风向均为 NE，风频为 17%，平均风速为 1.1 m/s；中性天气主导风向为 N，风频为 26%，平均风速为 1.2 m/s；稳定天气主导风向为 N，风频为 27%，平均风速为 1.2 m/s；各类稳定度下主导风向为 N，风频为 25%，平均风速为 0.9 m/s。不稳定、中性和稳定天气下静风频率分别为 24%、14% 和 19%；各类稳定度天气下，静风频率平均为 18%。

2#点（市中心天府广场）不稳定天气主导风向为 SE，风频为 29%，平均风速为 1.2 m/s；中性天气主导风向为 N，风频为 22%，平均风速为 0.9 m/s；稳定天气主导风向为 SSE，风频为 14%，平均风速为 0.5 m/s；各类稳定度下天气主导风向为 N，风频为 21%，平均风速为 0.8 m/s。不稳定、中性和稳定天气下静风频率分别为 0%、11%和 55%；在各类稳定度天气下，静风频率为 13%。

由以上描述可以看出，静风频率在直属站高于天府广场处，且在各稳定度分布较为均匀；天府广场静风频率集中在稳定和中性天气，两地主导风向无差别，均为 N，但不稳定和稳定天气下的主导风向有较大差异。

4.2.3.2 各稳定度、各风速下的频率

表 4-13、表 4-14 列出夏、冬两季各稳定度、各风速下的频率。

表 4-13 夏季（6 月）各稳定度、各风速下的频率 单位：%

稳定度	风速/（m/s）						
	≤0.3	0.3～1.0	1.1～2.0	2.1～3.0	3.1～4.0	4.1～5.0	5.1～6.0
不稳定	5	18	47	20	8	2	1
中 性	8	31	35	17	7	2	
稳 定	12	49	37	2			

表 4-14 冬季（1 月）各稳定度、各风速下的频率 单位：%

稳定度	风速/（m/s）						
	≤1.0	1.0～2.0	2.0～3.0	3.0～4.0	4.0～5.0	5.0～6.0	＞6.0
不稳定	33.3	33.3	33.3	0	0	0	0
中 性	60.1	28	10.6	1.4	0	0	0
稳 定	75	25	0	0	0	0	0

（1）2001 年夏季（6 月）测试期

表 4-13 所列夏季在市中心天府广场（2#测点）观测结果说明，在不稳定天气状况下，风速为 1.1～3.0 m/s 概率较大，可达 67%；稳定天气条件下，风速主要为 0～2 m/s，概率高达 98%。因此，可以判断，不稳定性天气条件下地面平均风速较大，中性天气条件

下地面平均风速次之，稳定性天气条件下地面平均风速最小，完全符合大气物理理论。

（2）2002 年冬季（1 月）测试期

由于云量观测的不同，表 4-14 所列冬季监测期稳定度划分采用市气象直属站（1# 测点）观测资料统计。

由表 4-14 可知，该点不稳定天气状况下，风速平均分布在 0～3.0 m/s；该点中性条件下，风速平均分布在 0～4.0 m/s，尤其在 0～1.0 m/s 分布高达 60.1%，即风速主要分布在静小风区间；稳定天气条件下，风速主要分布在 0～2 m/s，概率高达 100%，尤其在 0～1.0 m/s 分布高达 75%，即风速主要分布在静小风区间。因此，可以判断，强化监测期各稳定度天气条件下，风速分布区间主要是静小风区间。

4.2.3.3　测试期风速时空变化

（1）2001 年夏季（6 月）测试期

2001 年夏季（6 月）测试期风速时空分布在 1 000 m 以下较为复杂，1 000～2 000 m 变化相对简单。

13：00、19：00 左右，近地层风速较大，而 13：00 左右风速随高度变化较缓，1：00 和 20：00 左右风速随高度变化较快。在 3：00 左右，低空 400 m 处出现 9.0 m/s 的低空急流区；9：00 在 950 m 处出现 6.0 m/s 的高风速；16：00 在 900 m 处出现 7.0 m/s 的高风速区，21：00 左右在低空 400 m 出现 6.0 m/s 的高风速区。大于 1 000 m 高度，6：00 左右在 2 000 m 高度处出现 8.0 m/s 的高风速区域，15：00 左右在 1 800 m 高度处出现 5.0 m/s 的高风速区。总之，1 000 m 以上，风速时空变化较为平缓，且风速并不高于 1 000 以下低空风速。

（2）2002 年冬季（1 月）测试期

2002 年冬季（1 月）测试期风速时空分布在 1 000 m 以下较为简单，1 000～2 000 m 变化相对复杂。

2：00、13：00—19：00，近地层风速较大，可达 1.0 m/s，早上风速较小，其余时间风速随高度变化较缓，这与天气系统演变对地面风速影响有关。1 000 m 以下高度 17：00 以后至凌晨 7：00 时，风速随高度变化较大，9：00—15：00 风速随高度变化较缓，在凌晨 1：00 左右，与夏季近似 400 m 高度出现风速高值区，风速可达 5.0 m/s（夏季在 3：00 左右，低空 400 m 处出现 9.0 m/s 的低空急流区）；1：00 在接近 1 000 m 高度出现风速低值区，风速 2.0 m/s，即 1：00 风速随高度变化呈由低到高再到低的趋势；1 000 m 以下其余时段风速大体分布在 3.0 m/s 左右。大于 1 000 m 高度，风速时空变化比较复杂，3：00 左右风速在 1 100 m 高度出现 2.0 m/s 的低值区，在 2 000 m 高度风速出现 1.0 m/s 的低值区，且在 1 000～2 000 m 高度风速变化不大；在 17：00 左右，风速在 1 200 m 高度出现极值，可达 6.0 m/s，1 000～1 300 m 为高度风速变化较为明显区，风速为 3.0～6.0 m/s；3:00 在 1 100 m 处出现低值区；10:00 左右风速在 1 550～1 750 m 处出现 2.0 m/s 的低值区，且往上风速变化不大；20：00 左右在 1 500～1 600 m 高度出现 1.0 m/s 风速低值区，且往上风速变化不大。总而言之，当高度超过 1 000 m 时，各时空区间风速分布有所减小，已经不符合风速随高度增加而增加的大气物理经典理论。

4.2.3.4 测试期各稳定度各高层风速及 *P* 指数

根据 300 m 以下各稳定度天气对应的风速，按最小二乘法拟台出风速随高度变化的幂指数。

（1）2001 年夏季（6 月）测试期各稳定度 *P* 指数

表 4-15 表明，低空 300 m 以下，不稳定风速较为平缓，中性天气次之，稳定天气下，风速附高度增加增长较快。

表 4-15 夏季各稳定度天气条件下的 *P* 指数

稳定度	不稳定	中 性	稳 定
P 指数	0.16	0.24	0.37

（2）2002 年冬季（1 月）测试期各稳定度 *P* 指数

由表 4-16 可知，低空 300 m 以下，不稳定风速随高度增加而增加，但较为平缓，近地层不稳定风速较大；中性天气次之，稳定天气下，风速随高度增加增长较快，近地层不稳定风速较小，高空风速特别的稳定度风速大。各种稳定度天气条件下各层不稳定风速平均值为 1.1 m/s，中性为 2.58 m/s，稳定为 2.71 m/s，但随高度的增加，风速增长是：稳定第一，中性第二，不稳定较小；这完全符合边界层大气物理理论。

表 4-16 冬季各稳定度天气条件下的 *P* 指数

稳定度	不稳定	中性	稳定
国际推荐 *P* 指数	0.15	0.25	0.30
实测 *P* 指数	0.23	0.35	0.54
差异/%	35	28	79

表 4-17 和 4-18 表明，夏、冬两季由实测参数拟定的风速廓线指数基本一致，而且均比国标推荐值要高。其中，不稳定偏高 35%，中性偏高 28%，稳定偏高 79%，尤其在稳定天气下，实测参数拟定的风速廓线 *P* 指数值比国标推荐值高得更多。

4.2.3.5　各高度层各风向频率及风速

（1）2001 年夏季（6 月）各高度层各风向频率及风速

地面主导风向为 SW，风速为 2.1 m/s，风频为 16%；1 000 m 处主导风向转为 S，风速为 2.8 m/s，风频为 19%；随高度增加，在 575 m 处主导风向转为 SSW。1 500 m 以下，主导风向在 SSE-SSW 之间摆动；1 500 m 以上，主导风向转为 N-ENE 之间摆动。且主导风向大都集中在N和WWE风向。各风向风速在1 000 m以下随高度增加较明显，1 000 m 以上不明显。

（2）2002 年冬季（1 月）各高度层各风向频率及风速

地面主导风向为 N，主导风向风速为 1.0 m/s，风频为 21%，50 m 高处主导风向转为 NNE，风速为 2.9 m/s，风频为 26%；125 m 高处主导风向转为 NE，风速为 2.7 m/s，风频为 21%；125～900 m 高处主导风向在 NNE-NE 之间摆动，风速随高度增加有所增加，主导风频有所减少；900～1 500 m 高处主导风向在 N-ENE 之间摆动，风速随高度增加略有增加，主导风频有所分散；随高度增加在 1 500 m 以上处主导风向转为以 ENE 为主，风速随高度变化不明显，主导风频有所集中。1 500 m 以下，主导风向在 SSE-SSW 之间摆动；1 500 m 以上，主导风向转为 N-ENE 之间摆动。并主导风向大都集中在 NE 和 ENE，风速在 1 500 m 以上随高度增加不明显，甚至有所减少，主导风向频率有所集中。综上所述，冬季强化监测期各高度层主导风向变化不大，但逐渐由 N 转向 ENE，低层风速随高度有所增加，中高层风速变化不大。

4.2.3.6　各稳定度各高度层各风向频率

（1）2001 年夏季（6 月）各稳定度、各高度层、各风向频率

不稳定天气地面以 SW 为主导风向，风频为 19%，100 m 高度处主导风频转为 S，风频为 22%，475 m 以下高度以 S 风为主导风向；450～1 000 m 高度主导风向在 SSE-SW 之间摆动，超过 1 250 m 高度在偏 SW 和偏 WE 之间摆动。1 250～1 500 m 主导风向在 N 和 SSE、S、SSW、SW、之间摆动。25～1 500 m 高度上 W、WNW、NNW 风向出现概率极小。由于 1 500 m 高度以上资料较少，统计意义不大。

中性天气地面主导风向为 SW，风频为 17%，25 ～450 m 高度主导风向为北风，风频为 20%左右；475 m 主导风频又转为 S 风向，风频为 20.2%；500 m 以上各层主导风向均为 N 风向，与地面主导风向有很大不同（几乎相反），风频为 16.4%～31%。超过 1 500 m 高度，由于其有效资料份数较少，无统计意义。与不稳定天气类似，WSW、W、WNW、NW、NNW 在测试期中性天气条件下，风频极小，几乎为 0。由于 1 500 m 高度以上有效资料份数有限，统计意义不大。

在稳定天气状况下，地面主导风向为 SSW，风频为 17%；25～200 m 高度层主导风向为 SSE，风频为 20%～40%，225～400 m 高度层主导风向为 S，风频为 26.3%～36.8%；425～1 000 m 高度上主导风向在 SSE、S、SSW 之间摆动，主导风频为 16.7%～33.3%。1 000～1 500 m 各高度主导风向变化较大，N、NNE-WSW 均有出现，主导风频范围为 16.7%～38.5%。与不稳定、中性天气近似的是，各高度层 W、WNW、NW、NNW 风向出现的频率极小。由于 1 500 m 以上各高度有效资料份数不足，没有统计意义。

由以上分析可知，在不稳定、中性、稳定天气条件下，地面主导风向为 SW 和 SSW，25～1 000 m 各高度层不稳定、中性、稳定条件以偏 S、偏 N 为主导风向；1 000～1 500 m 以偏 N 为主导风向；由于 1 500～2 000 m 有限资料，统计规律不明显。

（2）2002 年冬季（1 月） 各稳定度、各高层、各风向频率

由于测试期各高度层不稳定天气条件出现概率较低，所以在 1 000 m 以上无统计意义。地面无明显主导风向，风频在 S、SW、SSW、W、WNW 之间摆动，随高度增加主导风频呈全方位摆动，统计意义不大。

中性天气地面和近地层 25 m 主导风向为 N，风频为 23.4%～25.7%，50～100 m 高度主导风向为 NNE，风频为 27.7%～24.5%；100～700 m 主导风向转为 NE，风频为 15%～24.5%；700 m 以上各层主导风向在 N、NNE、NE、ENE、E 之间摆动，与地面主导风向相差不大，主导风频为 15%～31.4%。由于超过 1 500 m 高度，有效资料份数较少，故无统计意义。WSW、W、WNW、NW、NNW 在测试期中性天气条件下，风频极小，几乎为 0。

稳定天气状况下，地面主导风向为 S，风频为 20%；25～125 m 高度层主导风向为 WSW，风频为 42.9%～71.4%，150～500 m 高度层主导风向为 SW，风频为 50%～71.4%，525～2 000 m 高度上，主导风向在全风向摆动，主导风频为 16.7%～40%。1 500 m 以上各高度由于有效资料不足，没有统计意义。

以上分析表明，在不稳定、中性、稳定天气条件下，不稳定和稳定天气条件地面无明显主导风向；在中性天气条件下地面主导风向为 N，其余各层风向与地面主导风向有所不同、但大体是偏 N；由于 1 500～2 000 m 不稳定和稳定天气有效资料样本不足，统计规律不明显，统计意义也不明显。

4.2.3.7 各高度层、各稳定度风速等级分布

（1）2001 年夏季（6 月） 各高度层、各稳定度风速等级分布

不稳定天气下，地面风速分布主要在 1～2 m/s，<3 m/s 风速概率占 90%；250 m 以下风速主要分布在 0～3 m/s，概率 59%；250～675 m 高度风速主要分布在 2～5 m/s，700～1 000 m 高度风速分布在 0～4 m/s；1 025～1 500 m 高度风速主要分布在 0～3 m/s。即在

不稳定天气条件下，低空 250 m 以下风速分布在静小区概率较大；中空 250～1 000 m 风速主要分布在 2～5 m/s，风速较高，1 025～1 500 m 高度，风速分布在 0～3 m/s 小风区。

在中性天气条件下，地面风速主要分布在 0～3 m/s，概率高达 91%，尤其<1 m/s 的风速概率为 39%；25～500 m 高度风速主要分布在 1～4 m/s；500～800 m 高度主要分布在 2～5 m/s；800～1 500 m 风速主要分布在 0～2 m/s；即高中风速有所减少。

在稳定天气条件下，地面风速主要分布在 0～2 m/s（静小风），随高度的增加，1 000 m 以下，风速向增大区间移动，400 m 左右风速主要分布在 3～5 m/s。大于 1 000 m/s 风速分布区间，主要在 0～2 m/s，即高空平均风速有所减小。

（2）2002 年冬季（1 月）　各高度层、各稳定度风速等级分布

不稳定天气条件下，地面风速分布主要在 1～2 m/s，小于 3 m/s 风速概率占 100%；0～100 m 以下风速主要分布在 0～3 m/s，概率为 100%；125～700 m 高度风速主要分布在 2～4 m/s，概率为 100%；700～1 800 m 高度风速主要分布在 0～2 m/s；大于 1 800 m 无有效观测资料。即在不稳定天气条件下，低空 250 m 以下风速分布在静小风区概率较大，但在 200～250 m 处风速较大；中空 250～700 m 风速主要分布在 1～3 m/s，1 025～1 800 m 高度风速主要分布在 0～3 m/s 小风区。可以看出，在不稳定天气条件下，风速随高度递增较小，且随着高度的增加，在大于 700 m 高度处，风速基本上分布在静小风区间；2 000 m 以下无大于 4 m/s 的风速。

中性天气条件下，地面风速主要分布在 0～2 m/s，概率高达 88%，尤其小于 1 m/s 的静小风风速概率为 60%；25～200 m 高度风速主要分布在 1～4 m/s，静小风概率大幅度减小，小于 1 m/s 的静小风风速概率不大于 20%，风速分布集中在 1～4 m/s，概率在 60%以上；200～1 300 m 高度风速主要分布在 0～6 m/s，小于 1 m/s 的静小风风速概率不大于 14%，风速分布集中在 1～4 m/s，概率在 60%以上，200～500 m 高度大于 4 m/s 风速区间概率有所增加，但概率不超过 25%；1 300 m 以上，风速区间主要是 0～4 m/s，概率在 70%以上，小于 1 m/s 的静小风风速概率有所增加，但概率不超过 40%，风速分布集中在 1～4 m/s，概率在 50%以上，即风速有所减少；在接近 2 000 m 高度，风速集中分布在 0～2 m/s，即静小风概率较高，可达 81%，大于 2 m/s 的风速区间概率分布不超过 19%，即高空平均风速减少较为明显。由此可见，地面静小风概率较大，平均风速较小；随着高度的增加，静小风概率降低，平均风速增大；在一定的高度，静小风概率又开始增大，平均风速开始降低，并在一定的高度区间内保持这种趋势。

稳定天气条件下，地面风速主要分布在 0～2 m/s（静小风），其中小于 1 m/s 风速概率高达 75%，随高度的增加，静小风概率迅速减小，50～300 m 随着高度的增加，风速分布区间迅速向高风速区域变化，在 300 m 高度上，大于 6 m/s 的风速概率可达 57%，即平均风速不断加大；300～700 m 高度上风速分布又向低移动，即平均风速不断减小；

1 000 m 高度以上，静小风频率开始增加，在 1 350 m 高度上可达 66%，之后随着高度的增加又有所减少，平均风速的变化与风速分布的变化趋势基本一致。

4.2.3.8 测试期成都市气象局直属探空站同步探空资料分析

1）夏季测试期成都市气象局直属探空站共取得 2 000 m 以下探空资料 53 份，各时次及各高度风向、风速、气温报表统计结果表明：7：00 气温由地面到 2 000 m 呈递减规律，但 900～1 000 m 温度呈增加趋势；风速各高度变化不大。19：00 气温由地面到 2 000 m 呈递减规律，但 900～1 000 m 温度呈增加趋势，且逆温强度较大；风速各高度变化不大。1：00 是雷达单测风，各高度风速变化较小。

夏季测试期成都市气象局直属探空站与天府广场各层风速相关分析表明，两者之间风速相关较小，符合城市低空风场特征。相关分析见表 4-17。

表 4-17 夏季测试期 1：00、7：00、19：00 各高度层风速对比统计 单位：m/s

高度/m	天府广场			直属站			相关系数		
	1：00	7：00	19：00	1：00	7：00	19：00	1：00	7：00	19：00
300	4.6	3.6	3.9	4.6	4.0	4.7	0.54	0.05	−0.2
600	5.0	3.0	3.6	4.0	3.9	5.3			
900	4.0	3.3	2.8	4.1	3.1	5.2			
1 000	3.2	2.0	2.5	4.3	4.1	4.4			
1 500	0.2	1.8	1.8	3.9	3.2	5.2			
2 000	1.7	2.1	4.3	3.0	3.8	4.7			

2）冬季测试期成都市气象局直属探空站共取得 2 000 m 以下探空资料 42 份，各时次及各高度风向、风速、气温报表统计结果表明：7：00 气温由地面到 2 000 m 呈递减规律，但与夏季强化监测期一样，900～1 000 m 高度温度呈增加趋势，即在 900～1 000 m 高度出现逆温，逆温强度较强，可达 2.03℃/100 m，19：00 气温由地面到 2 000 m 基本呈递减规律，但与夏季强化监测期一样，在 900～1 000 m 高度温度呈增加趋势，即在 900～1 000 m 高度出现逆温，逆温强度较强，可达 2.41℃/100 m；各高度风速变化不大。

风速各高度变化不大，直属站风速基本呈递增趋势，500 m 以下风速变化较缓慢，900～1 000 m 高度风速有所减小，1 500 m 以上高度风速递增较快，与夏季强化监测期风随高度变化基本一致。测试期市气象局探空站与环保大楼风速相关分析见表 4-18。

表 4-18 冬季测试期 1：00、7：00、19：00 各高度层风速对比统计 单位：m/s

高度/m	观测点（环保大楼）		直属站		相关系数	
	7：00	19：00	7：00	19：00	7：00	19：00
300	2.8	2.7	2.7	2.9	−0.28	−0.63
600	2.4	2.6	2.7	3.1		
900	2.6	2.3	3.0	4.0		
1 000	2.9	2.3	2.5	2.9		
1 500	1.2	1.6	3.3	4.1		
2 000	2.7	2.3	3.9	4.3		

由表可见，7：00 直属站风速随高度增加呈缓慢递增趋势，而环保大楼呈低空、高空风速大而中间风速小的趋势，变化规律明显不一致；19：00 直属站风速随高度增加呈递增趋势，而环保大楼随高度增加风速呈递减的趋势，变化规律相反；各层平均风速直属站大于环保大楼，直属站风速与环保大楼风速随高度变化趋势不一致，呈负相关，这与直属站地处成都市西郊，周围开阔，而环保大楼地处一环路以内市中心，受城市热岛效应和城区下垫面不均匀的影响，城区风速应该小于城市郊区风速，符合城市低空风场特征。

4.2.4 低空温度场及特征分析

本次低空探空观测采用 GNZ3 型遥测接收机，在成都市区偏西部的成都市环境保护科学研究所六楼低空探空测试，低探施放高度约为 20 m，接近市区边界层下垫面的平均高度；用 20#探空气球将其控制在 100 m/min 的标准密度升速。

夏季自 2001 年 6 月 14 日—29 日共 16 d，每日 5：00、7：00、9：00、11：00、13：00、15：00、17：00、19：00、21：00、23：00 观测共 10 次，其中 18 日—24 日连续 7 d 进行加密观测，每日增加 1：00、3：00 共 12 次。

冬季自 2002 年 1 月 8 日—28 日共 21 d，探测时次同夏季，其中 16 日—22 日连续 7 d 进行加密观测，每日增加 1：00、3：00 共 12 次。

4.2.4.1 温度场分布及特征分析

（1）2001 年夏季（6 月）探空测试期

本次 6 月 14 日—29 日共 16 d 的低空探空共取得资料 162 份，其中探测 1 200 m 以上的有效观测资料 150 份。探测到上部逆温 126 层次，没有贴地逆温出现。

根据 2001 年 6 月 14 日—29 日共 16 d 的低空探空结果，统计分析可知：

初夏成都市区一天中最低气温出现在 5：00—7：00，从地面到 2 000 m 高度上反映的较为一致，时空分布曲线以一冷槽的形式出现，5：00 左右 500～600 m 高度上有一低值区；一日中 1 000 m 高度以下最高温度出现在 17：00，1 000～2 000 m 最高气温出现在 11：00，且暖脊明显，1 800～1 900 m 高度上有一高值区，但范围小，到 15：00 迅速减弱并消失。5：00—7：00，100～600 m 高度等温线稀疏，说明温度梯度小，是逆温出现的时空范围。9：00—17：00，地面至 100 m 等温线密集，温度梯度大，这是水泥地面吸收了强烈的太阳辐射使地面升温速度超过空气的升温速度而出现的超绝热现象造成的。13：00—17：00，500 m 以下温度梯度相对较大，表明大气层结处于强不稳定状态，对流发展旺盛，有利于大气扩散。夏季温度时空分布见图 4-11（a）。

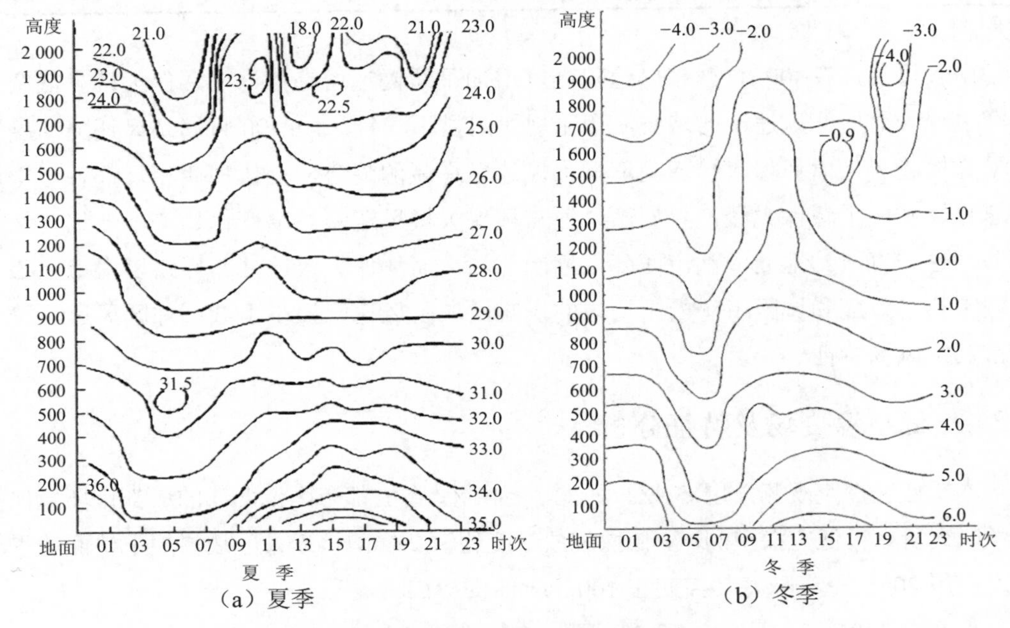

（a）夏季　　　（b）冬季

图 4-11　冬、夏两季温度时空分布

（2）2002 年冬季（1 月）探空测试期

本次冬季强化监测期成都市区一天中地面至 1 200 m 最低温度出现在 7：00，随高度增加至 2 000 m，其最低温度出现在 1：00 左右，21：00 1 800～1 900 m 高度有一低值区。一天中的最高温度出现在 15：00 左右，从高空到地面呈现出时间的滞后性。逆温层多分布于 1 300～1 800 m，时间为 7：00—23：00，9：00 300 m 高度有一逆温层。

从整个温度场时空分布来看，温度等值线稀疏，温度梯度较小，大气温度层结以中性和稳定居多，符合冬季特别是强化监测期的温度场特征。逆温生成机制有平流逆温、下沉逆温、湍流逆温等系统性逆温。冬季温度时空分布见图 4-11（b）。

从上部逆温出现的高度来看，多在 1 000 m 以上，因此对地面高浓度污染的贡献不大，强化监测期出现的地面高浓度污染天气，在温度场上印证了由于冷高压前部、高原低槽等天气系统影响，地面大雾、静风使颗粒物出现高浓度污染。

4.2.4.2　逆温出现频率及特征分析

（1）上部逆温的出现的频率

1）2001 年夏季（6 月）探空测试期。

本次探测 162 个时次，仅观测到上部逆温，其出现时次为 126 次（同一时次有多层逆温出现），占总观测频率的 77.8%，逆温平均底高为 534 m，平均顶高为 617 m，平均厚度为 83 m，平均强度为 1.33℃/100 m。

上部逆温底高最多出现在 101～200 m 高度上，201～300 m 高度次之，301～400 m 高度出现最少；上部逆温顶高最多出现在 201～300 m 高度，其次为 101～200 m 与 301～400 m 高度，出现频率相同，401～500 m 高度上出现频率最少。

上部逆温的底高与顶高在不同空间高度上出现的频率及分布见表 4-19。

表 4-19　上部逆温时间分布统计

特性	时段											
	1	3	5	7	9	11	13	15	17	19	21	23
出现次数/次	8	6	21	19	16	10	10	9	6	8	5	8
平均厚度/m	80	113	108	85	79	66	70	82	59	101	99	78
平均强度/（℃/100 m）	1.11	1	0.77	1.1	1.45	1.78	1.65	1.5	1.96	1.06	0.36	0.9
逆温底高/m	267	358	256	157	210	590	661	469	435	665	1 100	586
逆温顶高/m	386	497	381	228	286	591	474	924	518	791	1 175	652

由表 4-19 可知，上部逆温多集中在 5：00—9：00 出现，即日出前后，以 5：00 为最多。这是由于夜间的地面辐射冷却，近地层空气由上而下逐渐降温，形成了气温随高度的逆增型分布，温度层结以上部逆温的形态出现。日出后，临近地面的空气随着地面的增温很快升温，使低层逆温迅速消失，而离地面较远处的空气却仍保持着夜间的分布状态，故形成下层递减、上层逆增的早晨转变型分布。这一时段的上部逆温其平均厚度依次减弱至低于上部逆温的平均厚度（83 m），其平均强度却依次增强至超过上部逆温的平均值 1.33℃/100 m；逆温平均厚度的最大值出现在 3：00，其值为 113 m，超过上部逆温的平均厚度值，类似的还有 5：00、7：00、19：00、21：00，它们对应的平均强度值均低于上部逆温的平均强度；平均强度最大值出现在 17：00，其值为 1.96℃/100 m，其对应的平均厚度为 59 m，低于上部逆温的平均厚度值，是平均厚度最薄的一层。

2）2002 年冬季（1 月）探空测试期。

监测期取得的 170 份有效资料中，观测到的逆温为 107 次（同一时次的多层逆温视为多次），均为上部逆温，占观测频率的 62.9%，逆温平均底高为 894 m，平均顶高为

1 228 m，平均厚度为 334 m，平均强度为 0.95℃/100 m。

表 4-20 为不同时次出现的频率、厚度、强度等上部逆温的时间分布。

表 4-20 2002 年冬季上部逆温时间分布

特性	时段											
	1	3	5	7	9	11	13	15	17	19	21	23
出现频率/%	40	40	85.7	84.6	72.2	76.5	76.9	50	61.1	38.9	61.1	46.7
逆温厚度/m	125	133	257	274	288	269	276	280	488	413	265	322
逆温强度/（℃/100 m）	0.18	0.44	1.11	0.69	1.09	1.33	1.33	1.27	1.22	1.91	1.34	2.19
逆温底高/m	840	75	825	788	583	863	835	924	985	980	1 093	1 219
逆温顶高/m	965	208	1 082	1 061	871	1 132	1 111	1 203	1 472	1 392	1 358	1 541

由表 4-20 可知，上部逆温多集中在 5：00—13：00，5：00—7：00 最多，占观测频率的 84%左右，之后其频率随时间递减，19：00 达最低，其值为 38.9%。逆温厚度 17：00—19：00 最厚，最厚达 488 m，1：00—3：00 逆温厚度最薄，其值为 125 m，其他时次逆温厚度值较均匀，在 280 m 左右，均低于强化监测期逆温平均厚度。逆温强度 1：00—3：00、7：00 的值低于平均值，最小值为 0.18℃/100 m，最大值为 2.19℃/100 m，其余时次的逆温强度均大于平均强度，由此可见，强化监测期上部逆温的强度与厚度成正比，即逆温厚度厚，逆温强度有相对较强的趋势。强化监测期各时次的平均底高、平均顶高除 3：00 的值较小外，均接近于上部逆温平均值，17：00—23：00 逆温层逐渐抬高，逆温强度也达到最大。

（2）边界层上部逆温层特性

1）2001 年夏季（6 月）探空测试期。

综合上述分析，夏季低空探空观测到的上部逆温占总观测时次的 77.8%，出现频率较高。其底高在 400 m 以下的占上部逆温出现频率的 55.6%，顶高在 500 m 以下的占上部逆温出现频率的 63.5%，表明逆温层多集中在此空间。

5：00—9：00 的逆温频率占上部逆温频率的 44.4%，属上部逆温的高发时段，在一天中的其他时段上部逆温均有发生。逆温厚度超过上部逆温平均值时，其强度呈现减弱的趋势，逆温厚度低于上部逆温平均值时，其强度显著增强。

夏季探测期间，每天在不同时段都有上部逆温出现，其特点是生命周期短，从生成至消失持续时间仅数小时，且逆温系统浅薄，相对应的强度较强。

1 月 8 日 9：00—17 日 7：00 有 3 个逆温持续过程，其特点是逆温生命周期长，与天气系统紧密相连，逆温演变从近地面的几十米向上延伸，甚至发展到 2 000 余 m，时间尺度与空间尺度已达到中尺度天气过程，地面出现静风大雾、微雨，对颗粒物扩散极为不利，造成地面重度污染。

15 日 5：00—17 日 13：00 持续 54 h 的逆温过程，空间高度在 800～2 100 m，是一次高原低槽配合弱冷空气的天气过程，因逆温底高较高，因此对地面污染物浓度的影响不显著。

2）2002 年冬季（1 月）探空测试期。

监测期取得的 170 份有效资料中，观测到的逆温为 107 次（同一时次的多层逆温视为多次），均为上部逆温，占观测频率的 62.9%，逆温平均底高为 894 m，平均顶高为 1 228 m，平均厚度为 334 m，平均强度为 0.95℃/100 m。

上部逆温多集中在 5：00—13：00，5：00—7：00 最多，占观测频率的 84%左右，之后其频率随时间递减，19 时达最低，其值为 38.9%。17：00—19：00 逆温厚度最厚，最厚达 488 m，1：00—3：00 逆温厚度最薄，其值为 125 m，其他时次逆温厚度较均匀，在 280 m 左右，均低于强化监测期逆温平均厚度。逆温强度 1：00—3：00、7：00 的值低于平均值，最小值为 0.18℃/100 m，其余时次的逆温强度均大于平均强度，最大值为 2.19℃/100 m。强化监测期上部逆温的强度与厚度成正比，即逆温厚度越厚，逆温强度越强。强化监测期各时次的平均底高值、平均顶高值除 3：00 较小外，均接近于上部逆温平均值，17：00—23：00 逆温层逐渐抬高，逆温强度也达到最大。

（3）典型时段温度曲线及分析

1）2001 年夏季（6 月）探空测试期。

选择 6 月 18 日—20 日作为逆温的典型时段的个例进行分析表明：

18 日 1：00—9：00 出现的上部逆温属典型的辐射逆温。从天气形势看，17 日高原横切变与低涡云系带来了一次中等强度的降水过程，18 日天气转好，500 mb 青藏高原东部为一高压脊控制，高空为西北气流。18 日 1：00—9：00 属夜间到日出后的转换型天气，1：00 微风、晴空少云，逆温生成时底高为 90 m，强度为 1.33℃/100 m，厚度为 90 m，在高空辐散下沉、地面辐合上升气流的作用下，到 5：00 逆温层略有抬升，强度有所减弱。7：00 出现辐射逆温，地面温度达最低，逆温强度达 1.6℃/100 m，9：00 由于太阳辐射地面迅速增温，逆温抬升，直到消亡，此前大气温度层结一直呈现下层至地面不稳定分布，上层的中性、稳定分布。11：00 地面因吸收太阳辐射而加热，地面温度增至 28.0℃，使临近地面这一层空气首先增温，然后通过湍流热传导、对流等过程，将热量向上传递，因而造成温度随高度的递减型分布，整层大气为不稳定，且在地面到 20 m 有超绝热现象，这是由于水泥地面吸收了太阳的强辐射而迅速增温造成的，探空仪脱离地面后进入大气温度层结状态。

19 日—20 日出现的逆温与一次天气过程密切相关，500 mb 两槽一脊型，高原切变明显，700 mb 偏东气流明显，19 日、20 日两日均出现小雨，累计降水量达 12.3 mm。

这是一次较典型的伴有降雨过程的平流逆温，逆温层同一时段在不同高度上存在数层逆温，使得这次逆温持续时间长，离地面 100 m 的高度上均有逆温出现，逆温强度时有强弱，19 日 9：00110 m 高度上出现的逆温，其强度为 1.0℃/100 m，11：00 底部显著抬升，厚度变薄，强度增强至 1.85℃/100 m；20 日 9：00 180 m 高度上出现一强度为 2.5℃/100 m 的逆温。逆温厚度从 20～200 m 的变化。整个过程中反映的是大气温度层结在 100 m 以下为不稳定，高空变化多端，地面温差变化较小，仅为 3.9℃，多为阴天，在探空时段的 19 日 21：00—20 日 11：00 出现持续性降水。

2）2002 年冬季（1 月）探空测试期。

选择 1 月 8 日—10 日作为逆温的典型时段的个例进行分析表明：

该时间段是强化监测期观测到的一次上部逆温演变过程，该过程持续时间长达 70 余小时，是冷高压前部、南支槽、高原低槽相伴的大气温度层结状态。

逆温于 8 日 9：00 生成后，逆温强度达 1.39℃/100 m，11：00 发展到最强时的 2.97℃/100 m，逆温底高为 100～200 m，之后逆温逐渐减弱，到 21：00 逆温底部抬高，厚度增至 420 m，强度为 0℃/100 m。9 日 5：00 逆温底高较前日高，强度为 1.32℃/100 m，15：00 最强达 1.84℃/100 m，逆温底高逐渐降低，23：00 降至 70 m，厚度达 530 m。

10 日 9：00—12 日 5：00 是逆温底高逐渐抬高的过程，10 日 19：00 逆温强度达 2.0℃/100 m，厚度为 235 m，12 日 5：00 逆温底高达 1 555 m，厚度为 220 m，逆温强度为 2.61℃/100 m，之后逆温底高开始降低，厚度变厚，强度显著降低。13 日是逆温底高抬升、厚度增加、强度依然维持很强的过程，9：00 1 100～1 900 m 有两层逆温，经过能量交换和湍流混合，逆温底高抬升，23：00 逆温底高发展到 1 615 m，强度达 2.65℃/100 m，厚度为 478 m。14 日全天 1 200～2 000 m 大气温度层结维持强逆温，11：00 逆温强度达 3.25℃/100 m。15 日 5：00 2 500 m 以下的逆温基本消散，近地面出现辐射逆温，15：00 1 500 m 以下温度层结为不稳定。

地面配合静风、大雾天气，这次逆温生成机制主要为辐射逆温，逆温底高为 70～400 m，低层大气扩散差，因此对成都市区的低架和高架源扩散均不利。此后逆温虽持续了几天，且强度极强，但逆温底高度均在 500～2 000 m，不影响污染物的扩散和稀释。其生成机制主要是：暖空气平流到盆地内积聚的冷空气上面时形成的平流逆温；出现在高压区内范围广、厚度达数百米由于空气下沉压缩增温形成的下沉逆温；低层空气湍流混合形成的湍流逆温。此逆温个例在以往的冬季低空温度场测试中罕见，不具有普遍意义。

（4）地面温度场

1）2001 年夏季（6 月）探空测试期地面温度场。

地面温度场设置了光华村气象直属站、天府广场、干疗院、大利食品厂 4 个观测点，用温度自记仪于 6 月 9 日—7 月 9 日进行为期一个月的每天 24 h 自动观测记录，分别统计各观测点逐时平均温度：

21：00 至次日 9：00 4 条温度曲线由高到低的排列顺序如下：干疗院、大利食品厂、天府广场、直属站，反映的是夜间大气温度分布状况，此时直属站与干疗院的温差逐渐增大，3：00 达最大，其值为 5.9℃，之后逐渐减小；11：00—20：00 干疗院、大利食品厂、天府广场 3 条温度曲线接近重合，直属站温度仍为最低，直属站与干疗院的温差值逐渐减小，至 17：00 其温差值降至 0.4℃，为最小，18：00 突增至 1.9℃，20：00 又增至 3.4℃。上述现象说明，成都市热岛现象仍然存在。

2）2002 年冬季（1 月）探空测试期地面温度场。

对地面各点平均温度逐时、逐日分析表明：

强化监测期各点位温度的逐时变化规律一致，最低值出现在 7：00—9：00，最高值出现在 16：00—17：00，符合冬季一天中温度的变化规律。对 5 个测点进行比较，干疗院平均温度最高，理工学院次之，直属站第三，市政府和大力食品厂的温度最低，温度最大值与最小值之间的差值平均为 2.8℃，逐时平均在温度最低时温差为 3.2℃，温度最高时温差为 2.4℃。

强化监测期各监测点温度的比较结果与夏季测试结果较为一致，各监测点的逐日平均温度从大到小的排列顺序为：干疗院＞理工学院＞直属站＞天府广场＞大力食品厂。各点位最大与最小差值平均为 2.7℃，逐日平均最大差值出现在 1 月 16 日，即强化监测期逐日平均温度最高的 1 日，其值为 3.5℃，最小差值为 1.7℃左右，出现在 1 月 28 日、23 日、24 日。与夏季测试期比较，最高温差与最低温差在时间与空间上均表现为温度越高差值越大，与城市热岛的变化规律较一致，上述现象说明，成都市热岛现象仍然存在。

图 4-12 是冬季强化监测期成都市城区温度场的分布状况。由图可见，城区温度场呈鞍形分布，东西高，东部高于西部；南北低，北部高于南部；东北高于西南，东南高于西北。东部高值区在理工大学以西，成都热电厂以北，二环路东段周围，最大值为 6.5℃，高值中心至城区中心温度梯度大；西部高值区在三环路以西；在三环路至二环路大力食品厂一带有一低值区，其中心值为 4.1℃。对夏季测试气象因子与高浓度污染进行多元相关分析，温度具有第一相关性，强化监测期在东郊热电厂、八里庄一带是成都市城区污染高浓度区。

通过夏、冬两季为期 37 d 332 次低空探空观测，地面温度场通过 4～5 个观测点每日逐时为期一个月的自动观测，初步得出以下结论：

a. 成都城区夏季大气边界层温度场特点明显，观测期间上部逆温每日均出现，频率高达 77.8%，逆温厚度薄，逆温强度大。贴地逆温在天气条件适宜的情况下，一次未出现过。冬季监测期的逆温频率较夏季测试期稍低，为 62.9%，为上部逆温，贴地逆温未出现。

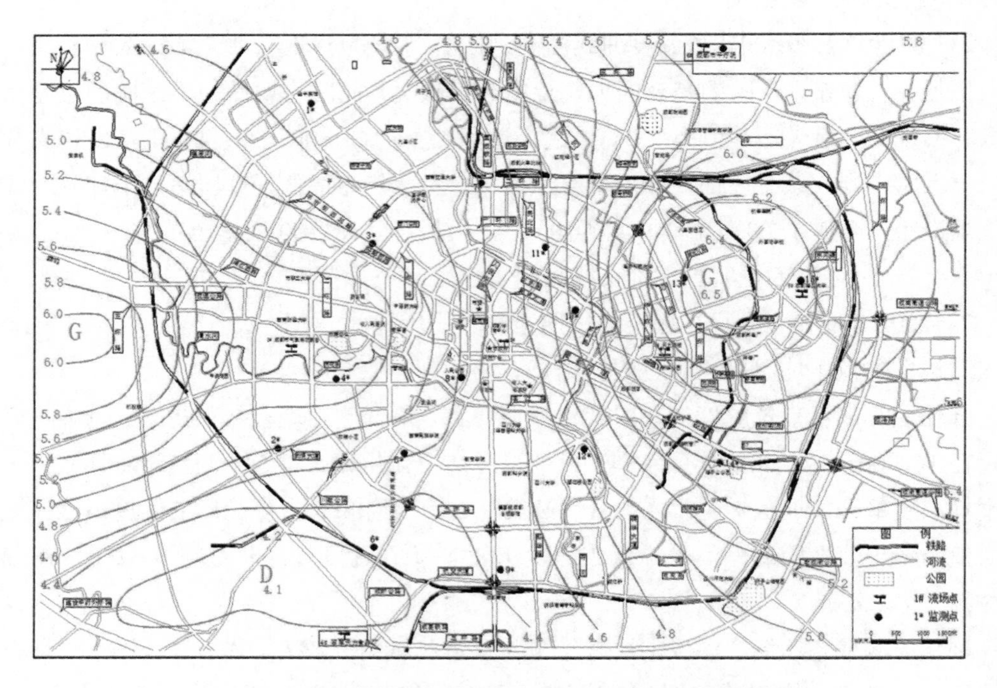

图 4-12　成都市冬季强化观测期间地面温度分布

b. 夏季上部逆温出现时间多在 5：00—9：00，逆温底高在 400 m 以下占 56.3%；冬季监测期上部逆温出现的时间多在 5：00—13：00，以 5：00—7：00 最多，占 84%左右；空间分布逆温底高在 100～400 m，占 35.5%，对成都市城区高架源污染物扩散产生影响的概率为 16.5%。影响较夏季低，影响时段有所不同。

c. 两季代表月观测各时段均有上部逆温出现，且出现频率分别高达 77.8%、62.9%，而贴地逆温从未出现；尤其冬季强化监测期天气形势高压，低槽反复交替出现，并伴有罕见大雾等特殊天气过程，使逆温生命周期增长；一次逆温最长持续时间可达 70 余小时，这表现出冬季温度场具有特殊性的一面。

d. 通过夏季和冬季监测期低空温度场探测，对成都市城市区这一特殊的下垫面有了初步了解。随着城市建设的高速发展，高层建筑日益增多，城市下垫面变得越来越粗糙，影响了地面辐射散热，空气流经粗糙的城市表面会产生更多的湍流；而湍流可抑制贴地逆温的生成，这一现象有利于城市的低矮源、面源的扩散。

4.2.5　混合层高度分析

4.2.5.1　夏、冬两季观测期混合层高度时间变化分析

表 4-21 和图 4-13 是冬季、夏季各观测时次平均混合层厚度。

表 4-21　冬季、夏季混合层高度时间变化　　单位：m

	1	3	5	7	9	11	13	15	17	19	21	23	平均
冬季混合层高度	656	652	756	744	677	895	849	962	1 046	937	886	917	831
夏季混合层高度	1 096	851	766	633	981	1 309	1 841	1 875	1 735	1 631	1 463	1 091	1 273

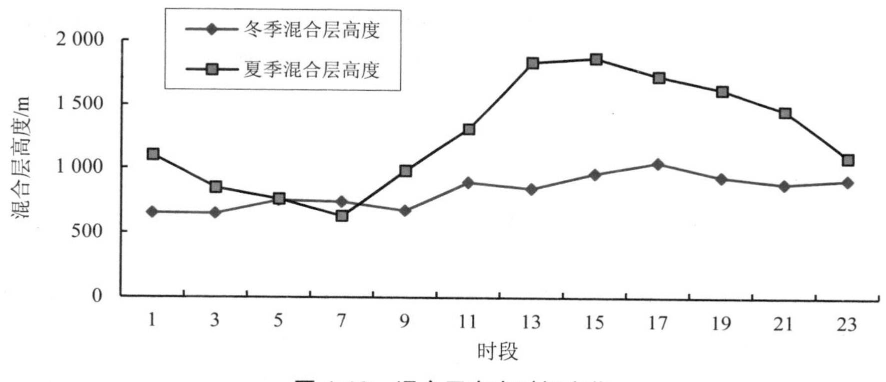

图 4-13　混合层高度时间变化

由表 4-21、图 4-13 可见，冬季强化监测期混合层平均高度为 820 m，最小平均高度出现在 3：00，其值为 652 m；最大平均高度出现在 17：00，其值为 1 046 m。夏季混合层高度时间变化趋势与冬季相同，混合层高度波动范围夏季大于冬季，夏季混合层高度平均值为 1 309 m，最大值与最小值分别出现在 15：00 和 7：00，出现时次较冬季早，其值分别为 1 875 m 和 633 m，最小值略低于冬季，平均值和最大值显著高于冬季。

一年中夏季混合层高度较大，冬季较小。由于温度层结的昼夜变化，混和层高度随时间改变，温度最低时混和层高度值最小，受太阳辐射影响，午后的混合层可以伸展很高，即温度最高时混合层高度值达最大，它表征一天中最大的铅直扩散能力，并指示出污染物在铅直方向因热力湍流所能扩散的范围。

4.2.5.2　混合层高度逐月变化

表 4-22 是 2001 年逐月最大、最小混合层高度统计结果。

表 4-22 2001 年混合层高度统计 单位：m

月份	1	2	3	4	5	6	7	8	9	10	11	12
最大平均	1 137	1 369	1 555	1 433	1 744	1 278	1 374	1 177	1 037	1 147	1 110	1 153
最大极值	1 750	2 400	2 500	2 350	2 500	1 860	3 000	1 750	1 595	1 750	2 000	2 000
最小平均	365	325	271	336	193	329	255	337	450	460	415	477
最小极值	30	30	0	0	0	0	5	0	95	5	45	140

由表 4-22 可知，2001 年混合层最大平均值最大出现在 5 月，为 1 744 m，最小值为 1 037 m，出现在 9 月。混合层最大平均值一年中春季最大，秋季最小，夏季与冬季接近，混合层最大极值可达 3 000 m。混合层最小平均高度为 193 m，最小值、最大值分别出现在 5 月和 12 月，一年四季最小混合层高度的大小顺序为：秋季＞冬季＞夏季＞春季，最小极值在 3—8 月为 0，12 月为 140 m。

5 月正是春夏交替的季节，大气边界层对流发展最为旺盛，因而出现在午后的最大混合层高度最高，早晨日出前最小混合层高度最低，加之地面出现静风、小风，此时对大气污染物的铅直扩散不利，因此，应控制或削减污染物的排放，特别是高架源排放。

4.2.5.3 混合层特征小结

1）无论冬季监测期和夏季混合层高度日变化，还是 2001 年全年混合层高度的月变化规律，混合层高度均为 200～1 000 m。白天，城市及周边地面气温较高，温度层结是超绝热的，形成一个深厚的逆温层，日落以后，城市周边近地面气温逐渐下降，逐步形成由地面向上发展的逆温层。当空气移到相对粗糙且温暖的城市上空以后，从下部向上加热，近地面形成一个薄的混合层，构成了城市上空特有的上部逆温。

2）气流从周边流经城市的变性过程，是自下而上逐渐发展的，形成了特殊构造的城市边界层。城市地面粗糙度的增加，会产生更多的湍流，空气在向城市移行的过程中逐渐被下垫面加热，混合层增厚，最大厚度可达 1 000 余 m。

4.2.6 冬季监测期地面水平能见度分析

由于监测期探空现场能见度标示物不准确，观测员个人视力、判断不同，能见度误差较大，且强化监测期天气系统均属于较大系统变化。探空现场与直属站均在同一天气系统控制下，两地能见度变化不大，因此我们认为采用直属站能见度观测可靠性更大。

直属站与探空现场能见度统计见表 4-23，直属站和探空现场能见度日变化趋势见图 4-14。

表 4-23　直属站与探空现场（环保大楼）能见度统计　　单位：km

时间 日期	直属站能见度								环保大楼能见度											
	2：00	5：00	8：00	11：00	14：00	17：00	20：00	23：00	1：00	3：00	5：00	7：00	9：00	11：00	13：00	15：00	17：00	19：00	21：00	23：00
8 日	1.5	0.7	0.6	0.8	1.1	2.0	1.5	1.5				0.4	0.1	0.5	0.5	0.5	0.5	0.5	0.5	0.5
9 日	0.5	0	0	0.1	1.5	1.8	3.0	3.0			0	0	0	0.2	0.4	0.5	0.5	0	0	0
10 日	0.1	0.4	0.4	0.5	1.2	1.5	2.0	3.0			0	0	0	0	0.5	0.5	0.5	0.6	0.5	0.5
11 日	6.0	8.0	2.0	2.5	3.0	3.0	6.0	5.0			0.5	0.6	0.3	0.4	0.5	0.6	0.5	0.6	0.6	0.6
12 日	3.0	4.0	4.0	4.0	7.0	11.0	12.0	9.0			0.4	3.0	1.0	1.5	1.5	1.5	1.9	2.0	1.8	12.0
13 日	6.0	5.0	3.0	2.0	5.0	11.0	4.0	3.0			1.2	1.2	0.6	0.7	1.0	1.5	1.0	1.0	1.0	1.0
14 日	3.0	3.0	1.2	1.2	2.0	4.0	2.0	2.0			0.5	0.5	0.3	0.6	0.7	0.7	0.7	0.7	0.7	0.7
15 日	3.0	2.0	2.0	2.0	3.0	3.0	3.0	4.0			0.6	0.5	0.5	0.5	0.8	1.0	1.5	2.0	1.5	1.5
16 日	4.0	3.0	1.5	1.5	2.0	7.0	11.0	11.0	1.0	1.5	1.0	1.5	1.0	1.5	1.2	1.3	1.4	1.3	1.5	1.2
17 日	11.0	7.0	5.0	9.0	8.0	9.0	9.0	9.0	1.2	0.8	0.7	0.6	0.7	1.5	5.0	5.0	5.0	3.0	3.0	3.0
18 日	9.0	9.0	8.0	11.0	11.0	11.0	12.0	11.0	2.0	2.0	1.5	2.0	5.0	5.0	0.7	0.6	0.5	2.0	1.5	1.2
19 日	11.0	11.0	6.0	11.0	12.0	13.0	12.0	15.0	1.2	1.0	1.0	1.2	1.5	2.0	3.0	3.0	1.0	2.0	2.5	2.0
20 日	14.0	12.0	13.0	11.0	15.0	14.0	12.0	11.0	6.0	8.0	8.0	10.0	10.0	11.0	16.0	17.0	15.0	12.0	10.0	10.0
21 日	14.0	12.0	3.0	12.0	15.0	16.0	15.0	15.0	8.0	6.0	3.0	3.0	2.6	5.2	10.0	15.0	12.0	10.0	15.0	10.0
22 日	12.0	14.0	6.0	8.0	12.0	12.0	11.0	11.0	10.0	5.0	4.0	5.0	7.0	3.0	3.0	2.5	2.5	2.5	2.5	1.6
23 日	11.0	12.0	8.0	5.0	5.0	4.0	6.0	6.0			3.0	2.0	0.7	0.7	1.0	1.0	1.0	0.5	1.5	1.5
24 日	8.0	12.0	9.0	7.0	2.0	3.0	5.0	5.0			2.0	2.0	1.0	1.0	1.0	1.0	2.0	2.0	2.0	1.5
25 日	6.0	3.0	7.0	3..0	8.0	11.0	12.0	7.0			1.2	1.1	1.5	0.9	2.0	3.0	5.0	3.0	3.0	1.5
26 日	6.0	8.0	2.0	2.0	5.0	7.0	7.0	7.0			1.5	1.5	1.0	1.5	1.5	1.5	1.5	1.7	1.5	1.0
27 日	7.0	6.0	5.0	8.0	11.0	15.0	12.0	11.0			1.0	1.2	1.0	2.0	2.0	2.0	2.0	4.0	5.0	3.0
28 日	13.0	8.0	3.0	4.0	12.0	12.0	12.0	11.0			1.5	1.0	1.0	2.5	3.0	5.0	3.0	4.0	5.0	4.0
平均	7.1	6.7	4.3	5.1	6.8	8.2	8.1	7.6	4.2	3.5	1.6	1.8	1.8	2.0	2.6	3.1	2.8	2.6	2.9	2.8

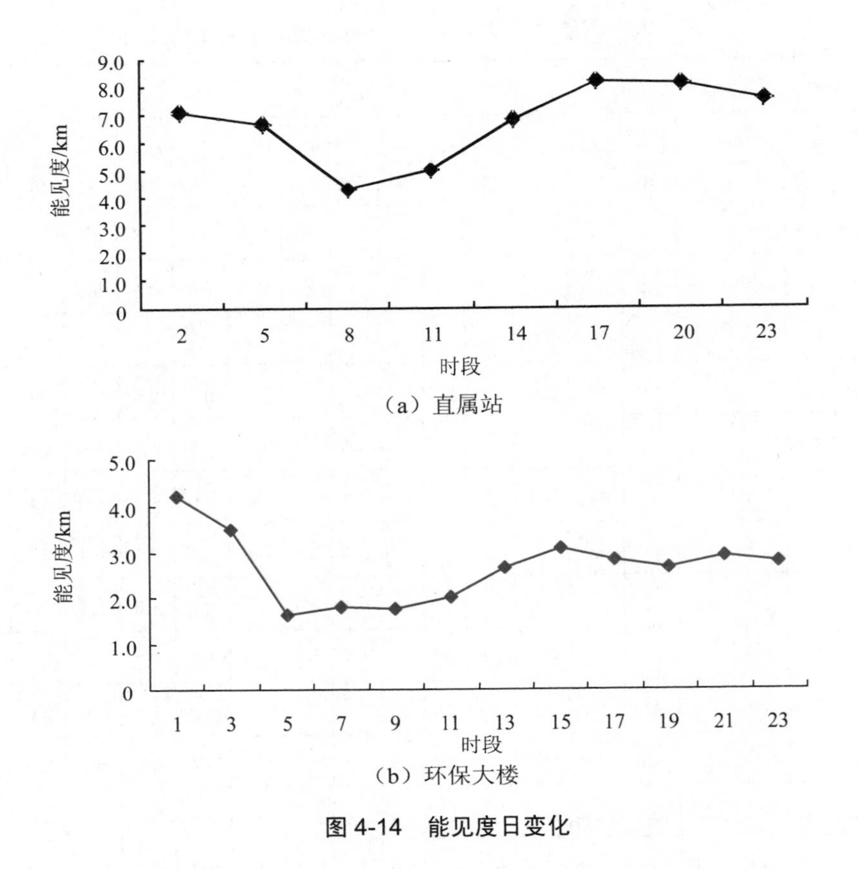

（a）直属站

（b）环保大楼

图 4-14　能见度日变化

由表 4-23 和图 4-14 可见，两测站能见度日变化规律基本一致，5：00—11：00 能见度较低，早上和上午能见度不好，下午能见度开始转好，午间和午夜能见度较好。由于能见度与大气中颗粒污染物凝结核密度关系密切，凝结核越少，能见度越高；凝结核越多，能见度越低。因此从污染潜势背景来看，颗粒污染物的浓度日变化应该与能见度日变化有相同的趋势，即颗粒物浓度与能见度有较为密切的关系。

4.3　环境空气质量与气象条件相关性分析

4.3.1　近年环境空气质量与气象条件的相关关系分析

根据 2000 年 6 月—2001 年 5 月 SO_2、NO_2、PM_{10} 逐日平均监测资料和与其同步观测的日平均风速、日平均相对湿度、日平均气压、日平均气温，利用逐步回归方法，分季度统计计算逐日 SO_2、NO_2、PM_{10} 与日平均风速、日平均相对湿度、日平均气压、日平均气温的相关关系。回归分析统计结果见表 4-24。

表 4-24　各季节环境空气质量与气象条件的逐步回归分析统计表

项目	季节	样本数/个	入选气象因子	浓度方程	复相关系数 R	$R_{0.05}$	$R_{0.01}$	F 检验	$F_{0.05}$
SO_2	夏季	92	湿度	C_{SO_2}=0.027 405　+0.000　×湿度	0.305 0	0.207	0.270	9.23	4.0
	秋季	91	风速	C_{SO_2}=0.050 432 32−0.004 891 274×风速	0.388 1	0.207	0.270	15.78	4.0
	冬季	90	风速、温度、湿度	C_{SO_2}=0.010 316 07−0.008 382 069×风速+0.002 804 872×温度+0.000 450 624 9×湿度	0.547 7	0.294	0.351	12.28	2.76
	春季	92	风速、温度、湿度	C_{SO_2}=0.116 812−0.005 917 131×风速−0.001 015 569×温度−0.000 669 828 8×湿度	0.655 1	0.294	0.351	22.05	2.76
NO_2	夏季	92	风速、湿度	C_{NO_2}=0.029 416 42−0.002 413 654×风速+0.000 143 925 7×湿度	0.601 3	0.258	0.317	25.20	3.15
	秋季	91	风速、温度、湿度	C_{NO_2}=0.076 958 21−0.005 551 003×风速−0.000 578 484 1×温度−0.000 293 419 5×湿度	0.677 7	0.294	0.351	24.64	2.76
	冬季	90	风速、温度、湿度	C_{NO_2}=0.027 063 87−0.010 169 74×风速+0.001 694 093×温度+0.000 216 076 9×湿度	0.726 2	0.294	0.351	31.98	2.76
	春季	92	风速	C_{NO_2}=0.051 409 32−0.005 816 427×风速	0.539 9	0.207	0.270	37.03	4.0
PM_{10}	夏季	92	风速、湿度、气压	$C_{PM_{10}}$=5.586 924−0.017 931 30×风速+0.000 975 534×湿度−0.005 755 944×气压	0.308 1	0.207	0.270	9.44	4.0
	秋季	91	风速、湿度、气压	$C_{PM_{10}}$=0.419 308 2−0.045 128 83×风速−0.002 577 045×湿度	0.644 1	0.294	0.351	20.56	2.76
	冬季	90	风速、温度、湿度	$C_{PM_{10}}$=0.111 875 4−0.173 666 9×风速+0.013 040 63×温度+0.004 287 448×湿度	0.657 4	0.294	0.351	21.81	2.76
	春季	92	风速、温度、湿度	$C_{PM_{10}}$=0.650 827 6−0.041 776 83×风速−0.007 565 328×温度−0.003 475 144×湿度	0.427 2	0.258	0.317	9.93	3.15

统计分析表明，SO_2（夏季除外）、NO_2、PM_{10}与日平均风速的相关性最明显，与日平均相对湿度相关性次之，与日平均气温相关性最不明显。

4.3.2 强化监测期环境空气质量与气象条件相关性分析

4.3.2.1 天气状况对空气质量的影响

强化监测期间空气质量监测值及天气状况表明：由于气象条件的不同，使污染源（有组织的排气筒高架源和无组织排放地面源） 排放的污染物在扩散分布方向和地面质量浓度值上均有差异，并且与城市地面风场的相关性很明显。

（1）夏季天气状况对污染物质量浓度的影响

从天气状况统计中可以看出，强化监测期间，有 7 个晴天，10 个雨天，3 个晴雨相间天气。天气状况对污染物质量浓度影响统计分析结果见表 4-25。

表 4-25 夏季不同天气状况污染物质量浓度　　单位：mg/m^3

项目	晴天	雨天	晴雨相间	平均
SO_2	0.053	0.039	0.035	0.042
NO_2	0.059	0.051	0.048	0.053
O_3	0.043	0.032	0.050	0.042
PM_{10}	0.134	0.120	0.080	0.111
TSP	0.260	0.260	0.191	0.237

从表 4-25 中可以看出，SO_2、NO_2、PM_{10}质量浓度：晴天＞雨天＞晴雨相间。晴雨相间天气下的 SO_2 质量浓度比晴天下降 34%，NO_2 下降 19%，PM_{10} 下降 40%；O_3 质量浓度：晴雨相间＞晴天＞雨天，晴雨相间天最高，雨天最低，雨天的 O_3 质量浓度比晴雨相间下降 56%；TSP 质量浓度：晴天=雨天＞晴雨相间，晴雨相间天最低。

1）自 6 月 10 日—17 日，天气由雨天转为晴天、再转为雨天，主要污染物质量浓度值呈现逐渐增高而后又减少的过程。

2）监测期适逢夏季雨天较频繁的月份，环境空气中污染物的质量浓度相对较低，证明大气降雨对空气中污染物有极好的清洗、削减作用。

（2）冬季天气状况对污染物质量浓度的影响

冬季强化监测期间共出现 6 个雾日，5 个晴阴相间日，4 个阴、雨天（2 个阴天，2 个雨日），从对应的 SO_2、、NO_2、PM_{10}、TSP 日均质量浓度分布可以看出，不同的天气状况对各污染物质量浓度有较为明显的影响。不同天气状态状况对污染物质量浓度影响统计分析结果见表 4-26。

表 4-26　冬季不同天气状况污染物质量浓度　单位：mg/m^3

项目	雾	晴阴相间	阴、雨天
SO_2	0.114	0.104	0.093
NO_2	0.079	0.064	0.041
PM_{10}	0.300	0.169	0.128
TSP	0.742	0.394	0.227

从表 4-26 和图 4-15、图 4-16 中可以看出，SO_2、NO_2、PM_{10}、TSP 质量浓度：雾天＞晴阴相间＞阴雨天；雾天最高，阴雨天最低；轻雾天重于雾天。

SO_2 日均质量浓度阴雨天比雾天低 18%，NO_2 日均质量浓度阴雨天比雾天低 48%。PM_{10} 日均质量浓度阴雨天比雾天低 57%，TSP 日均质量浓度阴雨天比雾天低 69%。

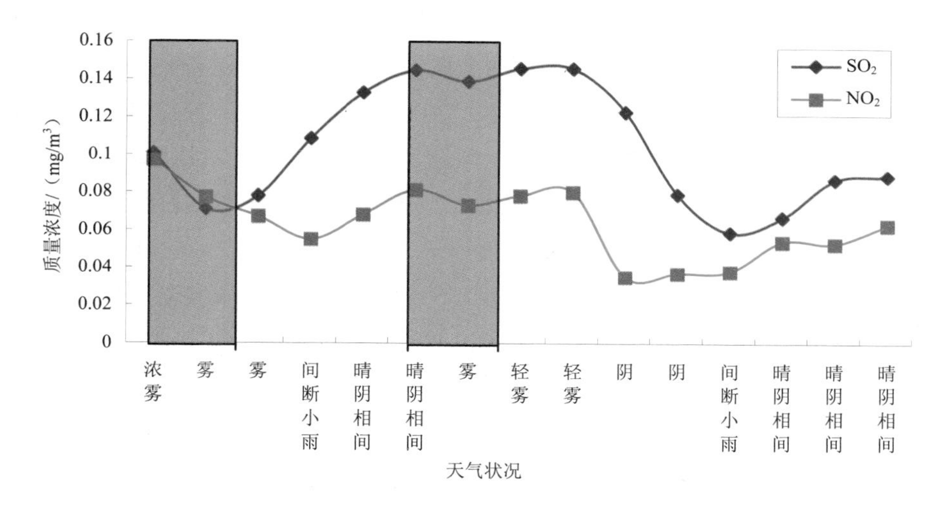

图 4-15　不同天气状况下 SO_2、NO_2 质量浓度变化

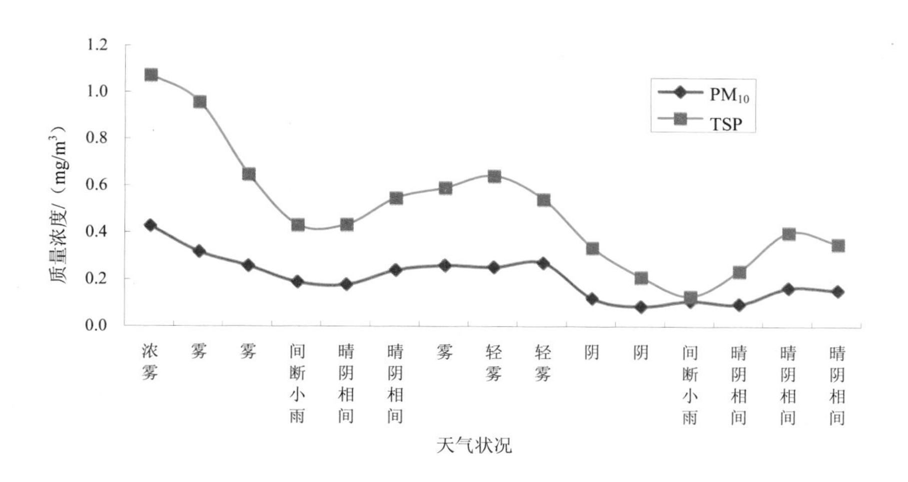

图 4-16　不同天气状况下颗粒物质量浓度变化

从图 4-15、图 4-16 不同天气状况质量浓度变化曲线可以看出，相同的天气周期对 PM_{10} 质量浓度变化有着相同的影响，若将雾转阴雨至晴阴相间后再出现雾日作为一个周期，则此次冬季强化监测期间经历了两个完整的天气周期，即 1 月 8 日—14 日，随着天气由雾转阴雨到晴阴相间 PM_{10} 质量浓度由高值逐渐降低，到阴或雨天时达最低值，随着天气转晴，污染物质量浓度又逐渐上升。由于雾出现的强度和持续时间不同，其对应的质量浓度也不同，但其影响质量浓度的变化趋势是一致的。

据统计，成都市多年平均雾日为 62 d，且 57.0%集中在冬季，而冬季雾有持续时间长、强度较强等特点，从而导致冬季污染物高质量浓度出现频率较大。

4.3.2.2 风速对污染物质量浓度的影响

6 月 14 日—15 日白天为持续晴天，风速从 15 日 11：00 开始持续增大，到 21：00 后达最大，并开始下小雨，是成都市少有的大风天气。为了解风速对污染物质量浓度的影响，采用 6 月 14 日 20：00—6 月 16 日 20：00 时间间隔内 7 个自动监测点位 PM_{10} 逐时质量浓度值与草堂干疗院自动监测对应时段逐时风速均值进行对比分析。统计结果见表 4-27。在 6 月 15 日 2：00—21：00 时段内，随着风速的逐渐增大，当风速大于 3 m/s 后，PM_{10} 质量浓度呈现下降趋势。2：00 时风速为 1.7 m/s，PM_{10} 质量浓度为 0.4 mg/m^3。21：00 风速为 7.4 m/s，PM_{10} 质量浓度为 0.166 mg/m^3。该时段内风速增强 34%，PM_{10} 质量浓度下降 58%。说明成都市区周边地区植被良好，尘土被风刮起较少，而风对市区 PM_{10} 的扩散作用明显（表 4-27 和图 4-17）。

对冬、夏两季强化监测期间晴天小时平均风速和 PM_{10} 小时均值统计，得出两季逐时平均风速和 PM_{10} 的关系曲线，见图 4-18、图 4-19。

表 4-27 6 月 14 日 20：00—6 月 16 日 20：00 各时段风速、PM_{10} 质量浓度对照表

时间	20：00	21：00	22：00	23：00	0：00	1：00	2：00	3：00	4：00
PM_{10} 均值/（mg/m^3）	0.222	0.256	0.242	0.263	0.336	0.350	0.400	0.354	0.323
风速/（m/s）	1.7	1.5	1	0.8	1.4	1.1	1.7	1.9	2.1
时间	5：00	6：00	7：00	8：00	9：00	10：00	11：00	12：00	13：00
PM_{10} 均值/（mg/m^3）	0.280	0.281	0.309	0.325	0.295	0.280	0.190	0.175	0.166
风速/（m/s）	1.8	2	1.8	2.4	2.7	2.4	3.4	4	4.1
时间	14：00	15：00	16：00	17：00	18：00	19：00	20：00	21：00	22：00
PM_{10} 均值/（mg/m^3）	0.144	0.168	0.169	0.180	0.201	0.184	0.140	0.166	0.106
风速/（m/s）	4	3.8	5.1	6.1	7	6.6	6.2	7.4	6.6

时间	23：00	0：00	1：00	2：00	3：00	4：00	5：00	6：00	7：00
PM_{10} 均值/（mg/m^3）	0.098	0.107	0.076	0.057	0.036	0.021	0.043	0.053	0.053
风速/（m/s）	5.6	3.2	1.7	2.4	1.5	1.1	2.3	2.1	2.6
时间	8：00	9：00	10：00	11：00	12：00	13：00	14：00	15：00	16：00
PM_{10} 均值/（mg/m^3）	0.080	0.092	0.107	0.089	0.103	0.051	0.055	0.055	0.054
风速/（m/s）	2.6	2.4	2.3	1.5	2	2.1	2.6	2.2	2.5
时间	17：00	18：00	19：00	20：00					
PM_{10} 均值/（mg/m^3）	0.047	0.071	0.084	0.155					
风速/（m/s）	2	2.1	2.1	2.5					

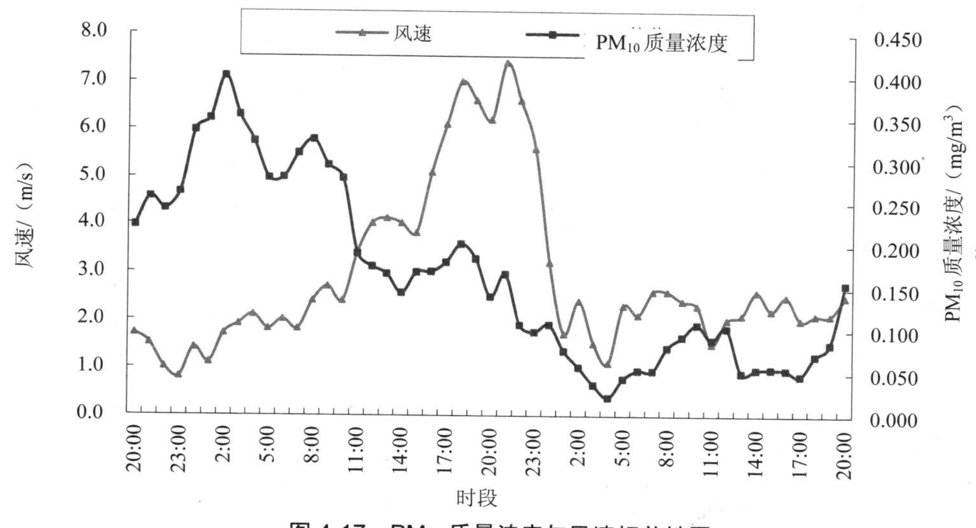

图 4-17　PM_{10} 质量浓度与风速相关性图

从图中质量浓度值曲线大体上可看出：

冬季近地面空气中的 PM_{10} 质量浓度与风速成反比，随风速的增大质量浓度降低，其基本原因是冬季雾日多、湿度大、风速小（一般为 1.0 m/s 左右）。

夏季近地面空气中的 PM_{10} 质量浓度值与风速呈多项式关系，即在风速小于 2.0 m/s 左右时，空气中的 PM_{10} 质量浓度随风速的增大而降低，当风速继续增大时，PM_{10} 的质量浓度将有明显的增高趋势。其原因是风速的增大使扬尘大量产生，导致空气中的 PM_{10} 质量浓度增多，估算形成扬尘的起动风速为 3.5 m/s。

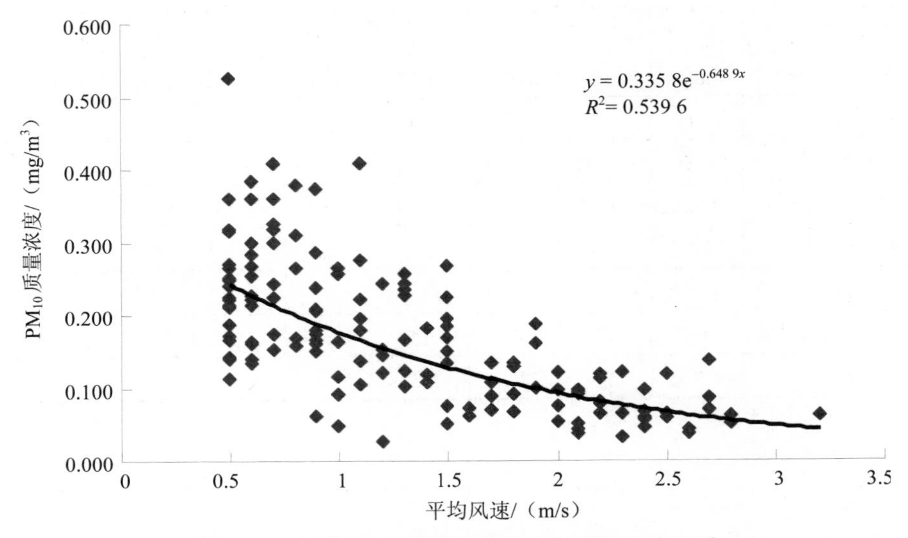

图 4-18　冬季 PM_{10} 质量浓度与小时平均风速关系

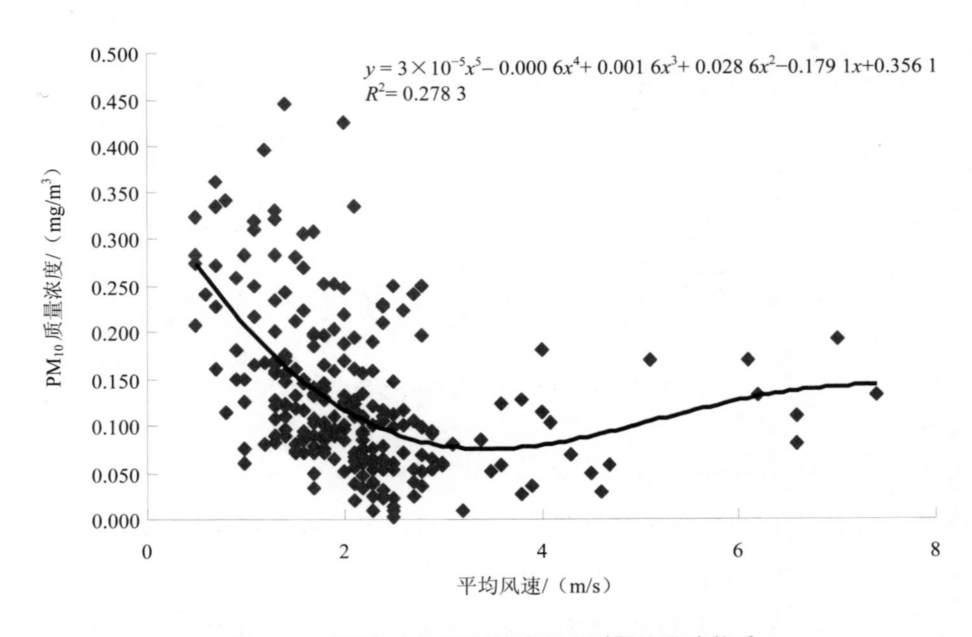

图 4-19　夏季 PM_{10} 质量浓度与小时平均风速关系

4.3.2.3　强化监测期间污染物质量浓度分布与气象因子相关性分析

通过对强化监测期 SO_2 污染物地面逐时质量浓度分析和对成都市大气物理背景参数研究，初步认为与 SO_2 污染物地面小时质量浓度有关的大气物理参数（污染气象条件）主要有风速、风向、地面温度、气压、大气稳定度、混合层高度、降水、天气背景、能见度等污染气象因子，但由于本次强化监测期观测污染气象因子所限，在回归分析中采用了风速、风向、地面温度、大气稳定度、混合层高度、监测时次等因子；风速是污染物质量浓度的重要气象因子，风向确定污染物传输方向，大气稳定度、混合层高度、气温决定大气对污染物扩散稀释能力。

各监测点强化监测期对 SO_2 质量浓度与所选气象因子均进行了相关分析，SO_2 地面小时质量浓度采用强化监测期 6 月 10 日—28 日逐时数据，污染气象参数采用对应时次市中心天府广场地面观测资料和环保大楼温度场实测资料，共计样本数 154 份。SO_2 地面小时质量浓度采用多因子线性回归。风向因子从静风、N、NNE—NNW 量化为 0～16，稳定度量化为 1～6，其余因子按实测选取。各监测点的回归方程如表 4-28 所示。

6 月 14 日是强化监测期成都市污染质量浓度值较大的一天。位于市中心人民公园附近的 8#点，当日各时次污染物质量浓度变化与污染气象因子变化见图 4-20。由图可以看出，风速、混合层高度、稳定度与质量浓度变化呈负相关，其余污染气象因子与质量浓度相关不明显。

由分析结果可知，风速除 5#点以外，其余各点 SO_2 质量浓度与风速呈负相关，即风速越大，SO_2 质量浓度值越小；混合层高度与各点 SO_2 质量浓度呈负相关，即混合层越高，SO_2 质量浓度越小，混合层越低，SO_2 质量浓度越大；大气稳定度与 SO_2 质量浓度基本呈负相关，即大气越趋于稳定，SO_2 质量浓度越大；气温因子影响不敏感。

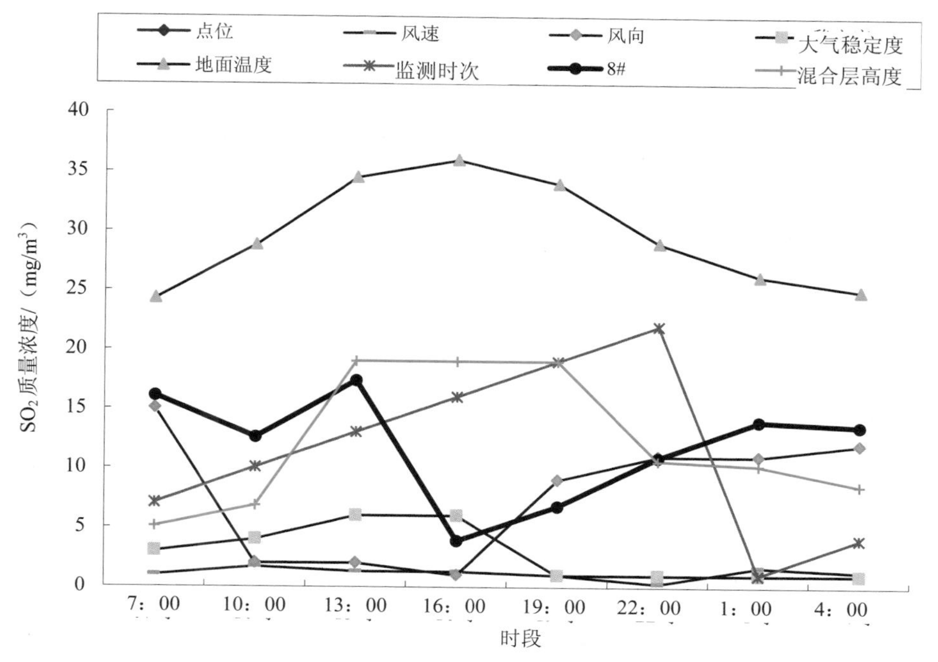

图 4-20 8#测点 6 月 14 日 SO_2 日均质量浓度与气象因子相关变化趋势

表 4-28 夏季监测各测点 SO_2 质量浓度值与气象因子相关分析统计

测点	SO_2 浓度回归方程	风速	风向	稳定度	地面温度	混合层高度
1#	C_{SO_2}=0.006 7−0.002 2X_1−6.946×$10^{-5}X_2$+0.000 1X_3+0.001 3X_4−4.348×$10^{-6}X_5$+3.717×$10^{-5}X_6$	−0.166	−0.116	−0.003	0.260	−0.043
2#	C_{SO_2}=0.006 7−0.002 2X_1−6.946×$10^{-5}X_2$+0.000 1X_3+0.001 3X_4−4.348×$10^{-6}X_5$+3.717×$10^{-5}X_6$	−0.123	−0.144	−0.010	−0.064	−0.004
3#	C_{SO_2}=−0.022 1−0.006 4X_1−0.000 5X_2−0.006 4X_3+0.004 9X_4−1.762×$10^{-5}X_5$−0.000 29X_6	−0.229	−0.112	−0.202	0.202	−0.155
4#	C_{SO_2}=−0.001 6−0.003 1X_1−0.000 5X_2−0.003 3X_3+0.003 2X_4−1.027×$10^{-5}X_5$−0.000 5X_6	−0.223	−0.145	−0.169	0.243	−0.156
5#	C_{SO_2}=0.036 8+0.007 3X_1−0.000 7$X2_2$+0.002 3X_3+0.000 2X_4−8.716×$10^{-6}X_5$+0.000 5X_6	0.113	−0.005	0.077	0.028	−0.017
6#	C_{SO_2}= −0.008 7+0.000 9X_1−0.000 5X_2−0.002 5X_3+0.002 7X_4− 9.587×$10^{-6}X_5$−0.000 1X_6	−0.031	−0.072	−0.065	0.203	−0.075
7#	C_{SO_2}=0.002 9−0.004 7X_1−0.000 4X_2−0.004 5X_3+0.004 6X_4−2.224×$10^{-5}X_5$−0.000 9X_6	−0.157	−0.048	−0.141	0.100	−0.219
8#	C_{SO_2}=−0.015 8−0.005 1X_1−0.000 6X_2+0.001 7X_3+0.003 7X_4−1.744×$10^{-5}X_5$−4.087×$10^{-5}X_6$	−0.170	−0.153	0.030	0.240	−0.138
9#	C_{SO_2}=0.014 4−0.008 8X_1+0.000 8X_2+0.000 4X_3+0.003 6$X_4$2.013EX_5+0.000 2X_6	−0.184	−0.003	−0.061	0.138	−0.185
10#	C_{SO_2}=−0.056 2−0.001 3X_1−0.000 8X_2−0.003 6X_3+0.005 9X_4−2.058×$10^{-5}X_5$−0.000 5X_6	−0.117	−0.121	−0.090	0.356	−0.161
11#	C_{SO_2}=−0.022 9−0.002 7X_1−0.000 1X_2−0.002 0X_3+0.003 9X_4−1.384×$10^{-5}X_5$−0.000 3X_6	−0.139	−0.074	−0.083	0.301	−0.147
12#	C_{SO_2}=0.014 9−0.005 1X_1−0.000 1X_2−0.000 6X_3+0.002 5X_4−1.611×$10^{-5}X_5$+0.000 3X_6	−0.143	−0.060	−0.065	0.093	−0.146
13#	C_{SO_2}=−0.028 4−0.003 9X_1−0.000 7X_2−0.002 7X_3+0.004 7X_4−1.605×$10^{-5}X_5$+2.006 5×$10^{-5}X_6$	−0.135	−0.121	−0.067	0.242	−0.075
14#	C_{SO_2}=0.052 5−0.005 9X_1+0.000 5X_2−0.000 4X_3+0.000 1X_4−1.262×$10^{-5}X_5$+0.000 7X_6	−0.231	0.010	−0.161	−0.099	−0.264
15#	C_{SO_2}=−0.030 1−0.004 2X_1+0.001 5X_2+0.004 6X_3+0.004 5X_4−3.095×$10^{-5}X_5$−2.097×$10^{-5}X_6$	−0.018	0.087	0.051	0.119	−0.217
16#	C_{SO_2}=−0.007 8−0.002 4X_1+0.000 2X_2−0.000 4X_3+0.002 8X_4−1.143×$10^{-5}X_5$−0.000 3X_6	−0.077	−0.002	−0.029	0.164	−0.135

注：以上方程中，X_1代表风速，X_2代表风向，X_3代表大气稳定度，X_4代表地面温度，X_5代表混合层高度，X_6代表监测时次。

4.4　小结

4.4.1　结论

1）历史监测结果与本次夏冬两季监测结果均证明，市区的客观气象条件尤其是污染性气象条件的频繁出现，是造成市区全部或局部地区环境空气质量较差的制约因素之一；气象条件的影响在每年的冬、春季节和每天的早上与傍晚时段尤其突出。

2）本次夏季、冬季对市区地面流场（风场及矢量状况）的连续观测，已基本确定市区存在风向的切变与辐合现象，加之本市常年风速小（平均风速为 1.2 m/s）、静小风频率高（42%），使近地层污染物的迁移、输送受到制约而形成局部地带的环境空气污染。因此探索市区气象条件的演变规律（尤其是市区小气候规律），并在遵循这些客观条件的前提下采取对策，是最大限度地减轻不利气象条件影响的重要举措之一。

3）从二氧化硫的浓度值分布图中可看出，污染物在市区的分布随局地风场的变化而变化，因此污染源的分布与排放情况将对不同地带的环境空气质量产生不同的影响。从总体看，工业炉窑相对集中区排放的烟气污染物对市区环境空气质量的影响较明显，是影响市区范围内环境空气质量的主要因素，但也应重视分布面广、总体排放量大的面源和流动源对局部区域的影响，尤其是在出现静风、小风或出现较强逆温时其污染贡献更不可忽视。

4）本次监测结果表明，夏季总体大气污染水平（除酸性降雨频率和强度外）不严重，但在连续出现晴天的时段，以及由晴转雨的时段，环境空气质量仍较差；冬季大气污染水平明显高于夏季，其中 SO_2 质量浓度增高 0.8～2.0 倍，PM_{10} 质量浓度增高 2.0～4.9 倍，NO_2 质量浓度增高 2%～90%；此外，夏季的高浓度值多出现在夜间至早上 7：00—10：00，冬季则多出现在上午及傍晚时段。

5）夏、冬两季低空探测表明，大气稳定度多呈中性（D 类）天气，逆温出现概率较多，但多为上部逆温，高度高，强度较小；夏季由于大气降雨较频繁，使环境空气中污染物的浓度值相对较低；除 TSP 在局部地带、短期内有超标现象外，总体环境空气质量仍较好，基本可达到 GB 3095—1996 二级标准限值的要求。

冬季则由于雾日多，且较多出现贴地逆温，逆温持续时间一般较夏季长，故较易出现环境空气质量较差的情况。

6）根据监测期小球测风对低空（300 m 以下）风场的观测结果，地面风场与低空风场基本一致，只有风速差异；污染物二氧化硫在典型日和时段的浓度值分布态势，即市区各局部区域的污染物浓度值分布状况，与大气流场、城市风向的切变、辐合有密切关系。

7）从已获取的监测、气象资料可初步判断，在风速较大、大气稳定度为中性或有上部逆温存在时，因有利于高架源排放的烟气随大气流场迁移和扩散，市区的污染水平主要由城东工业炉窑排放的烟气污染物贡献决定；而在小风时、大气稳定度为中性转为较稳定性且有贴地逆温存在时，市区内各类污染源排放的污染物就具备了迁移、扩散、富集的条件，此时市区污染水平将是由各类污染源共同污染的结果（如 2001 年 6 月 14 日、16 日，2002 年 1 月 9 日 10：00 质量浓度分布图）。

8）夏季因气温高、阵风、阵雨多，使大气污染物产生的种类相应增多（如扬尘、汽车尾气扩散等），如果连续出现晴天，则较易使污染物在环境空气中富集，并随气流迁移扩散到较远距离；冬季则因静小风频率高（7%～32%）、雾日多、逆温层厚度相对大、持续时间相对长，使污染物的产生源、富集方式、输送扩散形式均有所不同，在市区的浓度值也显出差别，但均与天气状况和污染气象条件存在必然的联系。

4.4.2 对策与建议

1）对市区的污染气象条件及其对污染物的分布态势和影响规律继续进行系统探索与深入研究，主要包括以下内容：市区小气候的形成条件和一般规律；市区下垫面和粗糙度变化即城市高层建筑群及分布与市区小气候出现的相关性探讨；进一步确定城市区是否存在“热岛效应”、存在强度和一般规律；市区地面流场在各季节的分布及变化状况，以确定市区出现风向切变与辐合现象的区域与频率；静小风气象条件下大气污染物的扩散、迁移条件与规律；与空气污染相关的气象因子的筛选和确定等。

2）根据市区污染气象条件出现规律、频率，编制污染源排放许可条件（包括排放参数、强度、时间、地点等）。

3）将已掌握的主要污染气象因子及规律纳入环境空气质量潜势预报模式。

4）在城市区的建设规划原则与布局中，综合考虑市区气候特征、气象条件以及整体生态环境保护的需要。合理布局高层建筑群，减少市区内风切变与辐合，增加污染物的输送通道；增加市区绿地面积、水面面积，减少城市热岛效应产生的频率与强度，减少市区热辐合现象。在市区和市郊营造相当规模的林带，既可减少郊区农耕地向市区输送沙尘的可能性，也可起到调节城市气温的作用。

第5章　成都市大气颗粒物的物理、化学特征分析

5.1　颗粒物质量浓度的分布特征

5.1.1　可吸入颗粒物的时空分布特征

5.1.1.1　夏季监测结果

颗粒物的质量浓度，是评价城市大气污染程度的重要指标。表5-1列出了2001年6月10日—29日（夏季）各监测站PM_{10}的质量浓度。对表中数据统计结果表明，在监测期间各监测站PM_{10}日均质量浓度为0.02～0.28 mg/m^3，金牛宾馆、草堂干休所、成华北巷、植物园、塔子山和天府广场PM_{10}日均浓度超标率（GB 3095—1996 二级标准）依次为40%、40%、20%、15%、29%和10%。

表5-1　夏季监测期间各监测站PM_{10}的质量浓度　　　　单位：mg/m^3

日期	金牛宾馆	草堂干休所	成华北巷	植物园	塔子山	天府广场
6月10日	0.251	0.281	0.221	0.126	0.200	0.140
6月11日	0.144	0.132	0.133	0.028	0.129	0.080
6月12日	0.111	0.140	0.111	0.043	0.117	0.080
6月13日	0.197	0.197	0.121	0.072	0.204	0.090
6月14日	0.211	0.256	0.222	0.130	0.228	0.140
6月15日	0.147	0.181	0.172	0.172	0.225	0.120
6月16日	0.104	0.121	0.057	0.083	0.092	0.097
6月17日	0.142	0.145	0.101	0.138	0.121	0.110
6月18日	0.097	0.056	0.080	0.097	0.119	0.075
6月19日	0.060	0.109	0.094	0.105	0.084	0.079
6月20日	0.030	0.106	0.077	0.098	0.048	0.082
6月21日	0.103	0.107	0.074	0.093	0.100	0.066
6月22日	0.111	0.111	0.071	0.096	—	0.102

日期	金牛宾馆	草堂干休所	成华北巷	植物园	塔子山	天府广场
6 月 23 日	0.196	0.233	0.199	0.185	—	0.178
6 月 24 日	0.152	0.148	0.101	0.137	—	0.109
6 月 25 日	0.114	0.110	0.089	0.037	0.108	0.102
6 月 26 日	0.061	0.120	0.120	0.027	0.120	0.121
6 月 27 日	0.108	0.166	0.156	0.194	0.192	0.196
6 月 28 日	0.163	0.096	0.120	0.118	0.125	0.137
6 月 29 日	0.148	0.131	0.020	0.080	0.054	0.080
超二级标准率/%	40.0	40.0	20.0	15.0	29.4	10.0
平均浓度	0.133	0.136	0.110	0.107	0.117	0.121

图 5-1 描述了监测期间各监测站 PM_{10} 日均质量浓度的逐日变化特征。如图所示，PM_{10} 日均质量浓度有明显的变化，虽然各监测站的每日质量浓度有差异，但是其逐日变化趋势相似，说明 PM_{10} 的质量浓度是局地环境状况和区域气象条件共同作用的结果。

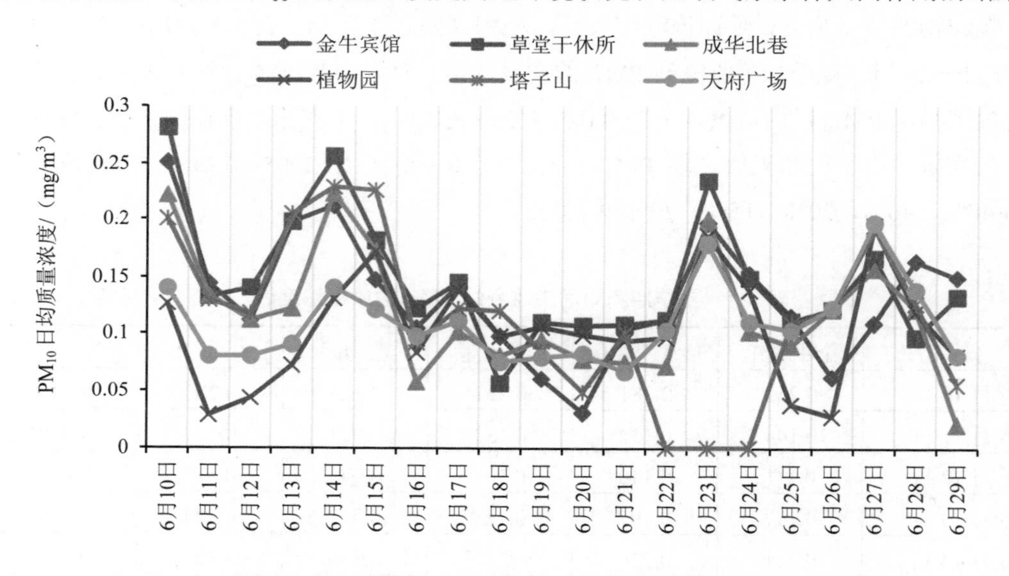

图 5-1 夏季 PM_{10} 日均质量浓度的逐日变化特征

图 5-2 描述了监测期间 PM_{10} 平均质量浓度的地理分布特征。各监测站 PM_{10} 的质量浓度有明显的差异，各监测站按 PM_{10} 平均质量浓度由高到低的顺序依次排列为：草堂干休所＞金牛宾馆＞塔子山＞成华北巷＞天府广场＞植物园。这一结果表明，在区域尺度大气条件一致的情况下，各地 PM_{10} 质量浓度的差异，应与局地源的差异密切相关。

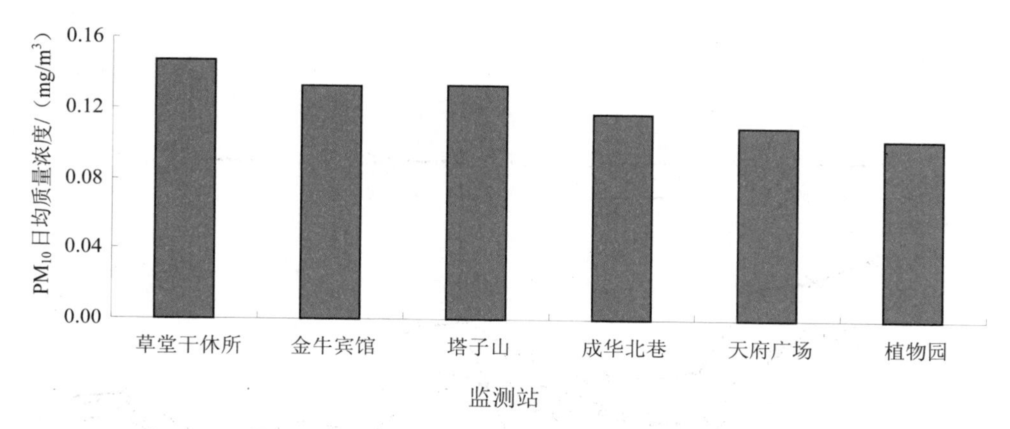

图 5-2　夏季 PM_{10} 日均质量浓度的空间分布特征

5.1.1.2　冬季监测结果

表 5-2 列出了 2002 年 1 月 8 日—22 日各监测站 PM_{10} 的质量浓度。冬季 PM_{10} 日均质量浓度为 0.038～0.603 mg/m³，极大极小质量浓度分别在成华北巷和金牛宾馆。监测期间金牛宾馆、草堂干休所、成华北巷、塔子山、植物园和天府广场 PM_{10} 日均质量浓度超标率（GB 3095—1996 二级标准）依次为 69.2%、73.3%、25.0%、93.3%、100%和 73.3%。

表 5-2　冬季监测期间各监测站 PM_{10} 质量浓度　　单位：mg/m³

日期	金牛宾馆	草堂干休所	成华北巷	塔子山	植物园	天府广场
1 月 8 日	0.454	0.196	0.142	0.603	0.442	0.382
1 月 9 日	0.416	0.171	0.148	0.549	0.400	0.438
1 月 10 日	0.375	0.289	0.129	0.533	0.405	0.334
1 月 11 日	0.181	0.149	0.077	0.332	0.277	0.207
1 月 12 日	0.243	0.203	0.235	0.313	0.301	0.215
1 月 13 日	0.238	0.243	0.389	0.310	0.373	0.271
1 月 14 日	0.289	0.235	0.081	0.362	0.307	0.304
1 月 15 日	—	0.316	0.404	0.451	0.400	0.301
1 月 16 日	—	0.339	—	0.436	0.442	0.260
1 月 17 日	0.123	0.229	—	0.187	0.190	0.136
1 月 18 日	0.086	0.119	—	0.211	0.160	0.086
1 月 19 日	0.038	0.113	—	0.140	0.151	0.117
1 月 20 日	0.074	0.138	—	0.198	0.159	0.128
1 月 21 日	0.268	0.224	—	0.275	0.225	0.221
1 月 22 日	0.232	0.200	—	0.261	0.226	0.202
超二级标准率/%	69.2	73.3	25.0	93.3	100.0	73.3
平均质量浓度	0.232	0.211	0.201	0.344	0.297	0.240

图 5-3 描述了监测期间各监测站 PM_{10} 日均质量浓度的逐日变化特征。从图可以看出，PM_{10} 日均质量浓度有明显的变化，各监测站的日平均质量浓度有明显差异，监测期间平均质量浓度的最大差异是 1.7 倍。

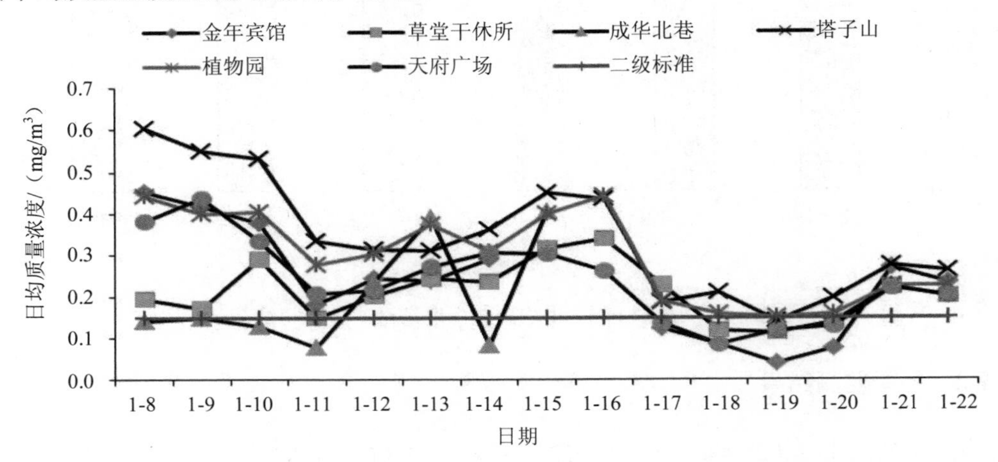

图 5-3 冬季监测期间 PM_{10} 日均质量浓度的逐日变化特征

图 5-4 描述了监测期间 PM_{10} 质量浓度的地理分布特征。各监测站 PM_{10} 的质量浓度有明显的差异，按 PM_{10} 质量浓度由高到低的顺序依次排列为：塔子山＞植物园＞天府广场＞金牛宾馆＞草堂干休所＞成华北巷。

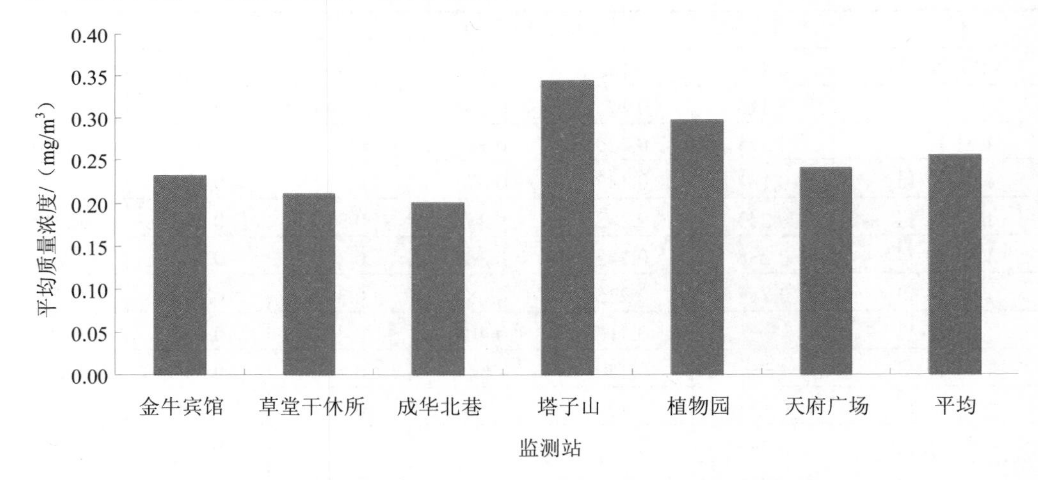

图 5-4 冬季监测期间 PM_{10} 平均质量浓度的空间分布特征

5.1.1.3 两次监测结果的比较

图 5-5 描述了两次监测期间 PM_{10} 平均质量浓度的差异特征。各监测站 PM_{10} 的质量

浓度夏、冬两季差异显著。具体特征是：PM_{10}平均质量浓度冬季明显高于夏季，冬季平均是夏季的 1.4～2.9 倍。其中，差别最小的是草堂干休所，差别最大的是塔子山。

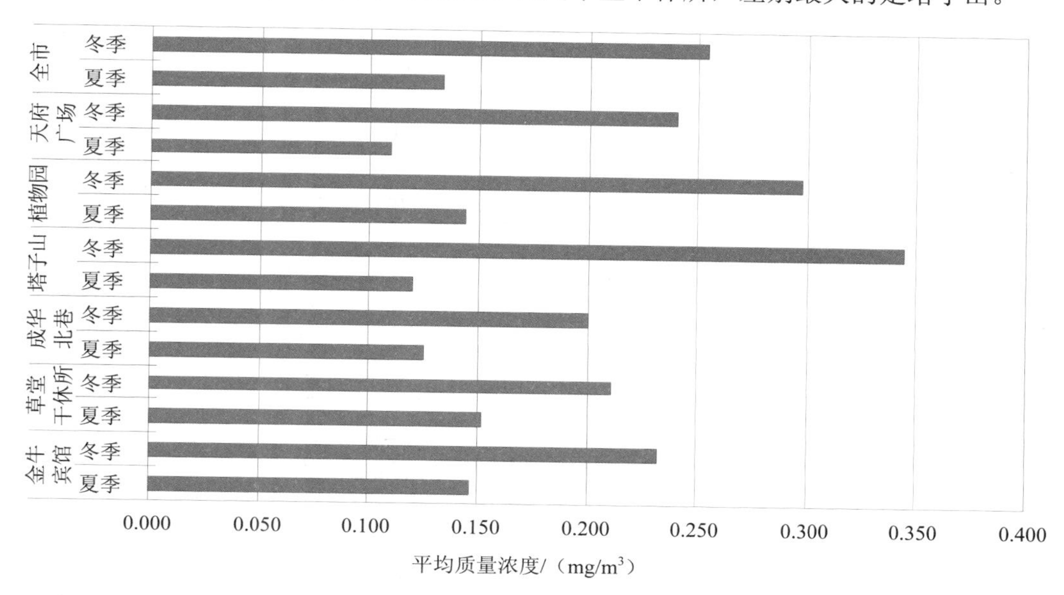

图 5-5　两次监测期间 PM_{10} 平均质量浓度的差异特征

5.1.2　不同尺度颗粒物质量浓度的相互关系

为了了解成都市三种尺度颗粒物（TSP、PM_{10}、$PM_{2.5}$）的质量浓度及其相对含量，夏、冬两季在天府广场分别进行了为期 25 d 和 15 d 的 3 种尺度颗粒物同步连续采样的监测实验，结果列于表 5-3 中。

表 5-3　天府广场不同尺度颗粒物的质量浓度

日期	TSP/（mg/m^3）	PM_{10}/（mg/m^3）	$PM_{2.5}$/（mg/m^3）	（$PM_{2.5}/PM_{10}$）/%	（PM_{10}/TSP）/%
6 月 10 日		0.140			
6 月 11 日		0.080			
6 月 12 日	0.170	0.080			47.06
6 月 13 日	0.160	0.090			56.25
6 月 14 日	0.270	0.140			51.85
6 月 15 日	0.210	0.120	0.080	66.67	57.14
6 月 16 日	0.217	0.097	0.040	41.27	44.66
6 月 17 日	0.206	0.110	0.074	67.57	53.47
6 月 18 日	0.180	0.075	0.031	41.28	41.63

日期	TSP/（mg/m^3）	PM_{10}/（mg/m^3）	$PM_{2.5}$/（mg/m^3）	（$PM_{2.5}$/PM_{10}）/%	（PM_{10}/TSP）/%
6月19日	0.161	0.079	0.036	45.45	49.21
6月20日	0.141	0.082	0.028	34.00	58.19
6月21日	0.157	0.066	0.016	23.53	42.01
6月22日	0.140	0.102			72.77
6月23日	0.278	0.178	0.062	34.81	63.82
6月24日	0.197	0.109	0.040	36.90	55.12
6月25日	0.161	0.102	0.057	56.48	63.21
6月26日	0.199	0.121	0.029	24.42	60.71
6月27日	0.251	0.196	0.119	60.80	77.97
6月28日	0.200	0.137	0.092	67.02	68.71
6月29日	0.149	0.080	0.038	47.54	53.56
6月30日	0.154	0.076	0.035	46.27	49.44
7月1日	0.307	0.219	0.121	55.20	71.55
7月2日	0.345	0.209	0.061	29.25	60.58
7月3日	0.214	0.141	0.065	46.48	65.64
7月4日	0.131	0.092	0.048	51.86	70.75
平均值	0.200	0.117	0.056	46.15	58.06
1月8日	0.443	0.382	0.289	75.63	86.10
1月9日	0.592	0.438	0.299	68.31	74.00
1月10日	0.499	0.334	0.270	80.86	66.83
1月11日	0.298	0.207	0.160	77.26	69.54
1月12日	0.293	0.215	0.064	29.78	73.44
1月13日	0.349	0.271	0.231	85.18	77.53
1月14日	0.339	0.304	0.255	83.98	89.70
1月15日	0.418	0.301	0.217	72.10	72.06
1月16日	0.347	0.260	0.054	20.93	74.87
1月17日	0.279	0.136	0.112	82.57	48.75
1月18日	0.177	0.086	0.074	85.95	48.39
1月19日	0.126	0.117	0.110	93.75	92.90
1月20日	0.210	0.128	0.033	25.95	60.81
1月21日	0.267	0.221	0.058	26.29	82.81
1月22日	0.309	0.202	0.110	54.34	65.56
平均值	0.330	0.240	0.156	64.19	72.22
冬季/夏季	1.65	2.05	2.79	1.39	1.24

5.1.2.1　TSP、PM_{10}、$PM_{2.5}$ 的质量浓度的逐日变化特征及其相对含量

图 5-6 和图 5-7 分别描述了两次监测期间天府广场 3 种尺度颗粒物质量浓度的逐日变化特征。夏季监测期间 TSP 质量浓度为 0.131～0.345 mg/m³，均值为 0.200 mg/m³，超标率（GB 3095—1996 二级标准）为 9%；PM_{10} 质量浓度为 0.066～0.219 mg/m³，均值为 0.117 mg/m³，超标率（GB 3095—1996 二级标准）为 12%；$PM_{2.5}$ 质量浓度为 0.016～0.121 mg/m³，均值为 0.056 mg/m³。冬季监测期间 TSP 质量浓度为 0.126～0.592 mg/m³，均值为 0.300 mg/m³，超标率（GB 3095—1996 二级标准）为 60%；PM_{10} 质量浓度为 0.086～0.438 mg/m³，均值为 0.240 mg/m³，超标率（GB 3095—1996 二级标准）为 73%；$PM_{2.5}$ 质量浓度为 0.033～0.299 mg/m³，均值为 0.156 mg/m³。

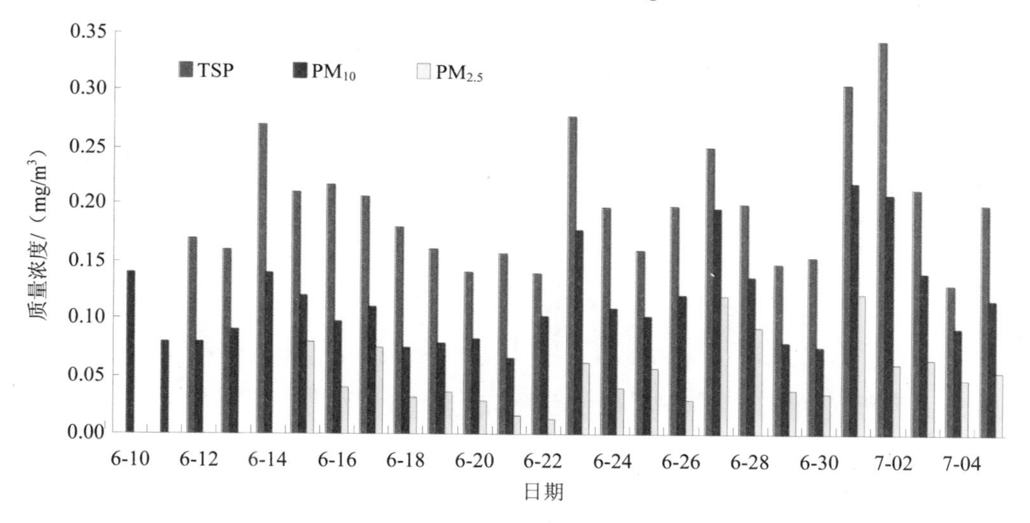

图 5-6　夏季天府广场 3 种尺度颗粒物质量浓度的逐日变化特征

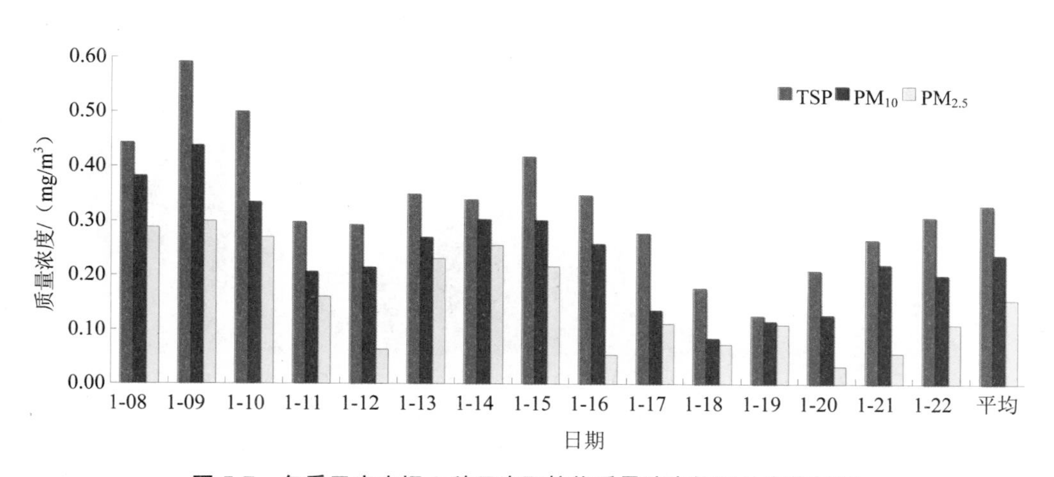

图 5-7　冬季天府广场 3 种尺度颗粒物质量浓度的逐日变化特征

5.1.2.2 TSP、PM_{10}、$PM_{2.5}$浓度的相对含量

表 5-3 中还列出了 $PM_{2.5}$ 与 PM_{10}，PM_{10} 与 TSP 浓度的相对含量，表中数据表明：夏季监测期间，$PM_{2.5}$ 占 PM_{10} 总浓度的 46.15%；PM_{10} 占 TSP 总浓度的 58.06%；冬季监测期间，$PM_{2.5}$ 占 PM_{10} 总浓度的 64.19%；PM_{10} 占 TSP 总浓度的 72.22%。

5.1.2.3 天府广场不同尺度区间颗粒物浓度的相对关系

图 5-8 和图 5-9 分别描述了两次监测期间不同尺度区间颗粒物相对含量的逐日变化特征。

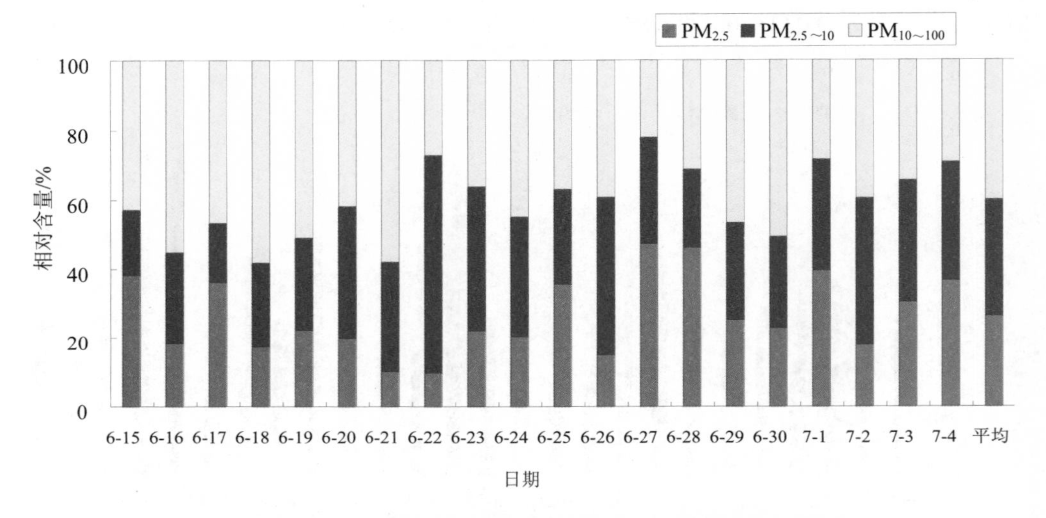

图 5-8 夏季监测期间不同尺度区间颗粒物相对含量的逐日变化特征

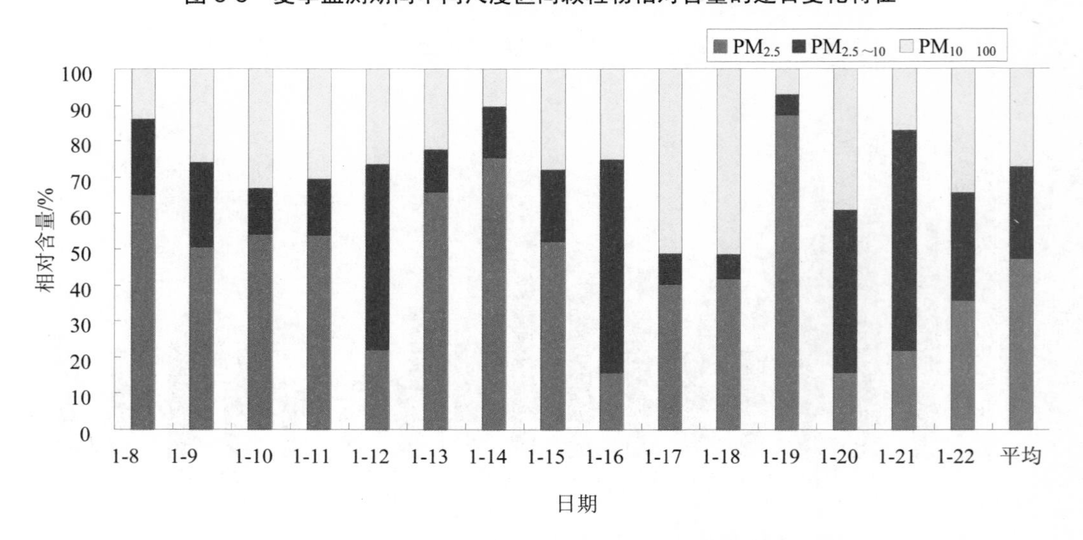

图 5-9 冬季监测期间不同尺度区间颗粒物相对含量的逐日变化特征

图 5-10 和图 5-11 描述了三种不同尺度区间颗粒物浓度的相对关系。夏季监测期间粒径小于 2.5 μm、粒径为 2.5～10 μm、粒径大于 10 μm 的颗粒物浓度分别占颗粒物总浓度的 27.50%、33.38%、39.12%；冬季则分别为 47.23%、25.58%、27.19%。

上述结果表明：冬夏两季不同尺度颗粒物浓度的相对含量发生了明显的变化，冬季细颗粒物的比例明显增加。

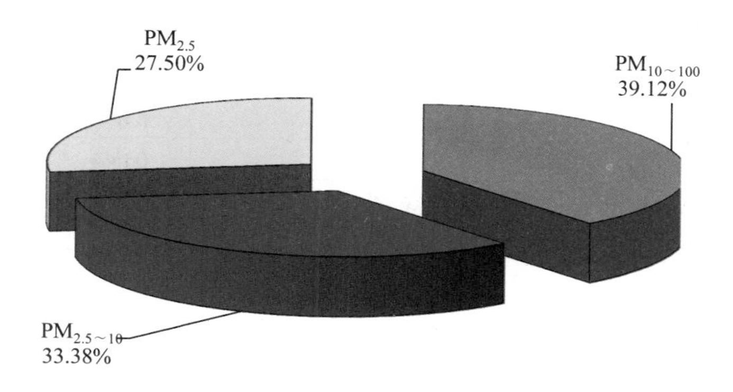

图 5-10　夏季监测期间天府广场 3 种不同尺度区间颗粒物质量浓度的相对关系

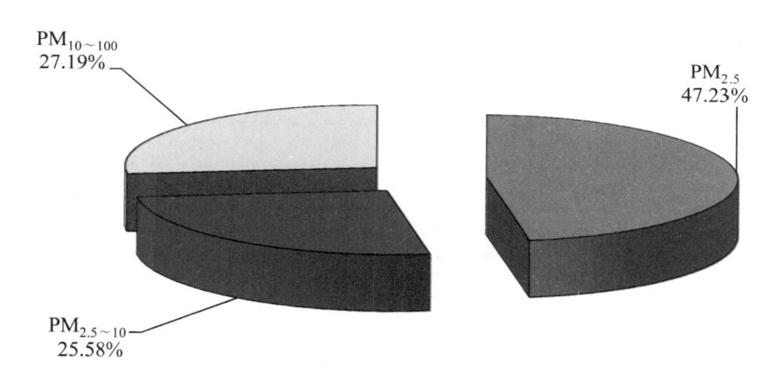

图 5-11　冬季监测期间天府广场 3 不同尺度区间颗粒物质量浓度的相对关系

5.2　监测期间颗粒物的化学组成特征

5.2.1　监测期间颗粒物中无机元素的分布特征

5.2.1.1　不同粒径颗粒物中无机元素浓度的分布特征

天府广场两次采集的 TSP、PM_{10}、$PM_{2.5}$ 3 种颗粒物中无机元素的分析结果分别列于表 5-4 和表 5-5 中。

表 5-4　天府广场夏季颗粒物中无机元素的质量浓度　　单位：μg/m³

元素	TSP	PM_{10}	$PM_{2.5}$	元素	TSP	PM_{10}	$PM_{2.5}$
K	1.639	1.120	0.650	Mn	0.160	0.105	0.049
Na	1.199	1.053	0.816	Ni	0.009	0.003	0.002
Ag	0.002	0.002	0.009	P	0.239	0.167	0.091
Al	2.795	1.385	0.399	Pb	0.210	0.172	0.121
As	0.022	0.015	0.008	S	6.616	5.631	3.791
Ba	0.065	0.033	0.010	Se	0.044	0.034	0.027
Ca	8.224	4.431	1.683	Si	9.818	7.096	2.400
Co	0.071	0.037	0.015	Sn	0.083	0.077	0.053
Cr	0.040	0.037	0.033	Ti	0.107	0.056	0.011
Cu	0.100	0.090	0.085	V	0.006	0.002	0.002
Fe	3.740	1.992	0.902	Zn	0.680	0.670	0.371
Mg	0.968	0.563	0.269				

表 5-5　天府广场冬季颗粒物中无机元素的质量浓度　　单位：μg/m³

元素	TSP	PM_{10}	$PM_{2.5}$	元素	TSP	PM_{10}	$PM_{2.5}$
K	7.032	4.604	2.708	Mn	0.289	0.226	0.103
Na	5.866	4.701	2.207	Ni	0.042	0.065	0.015
Ag	0.000	0.001	0.000	P	0.531	0.389	0.246
Al	8.833	8.516	3.664	Pb	0.143	0.149	0.094
As	0.005	0.004	0.002	S	10.264	8.831	5.519
Ba	0.138	0.067	0.007	Se	—	—	—
Ca	23.538	17.973	5.747	Si	29.175	28.232	13.198
Co	0.055	0.040	0.020	Sn	0.000 6	0.001	0.000 3
Cr	1.135	1.115	0.617	Ti	0.716	0.634	0.485
Cu	0.487	0.621	0.337	V	—	—	—
Fe	7.558	2.267	1.412	Zn	2.262	2.300	1.308
Mg	1.465	1.240	0.742				

图 5-12 至图 5-17 分别描述了两次监测期间 TSP、PM_{10}、$PM_{2.5}$ 中质量浓度大于或接近 0.1 μg/m³ 的各种元素占颗粒物中 23 种元素总质量浓度的比例。

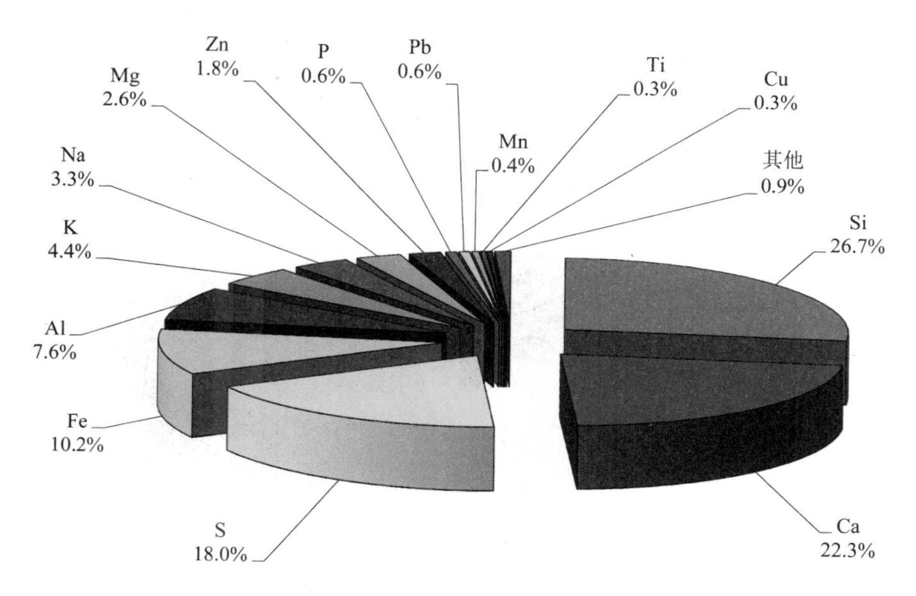

图 5-12　天府广场夏季 TSP 中无机元素的组成特征

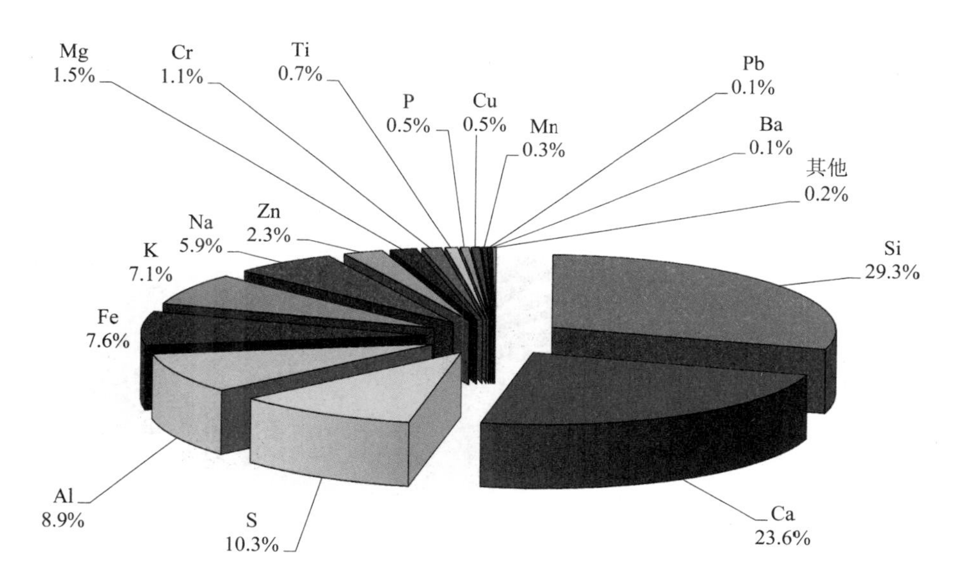

图 5-13　天府广场冬季 TSP 中无机元素的组成特征

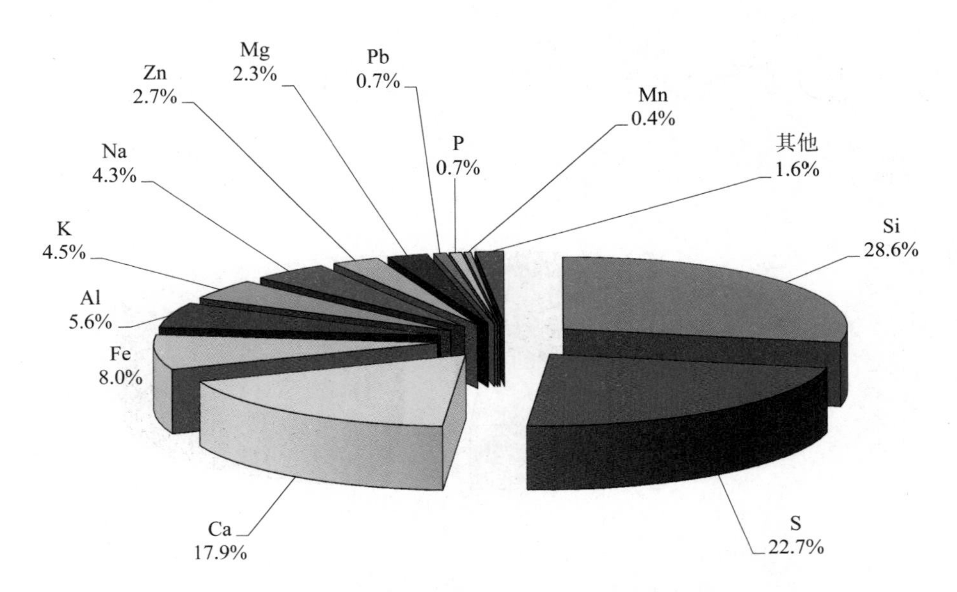

图 5-14 天府广场夏季 PM_{10} 中无机元素的组成特征

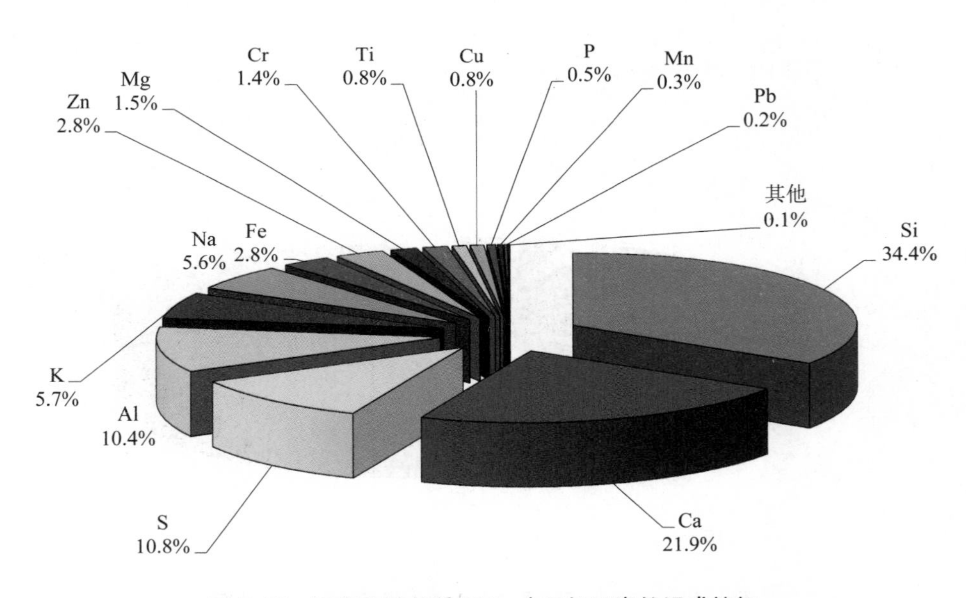

图 5-15 天府广场冬季 PM_{10} 中无机元素的组成特征

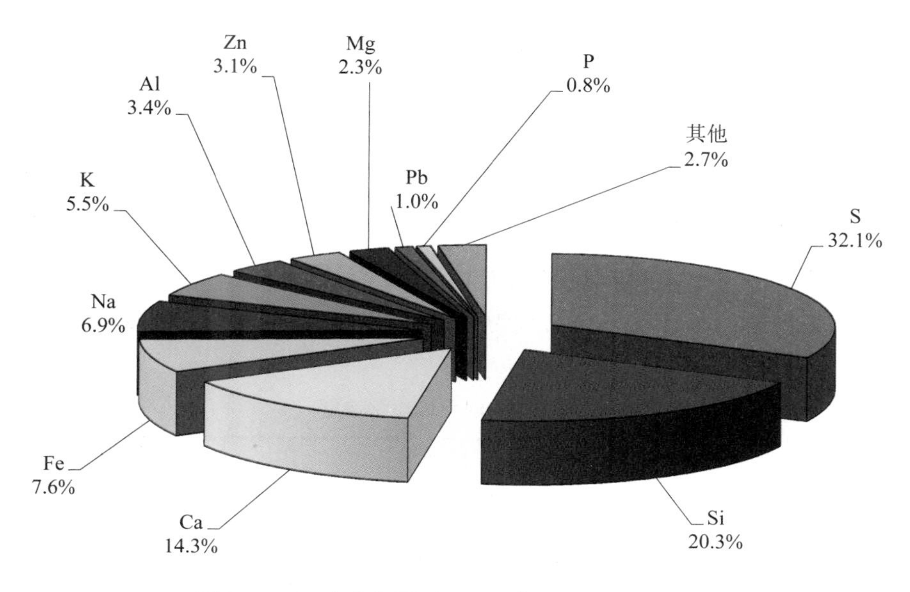

图 5-16　天府广场夏季 $PM_{2.5}$ 中无机元素的组成特征

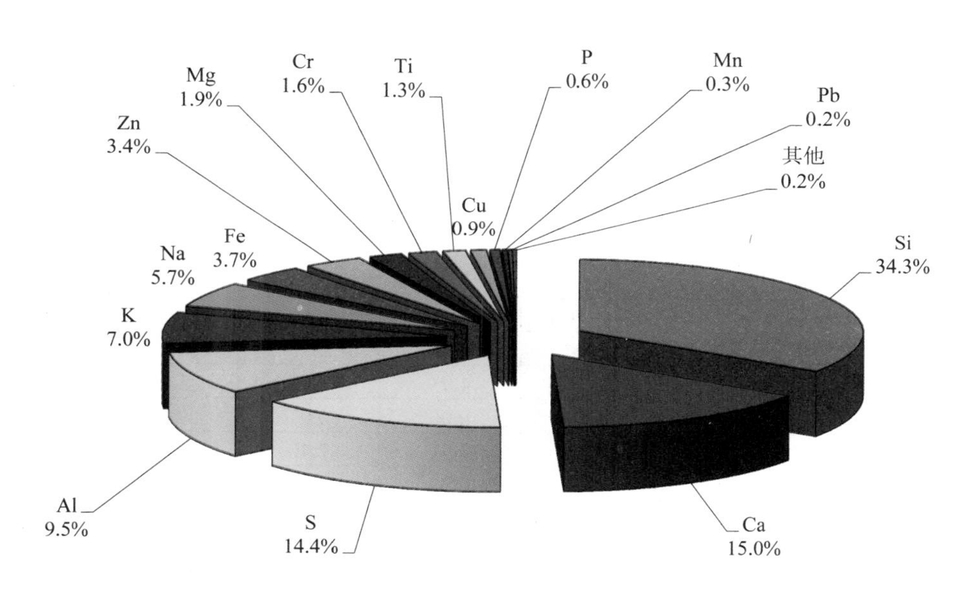

图 5-17　天府广场冬季 $PM_{2.5}$ 中无机元素的组成特征

从图 5-12 和图 5-13 中看出，在 TSP 中相对浓度在前 9 位的依次为 Si、Ca、S、Fe、Al、K、Na、Mg、Zn；如图 5-14 和图 5-15 所示，PM_{10} 中相对浓度在前 9 位的依次为 Si、S、Ca、Fe、Al、K、Na、Zn、Mg；如图 5-16 和图 5-17 所示，$PM_{2.5}$ 中相对浓度在前 9 位的依次为 S、Si、Ca、Fe、Na、K、Al、Zn、Mg。

5.2.1.2 可吸入颗粒物（PM_{10}）中无机元素质量浓度的时空分布特征

（1）PM_{10}中无机元素浓度的平均分布特征

表 5-6 和表 5-7 分别列出了两次监测期间各监测站 PM_{10} 中无机元素的平均质量浓度，并将统计的 6 个监测站的平均结果也一并列入表 5-7 中。图 5-18 和图 5-19 分别描述了 6 个监测站夏季和冬季两次监测期间 PM_{10} 中无机元素的平均组成特征。图中结果表明，成都市 PM_{10} 的主要组成元素按贡献大小依次排列为：Si＞S＞Ca＞Fe＞Al＞K＞Na＞Zn＞Mg＞P。

表 5-6 夏季 PM_{10} 中无机元素的平均质量浓度　　单位：μg/m³

元素	金牛宾馆	草堂干休所	成华北巷	植物园	塔子山	天府广场	平均
K	1.55	1.31	1.16	1.65	1.25	1.14	1.34
Na	1.11	1.06	0.91	0.90	0.95	1.07	1.00
Ag	0.00	0.01	0.01	0.01	0.02	0.00	0.01
Al	2.23	2.44	1.88	1.83	2.25	1.58	2.04
As	0.02	0.01	0.01	0.02	0.02	0.01	0.02
Ba	0.03	0.04	0.03	0.03	0.04	0.03	0.03
Ca	5.19	5.31	4.27	4.58	5.07	4.47	4.82
Co	0.06	0.09	0.07	0.08	0.09	0.05	0.07
Cr	0.03	0.04	0.03	0.03	0.04	0.04	0.04
Cu	0.12	0.09	0.06	0.07	0.06	0.08	0.08
Fe	2.08	2.38	1.86	2.13	2.19	1.96	2.10
Mg	0.65	0.68	0.55	0.53	0.60	0.58	0.60
Mn	0.12	0.13	0.12	0.12	0.14	0.10	0.12
Ni	0.01	0.00	0.00	0.00	0.03	0.00	0.01
P	0.20	0.22	0.19	0.18	0.19	0.18	0.20
Pb	0.20	0.22	0.18	0.19	0.19	0.17	0.19
S	5.39	5.27	4.62	4.98	5.16	5.58	5.17
Se	0.05	0.06	0.06	0.06	0.07	0.05	0.06
Si	7.23	7.69	6.90	7.31	7.40	5.70	7.04
Sn	0.06	0.08	0.06	0.06	0.07	0.07	0.07
Ti	0.06	0.06	0.09	0.04	0.05	0.05	0.06
V	0.01	0.01	0.01	0.01	0.01	0.01	0.01
Zn	0.78	0.63	0.45	0.59	0.71	0.62	0.63

表 5-7 冬季 PM_{10} 中无机元素的平均质量浓度　　单位：μg/m³

元素	金牛宾馆	草堂干休所	成华北巷	塔子山	植物园	天府广场	平均
K	5.854	5.055	4.297	7.106	6.473	4.604	5.565
Na	2.738	3.218	3.390	4.992	4.401	4.701	3.907
Ag	0.001	0.001	0.000	0.000	0.000	0.001	0.000
Al	2.246	3.383	5.036	7.117	7.110	8.516	5.568
As	0.011	0.008	0.001	0.004	0.001	0.004	0.005

元素	金牛宾馆	草堂干休所	成华北巷	塔子山	植物园	天府广场	平均
Ba	0.408	0.381	0.336	0.093	0.026	0.067	0.219
Ca	13.30	12.89	9.54	12.39	17.67	17.97	13.96
Co	0.032	0.029	0.011	0.054	0.020	0.040	0.031
Cr	0.035	0.252	0.100	0.040	0.032	1.115	0.262
Cu	0.856	0.538	0.552	0.683	0.549	0.621	0.633
Fe	3.686	2.553	2.417	2.936	3.285	2.567	2.907
Mg	1.169	0.894	0.800	0.856	1.078	1.240	1.006
Mn	0.154	0.163	0.203	0.341	0.241	0.226	0.221
Ni	0.073	0.077	0.033	0.077	0.054	0.065	0.063
P	1.193	0.869	0.432	0.403	0.346	0.389	0.605
Pb	0.162	0.155	0.081	0.145	0.151	0.149	0.141
S	5.265	3.044	5.047	12.736	9.131	8.829	7.342
Se	—	—	—	—	—	—	—
Si	14.730	22.168	36.078	68.758	55.874	28.232	37.640
Sn	0.000	0.001	0.001	0.001	0.001	0.001	0.001
Ti	0.054	0.449	0.626	1.000	0.858	0.634	0.604
V	—	—	—	—	—	—	—
Zn	2.584	1.883	0.934	3.152	2.741	2.300	2.266

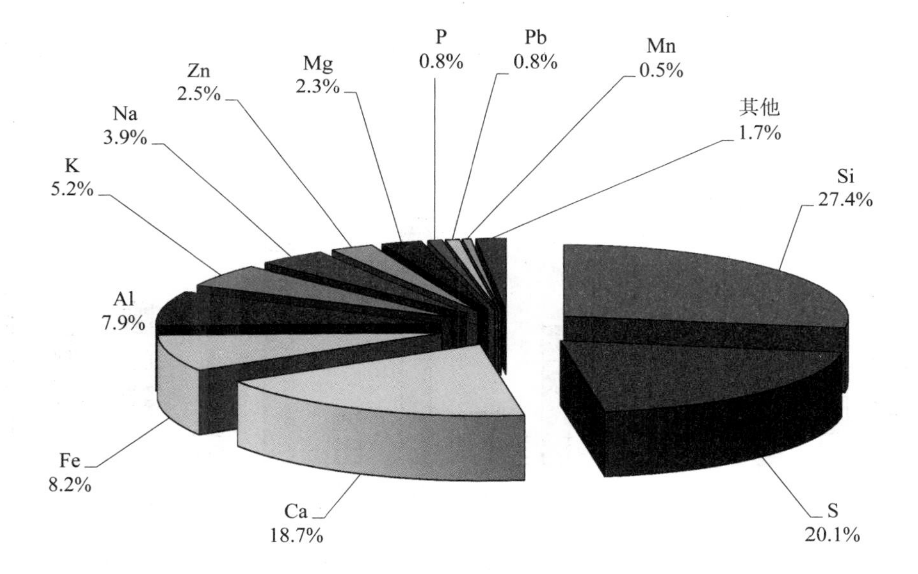

图 5-18　夏季 PM_{10} 中无机元素的平均组成特征

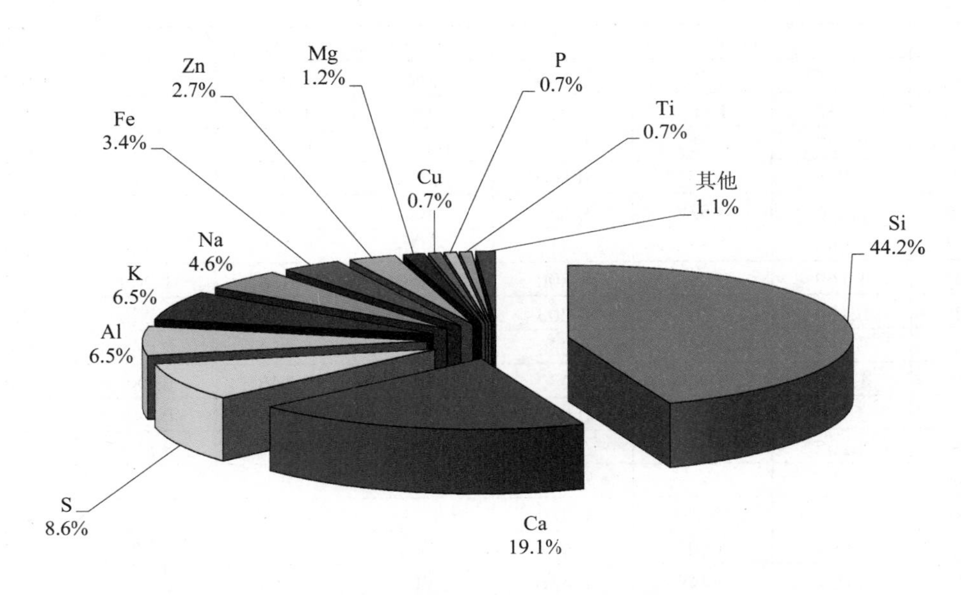

图 5-19 冬季 PM_{10} 中无机元素的平均组成特征

（2）PM_{10} 主要组成元素的空间分布特征

图 5-20 描述了各监测站 PM_{10} 主要组成元素的分布特征。夏、冬两季 PM_{10} 中各种主要组成元素的质量浓度的相对大小依地理位置不同而有所差别，表明 PM_{10} 的局地源不同。

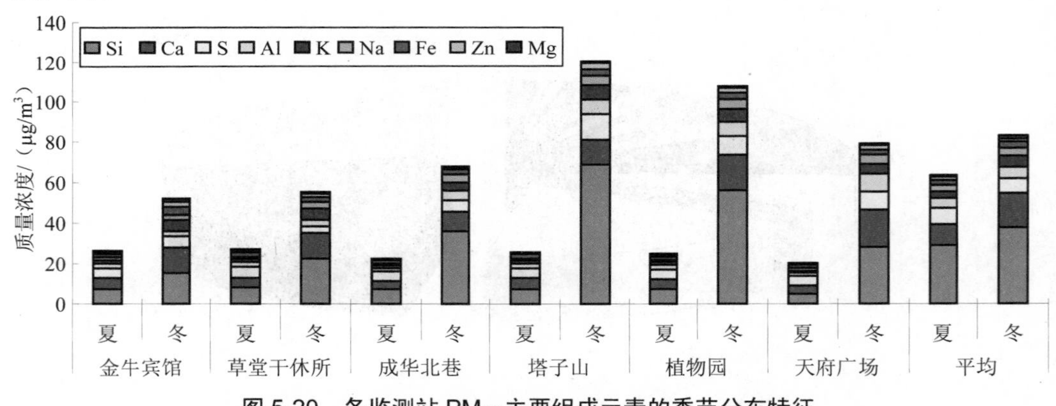

图 5-20 各监测站 PM_{10} 主要组成元素的季节分布特征

5.2.2 监测期间颗粒物中水溶性离子的分布特征

5.2.2.1 不同粒径颗粒物中水溶性离子质量浓度的分布特征

表 5-8 和表 5-9 分别列出了天府广场采集的三种颗粒物中 9 种水溶性离子的平均质

量浓度和质量分数（离子占颗粒物质量浓度的百分含量）。将三个不同尺度区间（颗粒物动力学直径小于 2.5 μm、2.5～10 μm、10～100 μm）颗粒物中离子质量浓度的统计结果也一并列入表 5-8 中。

表 5-8　不同尺度颗粒物中水溶性离子的质量浓度　　单位：μg/m³

	季节	SO_4^{2-}	NO_3^-	Ca^{2+}	NH_4^+	K^+	Na^+	Cl^-	Mg^{2+}	F^-
TSP	夏	14.34	7.55	6.64	3.66	2.78	2.29	1.25	1.01	0.35
	冬	25.57	14.94	12.04	8.63	5.04	4.15	3.09	1.83	0.63
PM_{10}	夏	11.38	5.72	3.30	3.53	2.22	1.77	0.95	0.39	0.21
	冬	24.05	14.51	8.18	8.07	4.43	4.15	1.94	0.99	0.52
$PM_{2.5}$	夏	8.68	3.68	3.03	3.27	2.08	1.67	0.72	0.34	0.11
	冬	22.16	8.34	7.49	7.28	4.11	4.13	1.87	0.84	0.27
$PM_{2.5\text{-}10}$	夏	2.70	2.04	0.27	0.26	0.14	0.10	0.23	0.05	0.10
	冬	1.88	6.17	0.69	0.79	0.32	0.02	0.07	0.15	0.25
$PM_{10\text{-}100}$	夏	2.97	1.83	3.34	0.13	0.56	0.53	0.30	0.61	0.14
	冬	1.53	0.43	3.85	0.56	0.61	0.00	1.15	0.84	0.12

表 5-9　不同粒径颗粒物中水溶性离子的质量分数　　单位：%

	季节	SO_4^{2-}	NO_3^-	Ca^{2+}	NH_4^+	K^+	Na^+	Cl^-	Mg^{2+}	F^-
TSP	夏	7.17	3.78	3.32	1.83	1.39	1.15	0.63	0.51	0.18
	冬	7.74	3.06	3.67	2.02	1.54	1.27	0.94	0.56	0.19
PM_{10}	夏	9.73	4.89	2.82	3.02	1.90	1.51	0.81	0.33	0.18
	冬	10.02	6.04	3.41	3.36	1.85	1.73	0.81	0.41	0.22
$PM_{2.5}$	夏	15.50	6.57	5.41	5.84	3.71	2.98	1.29	0.61	0.20
	冬	14.13	5.32	4.78	5.16	3.28	2.63	1.19	0.54	0.17

图 5-21 和图 5-22 分别描述了 TSP、PM_{10}、$PM_{2.5}$ 及不同尺度颗粒物中水溶性离子质量质量浓度和质量分数的分布特征。表中数据及质量浓度分布图显示的结果表明：

1）颗粒物中的阴离子以 SO_4^{2-}的质量浓度最高，其次为 NO_3^-。而且两者的质量浓度分布特征相似，即在细粒子中质量浓度略高一些，这一特征表明，SO_4^{2-}和 NO_3^-可能有相似的来源，如由二次转化产生。

2）阳离子中以 NH_4^+的质量浓度最高，且主要存在于细粒子中；其次按质量浓度由高到低依次排列的顺序是 Ca^{2+}、K^+、Na^+、Mg^{2+}。其中 Ca^{2+}和 Mg^{2+}主要存在于小于 2.5 μm 和 10～100 μm 两种区间尺度的颗粒物中，且在粗颗粒物中的质量浓度略高些；而 K^+和 Na^+主要存在于细粒子中。

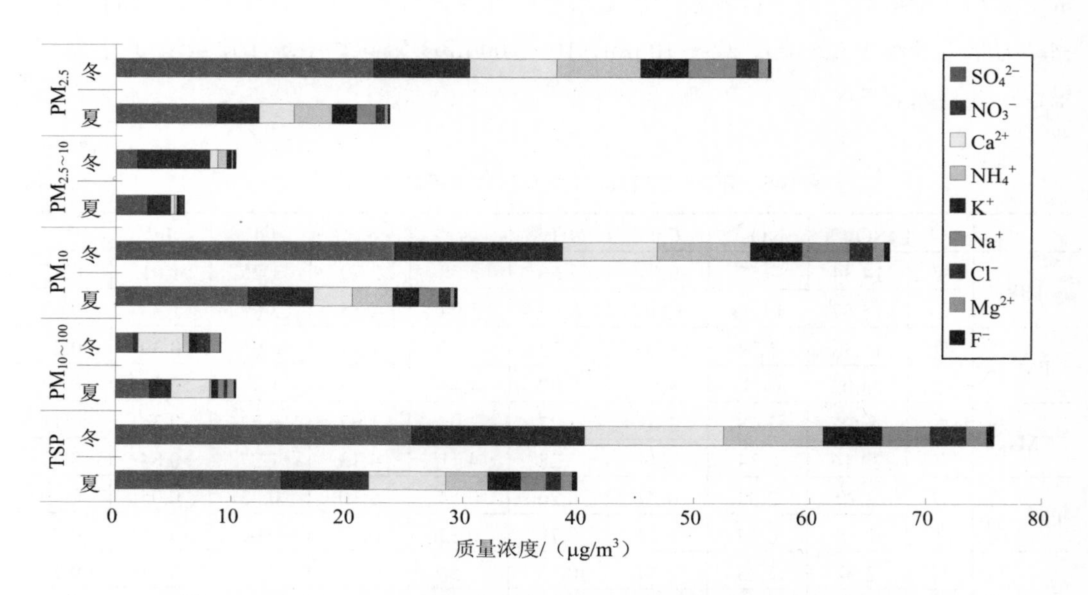

图 5-21　不同尺度（区间）颗粒物中水溶性离子质量浓度的分布特征

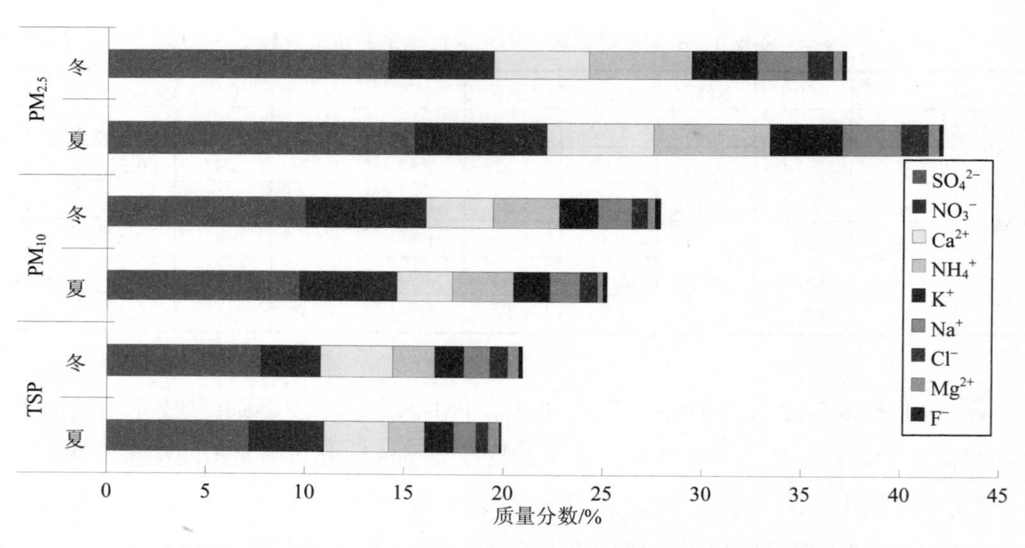

图 5-22　TSP、PM_{10}、$PM_{2.5}$ 中水溶性离子质量分数的分布特征

5.2.2.2　可吸入颗粒物（PM_{10}）中水溶性离子质量浓度的时空分布特征

（1）PM_{10} 中水溶性离子质量浓度的分布特征

表 5-10 列出了监测期间各监测站采集的 PM_{10} 中水溶性离子的平均质量浓度，并将

统计的 6 个监测站的平均结果也一并列入该表中。

表 5-10　PM_{10} 中水溶性离子的平均质量浓度　　单位：μg/m³

采样地点	季节	SO_4^{2-}	NO_3^-	Ca^{2+}	NH_4^+	K^+	Na^+	Cl^-	Mg^{2+}	F^-
金牛宾馆	夏	11.90	5.35	3.36	3.53	2.19	1.13	1.04	0.33	0.24
	冬	23.79	10.13	7.71	8.08	5.01	2.58	3.12	0.76	0.55
草堂干休所	夏	12.31	6.53	3.81	3.48	2.17	1.19	1.17	0.34	0.26
	冬	24.56	11.88	6.97	6.35	3.96	2.18	1.93	0.62	0.48
成华北巷	夏	12.70	5.82	3.42	3.63	2.21	1.41	0.92	0.35	0.30
	冬	24.27	12.16	6.87	7.29	3.78	2.82	1.85	0.71	0.61
塔子山	夏	11.92	6.60	4.53	3.35	2.56	1.42	1.16	0.55	0.30
	冬	37.65	16.69	13.68	10.12	6.55	4.31	3.88	0.69	0.91
植物园	夏	11.88	5.12	3.87	3.34	2.44	1.66	1.13	0.64	0.27
	冬	31.58	17.89	11.52	9.96	5.81	3.75	3.15	0.89	0.83
天府广场	夏	11.38	5.72	3.30	3.53	2.22	1.77	0.95	0.39	0.21
	冬	24.05	14.51	8.18	8.07	4.43	4.15	1.94	0.99	0.52
平均	夏	12.02	5.86	3.72	3.48	2.30	1.43	1.06	0.43	0.26
	冬	27.65	13.88	9.16	8.31	4.92	3.30	2.65	0.78	0.65

图 5-23 描述了各监测站 PM_{10} 中离子质量浓度的分布特征。如图所示，各监测站离子质量浓度的分布特征大体相似，按浓度由高到低的顺序依次排列的近似结果为 SO_4^{2-}、NO_3^-、Ca^{2+}、NH_4^+、K^+、Na^+、Cl^-、Mg^{2+}、F^-。各监测站离子总质量浓度按由高到低的顺序依次为塔子山、天府广场、草堂干休所、成华北巷、植物园、金牛宾馆，其中塔子山、天府广场和草堂干休所高于平均水平。

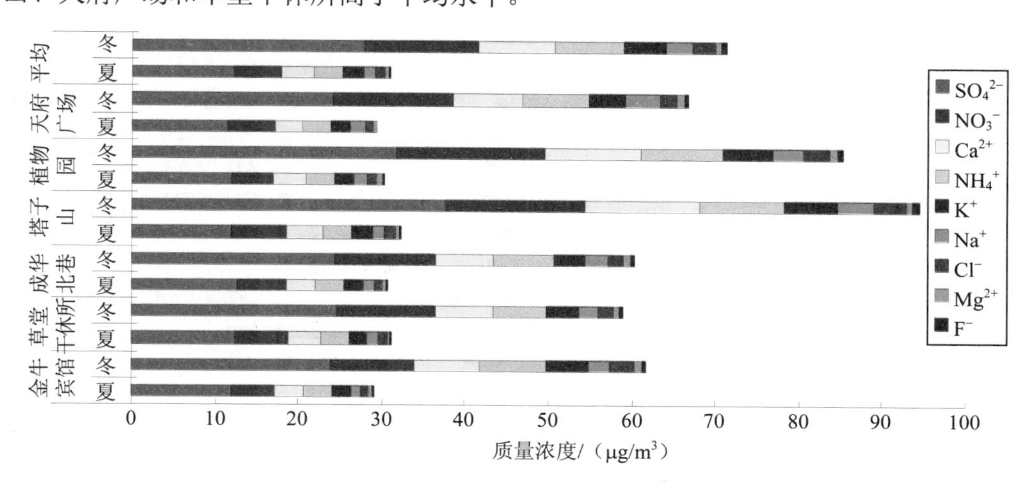

图 5-23　各监测站 PM_{10} 中离子质量浓度的季节分布特征

（2）PM_{10} 中水溶性离子相对质量浓度的分布特征

表 5-11 列出了监测期间各监测站及 PM_{10} 中水溶性离子的质量分数，并将统计的 6 个监测站的平均结果也一并列入表 5-11 中。

表 5-11 PM_{10} 中水溶性离子的质量分数　　单位：%

采样地点	季节	SO_4^{2-}	NO_3^-	Ca^{2+}	NH_4^+	K^+	Na^+	Cl^-	Mg^{2+}	F^-
金牛宾馆	夏	8.98	4.04	2.54	2.66	1.65	0.85	0.79	0.25	0.18
	冬	10.25	4.36	3.32	3.48	2.16	1.11	1.34	0.33	0.24
草堂干休所	夏	8.35	4.43	2.59	2.36	1.47	0.81	0.79	0.23	0.18
	冬	11.64	5.63	3.30	3.01	1.87	1.03	0.92	0.29	0.23
成华北巷	夏	10.85	4.97	2.92	3.10	1.89	1.20	0.78	0.30	0.26
	冬	12.01	6.02	3.40	3.61	1.87	1.40	0.92	0.35	0.30
塔子山	夏	8.68	4.80	3.30	2.44	1.86	1.04	0.84	0.40	0.22
	冬	10.94	4.85	3.98	2.94	1.91	1.25	1.13	0.20	0.27
植物园	夏	11.54	4.98	3.76	3.25	2.37	1.61	1.10	0.62	0.27
	冬	10.62	6.02	3.87	3.35	1.95	1.26	1.06	0.30	0.28
天府广场	夏	10.79	5.44	3.47	3.42	2.35	1.76	0.89	0.42	0.22
	冬	10.02	6.04	3.41	3.36	1.85	1.73	0.81	0.41	0.22
平均	夏	9.87	4.78	3.10	2.87	1.93	1.21	0.87	0.37	0.22
	冬	10.91	5.49	3.55	3.29	1.94	1.30	1.03	0.31	0.26

图 5-24 描述了 PM_{10} 中离子质量分数的分布特征。如图所示，各监测站按离子质量分数由高到低的顺序依次排列的近似结果为 SO_4^{2-}、NO_3^-、Ca^{2+}、NH_4^+、K^+、Na^+、Cl^-、Mg^{2+}、F^-。各监测站按离子的总质量分数由高到低的顺序依次排列为植物园、天府广场、成华北巷、塔子山、金牛宾馆、草堂干休所，其中植物园、天府广场和成华北巷高于平均水平。

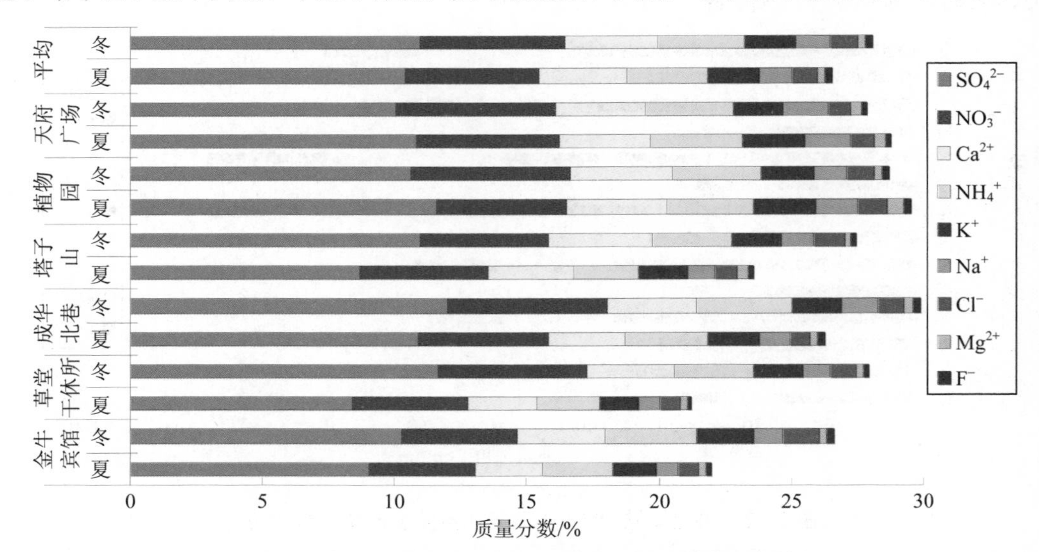

图 5-24 各监测站 PM_{10} 中离子质量分数的季节分布特征

5.2.3　监测期间颗粒物中 OC、EC 的分布特征

5.2.3.1　不同粒径颗粒物中 OC、EC 质量浓度的分布特征

表 5-12 中列出了两次监测期间天府广场三种不同颗粒物中有机碳（OC）、无机碳（EC）及总碳（TC）的质量浓度和质量分数。

表 5-12　天府广场不同粒径颗粒物中 OC、EC、TC 的质量浓度和质量分数

种类	季节	OC		EC		TC	
		质量浓度/（μg/m³）	质量分数/%	质量浓度/（μg/m³）	质量分数/%	质量浓度/（μg/m³）	质量分数/%
TSP	夏	27.51	13.75	8.68	4.34	36.19	18.10
	冬	67.84	20.64	13.23	4.03	81.07	24.67
PM_{10}	夏	23.59	20.16	7.21	6.16	30.79	26.32
	冬	56.25	23.43	13.14	5.47	69.39	28.90
$PM_{2.5}$	夏	14.50	25.90	3.52	6.28	18.02	32.18
	冬	45.35	28.92	8.27	5.27	53.62	34.19

图 5-25 描述了天府广场监测的不同粒径颗粒物中碳的质量浓度分布特征。如图所示，冬季各种粒径颗粒物中碳的质量浓度都明显高于夏季。

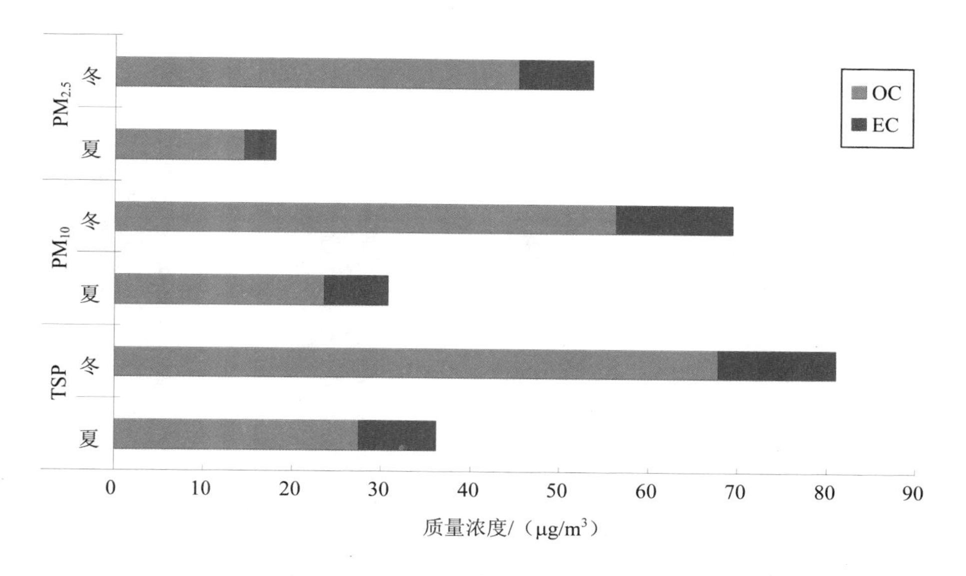

图 5-25　天府广场不同粒径颗粒物中碳的质量浓度的季节分布特征

图 5-26 描述了天府广场监测的不同粒径颗粒物中碳的质量分数分布特征。如图所示，冬季各种粒径颗粒物中有机碳（OC）的质量分数都高于夏季，而无机碳（EC）的质量分数在夏、冬两季的值比较恒定。

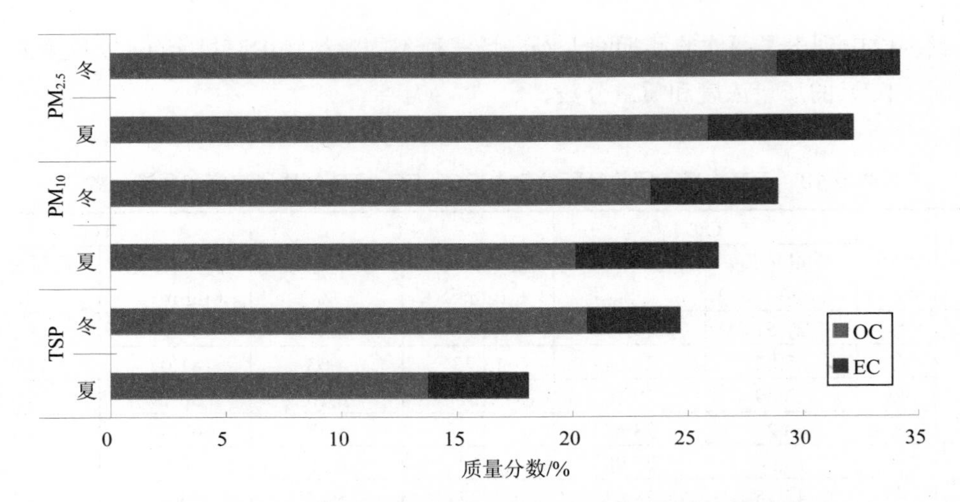

图 5-26 天府广场不同粒径颗粒物中碳的质量分数的季节分布特征

图 5-27 描述了天府广场监测的碳质量浓度在不同尺度区间颗粒物中的分配特征。如图所示，80%以上的碳元素包含在可吸入颗粒物中。值得一提的是，冬季 60%以上的碳元素包含在细粒子 $PM_{2.5}$ 中。

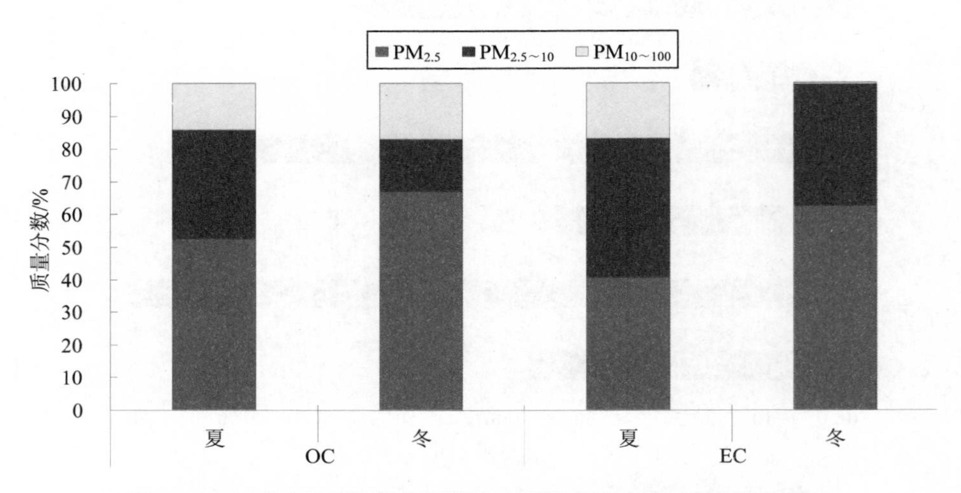

图 5-27 天府广场不同粒径颗粒物中碳的质量分数的季节分布特征

5.2.3.2 可吸入颗粒物（PM_{10}）中碳的质量浓度的时空分布特征

表 5-13 列出了监测期间各监测站采集的 PM_{10} 中 OC、EC 的平均质量浓度及质量分数。同时将统计的 6 个监测站的平均结果也一并列入表中。

表 5-13 PM_{10} 中 OC、EC 的平均质量浓度

采样地点	季节	OC/（μg/m³）	EC/（μg/m³）	TC/（μg/m³）	（OC/TOT）/%	（EC/TOT）/%	（TC/TOT）/%	（OC/EC）/%
金牛宾馆	夏	36.98	6.46	43.44	27.91	4.87	32.78	5.73
	冬	58.12	9.35	67.47	25.04	4.03	29.06	6.22
草堂干休所	夏	32.88	5.66	38.54	22.31	3.84	26.15	5.81
	冬	50.13	11.78	61.90	23.76	5.58	29.34	4.26
成华北巷	夏	32.19	5.65	37.83	27.50	4.83	32.32	5.70
	冬	53.99	3.87	57.87	26.71	1.92	28.63	13.94
塔子山	夏	35.31	6.64	41.95	28.29	5.32	33.61	5.32
	冬	85.34	10.17	95.51	24.80	2.96	27.76	8.39
植物园	夏	26.95	5.73	32.68	26.17	5.57	31.74	4.70
	冬	70.77	10.96	81.73	23.81	3.69	27.49	6.46
天府广场	夏	21.05	6.80	27.85	17.23	5.56	22.79	3.10
	冬	56.25	13.14	69.39	23.43	5.47	28.90	4.28
平均	夏	30.89	6.16	37.05	24.90	5.00	29.90	5.06
	冬	62.43	9.88	72.31	24.59	3.94	28.53	7.26

图 5-28 描述了各监测站 PM_{10} 中 OC、EC 质量浓度的分布特征。如图所示，各监测站总碳的质量浓度略有差异，按质量浓度由高到低的顺序依次排列为金牛宾馆、塔子山、草堂干休所、成华北巷、植物园、天府广场，其中金牛宾馆、塔子山、草堂干休所和成华北巷高于平均水平。

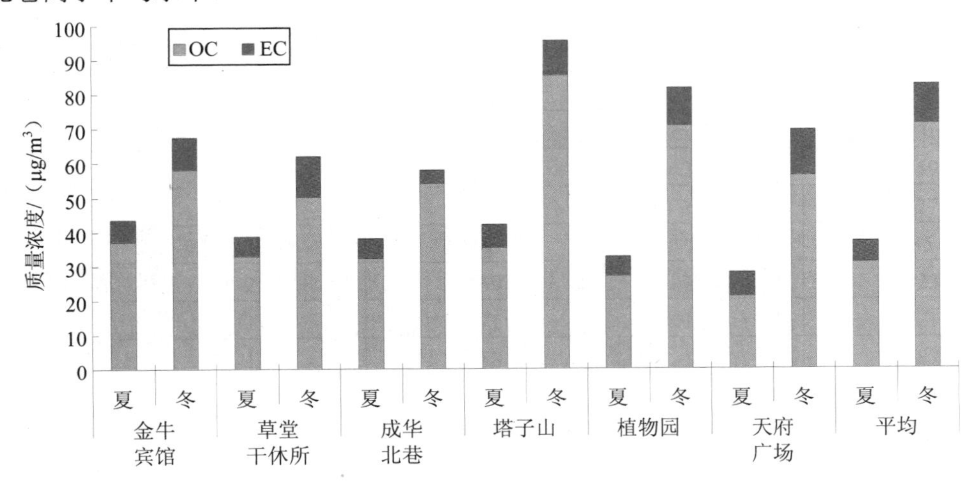

图 5-28 各监测站 PM_{10} 中 OC、EC 的质量浓度的季节分布特征

图 5-29 描述了各监测站 PM_{10} 中碳元素质量分数的分布特征。如图所示，各监测站总碳的相对浓度由高到低的顺序依次排列为塔子山、金牛宾馆、成华北巷、植物园、草堂干休所、天府广场，其中塔子山、金牛宾馆、成华北巷、植物园高于平均水平。

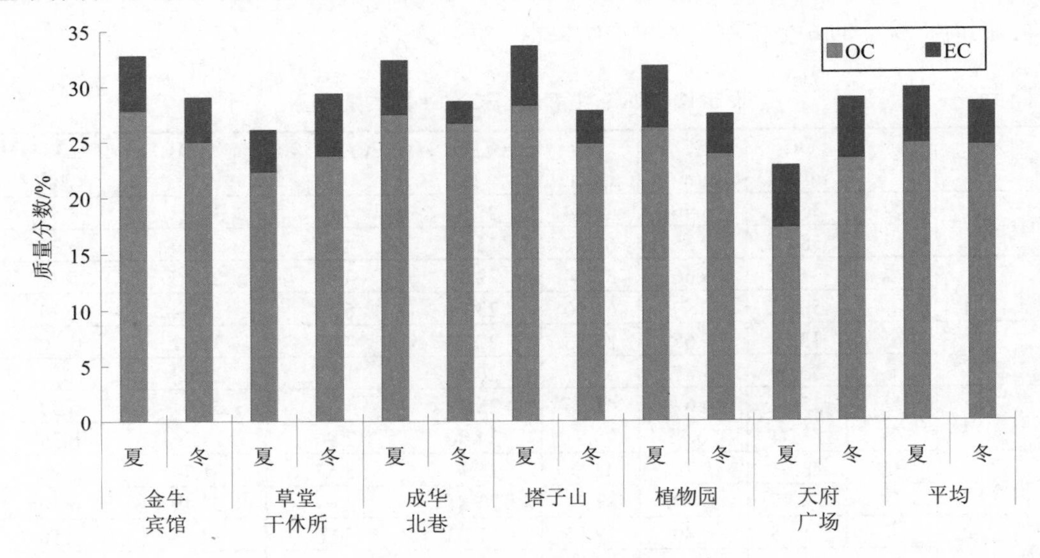

图 5-29 各监测站 PM_{10} 中碳元素的质量分数的季节分布特征

5.2.3.3 OC 与 EC 质量浓度的关系

颗粒物中的含碳物质可以分为有机碳（OC）和元素碳（EC），元素碳只存在于原生（一次）气溶胶中。一些直接排放的高聚合有机物与纯的元素碳有相似的热力行为，通常也被认为是 EC。有机碳既包括原生（一次）气溶胶中的有机碳化物又包括次生（二次）气溶胶中的有机碳化物，次生气溶胶中的有机碳主要是气态碳氢化合物经过光化学反应等途径产生的。研究表明，无论是 OC 还是 EC 都主要存在于亚微米粒径中，意味着它们能深入肺泡中，OC 中含有很多诸如 PAHs 的致癌物质和基因毒性诱变物，元素碳因为比较稳定，可以吸附很多气态污染物成为富集中心和反应床，因此它们会对人类的健康有很大的威胁。EC 还具有强吸光能力，对气溶胶的辐射强迫产生重要影响。此外有机碳通过散射，沉积到建筑物表面还会影响建树物的观赏价值，且能引起建筑物的腐蚀。因此对气溶胶中的碳物质污染状况及其来源进行研究具有重要意义。

表 5-14 列出了成都市与其他城市和地区 PM_{10} 中 OC/EC 的比值。表中数据显示，与其他城市和地区相比，成都地区的 EC 水平大致相当，但 OC 质量浓度明显偏高，从而使得成都地区的 OC/EC 的比值要远远高于其他城市和地区。OC/EC 值较高这一结果可能说明成都地区存在着比较严重的二次有机碳污染。

表 5-14　成都市与其他城市和地区 PM_{10} 中 OC/EC 的比值

地区	成都	成都	汉城	洛杉矶（1987 年）	洛杉矶（1987 年）	北京（2000 年）	珠江三角地区
	夏	冬		夏	秋	夏	春
OC/EC	5.02	7.26	1.32	3.64	2.75	4.1	4.8

5.3　小结

1）天府广场综合监测的分析结果表明：监测期间，TSP、PM_{10} 的质量浓度均有超 GB 3095—1996 二级标准的情况发生，冬季超标严重。冬季 TSP 的平均质量浓度 0.330 mg/m^3 是夏季 0.200 mg/m^3 的 1.6 倍，PM_{10} 的平均质量浓度 0.240 mg/m^3 是夏季 0.117 mg/m^3 的 2.1 倍，冬季细颗粒物污染更严重。

2）夏、冬两季成都市 PM_{10} 的质量浓度分别占颗粒物总质量浓度的 58%和 72%，3 种不同质量浓度的相对含量表明，可吸入颗粒物所占比重较大，其中细粒子 $PM_{2.5}$ 的质量浓度的相对含量也很显著。成都市以 PM_{10} 污染为主要特征。

3）颗粒物的化学组成：PM_{10} 中 23 种无机元素质量浓度的总和在夏、冬两季分别约占颗粒物质量浓度的 23%和 25%，其中 Si 和 Ca 是主要贡献元素；9 种水溶性离子质量浓度的总和约占颗粒物质量浓度的 25%（夏）、28%（冬），其中 SO_4^{2-}和 NO_3^-是主要贡献成分；OC 的质量浓度约占颗粒物质量浓度的 20%（夏）、23%（冬）；EC 的质量浓度在夏、冬两季均约占颗粒物质量浓度的 6%；多环芳烃的总质量浓度约占颗粒物质量浓度的 0.07%。

通过对颗粒物化学组成的分析可以得到如下结论：成都市 PM_{10} 的排放源相对稳定；成都市有机碳浓度是无机碳浓度的 5 倍（夏季）和 7 倍（冬季），高于报道的其他城市和地区，是成都市可吸入颗粒物的不可忽视的化学污染特征。

第6章　可吸入颗粒物来源解析

课题分别于2001年6月和2002年1月在成都市设置6个采样点，采集大气颗粒物（TSP、PM_{10}、$PM_{2.5}$）样品，对样品逐一进行了颗粒物质量浓度的测定，并分析了其中无机元素、水溶性离子、有机碳和无机碳元素、多环芳烃等四类化学成分的含量；通过对所得数据分析，定量描述了成都市大气颗粒物的物理化学特征，建立了成都市可吸入颗粒物的源与受体成分谱数据库；利用化学质量平衡（CMB）受体模型对颗粒物的来源进行解析，定量说明了可吸入颗粒物的来源以及源对环境的贡献，为提出可行的尘污染防治措施提供科学依据。

城市大气颗粒物的来源非常复杂，既有煤烟尘、工业粉尘、城市扬尘等人为来源，也有风沙尘、海盐粒子等自然来源。对于控制区内的有组织人为排放源，可以通过污染源调查得到源强分布，并通过扩散模型确定任何一个源对控制区内任何一个控制点的浓度贡献值，从而在源与环境质量这两个定量管理目标之间建立一定的输入响应关系。但是这样建立起来的输入响应关系对于颗粒物可能是不完全的，因为缺乏像风沙尘、海盐粒子等这类无组织开放源对大气环境的贡献。这类无组织开放源（不管是自然源类还是人为源类）属于目前无法定量其源强分布的尘源，所以难以利用扩散模型在这类源和环境质量之间建立输入响应关系，解决这一难题的技术方法是受体模型。

6.1　CMB受体模型的基本理论

6.1.1　化学质量平衡（CMB）受体模型及其算法

受体模型用在源和受体上所测量的大气颗粒物的物理化学特性来确定对受体有贡献的源类及其贡献值。受体模型的种类很多，主要有：①化学质量平衡（CMB）模型；②主因子分析（PFA）；③多元线性回归分析（MLR）；④目标转换因子分析（TTFA）等。化学质量平衡（CMB）受体模型是由一组线性方程构成的，表示每种化学组分的受体浓度等于源成分谱的化学组分含量值和源贡献浓度值乘积的线性和。由于该模型物理意义明确，算法日趋成熟，成为目前最重要和最实用的受体模型。

6.1.1.1　CMB 受体模型

假设存在着对受体中的大气颗粒物有贡献的若干（j）种源类，并且：①各源类所排放的颗粒物的化学组成有明显的差别；②各源类所排放的颗粒物的化学组成相对稳定；③各源类所排放的颗粒物之间没有相互作用，在传输过程中的变化可以被忽略。那么在受体上测量的总物质浓度 C 就是每一源类贡献浓度值的线性加和。

$$C=\sum_{j=1}^{J}S_j \tag{6-1}$$

式中：C —— 受体大气颗粒物的总质量浓度，μg/m^3；

S_j —— 每种源类贡献的质量浓度，μg/m^3；

j —— 源类的数目，j=1, 2, …, J。

如果受体颗粒物上的化学组分 i 的浓度为 C_i，那么式（6.1）可以写成：

$$C_i=\sum_{j=1}^{J}F_{ij}\cdot S_j\,,\quad i=1, 2, \cdots, I;\ j=1, 2, \cdots, J \tag{6-2}$$

式中：C_i —— 受体大气颗粒物中化学组分 i 的浓度测量值，μg/m^3；

F_{ij} —— 第 j 类源的颗粒物中化学组分 i 的含量测量值，%；

S_j —— 第 j 类源贡献的浓度计算值，μg/m^3；

j —— 源类的数目，j=1, 2, …, J；

i —— 化学组分的数目，i=1, 2, …, I。

只有当 $I \geqslant J$ 时，式（6.2）的解为正。源类 j 的分担率为：

$$\eta=S_j/C\times 100\% \tag{6-3}$$

6.1.1.2　CMB 受体模型的算法

CMB 方程组的算法主要有以下几种：示踪化学组分法、线性规划法、普通加权最小二乘法、岭回归加权最小二乘法、有效方差最小二乘法。

目前 CMB 受体模型最常采用的算法是有效方差最小二乘法，因为有效方差最小二乘法提供了计算源贡献值 S_j 和 S_j 的误差 σ_{S_j} 的实用方法。有效方差最小二乘法实际上是对普通加权最小二乘法的改进，也就是使加权化学组分测量值与计算值之差的平方和最小，见式（6-4），其中 $V_{\mathrm{eff},\,i}$ 为有效方差权重值。

$$m^2=\sum_{i=1}^{I}\frac{\left(C_i-\sum_{j=1}^{J}F_{ij}\cdot S_j\right)^2}{V_{\mathrm{eff},i}} \tag{6-4}$$

$$V_{\mathrm{eff},i}=\sigma_{C_i}^2+\sum_{j=1}^{J}\sigma_{F_{ij}}^2\cdot S_j^2 \tag{6-5}$$

式中：σ_{C_i}—— 受体大气颗粒物的化学组分测量值 C_i 的标准偏差，μg/m³；

$\sigma_{F_{ij}}$ ——排放源的化学组分测量值 F_{ij} 的标准偏差，%。

由于有效方差 $V_{\mathrm{eff},i}$ 是未知数源贡献值 S_j 的函数，所以有效方差最小二乘法在实际运算中采用迭代法，即在前一步迭代计算的 S_j 的基础上再来计算一组新的 S_j 值。具体算法如下：

CBM 方程组的矩阵形式：

$$\underset{i\times1}{C}=\underset{i\times j}{F}\cdot\underset{j\times1}{S} \tag{6-6}$$

设上标 k 表示第 k 步迭代的变量值。

（1）设源贡献初始值为零，即

$$S_j^{k=0}=0\text{，}j=1, 2, \cdots, J \tag{6-7}$$

（2）计算有效方差矩阵 $V_{\mathrm{eff},i}$ 的对角线上的分量，所有的非对角线上的分量都等于 0，即

$$V_{\mathrm{eff},i}^k=\sigma_{c_i}^2+\sum(S_j^k)^2\cdot\sigma_{F_{ij}}^2 \tag{6-8}$$

（3）计算 S_j 的第 k+1 步迭代的值

$$S_j^{k+1}=F^T(V_e^k)^{-1}F^T(V_e^k)^{-1}C \tag{6-9}$$

（4）如果式（6-10）中的结果大于 1%，那么执行上一步迭代，如果小于等于 1%，终止该算法。

若 $\left|S_j^{k+1}-S_j^k\right|/S_j^{k+1}>0.01$，返回（2）

若 $\left|S_j^{k+1}-S_j^k\right|/S_j^{k+1}\leqslant0.01$，到（5） （6-10）

（5）计算 σ_{S_j} 的第 k+1 步迭代的值。

$$\sigma_{S_j}=\left[\left(F^{\mathrm{T}}\left(V_e^{k+1}\right)^{-1}F\right)_{ij}^{-1}\right]^{1/2}\text{，}j=1, 2, \cdots, J \tag{6-11}$$

式中：C——（C_1, …, C_i）^{T}，第 i 个元为第 i 个化学组分浓度 C_i 的列矢量（上标 T 表示矩阵转置，下同）；

S——（S_1, …, S_j）^{T}，第 j 个元为第 j 种排放源类的贡献计算值 S_j 的列矢量；

F——（F_{ij}）$_{I\times J}$，以 F_{ij} 为元的 $I\times J$ 阶源成分谱矩阵；

V——有效方差对角矩阵，矩阵中主对角元素为 $V_{\mathrm{eff},\ i}$，其余元素为 0；

σ_{S_j}——源的化学组分贡献计算值的标准偏差，μg/m^3。

以上算法表明：应用有效方差最小二乘法求解 CMB 模型时，模型的输入参数为受体化学组分浓度谱的测量值 C_i 和 C_i 的标准偏差σ_{C_i}，源成分含量谱的测量值 F_{ij} 和 F_{ij} 的标准偏差$\sigma_{F_{ij}}$。模型的输出参数是：源贡献计算值 S_j 和 S_j 的标准偏差σ_{s_j}；源的化学组分贡献计算值 S_{ij} 和 S_{ij} 的标准偏差$\sigma_{S_{ij}}$。该算法提供了求解源贡献值 S_j 和 S_j 误差σ_{S_j}的实用方法。源贡献值误差σ_{S_j}反映了所有输入模型的源成分谱与受体化学组分谱的测量值按权重大小的误差，对精度高的化学组分比精度低的化学组分给出的权重大。

当$\sigma_{F_{ij}}$=0 时，有效方差最小二乘解法即普通加权最小二乘法；

当化学组分的数目等于源的数目（$I=J$）时，并且每种源类选择的化学组分是单一的，那么有效方差最小二乘解法属于标识化学组分解法；

当矩阵（F^{T}（V_e^k）^{-1}F）改写成（F^{T}（V_e^k）$^{-1}F-\varphi I$）φ为非零数，取名为稳定参数，I 等于单位矩阵。这种解法称为岭回归解法。但是岭回归解法实际上等同于改变源成分谱测量值，直到共线性消失。所以说利用岭回归解法求得的源贡献值实际上已经不能反映源对受体贡献的真实情况，所以实用价值不大。

6.1.2　CMB 模型模拟优度的诊断技术

CMB 模型是线性回归模型。在线性回归模型的实际应用中一般需要考虑：①回归推断的估算值与实测值的偏离程度一般用“残差”来检验；②对回归推断有较大影响的参数的影响程度如何衡量。解决上述问题的数学方法一般称为回归诊断技术。在本研究中为了验证源贡献估算值的有效性和 CMB 模型拟合的优良程度，选择了下列回归诊断技术对回归结果进行检验。

6.1.2.1　源贡献值拟合优度的诊断技术

源贡献计算值是 CMB 模型的主要输出项。源贡献计算值应该具有以下 3 种基本特征：①各源类贡献计算值之和应该近似等于受体上总质量浓度的测量值。②源贡献计算值不应该是负值，因为负的源贡献值没有物理意义。但在线性回归计算中，如果有两类或两类以上的源的成分谱相近或成比例（所谓共线性），源贡献值就有可能出现负值。③源贡献计算值的标准偏差反映了受体浓度测量值和源成分谱测量值的精度。根据统计学原理，源贡献值的真值在 1 倍标准偏差内的分布概率大约为 66%，在 2 倍标准偏差内的分布概率大约为 95%。因此把 2 倍或 3 倍的标准偏差作为源贡献值的检出限。如果 CMB 模型计算的源贡献值小于该贡献值的标准偏差的话，那么这个源贡献值就不能被检出。根据上述考虑源贡献值拟合优度用下列回归诊断技术来检验。

（1）T-统计（TSTAT）

$$\text{TSTAT}=S_j/\sigma_{S_j} \tag{6-12}$$

TSTAT 是源贡献计算值 S_j 和 S_j 的标准偏差 σ_{S_j} 的比值。据前所述，源贡献值的检测出限应该是源贡献值的标准偏差的 2 倍或 3 倍。因此，如若 TSTAT＜2.0，表示源贡献值低于它的检出限，说明拟合效果不好；反之，如若 TSTAT≥2.0 说明拟合效果好。

（2）残差平方和（chi 或 χ^2）

$$\chi^2=\frac{1}{I-J_i}\sum_{i=1}^{J}\left[\left(C_i-\sum_{j=1}^{J}F_{ij}S_j\right)^2\Big/V_{\text{eff},i}\right] \tag{6-13}$$

$$V_{\text{eff},i}=\sigma_{C_i}^2+\sum_j\left(S_j^k\cdot\sigma_{F_{ij}}\right)^2 \tag{6-14}$$

χ^2 表示参加拟合的化学组分的测量值与其计算值之差平方的加权和。权值为每个化学组分的受体浓度标准偏差和源成分谱标准偏差的平方和。理想的情况是化学组分的浓度测量值和计算值之间没有差别，那么 χ^2 应该等于 0。但是实际情况并非如此。因此，定义 $\chi^2<1$，表示数据拟合得好；$\chi^2<2$，表示数据拟合结果可以接受；如果 $\chi^2>4$，表示数据拟合差，有可能是一个或几个化学组分的浓度不能很好地参与拟合。

（3）自由度（n）

$$n=I-J \tag{6-15}$$

自由度等于参与拟合的化学组分数目减去参与拟合的源数目的值。只有当 $n\geq 0$ 即 $I\geq J$ 时，CMB 方程组才有唯一解。

（4）回归系数（R^2）

$$R^2=1-\left[\left(I-J\right)X^2\right]\Big/\left[\sum_{i=1}^{I}C_i^2\big/V_{eij}\right] \tag{6-16}$$

R^2 等于化学组分浓度计算值的方差与测量值的方差之比值。R^2 取值为 0～1。该值越接近于 1，说明源贡献值的计算值与测量值拟合得越好。当 $R^2<0.8$ 时，定义为拟合不好。

（5）百分质量 PM（percent mass）

$$\text{PM}=100\sum_{j=1}^{J}S_j\big/C_t \tag{6-17}$$

百分质量表示各源类贡献计算值之和与受体总质量浓度测量值 C_t 的百分比。该值应为 100%，但是在 80%～120%也是可以接受的。总质量浓度测量值的灵敏度对该值影响很大，所以总质量浓度应该测量准确。如果该值小于 80%，那么很有可能是丢失了某个源类的贡献。

6.1.2.2　不定性/相似性组的诊断技术

当用 CMB 模型求解源贡献值时，源贡献值可能是负值。导致源贡献值为负值的原因有两个：①当某种源类的贡献值小于它的检出限的时候，即该源类贡献值的标准偏差很大，这种源类被称为不定性源类。②当多种源类的成分谱数值相近或成比例时，这几种源类被称为相似性源类。不定性相似性源类统称为共线性源类。为避免 CMB 模拟时出现负值这种不合理的结果，本研究选用以下两种方法诊断源的共线性，并把诊断出来的共线性源类归为一组，称为不定性/相似性源组。

（1）T-统计（TSTAT）

对任何一源类来说，若 TSTAT＜2.0，表示源贡献值小于它的检出限，也表示该源类贡献值的标准偏差很大，这源类即可视为不定性源类而归入不定性/相似性源组。

（2）奇异值分解法

对于加权的源成分谱矩阵 $\boldsymbol{F}$，根据奇异值分解原理可以分解成以下等式：

$$\boldsymbol{V}_e^{1/2}\boldsymbol{F}=\boldsymbol{UDV}^{\mathrm{T}} \tag{6-18}$$

式中：$\boldsymbol{U}$ —— $I{\times}I$ 阶正交矩阵；

$\boldsymbol{V}$ —— $J{\times}J$ 正交矩阵；

$\boldsymbol{D}$ —— 有 J 个非零正值的 $I{\times}J$ 阶对角矩阵，其化学组分被称为分解的奇异值；

$\boldsymbol{V}$ —— 列向量，就是分解得到的特征向量。

当两个或两个以上的源成分谱的特征向量超过 0.25 时，就可以认定为共线性源，而将它们归入不定性/相似性组。

6.1.2.3　化学组分浓度计算值拟合优度的诊断技术

CMB 模型不仅给出源贡献浓度计算值而且还要给出每种化学组分贡献浓度计算值。化学组分浓度计算值和化学组分测量值拟合优劣的诊断指标以 C/M 和 R/U 表示。

（1）$\mathrm{RATIO_1}$ 即化学组分浓度计算值（C）与化学组分浓度测量值（M）的比值

$$\mathrm{RATIO_1}=C/M=C_i/M_i \tag{6-19}$$

$$\sigma_{C/M}=(\sqrt{M_i^2\cdot\sigma_{C_i}^2}+\sqrt{C_i^2\cdot\sigma_{M_i}^2})\sqrt{(M_iC_i)^2} \tag{6-20}$$

式中：C_i——i 化学组分浓度计算值，μg/m³；

σ_{C_i}——i 化学组分浓度计算值的标准偏差，μg/m³；

M_i——第 i 种化学组分浓度测量值，μg/m³；

σ_{M_i}——第 i 种化学组分浓度测量值的标准偏差，μg/m³。

如果 $RATIO_1$ 越接近 1，说明化学组分浓度计算值与测量值拟合得越好。因此在进行 CMB 拟合时要尽可能地把 C/M=1 的化学组分纳入模型中进行计算。

（2）$RATIO_2$ 即计算和测量值之差（R）与两者标准偏差平方和的平方根（U）的比值

$$RATIO_2=R/U=(C_i-M_i)/\sqrt{\sigma_{C_i}^2+\sigma_{M_i}^2} \tag{6-21}$$

当某化学组分的 $|R/U|>2.0$ 时，该化学组分就需要引起重视，如果该比值为正，那么可能有一个或多个源的成分谱对这个化学组分的贡献值不合理地过大；如果该比值为负，那么可能有一个或多个源成分谱对这个化学组分的贡献值不合理地过小，甚至有源成分谱被丢失。

6.1.2.4 其余的诊断技术

（1）对总质量浓度有贡献的源类和化学组分的诊断

对总质量浓度有贡献的源类和化学组分以及贡献的大小，用某类源的某种化学组分的计算值占所有源类的某化学组分测量值之和的比值大小来诊断。用式（6-22）表示：

$$RATIO_3=C_{ij}/\sum_{j=1}^{J}M_{ij} \tag{6-22}$$

式中：C_{ij}——j 源类贡献的 i 化学组分的浓度计算值，μg/m³；

M_{ij}——j 源类贡献的 i 化学组分的浓度测量值，μg/m³；

j——源类数目，j=1, 2, 3, …, J。

（2）MPIN（Modified pseudo-inverse matrix）矩阵——灵敏度矩阵

MPIN 是一个正交化的伪逆矩阵，该矩阵反映了每个化学组分对源贡献值和源贡献值标准偏差的灵敏程度。MPIN 矩阵的表示方式如下：

$$MPIN=(\boldsymbol{F}^{T}(\boldsymbol{V}_e)^{-1}\boldsymbol{F})^{-1}\boldsymbol{F}^{T}(\boldsymbol{V}_e)^{-1/2} \tag{6-23}$$

该矩阵已经进行了规范化处理，使其取值范围为-1～1。如果某个化学组分的 MPIN 的绝对值为 0.5～1，则被认为灵敏化学组分，即对源贡献值和源贡献值标准偏差有显著影响的化学组分；如果某个化学组分的 MPIN 的绝对值小于 0.3，则被认为不灵敏化学组分，即对源贡献值和源贡献值标准偏差没有影响的化学组分；某个化学组分的 MPIN 的绝对值为 0.3～0.5，则该化学组分的灵敏程度被认为是模糊的，即影响不显著或者也可以被认为是没有影响的化学组分。

6.2　源与受体（环境）样品的采集及处理

6.2.1　大气颗粒物排放源类的识别和分类

6.2.1.1　排放源类的识别

CMB 模型的输入参数是某一种源类和受体颗粒物的成分谱，CMB 模型的输出参数是某一种源类对受体颗粒物的贡献值，而不是某一个源对受体颗粒物的贡献值，因此为了获得 CMB 模型的必要参数，首要的工作是对成都市大气颗粒物的排放源类进行识别，为正确建立成都市各类尘源的成分谱奠定基础，为此本课题进行了深入的污染源调查。

（1）土壤风沙尘

由于自然风力作用把地面的土壤、沙砾扬起扩散到空气中的尘称为土壤风沙尘。土壤风沙尘的主要源类是城市周边的裸露农田、干枯的河道和城市内部的裸露地面等。

成都地处成都平原腹心地带，地形以平原为主，地势西北高东南低，自西向东，山地、丘陵、平原大体均为 WN—ES 走向，一次平行排列，呈明显的阶梯状组合。山地的绿化率为 30%左右，大部分呈裸露状况，成都市外部为广泛的农田，农田防护林网的规模较小。因此土壤风沙尘对成都市颗粒物是有影响的。

（2）燃煤飞灰

城市中的燃煤飞灰一般包括工业燃煤飞灰和民用燃煤飞灰，工业燃煤飞灰是指城区内工业锅炉、工业窑炉、电厂锅炉及其他工业燃煤源从烟囱中排放的飞灰。

民用燃煤飞灰是指城区内的茶炉、经营性的大灶、居民炊事灶、居民取暖炉等民用燃煤源从烟道中排放的飞灰及各类烧烤摊点所排放的燃煤飞灰。

根据成都市煤气总公司的天然气管道铺设资料显示，在一环路以内的老城区以及二环路至三环路之间有一些区域未铺设天然气管道，重点为靠近三环路的城市以东、以北区域。这些区域以燃煤为主，是民用燃煤飞灰的主要贡献者。

本研究将工业燃煤飞灰和民用燃煤飞灰归为一类，统称为燃煤飞灰。

（3）机动车尾气尘

机动车尾气尘是指燃汽油和柴油的机动车排放的尾气中含有的油烟飞灰。

成都市机动车保有量很高，机动车尾气尘应该是成都市可吸入颗粒物不可忽视的一类污染源。

（4）建筑水泥尘

建筑尘排放源类主要指以下几种：水泥尘是指水泥生产厂有组织和无组织排放的水泥飞灰；建筑施工尘是指建筑工地所排放的以水泥成分为主的建筑施工材料飞灰；白灰尘是指白灰窑有组织和无组织排放的建筑用白灰飞灰；建筑材料堆放场的扬尘是指堆放的沙子、水泥、白灰等建筑材料扬尘。

成都市城区新建、改建工程建筑工地比较多，故将建筑水泥尘列为一类源。

（5）冶金尘

冶金行业尘排放源类主要指以下几种：烧结炉有组织和无组织排放的飞灰，焦化炉有组织和无组织排放的飞灰，化铁炉有组织和无组织排放的钢铁飞灰，转炉和电炉有组织和无组织排放的钢铁飞灰，轧钢加热炉有组织和无组织排放的钢铁飞灰。

成都市冶金企业规模不大，主要工序包括仅包括电炉炼钢、轧钢等。

（6）扬尘

将由于风力或人群活动等作用把落到城区内地面上的各源类所排放的尘再次或多次扬起扩散到空气中的尘称为扬尘。在城市内部除上述各种源类排放的尘易形成扬尘外，还有许多开放源也容易形成扬尘。

1）原煤堆放及电厂贮灰场：成都市所燃烧的煤基本是以露天堆放的方式存放，可以说，每一台燃煤锅炉基本对应一个不同大小的原煤堆放场。

2）城市内部的裸露地面：经调查市区内的绿化率仅为27%，还有大量的裸露地面。裸露地面主要包括市区内待开发土地、道路非硬化路面、企事业单位非硬化路面、居民小区和庭院非硬化路面等。

（7）燃油飞灰

工业燃油飞灰是指城区内的工业锅炉、工业窑炉、电厂锅炉及其他工业燃油源（如垃圾焚烧炉、焚尸炉等）从烟囱中排放的油烟灰。

民用燃油飞灰是指城区内茶炉、经营性的大灶、居民炊事灶、居民取暖炉等民用燃油源排放的油烟灰及各类炊事、烹调和烧烤过程直接排放的油烟。

成都市燃油量占能源消耗总量的 6.4%。同时由于成都市饮食文化丰富，餐饮业发达，会产生大量的油烟，故确定燃油尘作为一类源。

6.2.1.2　排放源类的其他分类方法

为了管理上的便利，把某些属性相近的源类综合以下归类。

（1）自然源类

将只受自然力（如风力、火山爆发、地震等）作用而非人力作用排放颗粒物的源类称为自然源类，如火山灰、风沙土壤、植物花粉等均可以归为自然源类。

（2）人为源类

将只受人力作用（如燃料燃烧、工业生产、人群活动等）而非自然力作用排放颗粒物的源类称为人为源类，如燃煤和燃油飞灰、工业粉尘和动植物燃烧尘等均可以归于人为源类。

（3）单一尘源类

只是某种源类排放的颗粒物而不含有其他种源类排放的颗粒物，称这种颗粒物为单一尘，排放单一尘的源类为单一尘源类，如土壤风沙尘、燃煤飞灰、建筑尘、冶金尘等。

（4）混合尘源类

将由于风力或人群活动等作用把落到城区内地面的各种单一尘再次或多次扬起扩散到空气中混合的尘称为混合尘，排放混合尘的源类为混合尘源类，如扬尘。在城市内部除了上述各种单一尘源类排放的尘易形成扬尘外，还有许多开放源也容易产生扬尘。

（5）城市外来尘

对于城市尘来讲，有些尘是从城市以外的区域输送到城区的，可以视为城市外来尘。城市外来尘的源样品都是在城区以外的采样站位采集的。如土壤风沙尘、山体滑坡及植物秸杆焚烧灰等。

（6）城市区域尘

城市区域尘主要是指城市中的各类开放源，如扬尘等。

（7）固定有组织排放源类

固定有组织排放源类是指经过排气筒规则排放颗粒物的源类，如设置于露天环境中具有有组织排放的设施（如烟囱等），或指具有有组织排放的建筑构造（如车间等）。

（8）开放无组织排放源类

指不经过排气筒无规则排放的源类，如设置于露天环境中具有无组织排放的设施（如煤堆、灰场、建筑工地、垃圾场、城市裸地等），或指具有无组织排放的建筑构造（如工棚等）。

根据对成都市大气颗粒物排放源类的调查以及上述分析，确定成都市大气颗粒物排放源类的分类如图 6-1 所示。

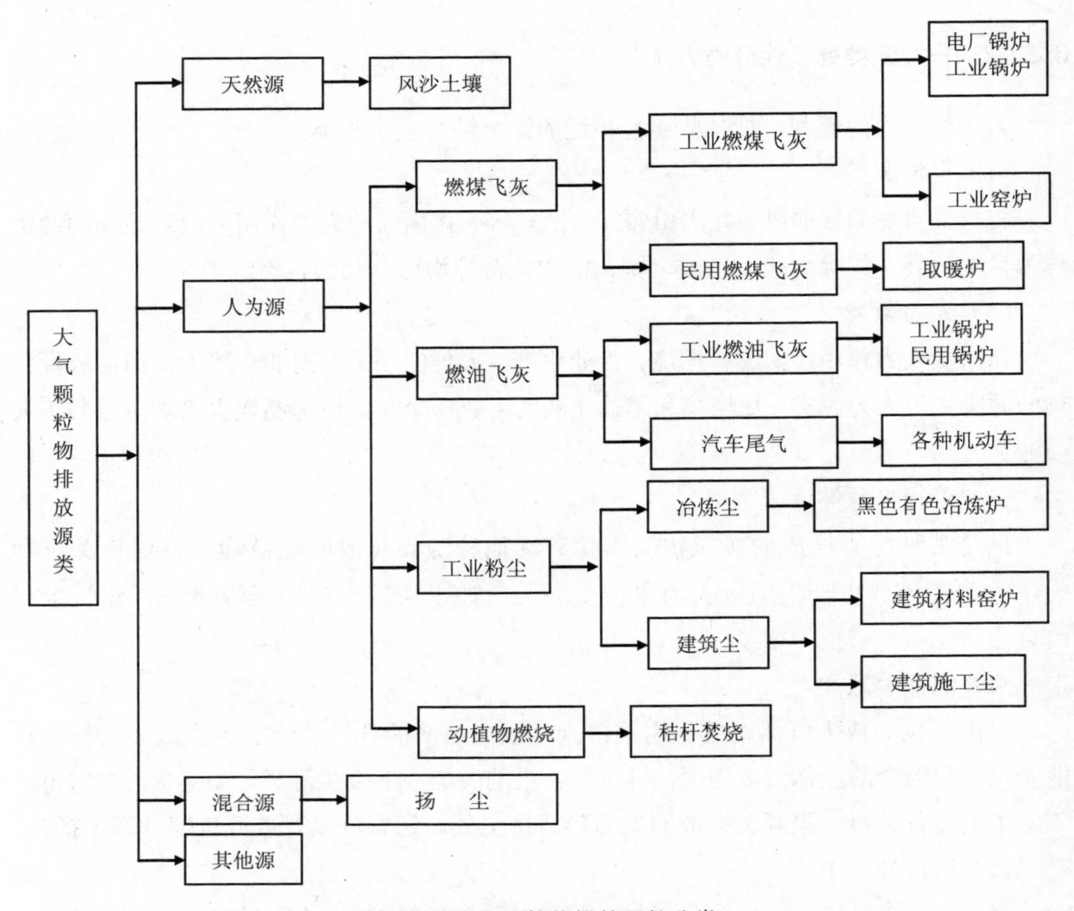

图 6-1 大气颗粒物排放源的分类

6.2.2 成都市大气颗粒物排放源类样品的采集

6.2.2.1 源样品采集原则

有些源类，其构成物质在向受体排放时，主要经历物理变化过程，如火山灰、风沙土壤、植物花粉等，采集这类源样品时，可以直接采集构成源的物质，以源物质的成分谱作为源的成分谱，如图 6-2 所示。

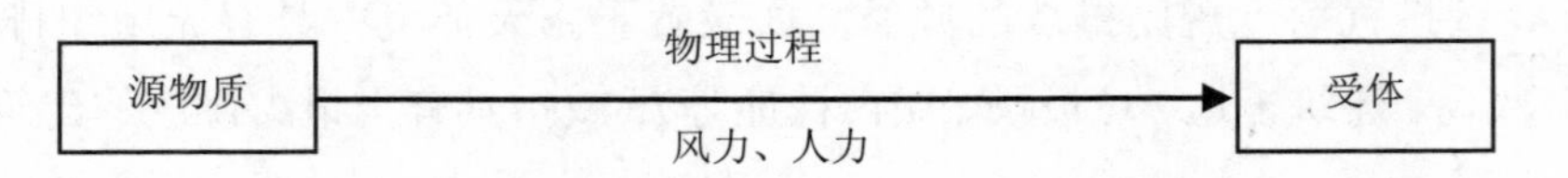

图 6-2 受体物质即源构成物质

有些源类，其构成物质不直接向受体排放，中间要经历物理和化学的变化过程，如煤炭、石油及石油制品要经过燃烧过程，水泥成品要经过矿石的焙烧过程，钢铁要经过冶炼过程，等等。因此采集这类源样品时，不能直接采集源构成物质，而应该采集它们的排放物，也就是说不能以源构成物质的成分谱作为源的成分谱，而应该以源的排放物（飞灰）的成分谱作为源的成分谱，如图 6-3 所示。

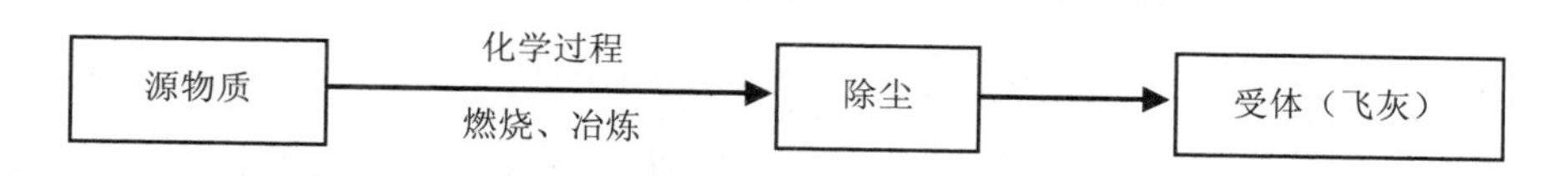

图 6-3　受体物质非源构成物质

6.2.2.2　源样品的采集

（1）土壤风沙尘

在城市四郊的东、南、西、北各方向和城市主导风向的上、下风向上，在裸露的地面上分别布设 2～6 个采样点。在每个采样点上按梅花法采样，首先用笤帚扫地表土于采样袋中，用木铲取 20 cm 以下的土壤，混匀制成样品，每一样品 500 g 以上，采样点位和数量见表 6-1。

表 6-1　土壤风沙尘采样方位和名称

点位与市区方位	采样点位名称	采样点个数/个
东北	植物园	2
东南	塔子山	2
南	火车南站	2
西南	杜甫草堂	2
西	金牛宾馆	2
西北	火车北站以西	2
北	火车北站	2
东北	火车北站以东	2

（2）扬尘样品的采集

成都市共有六个行政区，即锦江区、成华区、金牛区、武侯区、青羊区和高新区（2001 年成都市行政区划）。扬尘的采样位置基本按行政区划布设。

在每个行政区均匀布设 3～4 个采样点。扬尘采集点位一般设在建筑物较长时间未打扫的窗台或平台上，用洁净的毛刷将扬尘扫入样品袋中，在采样过程中注意代表性并避免其他物质的污染，采样高度为 5～15 m，具体采样点位名称见表 6-2。

表 6-2　成都市扬尘采样点位名称

区域	金牛区	武侯区	青羊区	城华区	锦江区	锦江区
点位名称	金牛宾馆	草堂干休所	成华北巷	植物园	塔子山	天府广场
		社科院	火车北站	动物园	塔子山公园	政府机关大楼
		金地花园	人民北路小学		林科院	锦城艺术宫
		环保大楼				

（3）燃煤飞灰

选择典型的燃烧正常的不同燃烧方式（链条炉、往复炉、煤粉炉等）及不同除尘方式的烧煤或烧油的工业炉窑（包括火电厂锅炉和一般工业锅炉）若干台。

采集除尘器除下来的灰 1～2 kg/袋，同时用烟道分级（100 μm 和 10 μm）采样器采集上述已经选择好的工业炉窑烟道内的飞灰。

（4）建筑水泥尘

采集成都市水泥厂有组织排放、无组织排放及成品水泥产生的尘。施工建筑尘采样点设在正在施工的建筑楼层水泥地面、窗台、楼梯、水泥搅拌场地，收集散落在施工作业面上的建筑尘混合样，同时收集作业现场不同型号的成品水泥、细河沙，采样点位见表 6-3。

表 6-3　建筑尘采样点位名称

排放源种类	采样点位
建筑尘	杜甫花园
	长城园
	天邑花园

（5）冶金尘

采集成都市冶金企业有组织排放和无组织排放的冶金尘，有组织排放尘在除尘设备出灰口收集源尘样，共采集 6 个样品，无组织排放尘共采集 3 个样品。具体采样点位名称见表 6-4。

表 6-4　成都市冶金企业冶金尘采样点位

有组织排放冶金尘采样点	无组织排放冶金尘采样点
30 t/h 电炉除尘器后	电炉车间窗台、平台
高炉煤气除尘器后	料厂堆放场
	原料一混车间平台、地面

（6）道路尘

道路尘的采样点设在市区的主要交通路口，在进入市区的高速路口也设了采样点。道路尘样品是道路各部位的混合样，是用笤帚在汽车流量大的快车道和慢车道路面、流量小的道路中心和路边缘收集的尘。具体采样点位名称见表 6-5。

表 6-5　道路尘采样点位名称

排放源种类	采样点位
道路尘	营门口立交桥
	双桥子
	人民南路立交桥
	驷马桥

6.2.3　源样品的处理及其质量控制

6.2.3.1　源样品的处理

源样品分为粉末源样品和滤膜源样品，其处理程序不同。粉末源样品的处理程序见图 6-4，滤膜源样品的处理程序见图 6-5。

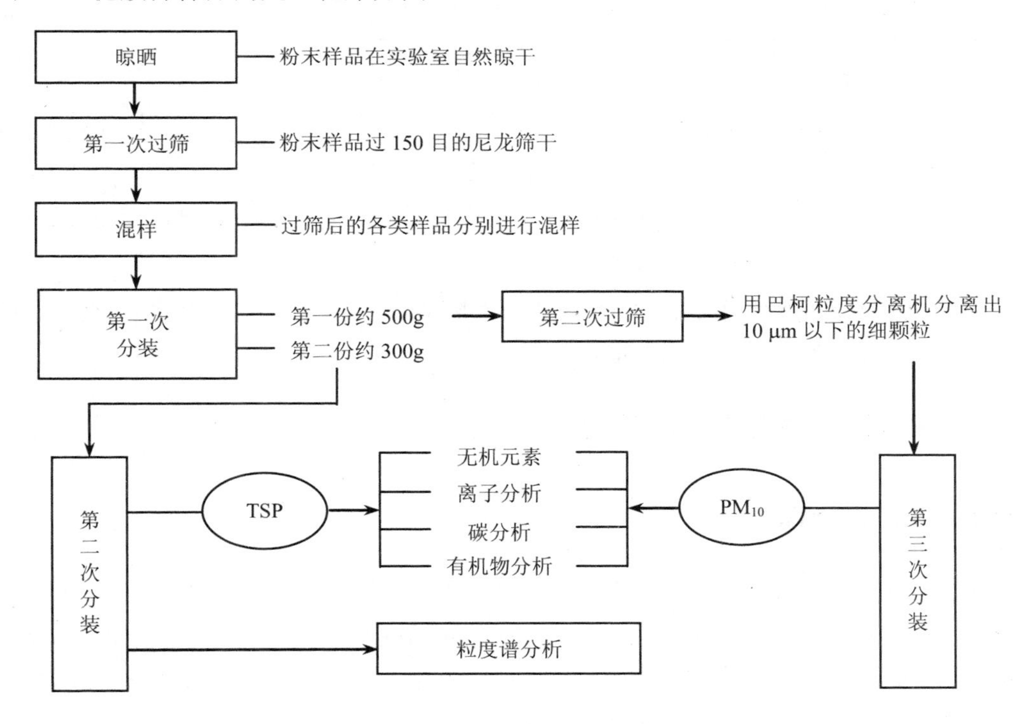

图 6-4　粉末源样品的处理程序

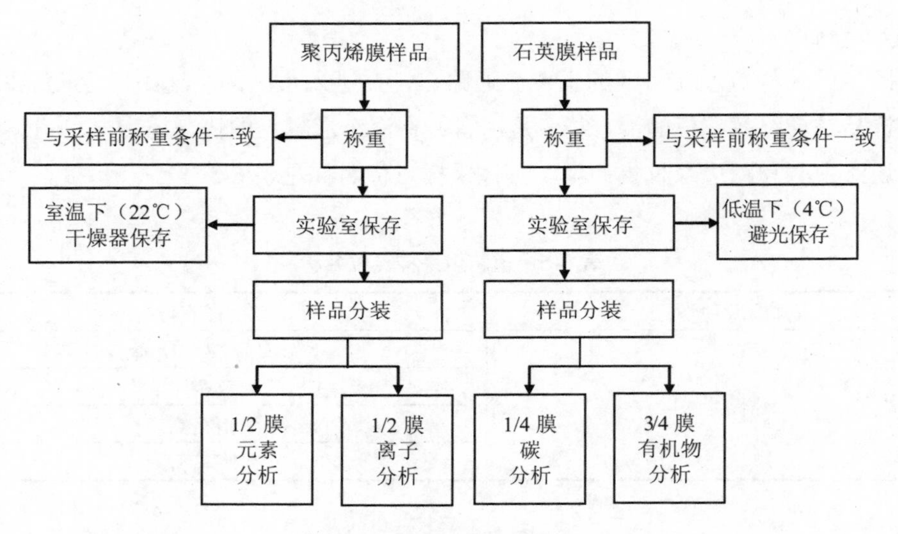

图 6-5　滤膜源样品的处理程序

6.2.3.2　源样品采集和处理的质量控制

（1）考虑源样品的代表性，采集源样品时尽量多布点，采样点周围没有局部污染源（烟筒、建筑工地等）；

（2）每类源样品均有很多个，混样时注意样品的充分混合；

（3）粉末源样品过筛用尼龙筛，减少对样品的影响；

（4）每一类样品过筛完成后，用蒸馏水充分冲洗晾干后，再进行下一样品的筛分；

（5）样品在晾晒、混样和过筛的各种操作时注意不破坏样品的自然粒度；

（6）机动车尘的采样对主要类型的机动车安装采样器后，在市区道路上充分运行，以代表市区各类机动车的实际运行工况；

（7）在膜源样品剪切过程中，充分考虑膜上颗粒物的分布及重量能满足仪器分析的需求，膜样品其他的质控措施与环境样品相同。

6.2.4　环境样品采集点位的设置及采样

6.2.4.1　环境样品的采集种类

本研究首先选择成都市四个环境空气常规监测点（金牛宾馆、草堂干休所、成华北巷、塔子山）作为源解析的受体监测点，因为这四个大气常规监测点是经过优化布点并通过了国家环保总局验收的国控点位。另外根据 TSP、PM_{10} 历年监测结果和污染状况，结合气象条件及城市总体规划又增设了两个受体监测点：一个点设在天府广场作为综合受体采样点，用于同时采集三种不同粒径的颗粒物，即总悬浮颗粒物（TSP）、可吸入颗粒物（PM_{10}）、细颗粒物（$PM_{2.5}$）；另外一个点设在市区上风向植物园作为对照。受体监测共布设 6 个监测点，所得到的大气颗粒物源解析结果代表成都市空气中颗粒物的来源状况。受体样品化学组成时空差异受采样时间和采样站位的制约。

受体采样站位的布设考虑了成都市大多数人群活动的区间范围、城市功能区、城市发展及城区周边污染源类对市区的影响等特点。采样高度近地面 5～15 m，符合国家采样规范。

6.2.4.2　采样仪器的选择

为了同步用两种滤膜（有机滤膜和无机滤膜）采集颗粒物，本研究在每一个受体采样站位安放了 2 台采样器（综合点安放了 6 台采样器），采集的样品用于用重量法测定 PM_{10}（TSP、$PM_{2.5}$）的尘重及颗粒物的化学成分分析。为了使所采集的样品具有可比性，各个站位所使用的仪器保持一致，采样时每隔 24 h 对采样仪器的流量进行一次校准，所用仪器和校准仪器见表 6-6。

表 6-6　采样仪器及基本情况

样品	TSP	PM_{10}	$PM_{2.5}$
仪器名称	冲击式切割器、动力泵	冲击式切割器、动力泵	冲击式切割器、动力泵
仪器型号	KB120	PM-2	PM-2
切割粒径/μm	≤100	≤10	≤2.5
仪器标定时间	2001 年 4 月	2001 年 4 月	2001 年 4 月
采样流量/（L/min）	105	77.66	77.66
生产厂家	青岛崂山仪器厂	北京地质仪器厂	北京地质仪器厂

本研究之所以选用这种传统的颗粒物采样器，是因为这种采样器数量较多，在其切割头上能安装直径为 90 mm 的过滤膜，其采样流量能够保证在选定的采样时间内，采集到同时满足实验室 4 种分析用的尘样。

6.2.4.3　采样滤膜的选择

本研究用聚四氟乙烯（有机）滤膜采集尘样，供无机元素和水溶性离子实验室分析使用；用石英（无机）滤膜采集尘样，供碳和多环芳烃组分的实验室分析使用，滤膜孔隙为 0.25～0.45 μm，针对上述两种采样滤膜，进行了下述实验。

（1）采样持续时间的确定

采样持续时间一般取决于采样量最低能否满足测量化学组分的检出限要求，不同的分析方法，化学组分的检出限不同，因此采样时间应该根据所用的化学组分分析方法的检出限和采样系统（采样仪器的流量和滤膜的采集效率）的采样效率来确定，但是此法复杂。根据试验，累积采样时间为 12～24 h，即可满足化学成分分析的要求。

（2）滤膜耐热实验

各种滤膜在采样前均要放入烘箱或马弗炉内进行烘烤或灼烧，将膜内的挥发分或其他组分除掉，以不影响分析的精度。滤膜经过烘烤或灼烧应既不破坏其结构和机械强度又能将其内部影响称量和分析精度的物质去掉，对于聚四氟乙烯和石英滤膜烘烤或灼烧的适宜温度本研究进行下述实验。

聚四氟乙烯滤膜的烘烤实验：取 3 张聚四氟乙烯滤膜做平行样，放入烘箱内烘烤，从 25℃烘到 150℃，每升高 10℃烘烤后称重，实验结果如表 6-7 和图 6-6 所示。

表 6-7 聚四氟乙烯滤膜质量随温度的变化情况

温度/℃	膜重量/g			
	有机 1#	有机 2#	有机 3#	平均值
25	0.547 2	0.556 5	0.523 8	0.542 5
50	0.547 5	0.555 1	0.523 8	0.542 1
60	0.546 6	0.551 3	0.519 6	0.539 2
70	0.546 7	0.551 4	0.519 5	0.539 2
80	0.546 9	0.551 8	0.519 6	0.539 4
90	0.546 8	0.551 0	0.519 0	0.538 9
100	0.546 7	0.551 2	0.519 6	0.539 2
110	0.546 5	0.551 4	0.519 0	0.539 0
120	0.546 4	0.550 9	0.519 0	0.538 8
130	0.546 5	0.550 8	0.518 7	0.538 7
140	0.546 3	0.550 7	0.518 7	0.538 6
150	0.546 1	0.550 5	0.518 5	0.538 4

结果表明：聚四氟乙烯滤膜的重量在 25～60℃下降了 0.6%，在 60～110℃下降了 0.04%，在 110～150℃下降了 0.01%，说明聚四氟乙烯滤膜烘到 60℃以后，重量变化很小，基本上处于恒重状态，而且没有破坏其结构。在本研究中，聚四氟乙烯滤膜的烘烤温度定为 60～80℃，烘烤时间为 0.5～1 h。

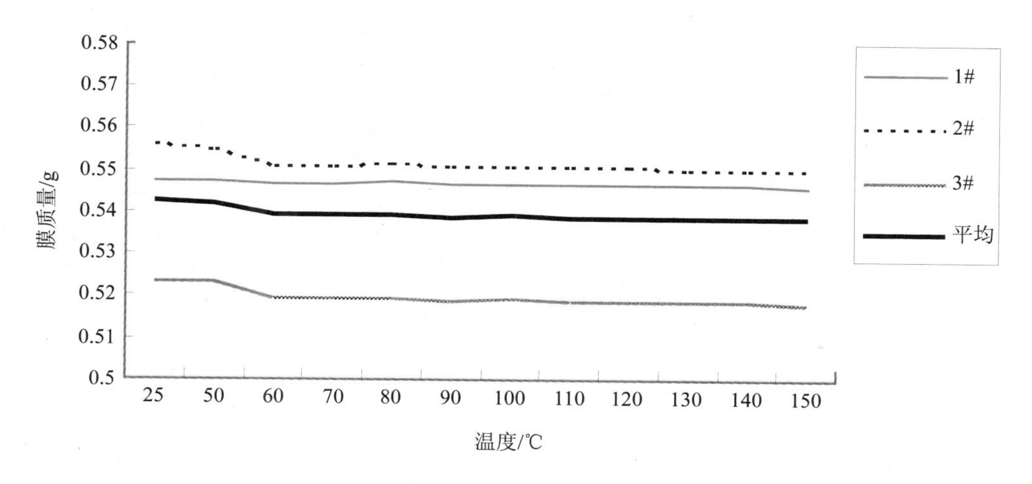

图 6-6　聚四氟乙烯滤膜质量随温度变化烘烧实验

石英滤膜烘烤实验：取 3 张石英滤膜做平行样，放入马弗炉内灼烧，从 25℃烧到 1 000℃后称重，实验结果如表 6-8 和图 6-7 所示。

表 6-8　石英滤膜质量随温度的变化情况

温度/℃	膜质量/g			
	石英 1#	石英 2#	石英 3#	平均值
25	0.551 5	0.551 0	0.527 7	0.543 4
100	0.546 9	0.547 2	0.523 2	0.539 1
200	0.546 3	0.546 4	0.522 6	0.538 4
300	0.544 7	0.545 3	0.522 1	0.537 4
400	0.543 1	0.543 5	0.521 0	0.535 9
500	0.541 2	0.542 0	0.520 4	0.534 5
600	0.538 8	0.540 8	0.516 1	0.531 9
700	0.534 2	0.535 2	0.512 3	0.527 2
800	0.533 3	0.534 5	0.511 0	0.526 3
900	0.532 9	0.532 5	0.510 8	0.525 4
1 000		0.532 9	0.504 0	0.518 5

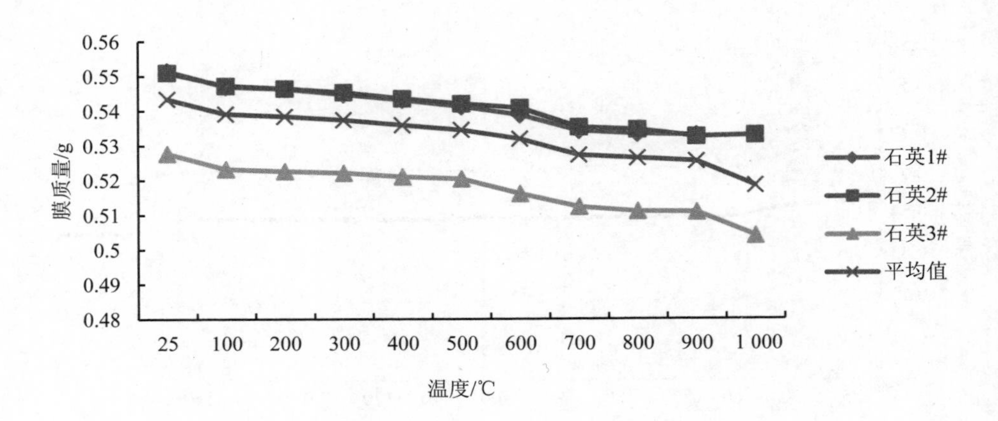

图 6-7 石英滤膜质量随温度变化烘烧实验

石英膜的质量在 25～500℃下降了 1.6%，在 500～900℃下降了 1.7%，900℃以后其结构破坏，所以石英膜的烘烤温度定在 400～500℃，烘烤时间为 2 h。

6.2.4.4 采样周期和采样时间

源解析技术对采样周期没有严格的规定。在《环境空气质量标准》(GB 3095—1996）中，对环境空气采样周期做了规定，鉴于人力物力限制，本研究没有按此标准规定采样。在充分研究了成都市的气象和污染周期特点后按夏季和冬季分别安排采样周期和连续采样时间。

（1）颗粒物污染源排放的季节性和季节稳定性特征分析

城市环境空气的污染与城市污染源排放和气象条件有关，同时也与城市本身的特点相关。成都市大气颗粒物污染源在一定时期内基本稳定，大气颗粒物污染状况在一定时期内主要与气象条件密切相关。成都市近 10 年地面资料统计表明：全年平均风速在 4—6 月最大，风速为 1.4 m/s；12 月最小，风速为 0.9 m/s。风速年变化为春季、夏季风速大而冬季风速小。颗粒物造成的重污染常发生在冬季，而夏季污染较轻。

成都市冬季没有集中采暖，燃煤源常年应该比较稳定，但是夏季人群活动的频率与冬季有差异，扬尘、机动车尾气尘等其他尘源的排放也会发生变化；另外受气象条件影响最大的当属土壤风沙类开放源，由于成都市风场有季节性的变化，夏季主导风向为 N，风频为 9%，静风频率为 42%，冬季主导风向为 NNE，风频为 11%，静风频率为 49%，因此土壤风沙尘也会有季节性变化。

综上所述，受体采样周期设置在两个典型季节：夏季和冬季。

成都市各排放源类排放的颗粒物的季节稳定性是由气象季节稳定性和因气象季节稳定性而形成的人群活动稳定性所决定的。基于上述考虑，课题采样周期安排如表 6-9

所示。

表 6-9 采样周期和采样时间

序号	采样周期	采样时间	代表季别
1	2001 年 6 月 10 日—29 日	全天	夏季
2	2002 年 1 月 8 日—22 日	全天	冬季

（2）环境样品代表性分析

本课题设置了 2 个采样周期，每个采样周期内连续采样时间分别为夏季 20 d，冬季 15 d，每天采样 24 h。那么，在短时段采到的样品具有多大的代表性？由此估算的源解析结果能否指导全年的尘污染控制工作？这两个问题是本课题受体采样研究的关键。

上节分析了受体颗粒物的各排放源类的排放稳定性，基于颗粒物各源类的排放在当季是稳定的这样一个前提，受体采样除与采样仪器有关以外，主要受采样期间气象条件的制约，因此采样期间的气象条件代表性反映了环境样品的代表性。

气象条件代表性主要是指采样期间的主要气象条件是否和当季的主要气象条件具有一致性。如果具有一致性，那么在这个短时段内采到的样品的平均值应该能够代表当季的污染状况；否则，就不能够代表当季的污染状况。

采样期间的主要气象条件与当季的主要气象条件的一致性，用采样期间主要气象因子监测值的平均值与当季主要气象因子监测值的平均值的相对偏差来表示。有关资料的分析说明，采样期间的主要气象条件和当季的主要气象条件基本一致，同时，本研究所监测的环境受体的颗粒物质量浓度与常规监测的季均值和年均值接近，说明本研究所采集的受体样品具有较好的代表性。

6.2.4.5 受体采样过程中的质量控制

（1）受体采样的质量控制

1）各种采样仪器均经有关计量鉴定部门鉴定合格，均在有效使用期内；每次采样前，对 TSP 和 PM_{10} 采样泵的流量进行标定，对不同采样仪器的采样体积进行校验和修正。

2）采样时，有专人负责巡检采样泵的流量计，课题负责人按一定频率进行抽检采样泵的流量计，并做好记录，防止因采样流量误差而影响浓度的准确性。

3）下雨等特殊天气不进行采样。

4）在各个传输环节没有尘样丢失。

（2）样品称量的质控措施

1）裁剪空白滤膜时把参差不齐的边缘清理干净，防止滤膜丢失，影响尘重。受体样品称重时放入玻璃培养皿中，盖好盖，避免滤膜静电场干扰称重的精度。

2）采样前，空白有机滤膜在烘箱 60～70℃条件下烘烤 1～2 h，空白石英膜在 400～500℃条件下灼烧 2 h，去除滤膜中挥发组分对称重的影响。

3）有机和无机滤膜在烘烤、灼烧后放入干燥器中平衡 48 h 以上，进行充分的干燥平衡。

4）采样后放入干燥器进行等时间的干燥平衡，去除水分对称重的影响。

6.2.4.6 受体采样结果

受体采样试验在夏季和冬季均为相同的 6 个采样站位，采样情况见表 6-10。

表 6-10 受体采样情况统计

采样时间	采样点数（站位）/个	滤膜有效数量/张		
		聚丙烯膜	石英膜	合计
2001 年 6 月 10 日—29 日	6	170	169	339
2002 年 1 月 8 日—22 日	6	130	130	260

6.2.5 源与受体颗粒物的粒度分散度测量及数据处理

（1）受体颗粒物的粒度分散度测量方法

受体样品上颗粒物的粒度分散度测量是采用 KB-120 型中流量采样器进行 100 μm 以下、10 μm 及 2.5 μm 以下 3 种粒径的切割，重量法确定 TSP、PM_{10} 和 $PM_{2.5}$ 的浓度。

（2）受体样品的粒度分散度测量结果

受体样品的粒度分散度测量结果列入表 6-11。

表 6-11 成都市（综合监测点）大气颗粒物 TSP、PM_{10}、$PM_{2.5}$ 的浓度及其比例

颗粒物	夏季（2001 年 6 月）	冬季（2002 年 1 月）
TSP/（$\mu g/m^3$）	0.200	0.330
PM_{10}/（$\mu g/m^3$）	0.117	0.240
$PM_{2.5}$/（$\mu g/m^3$）	0.056	0.156
PM_{10}/TSP	0.585	0.727
$PM_{2.5}/PM_{10}$	0.479	0.650

从表 6-11 可知，成都市可吸入颗粒物占总悬浮颗粒物的比例大，受体中细颗粒物多。

6.2.6　源与受体样品的成分分析及数据处理

本课题对源与受体样品进行无机元素、碳、离子和多环芳烃 4 类化学组分的分析。在源与受体样品中这 4 类化学组分的含量范围很宽，从 10^{-6} 到 10^{-2} 数量级，有些成分的含量甚至在 10^{-9} 数量级。因此选择灵敏度高、准确度好、前处理操作简便且分析范围广的方法是至关重要的。本课题选用的分析测试技术如下。

ICP-AES 分析 23 种无机元素：K、Na、Ca、Mg、Zn、Fe、Al、Ti、Ni、Pb、Mn、Cu、Cr、Se、Ba、As、Co、P、S、Si、Sn、V、Ag；国土资源部的 SMT-2 型热解碳分析仪，分析 TC 和 OC；英国戴安公司的 DX-100 IC 型离子色谱，分析 K^+、Na^+、Ca^{2+}、Mg^{2+}、NH_4^+、F^-、Cl^-、NO_3^-、SO_4^{2-}；美国 Finnigan 公司的 GC8000TOP-YOYAG 型气相色谱-质谱联用仪，分析 PHE、ANT、FLU、PYR、BaA、CHR、BKF、BeP、BaP、PER、IND、DbahA、BghiP 和 COP 等多环芳烃及非烃。

6.2.6.1　无机元素分析

（1）HNO_3-$HClO_4$ 湿法消化

对于膜样品采用 HNO_3-$HClO_4$ 湿法消化测定除 Si 之外的各类元素。具体方法如下：在试样中加 9 ml 的 HNO_3、3 ml 的 $HClO_4$ 在可控温度的加热器中消化，开始温度为 100℃；维持 1 h，升高温度至 150℃；维持 2 h，继续升高至 200℃以上，使 $HClO_4$ 分解，冷却后冲至一定体积待测定。对粉末样品，先用 HF 去除 Si，然后用 HNO_3-$HClO_4$ 法处理。

（2）碱融镉法消化

膜和粉末样品中的 Si 的测定，均采用碱融镉法消化。对膜样品，先将膜样品灰化，再用碱融镉法处理。

（3）测试中的质量监控

高低含量标准溶液：用试剂空白做低含量标样，用水系沉积物国家一级标样（GSD 系列）与样品同时处理，所得溶液做高含量标样。

校准曲线：用制成的高、低含量标样标准化，制作待测元素校正曲线。

仪器漂移校正：采用多次标准化校正仪器的漂移，具体方法是每次测量 10 个样品后，重新进行标准化校正仪器。并以水系沉积物（GDS6）为质量监控样测定，结果与标准推荐值对照，以保证测定结果的可靠性。监控结果见表 6-12。

表 6-12 ICP-AES 测定的可靠性分析

化合物	推荐值/（μg/g）	测量值/（μg/g）	误差/%	元素	推荐值/（μg/g）	测量值/（μg/g）	误差/%
SiO_2	61.22	60.94	−0.5	Cu	383	.400	+4.4
TiO_2	0.78	0.84	+7.1	Zn	143	150	+4.9
Al_2O_3	14.17	14.03	−1.0	As	13.4	14.9	+11.2
MnO	0.13	0.17	+23.5	Pb	28.5	29.6	+3.9
MgO	2.98	3.00	+0.7	Cr	192	200	+4.2
CaO	3.85	3.97	+3.0	Sc	17.5	18.5	+5.7
Na_2O	2.32	2.24	−3.6	Ni	78.8	80.2	+1.8
K_2O	2.43	2.51	+3.2	V	141	149	+5.7
Fe_2O_3	5.85	5.86	+0.2				

以上质控结果说明，砷（As）的相对误差最大，为 11.2%，其余的化学组分的相对误差均在 10%以下，分析结果满足质控要求。

6.2.6.2 离子分析

本研究用 DX-100 型离子色谱仪对样品中的 K^+、Na^+、Ca^{2+}、Mg^{2+}、NH_4^+、F^-、Cl^-、NO_3^-、SO_4^{2-}进行定量分析。分离柱为 AS4A-SC，淋洗液用 0.018 mmol Na_2CO_3+ 0.017 mmol $NaHCO_3$的混合溶液。

（1）样品的前处理

离子色谱常用的样品前处理方法是用水和淋洗液直接浸提，为了提高固体样品中离子溶解速度，采用在超声波下提取的方法。称取适量（0.100～0.200 g）的粉末样品，膜样品用 1/4 石英膜的样品，将样品浸泡在 10.00 ml 去离子水中，摇匀，置于超声波浴下提取 10 min，然后静置，取上层清液用于离子色谱分析。

（2）标准曲线漂移校正

分别用质量浓度为 1.0 mg/L、2.0 mg/L、4.0 mg/L、8.0 mg/L 的 KCl 标准溶液作为测定 Cl^-的标准曲线；用质量浓度为 4.0 mg/L、8.0 mg/L、16.0 mg/L、32.0 mg/L 的 KNO_3标准溶液作为测定 NO_3^-的标准曲线；用质量浓度为 5.0 mg/L、10.0 mg/L、20.0 mg/L、40.0 mg/L 的 K_2SO_4标准溶液作为测定 SO_4^{2-}的标准曲线，采用内差法定量计算。每分析 20 个样品后，用两个点的标准溶液进行标准曲线漂移校正。

（3）精密度与检出限

用上述所列浓度分别制作 KCl、KNO_3、K_2SO_4标准溶液各 5 份，按上述方法测量试样的精密度与检出限，如表 6-13 所示。

表 6-13 DX-100 离子色谱的准确度和检出限

离子名称	标准参考值/（mg/L）	测量的平均值/（mg/L）	相对误差/%	检出限/（mg/L）
Cl^-	0.500	0.508	1.6	0.05
NO_3^-	0.800	0.799	−0.1	0.15
SO_4^{2-}	2.500	2.440	−2.4	0.25

6.2.6.3 碳分析

（1）原理

将样品（粉末样品或滤膜样品）置于热解炉的反应器内，在氧气气流中不断升温。含碳化合物在达到一定温度条件下发生挥发、氧化、热解并生成二氧化碳，二氧化碳通过电导率计的液体（碱液）时，使电导率计的电导率发生变化以达到测定样品中含碳组分的目的。

$$CO_2 + OH^- \longrightarrow H_2O + CO_3^{2-}\ (HCO_3^-)$$

（2）测碳方法

前处理：在一定温度条件下（100℃以下），一些易挥发的含碳物质将挥发掉，如乙醇、汽油等。将样品放在烘箱内，在 105℃条件下烘烤 2 h，主要是去除样品中的水分。

粉末样品，称量 2～5 mg；滤膜样品，剪下相当于 2～5 mg［1/（120～200）］样品重量的滤膜样品各 2 份。

测定总碳：将经过前处理的样品置于托盘上的石英舟内，推入热解炉内的石英管中，加热升温至 1 000～1 100℃，为了缩短总碳的测定时间，实现快速测定，采用通氧助燃的办法。氧气为一般的工业用氧气即可，氧气流量为 50～100 ml/min。灰化时间为 8～30 min。根据电导率的变化曲线（标准曲线）计算样品的碳含量，即为总碳含量。

测定元素碳和有机碳：将经过前处理的样品加 1～2 滴稀盐酸（HCl），在 80～150℃条件下烘 4 h（粉末样品）至 6 h（滤膜样品），去除无机碳（不包括单质碳）。而后将样品推入热解炉内的石英管中，加热升温至 1 000～1 100℃，通氧助燃，灰化时间为 8～30 min。根据电导率的变化曲线（标准曲线）计算样品的元素碳和有机碳含量。

（3）分析过程中的质量控制

对于高含量的样品采用高纯 $CaCO_3$ 做监控样品，中低含量的样品采用地质的水系沉积物（GSD）做监控样品，控制分析的准确度（仪器的稳定性）。分析的相对误差如表 6-14 所示。

表 6-14 监控样品含碳量测量的相对误差

序号	样品含碳量	相对误差
1	＜2%	±0.5%
2	2%～10%	±10%
3	＞10%	其中：粉末样品＞±10%（TC）； 滤膜样品：＞±10%（TC），＞±15%（OC）

6.2.6.4 有机物多环芳烃的分析

（1）样品的前处理

将采集颗粒物的滤膜尘面向里或将粉末状颗粒物用灼烧后的超细玻璃纤维滤膜（天津市工商经济开发公司总经销，直径 100 mm）包好置于 250 ml 索氏提取器中用 120 ml 二氯甲烷（分析纯，天津市化学试剂二厂，重蒸后沸点为 40～41℃）进行提取，提取温度恒定于 80℃，提取时间为 8 h。

提取液于旋转蒸发器（型号 RE-52C，上海亚荣生化仪器厂）上进行减压蒸馏浓缩，体系内压强约为 0.08～0.09 MPa，蒸馏时温度恒定于 40℃。提取液体积浓缩至 1 ml 左右，转移至 K-D 浓缩管中，用 N_2 气流浓缩至 0.4 ml 左右。

使用硅胶柱层析的方法将提取液中多环芳烃分离纯化。将 10 g 活化硅胶（上海五四化学试剂厂，100～200 目柱层析用硅胶，在 240℃活化 2 h，活度约为Ⅱ～Ⅲ级）用湿法装柱于长为 20 cm，内径为 1 cm 的硅胶柱内。把浓缩后的提取液移至硅胶柱柱顶，依次用 40 ml 正己烷（分析纯，天津市化学试剂二厂，重蒸后沸点为 69～70℃）和 120 ml 体积比为 1∶1 的正己烷/苯（分析纯，天津市化学试剂二厂，重蒸后沸点为 80～81℃）洗脱硅胶柱（图 6-8），弃去正己烷洗脱组分（A1），收集正己烷/苯洗脱组分（A2）。

图 6-8 硅胶柱层析分离纯化多环芳烃的程序

将洗脱组分 A2 于旋转蒸发器上进行减压蒸馏浓缩，体系内压强为 0.02～0.03 MPa，蒸馏时温度恒定于 50℃。当洗脱液体积浓缩至 1 ml 左右时，转移至 K-D 浓缩管中，用 N_2 气流浓缩定容至一定体积后，密封于安瓿瓶中，低温避光保存待测。

（2）多环芳烃的测定与质量控制

在选择所要测定的多环芳烃时，既考虑了多环芳烃的毒性，也考虑了多环芳烃在标识污染源方面的独特作用以及多环芳烃在气固两相分布情况，经筛选后确定了包括苯并[*a*]芘在内的 14 种物质作为必测物质，同时考虑美国 EPA 优控多环芳烃的种类，共分析检测出了数十种多环芳烃和杂环芳烃。其中 14 种主要必测物质是：菲（PHE）、蒽（ANT）、荧蒽（FLU）、芘（PYR）、苯并[*a*]蒽（BaA）、䓛（CHR）、苯并[*k*]荧蒽（BkF）、苯并[*e*]芘（BeP）、苯并[*a*]芘（BaP）、苝（PER）、茚并[1,2,3-*cd*]芘（IND）、二苯并[*a, h*]蒽（DBahA）、苯并[*g, h, i*]苝（BghiP）、晕苯（COR）。利用气相色谱-质谱联用技术测定上述 14 种物质。测试条件如下：色谱柱为 DB-5 石英毛细管柱（30 m×0.3 mm）；色谱柱采用程序升温，起始温度为 100℃，停留 2 min，以 20℃/min 的速度升温至 200℃，然后以 4℃/min 的速度升温至 260℃，停留 8 min 后，以 13℃/min 的速度升温至 299℃，停留 3.5 min；进样口温度为 280℃；气-质传输线温度为 250℃；质谱离子源为电子轰击源（EI），离子源温度为 200℃；质谱标准调谐物质为 Heptacosa（正二十七烷）；载气为高纯氦气，流速为 1.3 ml/min；样品进样方式为不分流进样，进样量为 3 μl；质谱扫描方式为选择离子流（SIR）扫描方式［部分使用总离子流（TIC）扫描方式］，扫描范围为 150～350 u（特征核质比和保留时间见表 6-15）；通过与标准物质的色谱峰的保留时间和 NIST 中标准质谱谱图相比进行定性分析，利用外标法对待测物质进行定量测定。

表 6-15　选择离子流（SIR）扫描方式中特征核质比和保留时间范围

序号	保留时间/min	特征核质比	待测物
1	8.250～8.400	176、178、179	PHE、ANT
2	10.800～11.500	100、101、200、202、203	FLU、PYR
3	15.840～16.100	113、114、226、228、229	BaA、CHR
4	20.700～22.450	125、126、250、252、253	BkF、BeP、BaP、PER
5	28.000～30.000	136、137、138、274、276、277、278	IND、DBahA、BghiP
6	35.900～36.200	147、149、298、300、301	COR

在利用外标法进行色谱定量分析时，标准溶液配制是关键环节，实验中采用了标准贮备液稀释的方法配制标准溶液。根据 GB 8971—88 和 GB/T 15439—1995 分析方法，选择了质量浓度为 100～200 μg/mL 的多环芳烃溶液作为标准贮备液，各种多环芳烃物质纯度为 95%～99%。其中 BeP、PER 和 COR 三种物质的标准贮备液均用高纯晶体溶解于优级纯苯中配制，其他多环芳烃标准贮备液为 EPA610 标准混合溶液（分类号为 48743，Supelco 公司），详见表 6-16 和表 6-17。稀释后的标准溶液保存于色谱用样品瓶（2 mL，12×32 mm，德国）中。

表 6-16 EPA610 标准混合溶液

物质	分子量	纯度/%	质量浓度/（μg/mL）	产地
ANT	178	99.0	99.9	美国
BaA	228	99.0	100.0	美国
BaP	252	99.5	100.1	美国
BghiP	276	99.0	200.1	美国
BkF	252	99.0	100.1	美国
CHR	228	99.0	100.0	美国
DBahA	278	96.7	200.0	美国
FLU	202	98.5	200.1	美国
IND	276	99.0	100.2	美国
PHE	178	97.2	100.0	美国
PYR	202	97.4	100.0	美国

表 6-17 BeP、PER 和 COR 晶体纯度及产地

物质名称	分子量	纯度/%	产地
BeP	252	99.0	英国
PER	252	99.0	美国
COR	300	99.0	美国

6.3 源与受体成分谱的特征分析

6.3.1 源成分谱的建立方法

大气颗粒物各排放源类所排放的颗粒物的成分谱是 CMB 模型的主要输入参数，由于各排放源类中的各种排放源很复杂，各种排放源所排放的颗粒物的成分谱易建立，但是如何建立各排放源类的成分谱则是一个棘手的问题，因为我国尚未制定相应的技术规范，所以解决该问题就成为本研究的技术关键。本课题通过大量的研究，建立了成都市源类成分谱。

6.3.1.1 颗粒物排放源类及其排放特点分析

习惯上，我们把颗粒物的来源按行业分类，如建材、钢铁、冶炼、化工等，这种分类虽然便于统计和管理，但是长期如此，就会把人们的目光集中在这些行业上，认为环境空气中的颗粒物主要来源于这些行业。因此，以前我国所采取的控制措施也主要集中在有组织排放的消烟除尘方面。实际情况远非如此，环境空气中的颗粒物来源非常复杂，简单地把颗粒物的来源归结到几个行业是不全面的。例如，钢铁、冶炼、化工等行业在生产过程中都需要燃煤，都要排放煤烟尘，同时，城市中大量裸露的原煤堆也会有少部

分进入环境空气中，虽然原煤尘不同于煤烟尘，但它势必将影响环境空气中颗粒物上碳的含量，从而影响源解析结果中煤烟尘的分担率，所以不能简单地把环境空气中的煤烟尘归结到某一个行业。又如，钢铁冶金尘，一个城市中，每年会有大量的钢铁腐蚀，这些腐蚀后的钢铁粉尘会通过各种途径进入环境空气中，这样，就不能把空气中的钢铁冶金尘简单地归结到钢铁行业。

源解析研究工作避免了传统的源的分类方法，是把环境空气中颗粒物的源按类分为：煤烟尘，既包括点源、面源，又包括居民燃煤及无组织排放的吹灰场等；风沙尘，主要是指土壤风蚀尘及外来风沙；建筑尘，包括建材工业、建筑施工等；冶金尘，包括金属冶炼、机械加工、腐蚀等；扬尘，混合源，包含有各类源的成分，等等。

6.3.1.2　区域颗粒物排放源类化学组成特点分析

根据上述分析，我们把颗粒物的排放源类分为土壤风沙尘、煤烟尘、建筑尘、冶金尘、扬尘、机动车尾气尘，等等，每一种源类中又包括众多的不同的排放源，而这些不同的排放源所排放的颗粒物的化学成分又存在着不同程度的差别。

对于土壤风沙尘来说，可以忽略远距离输送和特殊天气条件下沙尘暴的影响，因此可以认为它主要来源于本地，而对于一个城市及其周边地区来讲，其土壤的化学成分变化不是十分明显。煤烟尘则与土壤风沙尘有较大的区别，由于各类燃烧设备所使用的煤质不同、燃烧方式不同、除尘方式不同等，这些因素都会造成它们所排放的煤烟尘在化学组成上存在一定的差别，这些差别给煤烟尘成分谱的建立带来了较大的困难。建筑尘在化学组成方面的变化也比较复杂，不同标号的水泥其组成不同，生产过程中所产生的建筑尘与运输、使用过程中所产生的建筑尘在组成上也会有所不同。冶金尘同样存在着化学组成的不确定性，炼钢、炼铁、机械加工等不同的生产过程会产生化学组成不同的冶金尘。扬尘作为重要的开放源类和混合尘源类，其化学组成在空间和时间上也存在着变化。

6.3.1.3　建立区域颗粒物排放源类化学成分谱的原则

根据以上两节的分析，在对已有的大量的源成分谱化学组成特征研究的基础上，本研究提出了以下建立区域颗粒物排放源类化学成分谱的原则。

1）为了使源成分谱具有较好的代表性，在源样品采集和成分谱建立时应充分考虑同一类源中的不同排放源，尤其是化学组成变化较大的不同排放源，应分别建立它们的成分谱。

2）为了获得具有代表性的源样品，对于同一源类中的同一种排放源（如电厂燃煤尘），其样品量不宜少于 5 个。

3）为了不增加更多的化学分析工作量，同时又能反映同一种排放源在化学组成上的变化情况，对同一源类中的同一种排放源可以根据相近类型（部位、方位）样品等量混合的原则减少分析的样品量，但分析的样品量以不少于 3 个为宜。

4）鉴于各源类的排放方式和化学组分的变化情况差别很大，因此在建立各类源成分谱时，应分别按照不同的原则。

土壤风沙尘：由于一个区域的土壤风沙尘在化学组成上的变化较小，因此可以忽略不同方向上其起尘量的变化，可用不同采样点上土壤风沙尘化学组成的等权平均的方法得到代表一个地区土壤风沙尘的源成分谱。

扬尘：分别建立不同功能区的扬尘源成分谱，并对这些成分谱进行等权平均得到的成分谱代表所研究区域的扬尘源成分谱。

煤烟尘：煤烟尘是化学组成变化较大的一类源，应分别建立不同燃烧方式、不同除尘方式及不同排放方式的煤烟尘成分谱，根据煤烟尘排放量或燃煤量对各种煤烟尘成分谱进行加权平均，得到能够代表所研究区域煤烟尘的成分谱。在无法确定排放量和燃煤量的情况下，可以采用等权平均的方法。

建筑尘：由于水泥是生产和使用较多的建筑材料，因此，应分别建立不同标号的水泥尘成分谱，并根据各自不同的生产和使用量进行加权平均，从而得到具有代表性的建筑水泥尘成分谱，在使用量难以统计时，也可以采用等权平均的办法。虽然施工工地会产生大量的除水泥以外的各类建筑材料尘或由于动土而产生的土壤尘，但是由于这部分建筑尘在组成上类似于土壤风沙尘，以这些源的成分谱与水泥尘的成分谱的平均数代表建筑尘的话，势必会缩小建筑尘与土壤风沙尘之间的差别，使它们之间的共线性增加。因此，本研究认为应使用纯水泥的成分谱代表建筑尘的源成分谱。

冶金尘：分别建立高炉、电炉、烧结炉、转炉等不同生产过程中所产生的冶金尘及无组织排放源的成分谱，用它们的等权平均成分谱代表所研究区域的冶金尘成分谱。

6.3.2 源成分谱特征分析

大气颗粒物各类排放源成分谱间的差异主要体现在谱的组成、含量范围和特征元素方面。在源成分谱研究中，最重要的是确定源成分谱的特征组分和解决源成分谱的共线性问题。

6.3.2.1 源成分谱的组成特征分析

本研究分别建立了土壤风沙尘、扬尘、燃煤尘、建筑尘、冶金尘、道路扬尘、汽车尾气尘、燃油尘 8 种源类的颗粒物成分谱，成分谱由 19 种化学元素、总碳（TC）和有机碳（OC）、3 种阴离子和包括 BaP 在内的 13 种多环芳烃有机物（简称有机物成分谱）组成。其中多环芳烃有机物成分谱在 6.5 中专门进行分析，其余组分的成分谱见表 6-18。

表 6-18　成都市可吸入颗粒物源成分谱

单位：%

组分	土壤风沙尘		扬尘		道路尘		建筑水泥尘		燃煤尘		冶金尘		汽车尾气尘		$(NH_4)_2SO_4$		NH_4NO_3		燃油尘	
	比例	偏差	比例	偏差	比例	偏差	比例	偏差	比例	偏差	比例	偏差	比例	偏差	比例	偏差	比例	偏差	比例	偏差
Na	2.741	0.593	3.531	0.629	0.904	0.090	1.580	0.158	2.444	1.275	0.835	0.068	0.296	0.279	0.000	0.010	0.000	0.010	0.450	0.045
Mg	0.983	0.034	0.865	0.064	0.957	0.096	0.209	0.021	1.143	0.030	3.718	2.460	0.219	0.300	0.000	0.010	0.000	0.010	0.000	0.010
Al	7.515	2.141	9.256	0.524	4.920	0.492	2.240	0.224	12.498	0.468	4.623	0.243	0.266	0.153	0.000	0.010	0.000	0.010	0.000	0.010
Si	25.356	0.440	20.621	1.319	16.500	1.650	9.340	0.934	14.818	0.595	6.149	4.016	0.694	0.484	0.000	0.010	0.000	0.010	0.000	0.010
K	3.092	0.440	2.399	0.434	2.600	0.260	1.550	0.155	2.374	0.693	1.150	0.288	0.231	0.204	0.000	0.010	0.000	0.010	0.360	0.036
Ca	1.547	0.642	8.655	2.244	3.170	0.317	24.500	2.450	2.108	0.546	5.585	4.523	0.599	0.763	0.000	0.010	0.000	0.010	0.150	0.015
Ti	0.737	0.254	0.875	0.161	0.017	0.002	0.146	0.015	0.117	0.021	0.066	0.007	0.101	0.077	0.000	0.010	0.000	0.010	0.000	0.010
V	0.015	0.003	0.012	0.003	0.002	0.001	0.004	0.001	0.022	0.010	0.012	0.003	0.033	0.020	0.000	0.010	0.000	0.010	0.000	0.010
Cr	0.032	0.016	0.049	0.009	0.034	0.003	0.008	0.001	0.070	0.018	0.280	0.251	0.013	0.019	0.000	0.010	0.000	0.010	0.150	0.015
Mn	0.045	0.016	0.089	0.005	0.100	0.010	0.076	0.008	0.027	0.002	3.036	2.147	0.022	0.015	0.000	0.010	0.000	0.010	0.041	0.004
Fe	4.408	0.343	3.522	0.212	3.890	0.389	2.030	0.203	4.303	0.213	34.162	2.368	1.184	0.621	0.000	0.010	0.000	0.010	0.240	0.024
Ni	0.012	0.001	0.012	0.003	0.031	0.003	0.080	0.008	0.021	0.002	0.057	0.033	0.008	0.006	0.000	0.010	0.000	0.010	0.049	0.005
Cu	0.004	0.001	0.020	0.009	0.019	0.002	0.008	0.001	0.007	0.001	0.078	0.073	0.080	0.019	0.000	0.010	0.000	0.010	0.000	0.010
Zn	0.010	0.001	0.127	0.034	0.086	0.009	0.028	0.003	0.026	0.021	3.661	4.823	0.216	0.025	0.000	0.010	0.000	0.010	0.000	0.010
As	0.003	0.001	0.002	0.001	0.104	0.010	0.063	0.006	0.003	0.001	0.005	0.003	0.008	0.003	0.000	0.010	0.000	0.010	0.000	0.010
Pb	0.008	0.001	0.010	0.006	0.081	0.008	0.016	0.002	0.006	0.007	0.265	0.350	0.032	0.013	0.000	0.010	0.000	0.010	0.200	0.020
TC	2.229	0.288	10.646	2.964	5.001	0.500	1.480	0.430	9.821	5.270	8.217	5.749	89.870	8.987	0.000	0.010	0.000	0.010	57.400	5.740
OC	1.083	0.451	9.752	2.972	3.349	0.335	0.400	0.236	8.783	4.902	6.393	5.630	51.677	5.684	0.000	0.010	0.000	0.010	57.400	5.740
Cl^-	0.130	0.013	0.134	0.040	0.159	0.016	0.041	0.004	0.040	0.004	0.147	0.015	0.396	0.238	0.000	0.010	0.000	0.010	3.520	0.352
NO_3^-	0.044	0.004	0.134	0.032	0.101	0.010	0.006	0.001	0.015	0.001	0.020	0.002	0.774	1.079	0.000	0.010	77.500	7.750	2.080	0.208
SO_4^{2-}	0.297	0.030	2.491	0.870	1.788	0.179	0.962	0.096	0.783	0.078	0.404	0.040	3.872	3.010	72.700	7.270	0.000	0.010	0.910	0.091

对于 PM_{10} 源类来说，主要化学成分百分含量的大小依次为：

Si：土壤风沙尘＞扬尘＞道路尘＞燃煤尘＞建筑尘＞冶金尘＞汽车尾气尘＞燃油尘；

Ca：建筑尘＞扬尘＞冶金尘＞道路尘＞燃煤尘＞土壤风沙尘＞汽车尾气尘＞燃油尘；

Al：燃煤尘＞扬尘＞土壤风沙尘＞道路尘＞冶金尘＞建筑尘＞汽车尾气尘＞燃油尘；

Fe：冶金尘＞土壤风沙尘＞燃煤尘＞道路尘＞扬尘＞建筑尘＞汽车尾气尘＞燃油尘；

TC/OC：汽车尾气尘＞燃油尘＞扬尘＞燃煤＞冶金尘＞道路尘＞土壤风沙＞建筑尘。

各源类中化学组分的含量统计见表 6-19。

表 6-19 各源类中化学组分的含量统计

源类型	化学成分含量			
	＜0.1%	0.1%～1%	1%～10%	＞10%
土壤风沙尘	Mn，NO_3^-，Cr，V，Ni，Zn，Pb，Cu，As	Mg，Ti，SO_4^{2-}，Cl^-	Al，Fe，K，Na，TC，OC	Si
扬尘	Mn，Cr，Cu，V，Ni，Pb，As	Ti，Mg，Cl^-，NO_3^-，Zn	OC，Al，Ca，Na，Fe，SO_4^{2-}，K	Si，TC
冶金尘	Cu，Ti，Ni，NO_3^-，V，As	Na，SO_4^{2-}，Cr，Pb	TC，OC，Si，Ca，Al，Mg，Zn，Mn，K	Fe
建筑水泥尘	Ni，Mn，As，Cl^-，Zn，Pb，Cr，Cu，NO_3^-，V	SO_4^{2-}，OC，Mg，Ti	Si，Al，Fe，Na，K，TC	Ca
燃煤尘	Cr，Cl，Mn，Zn，V，Ni，NO_3^-，Cu，Pb，As	SO_4^{2-}，Ti	TC，OC，Fe，Na，K，Ca，Mg，Si，Al	Si，Al
道路尘	Zn，Pb，Cr，Ni，Cu，Ti，V	Mg，Na，Cl^-，As，NO_3^-，Mn	TC，Al，Fe，OC，Ca，K，SO_4^{2-}	Si
汽车尾气尘	Cu，V，Pb，Mn，Cr，As，Ni	NO_3^-，Si，Ca，Cl^-，Na，Al，K，Mg，Zn，Ti	SO_4^{2-}，Fe	TC，OC
燃油尘	Ni，Mn，Mg，Al，Si，Ti，V，Cu，Zn，As	SO_4^{2-}，Na，K，Fe，Pb，Ca，Cr	Cl^-，NO_3^-	TC，OC

如果将含量大于 1%的化学组分称为主量成分，将含量小于 1%的化学组分称为次量成分，那么各源类主次成分的含量见表 6-20。从表 6-20 可知，各源类物主量成分占 41%～95%，次量成分占 1%～4%。

表 6-20　各源类主次成分含量

单位：%

源类	主量成分	次量成分	合计
汽车尾气尘	94.93	3.99	98.92
煤烟尘	58.29	1.14	59.43
土壤风沙尘	47.97	2.32	50.29
扬尘	70.87	2.33	73.20
建筑尘	42.72	2.05	44.77
冶金尘	76.69	2.17	78.86
道路尘	41.22	2.60	43.82
燃油尘	63.00	2.55	65.55

6.3.2.2　源成分谱的特征元素分析

源成分谱的特征元素也称为标识元素，是某源类区别于其他源类的重要标志。特征元素是指某一源类中对源贡献值和贡献值的标准偏差影响程度较大的元素。影响大表示该元素的灵敏度高，影响小表示灵敏度低。特征元素就是那些灵敏度最高的元素。

在 CMB 模型的算法当中，MPIN 矩阵反映了元素对 CMB 模型模拟灵敏程度的矩阵，该矩阵提供了判定源特征元素的方法。主要源类的 MPIN 矩阵见表 6-21，其中 MPIN 值为 1 的元素即为灵敏元素，也就是相应源类的特征元素。

表 6-21　灵敏度矩阵

化学组分	土壤风沙	燃煤飞灰	建筑尘	冶金尘	机动车尾气
Mg	0.51	−0.59	−0.01	0.25	0.28
Al	−0.34	1.00	0.1	−0.46	−0.51
Si	1.00	−0.62	−0.21	−0.15	0.27
Ca	0.02	−0.25	1.00	0.05	0.09
Ti	−0.26	0.78	0.03	−0.36	−0.37
Mn	0.17	−0.17	−0.03	0.09	0.09
Fe	−0.13	0.12	−0.09	1.00	−0.08
TC	0.00	−0.02	0.00	−0.05	1.00

特征元素一般有以下几个特点：①某源类的特征元素，一般来说在该源类中的含量比在其他源类中的含量要高几倍到几十倍；②特征元素的化学性质最稳定，在迁移扩散过程中不易发生化学变化；③各源类的特征元素均参加 CMB 计算；④特征元素的标准偏差较小。根据元素灵敏度矩阵所给出的结果，大气颗粒物各排放源类的特征元素见表 6-22 和图 6-9。

表 6-22 颗粒物排放源类的特征元素

源类	煤烟尘	风沙尘	建筑尘	冶金尘	机动车尾气
特征元素	Al	Si	Ca	Fe	TC

特征元素在 CMB 模型拟合中有两个作用：①参加 CMB 拟合的元素主要选用特征元素，特征元素对源贡献值的计算结果起决定作用；②特征元素对 CMB 拟合优良程度影响很大。

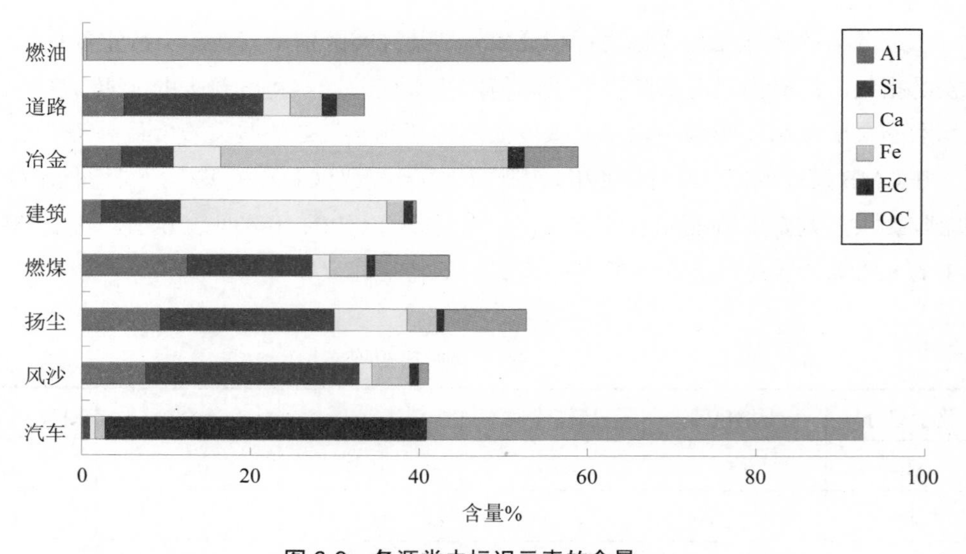

图 6-9 各源类中标识元素的含量

6.3.2.3 源成分谱的共线性分析

在用 CMB 模型进行模拟计算时，经常会出现负的源贡献值或模拟优度变坏的情况，如表 6-23 所示。

表 6-23 共线性源类同时参与拟合的结果 单位：μg/m³

编号	源类	贡献值	标准偏差
1	土壤风沙尘	281.35	202.85
2	扬尘	−172.60	245.85
3	燃煤尘	2.99	98.15
4	建筑尘	61.42	75.04
5	冶金尘	−14.34	11.97
6	机动车尾气尘	24.39	35.88
7	燃油尘	127.06	57.61

从表 6-23 可知，扬尘的贡献值为负值，除土壤风沙尘和燃油尘外，各源类贡献值的标准偏差均比贡献值大。之所以出现这种不合理的结果是由于源类之间的相似性/不定性引起的。源类的相似性是指多源类的成分谱相近或含量成比例，源的不定性是指某源类的成分谱的偏差过大。源类的相似性/不定性统称为共线性。当共线性源类同时纳入模型计算时，可能使 CMB 方程无解或解为负值，而负的源贡献值是根本没有意义的。

在 CMB 模型的算法中，给出了判断共线性源类的方法。利用 T 统计法和奇异值分解法将有共线性问题的源类归入不定性/相似性组中，见表 6-24，可以找出属于共线性的源类。一般说来判断共线性源类的原则是：①在不定性/相似性组中，组浓度之和的标准偏差较大，甚至大于组浓度之和；②组浓度之和的标准偏差越大，该组内的源类之间的共线性问题就越严重；③如果共线性源类没有严重到使拟合优度的各项指标变坏的程度，那么共线性问题就可以忽略。

表 6-24 源类共线性分析 单位：μg/m³

不定性/相似性组	组浓度之和	组浓度之和的标准偏差
1，2	92.95	116.7
1，3	340.56	180.2
1，2，3，4	188.476	53.8

根据上述判断原则，在表 6-24 中的 3 组结果中，1 号源（土壤风沙尘）与 2 号源（扬尘）的组浓度之和的标准偏差大于组浓度之和，说明 2 号源扬尘与 1 号土壤风沙尘的共线性最严重。同样可以看出，1 号土壤风沙尘和 3 号燃煤尘也存在着较严重的共线性。

对于共线性的源类，采用不同时纳入模型，分别进行解析的方法予以解决。

6.3.3 受体成分谱特征的研究

6.3.3.1 强化监测期间可吸入颗粒物质量浓度的时空分布特征分析

本课题在 2001 年 6 月 10 日—29 日和 2002 年 1 月 8 日—22 日分别监测了环境空气中颗粒物的浓度，代表成都市夏季和冬季的颗粒物污染情况，并通过两季加权平均方法计算了全年颗粒物的浓度，各采样点大气颗粒物监测结果见表 6-25。

表 6-25 各采样点 PM_{10} 监测结果 单位：μg/m³

时间	金牛宾馆	草堂干	成华北巷	植物园	塔子山	天府广场	平均
夏	0.147	0.152	0.126	0.144	0.120	0.110	0.133
冬	0.232	0.211	0.201	0.297	0.344	0.240	0.254
全年	0.175	0.172	0.150	0.194	0.195	0.152	0.173

从表 6-25 可知，成都市大气可吸入颗粒物夏季质量浓度为 0.133 mg/m³，冬季为 0.254 mg/m³，冬季污染重于夏季。塔子山站点和植物园站点 PM_{10} 质量浓度较高，分别为 0.195 mg/m³ 和 0.194 mg/m³；金牛宾馆和草堂干次之，分别为 0.175 mg/m³ 和 0.172 mg/m³；天府广场和成华北巷较低，分别为 0.152 mg/m³ 和 0.150 mg/m³。按加权平均计算可得，成都市全年可吸入颗粒物的质量浓度为 0.173mg/m³。

6.3.3.2 化学组成特征分析

各采样点及各季的受体成分谱见表 6-26 和表 6-27。

（1）主量成分特征分析

本研究将百分含量值大于 1%的化学组分作为主量成分，将含量值小于 1%的化学组分作为次量成分，统计各采样站位及各站平均受体成分谱中主次成分的含量见表 6-28。

受体成分谱中的主量成分主要是（按浓度由高到低的顺序依次排列为）TC、Si、SO_4^{2-}、Ca、NO_3^-、K、Al、Na、Fe 等。从表 6-28 中可以看出，无论是夏季还是冬季，颗粒物中主量成分含量的总和均在 50%以上。为了便于比较分析各季和各站位的成分谱，这里只选择主量成分进行分析，夏季和冬季 PM_{10} 中 TC 的浓度监测值分别占 PM_{10} 总质量浓度的 17%和 28%，是受体中含量最高的组分，并且以 OC 为主，其夏、冬两季的含量分别为 14%和 25%；其次是 SO_4^{2-}和 Si，其相对含量分别约为 10%（夏）、12%（冬）和 5%（夏）、14%（冬）；NO_3^-和 Ca 的相对含量分别约是 5%和 3%（夏）、6%（冬），是仅次于 TC、Si、SO_4^{2-}的主要组分。图 6-10 和图 6-11 分别描述了夏季和冬季 PM_{10} 中主要组分的监测浓度。

表 6-26　成都市夏季 PM_{10} 受体成分谱

单位：μg/m³

	金牛宾馆		草堂干休所		成华北巷		植物园		塔子山		天府广场		成都市平均	
	浓度	偏差	浓度	偏差	浓度	偏差	浓度	偏差	浓度	偏差	浓度	偏差	浓度	偏差
TOT	147.01	44.50	152.18	54.12	125.75	49.03	120.26	37.46	146.96	50.41	109.54	34.88	133.62	45.07
K	1.550 4	0.717 9	1.355 5	0.680 3	1.198 4	0.672 2	1.653 1	0.957 3	1.252 8	0.546 7	1.141 2	0.883 1	1.358 6	0.742 9
Na	1.106 4	0.644 6	1.062 8	0.431 0	0.899 7	0.253 3	0.897 1	0.340 9	0.949 7	0.410 8	1.069 8	0.537 6	0.997 6	0.436 4
Ag	0.004 9	0.006 8	0.004 6	0.005 6	0.005 0	0.005 5	0.005 6	0.006 5	0.015 9	0.041 3	0.003 6	0.001 4	0.006 6	0.011 2
Al	2.229 2	1.007 3	2.503 0	1.539 7	1.883 6	0.968 9	1.828 1	1.027 1	2.250 6	1.407 5	1.576 2	0.394 3	2.045 1	1.057 5
Ba	0.033 4	0.011 8	0.042 4	0.037 7	0.031 5	0.014 2	0.034 9	0.039 9	0.035 9	0.023 7	0.032 5	0.019 7	0.035 1	0.024 5
Ca	5.190 0	1.555 0	5.440 5	2.306 9	4.332 5	1.583 4	4.577 4	2.194 2	5.074 0	2.175 9	4.468 7	1.413 4	4.847 2	1.871 5
Co	0.062 5	0.061 3	0.090 2	0.110 9	0.072 6	0.073 5	0.076 6	0.066 0	0.087 7	0.100 1	0.045 7	0.025 4	0.072 6	0.072 9
Cr	0.034 3	0.015 4	0.036 0	0.016 2	0.034 1	0.010 0	0.032 3	0.008 1	0.037 0	0.010 0	0.037 8	0.012 7	0.035 3	0.012 1
Cu	0.118 1	0.083 5	0.090 2	0.053 2	0.056 5	0.032 7	0.069 1	0.040 2	0.064 9	0.037 0	0.081 4	0.158 2	0.080 0	0.067 5
Fe	2.077 7	0.901 9	2.471 1	1.150 2	1.910 3	0.766 4	2.128 6	1.211 1	2.186 3	0.826 9	1.961 0	1.167 2	2.122 5	1.004 0
Mg	0.647 9	0.272 1	0.706 5	0.300 8	0.553 5	0.228 3	0.531 9	0.209 9	0.595 4	0.230 5	0.581 6	0.214 6	0.602 8	0.242 7
Mn	0.117 0	0.058 7	0.137 3	0.064 9	0.112 4	0.050 6	0.118 8	0.079 7	0.144 6	0.126 1	0.100 2	0.070 5	0.121 7	0.075 1
Ni	0.005 5	0.007 8	0.003 8	0.006 8	0.002 4	0.004 9	0.002 9	0.005 8	0.026 9	0.100 8	0.002 7	0.005 1	0.007 4	0.021 9
P	0.201 4	0.113 1	0.223 9	0.142 5	0.189 1	0.111 4	0.184 6	0.083 0	0.190 7	0.063 1	0.184 3	0.137 2	0.195 7	0.108 4
Pb	0.203 7	0.096 5	0.227 6	0.089 8	0.186 1	0.087 0	0.193 0	0.103 3	0.193 0	0.098 6	0.167 8	0.113 7	0.195 2	0.098 2
S	5.391 2	3.196 2	5.489 0	3.056 4	4.744 4	2.288 1	4.983 4	2.855 0	5.161 2	2.295 4	5.581 4	3.027 1	5.225 1	2.786 4
Si	7.229 8	1.404 0	7.842 2	1.790 6	6.969 2	1.193 0	7.309 1	1.885 3	7.398 9	1.287 3	5.698 0	1.817 0	7.074 5	1.562 9
Ti	0.059 1	0.023 7	0.065 1	0.034 3	0.097 8	0.213 9	0.044 9	0.016 9	0.053 8	0.024 1	0.053 9	0.065 2	0.062 4	0.063 0
V	0.005 9	0.005 2	0.006 5	0.005 6	0.012 4	0.029 3	0.005 9	0.005 3	0.007 2	0.005 7	0.007 0	0.002 1	0.007 5	0.008 9
Zn	0.778 3	0.554 0	0.656 4	0.380 5	0.463 2	0.250 2	0.585 3	0.363 7	0.706 2	0.437 1	0.620 7	0.439 1	0.635 0	0.404 1
Cl^-	1.026 0	0.275 5	1.241 5	0.342 1	0.970 5	0.504 4	1.357 5	0.885 1	1.169 9	0.637 0	0.860 4	0.308 3	1.104 3	0.492 1
NO_3^-	5.789 4	2.713 4	7.006 0	3.395 5	6.414 1	3.484 7	6.096 7	3.399 7	6.903 1	3.591 5	5.631 3	2.593 3	6.306 8	3.196 4
SO_4^{2-}	13.047 1	6.090 2	13.291 2	5.905 2	14.117 5	7.132 6	15.289 7	5.486 5	12.984 2	5.825 8	10.515 0	5.857 7	13.207 5	6.049 7
TC	26.622 8	7.153 5	23.620 8	9.499 8	23.189 8	8.259 2	20.033 1	5.387 6	25.713 2	11.675 1	17.075 5	12.914 4	22.709 2	9.148 3
OC	22.655 8	6.574 8	20.145 2	8.351 9	19.720 4	7.095 1	16.511 9	4.473 0	21.634 9	10.431 1	12.899 7	11.857 4	18.928 0	8.130 6

表 6-27 成都市冬季 PM_{10} 受体成分谱

单位：μg/m³

	金牛宾馆		草堂干休所		成华北巷		塔子山		植物园		天府广场		成都市平均	
	浓度	偏差	浓度	偏差	浓度	偏差	浓度	偏差	浓度	偏差	浓度	偏差	浓度	偏差
TOT	232.14	131.19	210.98	67.99	202.11	122.05	344.05	142.62	297.29	107.63	240.09	101.09	254.44	112.10
Na	2.738 2	1.097 8	3.218 0	0.629 8	3.390 2	0.703 1	4.992 4	1.349 5	4.400 6	1.067 6	4.701 0	1.806 7	3.906 7	1.109 1
Mg	1.168 7	0.737 0	0.894 3	0.726 7	0.800 4	0.440 0	0.856 5	0.457 3	1.077 7	0.647 5	1.239 7	0.914 0	1.006 2	0.653 8
Al	2.246 4	0.805 1	3.383 3	2.837 5	5.035 7	3.660 5	7.117 1	6.530 9	7.110 4	2.642 6	8.516 0	3.114 7	5.568 2	3.265 2
Si	14.729 9	2.878 7	22.168 4	4.628 2	36.077 4	3.517 7	68.758 7	4.392 0	55.874 7	8.314 0	28.232 5	6.000 2	37.640 3	4.955 1
P	1.193 0	1.042 1	0.869 1	0.253 2	0.432 2	0.448 7	0.403 4	0.165 6	0.346 0	0.163 0	0.389 0	0.197 6	0.605 5	0.378 4
S	0.369 2	0.202 3	0.213 5	0.181 0	0.353 9	0.178 0	0.893 1	0.617 4	0.640 4	0.263 0	0.619 2	0.233 3	0.514 9	0.279 2
K	5.854 0	0.760 1	5.054 7	0.817 0	4.297 1	1.512 7	7.106 1	1.179 0	6.472 6	1.171 8	4.604 1	0.941 3	5.564 8	1.063 7
Ca	13.298 5	9.647 6	12.891 4	9.474 7	9.540 1	3.652 9	12.386 5	11.302 7	17.672 3	17.187 3	17.973 9	13.817 2	13.960 5	10.847 1
Ti	0.053 7	0.055 3	0.449 0	0.201 5	0.626 0	0.060 3	0.999 7	0.099 5	0.857 9	0.063 9	0.634 3	0.134 9	0.603 4	0.102 6
Cr	0.035 2	0.047 1	0.251 7	0.128 7	0.100 0	0.146 3	0.040 4	0.048 4	0.031 6	0.065 0	1.115 2	1.381 2	0.262 4	0.302 8
Mn	0.154 2	0.051 7	0.163 2	0.079 8	0.203 0	0.303 8	0.341 2	0.337 1	0.240 8	0.151 8	0.226 5	0.165 2	0.221 5	0.181 6
Fe	3.685 6	0.780 7	2.552 8	0.166 9	2.417 2	0.219 9	2.935 7	0.340 3	3.285 3	0.793 9	2.566 7	0.423 9	2.907 2	0.454 3
Co	0.031 8	0.027 9	0.029 2	0.039 5	0.010 5	0.003 2	0.053 7	0.039 9	0.019 8	0.011 5	0.040 5	0.030 1	0.030 9	0.025 4
Ni	0.072 7	0.050 7	0.076 5	0.031 6	0.033 1	0.036 4	0.077 3	0.043 1	0.053 7	0.018 2	0.064 9	0.114 5	0.063 0	0.049 1
Cu	0.856 3	0.345 8	0.538 2	0.270 1	0.552 3	0.303 5	0.682 9	0.239 5	0.549 5	0.195 3	0.621 4	0.747 9	0.633 4	0.350 4
Zn	2.584 4	0.918 3	1.883 0	0.865 4	0.933 6	0.471 8	3.152 0	1.666 2	2.741 4	0.858 8	2.299 7	0.836 4	2.265 7	0.936 2
As	0.011 1	0.008 3	0.008 1	0.006 4	0.001 2	0.001 2	0.004 3	0.003 1	0.001 0	0.000 9	0.004 2	0.003 0	0.005 0	0.003 8
Ag	0.000 8	0.000 7	0.000 5	0.000 5	0.000 2	0.000 2	0.000 2	0.000 2	0.000 1	0.000 1	0.000 5	0.000 7	0.000 4	0.000 4
Sn	0.000 4	0.000 3	0.001 2	0.000 9	0.001 0	0.001 1	0.001 0	0.000 5	0.000 5	0.000 2	0.000 7	0.001 0	0.000 8	0.000 7
Ba	0.408 0	0.293 6	0.381 4	0.168 1	0.336 0	0.579 6	0.092 7	0.118 3	0.025 7	0.032 2	0.066 9	0.086 6	0.218 5	0.213 1
Pb	0.161 5	0.109 8	0.155 0	0.029 0	0.080 7	0.037 2	0.145 2	0.053 9	0.150 7	0.052 5	0.149 4	0.072 0	0.140 4	0.059 1
TC	67.467 6	13.340 1	61.904 6	17.066 4	57.865 1	8.149 9	95.507 5	19.699 2	81.731 0	19.487 9	69.391 2	12.350 4	72.311 2	15.015 7
OC	58.122 0	11.305 8	50.127 7	13.862 5	53.992 0	8.113 6	85.339 6	15.747 0	70.770 5	17.844 4	56.254 9	10.002 8	62.434 5	12.812 7
Cl^-	3.121 5	0.242 5	1.934 5	0.246 7	1.850 6	0.185 7	3.882 2	0.388 2	3.147 5	0.344 0	1.939 4	0.235 5	2.646 0	0.273 8
NO_3^-	10.132 6	1.241 6	11.881 4	1.377 8	12.159 6	1.175 6	16.694 0	1.762 2	17.887 9	1.961 6	14.510 7	1.437 1	13.877 7	1.492 7
SO_4^{2-}	23.792 1	2.762 8	24.562 9	2.596 6	24.273 7	2.567 1	37.648 6	4.086 3	31.579 3	3.544 9	24.047 1	2.849 3	27.650 6	3.067 8

表 6-28　PM_{10} 受体成分谱中主次成分含量　单位：%

季节	地点	金牛宾馆	草堂干休所	成华北巷	植物园	塔子山	天府广场	成都市平均
夏季	主量成分	61.78	57.85	68.01	68.81	62.34	59.49	62.13
	次量成分	4.54	4.42	4.55	5.89	4.49	5.15	4.78
	合　计	66.32	62.27	72.56	74.70	66.83	64.64	66.91
冬季	主量成分	63.50	69.97	76.72	77.08	73.85	72.70	73.85
	次量成分	2.75	3.62	2.95	2.05	2.84	3.66	2.42
	合　计	66.25	73.59	79.67	79.13	76.69	76.36	76.27

如图 6-10 所示，夏季 TC 的质量浓度监测值为 17～27 μg/m^3，是受体中含量最高的组分，其含量远超过了其他组分的质量浓度，分析其质量浓度的空间分布特征发现，其质量浓度监测值变化规律为：金牛宾馆＞塔子山＞草堂干休所＞成华北巷＞植物园＞天府广场。SO_4^{2-}在受体中的质量浓度监测值为 10～15 μg/m^3，是受体中含量次高的组分，其质量浓度监测值变化规律为：植物园＞成华北巷＞草堂干休所＞金牛宾馆＞塔子山＞天府广场。其他主要组分的变化情况是：Si：草堂干休所＞塔子山＞植物园＞金牛宾馆＞成华北巷＞天府广场；NO_3^-：草堂干休所＞塔子山＞成华北巷＞植物园＞金牛宾馆＞天府广场；Ca：草堂干休所＞金牛宾馆＞塔子山＞植物园＞天府广场＞成华北巷；K：植物园＞塔子山＞金牛宾馆＞成华北巷＞草堂干休所＞天府广场；Al：草堂干休所＞塔子山＞金牛宾馆＞成华北巷＞植物园＞天府广场；而 NH_4^+、Fe 和 Na^+在各站的监测浓度差别不大，表现出了分布比较均匀的特点。

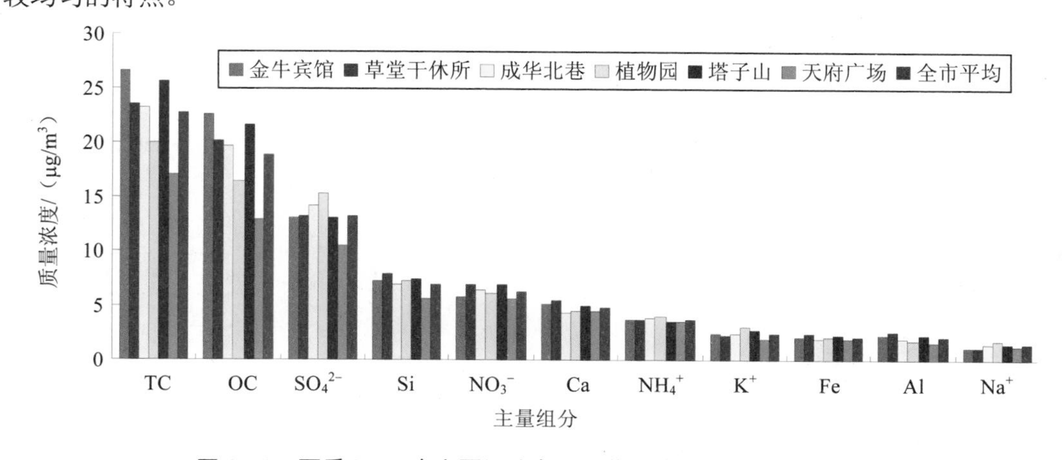

图 6-10　夏季 PM_{10} 中主要组分在不同监测站点的监测质量浓度

如图 6-11 所示，冬季 TC 的质量浓度监测值为 62～96 μg/m^3，是受体中含量最高的组分，其含量远超过了其他组分的质量浓度，其质量浓度监测值空间变化规律为：塔子山＞植物园＞天府广场＞金牛宾馆＞草堂干休所＞成华北巷；Si 的质量浓度为 15～

69 μg/m³，是受体中次高含量的组分，其质量浓度的空间分布特征为：塔子山＞植物园＞成华北巷＞天府广场＞草堂干休所＞金牛宾馆；SO_4^{2-}在受体中的质量浓度监测值为24～38 μg/m³，也是受体中含量较高的组分，其质量浓度监测值除塔子山和植物园略高外，其他几个监测点则比较接近；其他主要组分的变化情况是：NO_3^-：植物园＞塔子山＞天府广场＞成华北巷＞草堂干休所＞金牛宾馆；Ca：植物园＞天府广场＞金牛宾馆＞草堂干休所＞塔子山＞成华北巷；K：塔子山＞植物园＞金牛宾馆＞草堂干休所＞天府广场＞成华北巷；Al：天府广场＞植物园＞塔子山＞成华北巷＞草堂干休所＞金牛宾馆。

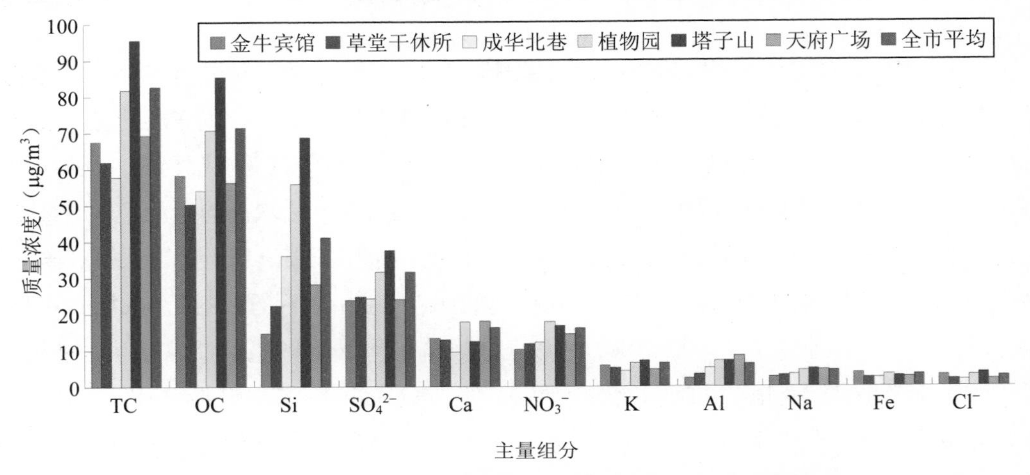

图 6-11　冬季 PM_{10} 中主要组分在不同监测站的监测质量浓度

（2）两季受体成分谱相对组成的比较

图 6-12 描述了夏、冬两季受体成分谱中主量组分含量的大小关系。

如图 6-12 所示，受体中除 Si、Ca、Al 等地壳元素冬季的含量相对其他组分有明显增大外，其他组分的相对大小在夏、冬两季是基本恒定的。

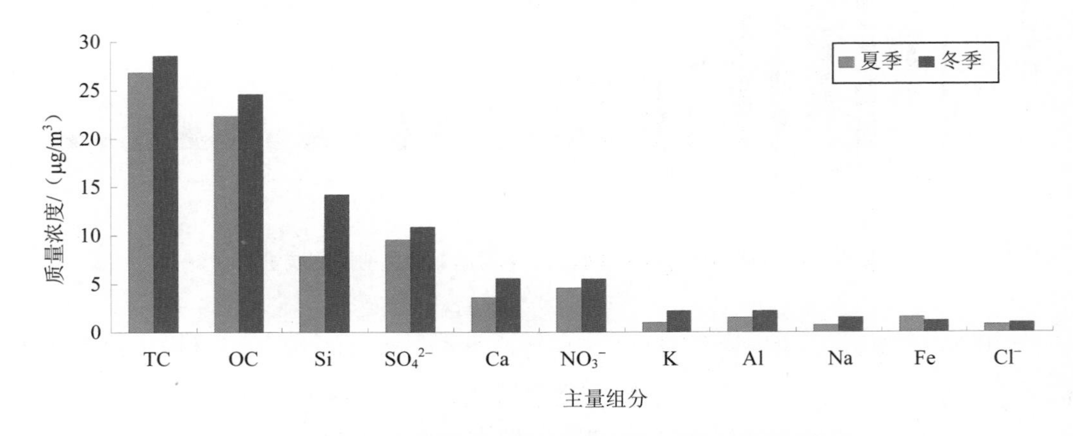

图 6-12　夏、冬两季受体中主量组分的监测质量浓度

（3）特殊条件下受体成分谱的特征分析

1）雾天成分谱。

本研究于 2002 年 1 月采集到大雾天气的受体样品，表 6-29 列出了雾天 PM_{10} 受体成分谱。

表 6-29　雾天 PM_{10} 受体成分谱

成分	质量浓度/（μg/m³）	占比/%	成分	质量浓度/（μg/m³）	占比/%	成分	质量浓度/（μg/m³）	占比/%
TOT	355.91		K	7.61	2.29	Cu	0.92	0.28
TC	78.20	23.60	Al	7.85	2.16	Ti	0.73	0.22
OC	68.80	20.75	Na	4.85	1.40	Mn	0.25	0.07
Si	48.79	13.68	Fe	3.58	1.03	Cr	0.17	0.05
SO_4^{2-}	34.27	9.63	Cl^-	3.53	0.99	Pb	0.15	0.05
NO_3^-	15.20	4.27	Zn	2.87	0.86	Ni	0.07	0.02
Ca	8.82	2.48	Mg	1.40	0.42	As	0.01	0.00

表 6-29 中数据表明，雾天 PM_{10} 的质量浓度为 355.91 μg/m³，是整个监测期间 PM_{10} 的平均质量浓度 293.71 μg/m³ 的 1.2 倍（是非雾天 231.51 μg/m³ 的 1.5 倍），这一结果表明，雾天可吸入颗粒物污染更严重。

图 6-13 描述了冬季监测期间 PM_{10} 中主量组分在不同情况下（雾天、非雾天、总体平均）质量浓度大小的比较关系。如图所示，除 Ca 以外其他各组分的质量浓度都是雾天高于非雾天和总体平均，与雾天颗粒物浓度高于非雾天浓度的结果是一致的。

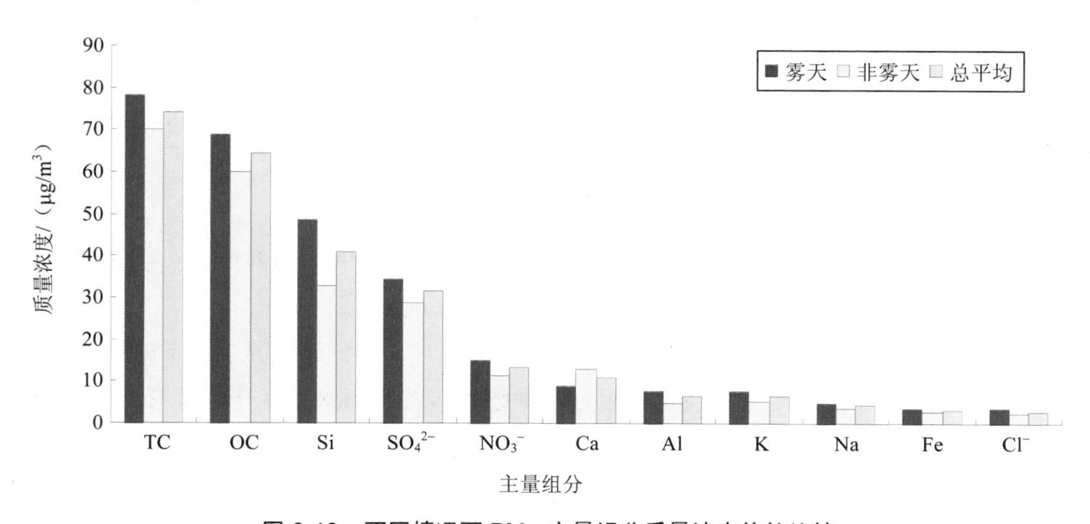

图 6-13　不同情况下 PM_{10} 主量组分质量浓度值的比较

图 6-14 描述了成都市冬季成都市 PM_{10} 中主量组分在不同情况下（雾天、非雾天、总体平均）含量大小的比较关系。

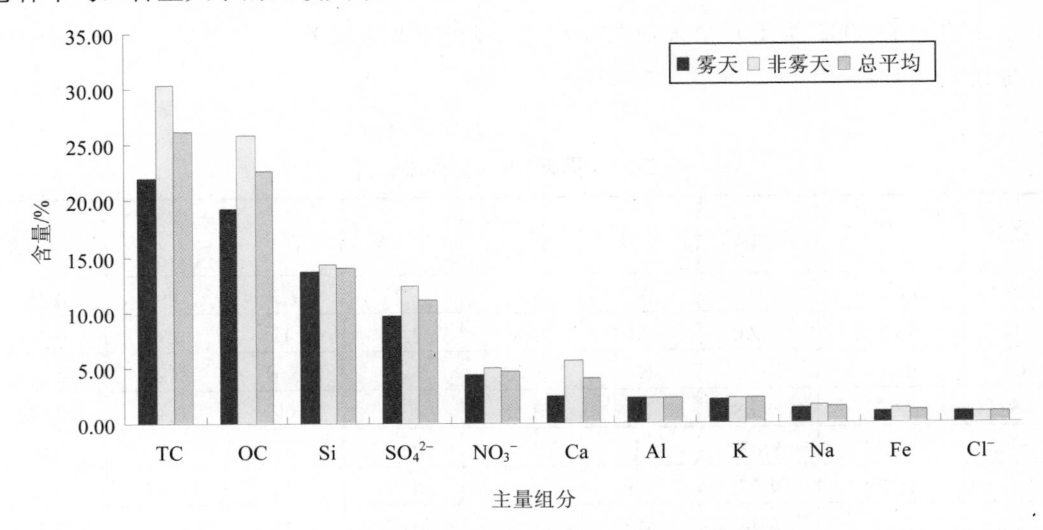

图 6-14 不同情况下 PM_{10} 主量组分含量的比较

从图 6-14 可以看出，虽然雾天环境空气中颗粒物的质量浓度明显高于非雾天及相应的总体平均浓度，但是应该注意到颗粒物中各种化学组分的百分浓度的变化是有一定规律的，即雾天颗粒物中化学组分的含量都较非雾天及冬季监测期间成都市总体化学组分的平均含量低，其中表现最突出的是 Ca，其含量由总体平均值的 5.6%下降到 2.5%。含量下降比较明显的还有 TC（OC）、SO_4^{2-}和 NO_3^-。

上述结果的分析说明，冬季伴随着大雾天气，大气中颗粒物的浓度明显增大。这种结果一方面是由于当气象因素不利于污染物的扩散时，污染物在大气中积累使得颗粒物中各种化学元素的质量浓度比正常天气的相应值较高，颗粒物的浓度也相应增大；另一方面是由于雾天颗粒物中各种化学组分的含量均明显低于正常天气，此时颗粒物浓度的明显增大更主要与湿度增大、颗粒物中水凝结核增加有关。

2）不同高度受体成分谱的差异。

冬季在川信大厦 1.5 m 和 120 m 两个不同高度处采集 PM_{10} 受体样品，得到不同高度受体成分谱，如表 6-30 所示。

图 6-15 描述了不同高度受体主量组分含量的相对大小。如图所示，不同高度监测的结果表明：一方面，各主量组分的相对含量均基本表现为随高度升高而增大的趋势；另一方面，不同的成分随高度变化的大小不同，其中 SO_4^{2-}、Ca、NO_3^-、K、Fe、Cl^-等不同高度的相对含量差别较小。

表 6-30　不同高度 PM_{10} 受体成分谱

组分	1.5 m 质量浓度/（μg/m³）	1.5 m 占比/%	120 m 质量浓度/（μg/m³）	120 m 占比/%	组分	1.5 m 质量浓度/（μg/m³）	1.5 m 占比/%	120 m 质量浓度/（μg/m³）	120 m 占比/%
TOT	258.727		201.355		Ni	0.026	0.010	0.036	0.018
Na	4.177	1.615	5.651	2.812	Cu	0.210	0.081	0.252	0.125
Mg	0.548	0.212	5.434	2.704	Zn	2.466	0.953	1.650	0.821
Al	8.845	3.419	8.918	4.437	As	0.006	0.002	0.004	0.002
Si	29.566	11.429	28.778	14.318	Ag	0.000	0.000	0.000	0.000
P	0.561	0.217	0.371	0.185	Sn	0.000	0.000	0.001	0.001
K	4.029	1.557	4.032	2.006	Ba	0.111	0.043	0.290	0.144
Ca	18.586	7.185	15.636	7.779	Pb	0.158	0.061	0.127	0.063
Ti	0.429	0.166	0.526	0.262	TC	64.363	24.879	60.687	30.193
Cr	0.453	0.175	0.378	0.188	OC	58.277	22.527	53.995	26.863
Mn	0.267	0.103	0.109	0.054	Cl^-	3.211	1.241	2.248	1.118
Fe	3.027	1.170	2.587	1.285	NO_3^-	13.808	5.337	10.982	5.464
Co	0.024	0.009	0.050	0.025	SO_4^{2-}	31.140	12.037	27.485	13.674

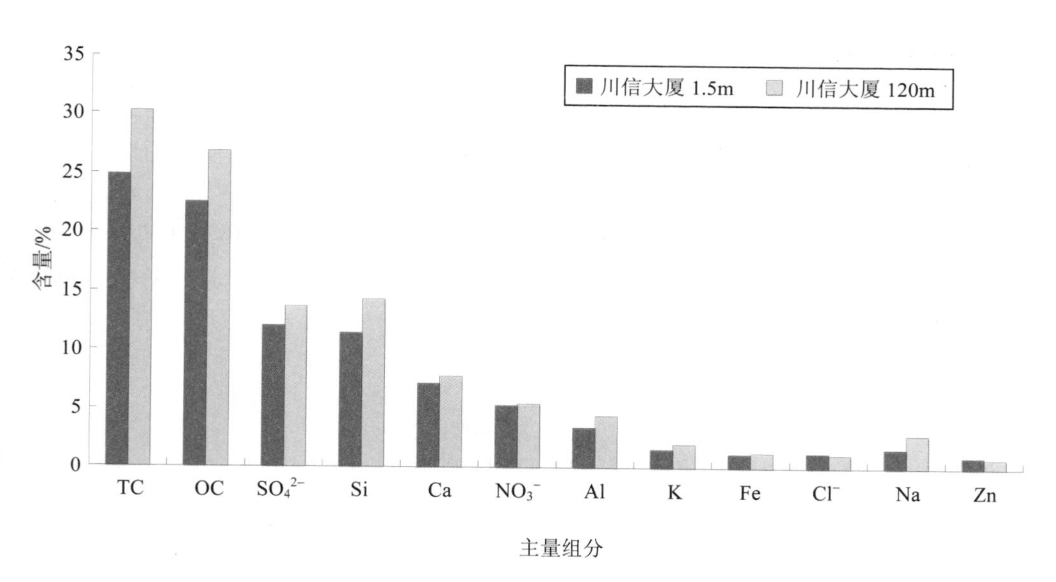

图 6-15　不同高度受体主量组分的含量

3）树叶尘的特征。

强化监测期间，还采集了树叶上的积尘，并得到其成分谱。图 6-16 描述了树叶尘与扬尘的廓线。如图所示，两者具有基本一致形状的廓线，表明树叶尘具有扬尘的特征。

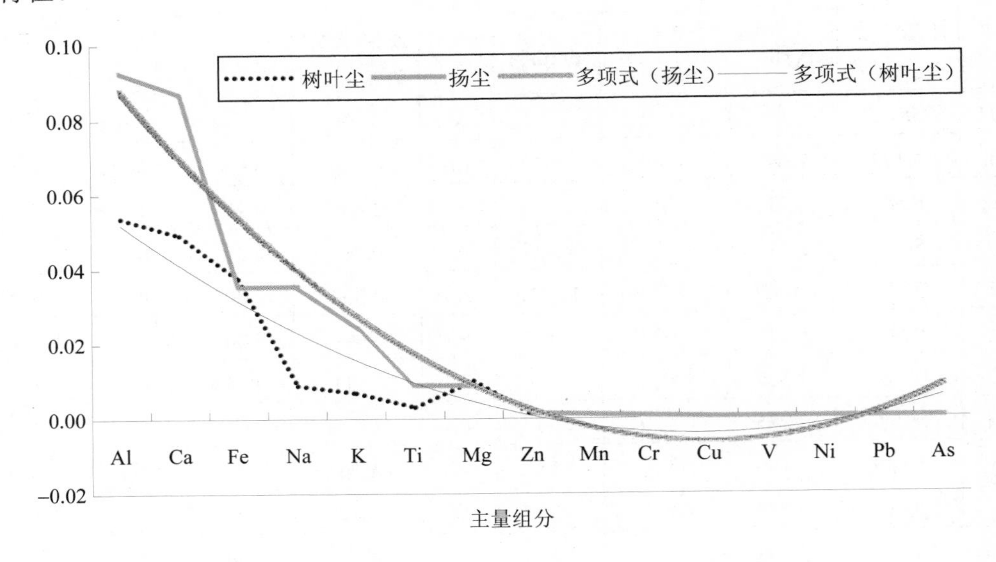

图 6-16　树叶尘与扬尘廓线比较

6.4　源分担率和贡献值的研究

6.4.1　源分担率和贡献值的计算及其结果

将各源类的成分谱（各化学组分的含量平均值及其标准偏差）和受体成分谱（各化学组分的浓度平均值及其标准偏差）代入 CMB 模型，用 CMB 软件进行计算，得到各源类对环境空气中 PM_{10} 的贡献值和分担率。

6.4.1.1　参与拟合的化学组分和源类的选择

为了排除共线性源类（相似性源类和不定性源类）之间的相互影响，本研究首先对参与拟合的源类进行选择，如表 6-31 所示。带*号的为参与拟合的源类，不带*号的为不参与拟合的源类。

只有计算值和监测值最为接近的化学组分参与计算，CMB 的拟合质量才能达到要求，因此本研究对参与拟合的化学组分进行了筛选，选择那些计算值和监测值的比值接近于 1 的那些化学组分参与拟合，如表 6-32 所示。带*号的为参与拟合的组分，不带*号的为不参与拟合的组分。

表 6-31　参加拟合的源类

序号	物质	源类
1	CHDFS	土壤风沙尘*
2	CHDJZ	建筑水泥尘*
3	CHDYC	扬尘*
4	CHDRM	燃煤尘*
5	CHDYJ	冶金尘
6	CHDQC	机动车尾气尘*
7	CHDRY	燃油尘*
8	SO_4^{2-}	硫酸盐*
9	NO_3^-	硝酸盐*

表 6-32　参与拟合的化学组分

编号	组分	监测值/（μg/m³）	监测值标准偏差/（μg/m³）	计算值/（μg/m³）	计算值标准偏差/（μg/m³）	*C/M*	*R/U*
c1	TOT	137.941 40	±13.794 14	119.301 60	±11.884 43	0.86	−1.0
c11	Na	0.999 45	±0.099 95	0.597 85	±0.102 21	0.60	−2.8
c12	Mg *	0.612 49	±0.061 25	0.580 77	±0.109 05	0.95	−0.3
c13	Al *	2.092 8	±0.209 28	2.033 57	±0.135 22	0.97	−0.2
c14	Si *	10.808 6	±1.524 41	10.773 05	±0.775 21	1.00	0.0
c19	K*	1.390 56	±0.139 06	1.399 61	±0.107 74	1.01	0.1
c20	Ca *	4.941 00	±0.494 1	4.962 34	±0.287 83	1.00	0.0
c22	Ti	0.055 20	±0.005 52	0.117 41	±0.027 14	2.13	2.2
c23	V	0.007 59	±0.000 76	0.014 92	±0.007 18	1.97	1.0
c24	Cr *	0.035 56	±0.003 56	0.014 51	±0.006 92	0.41	−2.7
c25	Mn	0.123 09	±0.012 31	0.040 61	±0.006 28	0.33	−6.0
c26	Fe *	2.159 46	±0.215 95	2.295 17	±0.248 22	1.06	0.4
c28	Ni	0.003 68	±0.000 37	0.011 07	±0.002 80	3.01	2.6
c29	Cu	0.080 96	±0.008 10	0.036 56	±0.006 88	0.45	−4.2
c30	Zn *	0.641 69	±0.064 17	0.120 48	±0.009 34	0.19	−8.0
c33	As *	0.016 50	±0.001 65	0.084 28	±0.006 2	5.11	10.6
c82	Pb	0.198 07	±0.019 81	0.037 73	±0.005 2	0.19	−7.8
c200	EC *	37.042 08	±3.704 21	36.779 35	±3.556 12	0.99	−0.1
c201	OC	30.891 86	±3.089 19	22.842 72	±2.527 18	0.74	−2.0
c300	Cl^-	1.104 28	±0.110 43	0.227 06	±0.083 13	0.21	−6.3
c301	NO_3^{-}*	6.306 76	±0.630 68	6.306 76	±0.706 99	1.00	0.0
c302	SO_4^{2-}*	13.207 46	±1.320 75	13.207 46	±1.548 49	1.00	0.0

经过反复的筛选，最终选择土壤风沙尘、建筑水泥尘、燃煤尘、冶金尘、机动车尾气尘、燃油尘、硫酸盐、硝酸盐和 Mg、Al、Si、Ca、Fe、Zn、As、Cr、TC、SO_4^{2-}、NO_3^-等化学组分进行拟合计算，得到成都市区源贡献值和分担率的解析结果。

6.4.1.2 成都市区 PM_{10} 源解析结果

直接将各源类和受体的成分谱代入 CMB 模型进行计算，得到各源类对受体的贡献值和分担率，结果见表 6-33 至表 6-43。

表 6-33 2001 年成都市 PM_{10} 源解析结果（1）

源类	夏季		冬季	
	分担率/%	贡献值/（μg/m³）	分担率/%	贡献值/（μg/m³）
土壤风沙尘	13	17.31	22	56.99
燃煤尘	23	30.62	15	38.68
建筑水泥尘	11	14.65	9	23.41
机动车尾气尘	20	26.63	15	38.17
燃油尘	14	18.64	10	25.44
硫酸盐	12	15.98	13	32.57
硝酸盐	5	6.66	5	12.21
其他	2	2.66	11	26.97
合计	100	133.15	100	254.44

表 6-34 2001 年成都市 PM_{10} 源解析结果（2）

源类	夏季		冬季	
	分担率/%	贡献值/（μg/m³）	分担率/%	贡献值/（μg/m³）
扬尘	16	21.30	34	86.51
燃煤尘	18	23.97	10	25.44
建筑水泥尘	8	10.65	6	15.27
机动车尾气尘	19	25.30	13	33.08
燃油尘	10	13.32	8	20.36
硫酸盐	11	14.65	10	25.44
硝酸盐	5	6.66	4	10.18
其他	13	17.31	15	38.17
合计	100	133.16	100	254.45

注：本表与表 6-33 的区别是以扬尘代替土壤风沙尘。

表 6-35 2001 年金牛宾馆 PM_{10} 源解析结果

源类	夏季		冬季	
	分担率/%	贡献值/（μg/m^3）	分担率/%	贡献值/（μg/m^3）
土壤风沙尘	12	18.16	13	30.18
燃煤尘	22	32.12	9	20.89
建筑水泥尘	10	15.36	15	34.82
机动车尾气尘	25	36.31	18	41.79
燃油尘	14	20.95	11	25.54
硫酸盐	10	13.97	11	25.54
硝酸盐	4	5.59	4	9.29
其他	3	4.56	19	44.11
合计	100	147.02	100	232.16

表 6-36 2001 年草堂干休所 PM_{10} 源解析结果

源类	夏季		冬季	
	分担率/%	贡献值/（μg/m^3）	分担率/%	贡献值/（μg/m^3）
土壤风沙尘	13	19.78	15	32.07
燃煤尘	18	27.39	20	42.20
建筑水泥尘	11	16.74	8	16.88
机动车尾气尘	25	38.05	14	29.54
燃油尘	12	18.26	9	18.99
硫酸盐	10	15.22	11	23.21
硝酸盐	5	7.61	5	10.55
其他	6	9.13	18	37.55
合计	100	152.18	100	210.99

表 6-37 2001 年成华北巷 PM_{10} 源解析结果

源类	夏季		冬季	
	分担率/%	贡献值/（μg/m^3）	分担率/%	贡献值/（μg/m^3）
土壤风沙尘	10	12.45	28	56.59
燃煤尘	22	27.16	13	26.27
建筑水泥尘	10	12.45	2	4.85
机动车尾气尘	25	31.69	11	22.23
燃油尘	12	14.71	10	20.21
硫酸盐	11	13.58	13	25.87
硝酸盐	5	6.79	6	11.32
其他	5	6.92	17	34.76
合计	100	125.75	100	202.10

表 6-38 2001 年植物园 PM_{10} 源解析结果

源类	夏季		冬季	
	分担率/%	贡献值/（μg/m³）	分担率/%	贡献值/（μg/m³）
土壤风沙尘	12	16.87	32	95.13
燃煤尘	17	24.65	12	35.67
建筑水泥尘	11	15.57	4	11.89
机动车尾气尘	25	36.33	14	41.62
燃油尘	7	10.38	7	20.81
硫酸盐	13	18.17	10	30.92
硝酸盐	5	6.49	6	17.84
其他	10	15.71	15	43.40
合计	100	144.17	100	297.28

表 6-39 2001 年塔子山 PM_{10} 源解析结果

源类	夏季		冬季	
	分担率/%	贡献值/（μg/m³）	分担率/%	贡献值/（μg/m³）
土壤风沙尘	12	14.43	33	112.85
燃煤尘	16	19.24	8	27.52
建筑水泥尘	10	12.51	4	13.76
机动车尾气尘	26	31.75	13	44.73
燃油尘	11	13.47	12	41.29
硫酸盐	10	12.51	10	35.78
硝酸盐	5	5.77	5	17.20
其他	9	10.58	15	50.92
合计	100	120.26	100	344.05

表 6-40 2001 年天府广场夏季 PM_{10} 源解析结果

源类	夏季		冬季	
	分担率/%	贡献值/（μg/m³）	分担率/%	贡献值/（μg/m³）
土壤风沙尘	11	12.05	27	64.82
燃煤尘	21	23.00	9	21.61
建筑水泥尘	11	12.05	14	32.41
机动车尾气尘	16	17.53	17	40.81
燃油尘	9	9.86	8	19.21
硫酸盐	9	9.86	9	21.61
硝酸盐	4	4.38	5	12.00
其他	19	20.81	11	27.61
合计	100	109.54	100	240.08

表 6-41 雾天 PM_{10} 及 TSP 源解析结果

源类	雾天（成都市平均）PM_{10}		天府广场 TSP	
	分担率/%	贡献值/（μg/m³）	分担率/%	贡献值/（μg/m³）
土壤风沙尘	23	77.85	20	65.73
燃煤尘	22	71.86	17	55.87
建筑水泥尘	5	17.96	19	62.44
机动车尾气尘	16	53.23	8	26.29
燃油尘	9	29.94	7	23.01
硫酸盐	11	35.93	7	23.01
硝酸盐	5	14.97	4	13.15
其他	9	30.94	18	59.16
合计	100	332.68	100	328.66

表 6-42 不同高度 PM_{10} 源解析结果

源类	川信大厦 1.5 m		川信大厦 120 m	
	分担率/%	贡献值/（μg/m³）	分担率/%	贡献值/（μg/m³）
土壤风沙尘	22	56.92	18	37.05
燃煤尘	10	24.84	14	29.00
建筑水泥尘	13	33.63	7	14.50
机动车尾气尘	15	38.81	17	33.83
燃油尘	10	25.87	8	16.11
硫酸盐	11	28.46	14	27.38
硝酸盐	5	12.42	5	9.67
其他	15	37.77	17	33.83
合计	100	258.72	100	201.37

表 6-43 不同高度 TSP 源解析结果

源类	川信大厦 1.5 m		川信大厦 120 m	
	分担率/%	贡献值/（μg/m³）	分担率/%	贡献值/（μg/m³）
土壤风沙尘	18	71.85	31	66.46
燃煤尘	13	51.89	22	46.01
建筑水泥尘	22	87.82	8	17.04
机动车尾气尘	12	47.90	10	20.45
燃油尘	7	27.94	6	12.78
硫酸盐	8	31.94	6	13.63
硝酸盐	4	15.97	4	8.52
其他	16	63.87	13	28.12
合计	100	399.18	100	213.01

6.4.1.3 源贡献值拟合优度分析

源贡献值的拟合优度表示源对受体贡献的计算值与监测值之间拟合的优良程度，用 CMB 模型系统中关于模拟优度诊断指标衡量。本研究的源贡献值模拟精度如表 6-44 所示。

表 6-44 源贡献值的拟合优度的诊断（城区）

时间	残差平方和χ^2		相关系数 R^2		PM 质量分数/%	
	诊断标准	结果 TSP/PM_{10}	诊断标准	结果	诊断标准	结果
夏季	χ^2<1 拟合好；1<χ^2<2 可接受；χ^2>4 拟合差	0.52/0.65	R=1 拟合好；R<0.8 拟合不好	0.98	PM=100 拟合好；PM=80～120 可以接受	98
冬季		0.25/0.11		1.00		89

从表 6-44 可以看出，所有拟合计算的残差平方和χ^2为 0.01～0.65，相关系数 R^2 为 0.94～1.00，均属于拟合较好的范围，拟合的质量分数在 80～100，属可接受范围。由此，本课题中所进行的拟合计算符合模型拟合优度的质量控制技术的指标要求，拟合质量较好。

6.4.2 源贡献值和分担率的特征分析

6.4.2.1 夏季结果

源分担率反映了各排放源类在颗粒物污染中的主次地位，源贡献值反映了各排放源类在颗粒物中的污染水平。

成都市 PM_{10} 平均受体的源解析结果（表 6-33）表明，环境空气中 PM_{10} 的首要污染源是燃煤尘（23%），其次是机动车尾气尘（20%）、燃油尘（14%）、土壤风沙尘（13%）、建筑水泥尘（11%）、硫酸盐（12%）、硝酸盐（5%）。图 6-17 描述了夏季对 PM_{10} 有贡献的各种源类的分担率。

由于扬尘与土壤风沙尘存在着明显的共线性，难以同时纳入模型计算，因此，本研究用扬尘代替土壤风沙尘进行拟合，得到解析结果（二）（表 6-34）。图 6-18 描述了用扬尘代替土壤风沙尘进行拟合时各源类的分担率。与结果（一）相比，机动车尾气尘成为了首要源类，燃煤尘和建筑水泥尘的贡献有不同程度的下降，说明有部分煤烟尘和建筑水泥尘是以扬尘的形式存在。

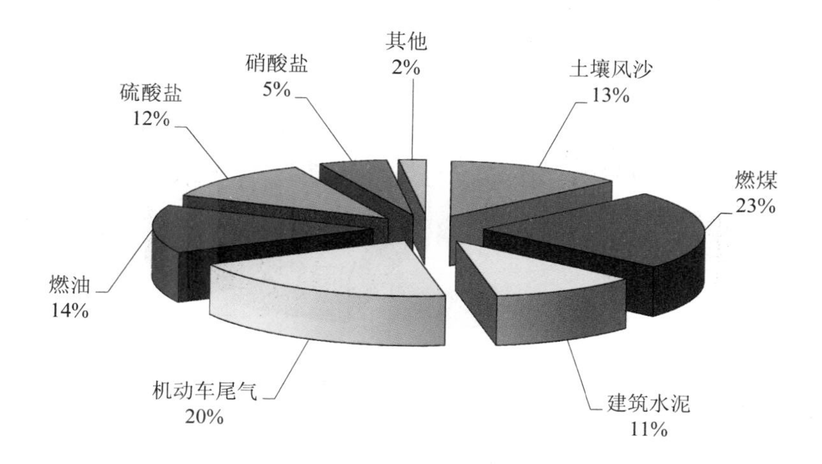

图 6-17　夏季 PM_{10} 各源类的分担率解析结果（一）

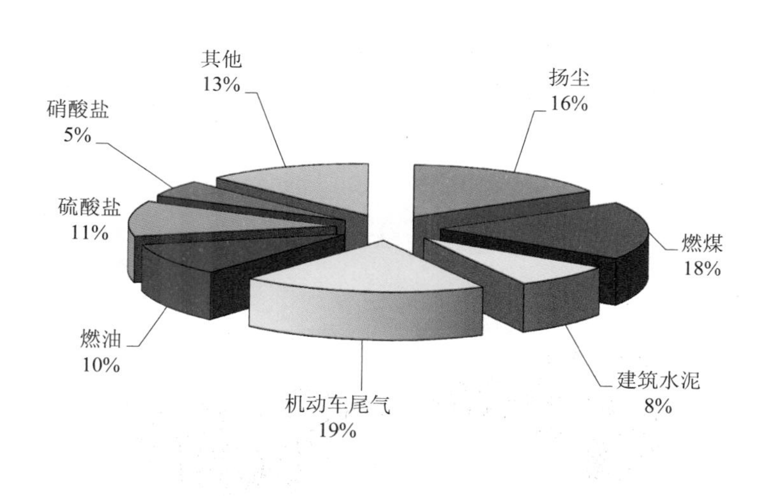

图 6-18　夏季 PM_{10} 各源类的分担率解析结果（二）

6.4.2.2　冬季结果

冬季源解析结果(表 6-33)表明,环境空气中 PM_{10} 的首要污染源是土壤风沙尘(22%),其次是燃煤尘（15%）、机动车尾气尘（15%）、硫酸盐（13%）、燃油尘（10%）、建筑水泥尘（9%）、硝酸盐（5%）。图 6-19 描述了对 PM_{10} 有贡献的各种源类的分担率。

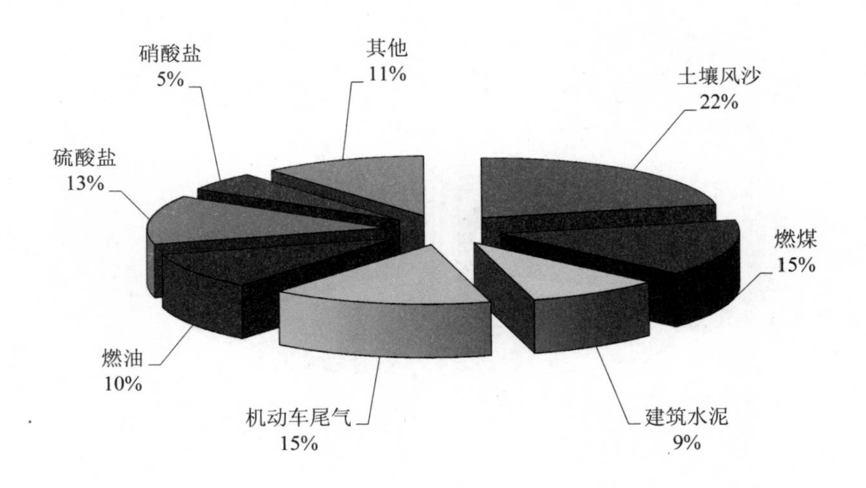

图 6-19 冬季 PM_{10} 各源类的分担率解析结果（一）

图 6-20 描述了以扬尘代替土壤风沙尘进行计算得到的各种源类的分担率。如图所示，扬尘是首要污染源类，其对受体的分担率达到了 34%，几乎是燃煤尘（10%）、机动车尾气尘（13%）、燃油尘（8%）和建筑水泥尘（6%）四类主要源类贡献的总和，说明冬季扬尘污染严重，应成为污染防治的重点。

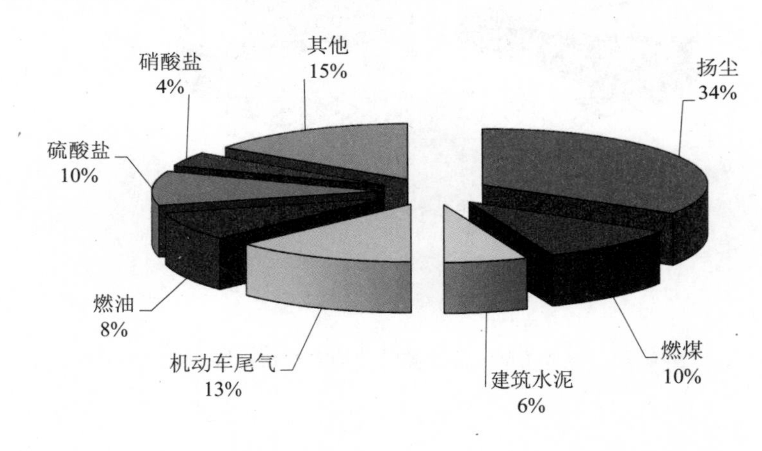

图 6-20 冬季 PM_{10} 各源类的分担率解析结果（二）

6.4.2.3 两季解析结果比较与分析

比较两季各源类对受体的贡献值和分担率，可以得出如下结论：

1）对成都市环境空气中颗粒物有明显贡献的颗粒物源类是扬尘、土壤风沙尘、燃煤尘、建筑水泥尘、机动车尾气尘、燃油尘、硫酸盐、硝酸盐。颗粒物来源的特点是除硫酸盐和硝酸盐（它们主要以二次生成物为主）外，其他各源类对受体的贡献几乎同等重要，或者说除冬季扬尘的贡献明显较大以外，其他源类在两季中对受体的贡献呈现出较平均的状态。

2）二氧化硫和氮氧化物转化形成的硫酸盐和硝酸盐占总颗粒物的 17%～18%。

3）在所识别的各源类中，治理的重点应以扬尘、燃煤以及与油品燃烧和使用有关的源类（如机动车尾气、燃油、烹调等）为主。

4）冬季与夏季相比，除扬尘和土壤风沙尘的贡献明显增大外，其他各源类对受体贡献的相对关系变化较小，说明季节的变化对其他各源类的影响不明显。冬季污染加重，各源类的贡献值上升，应该主要是气象条件影响所致，而不应是污染源有明显变化造成的。

5）扬尘是混合尘源类，它由来自土壤风沙尘、燃煤尘、建筑水泥尘等源类的颗粒物混合组成。因此可以把扬尘作为受体进行来源解析，确定其来源情况，成都市扬尘的来源解析结果为：土壤风沙尘 46%，建筑水泥尘 24%，燃煤尘 20%，机动车尾气尘 4%，燃油尘 3%。由于扬尘在一定程度上反映了受体的组成情况，因此这一结果可以为冬季的解析结果提供佐证。

6）冬季雾天的解析结果（表 6-41）表明，雾天各源类对受体贡献的相对大小与一般相比基本一致，可以推断雾天环境空气中颗粒物浓度较高的现象与气象条件关系较大。

7）分析和比较各采样点的解析结果（表 6-35 至表 6-40），可以得到颗粒物污染的空间分布特征是：夏季各类污染源对受体的贡献基本呈均匀分布状态。冬季土壤风沙尘在塔子山和植物园污染较重，分别达到 112.85 $\mu g/m^3$ 和 95.13 $\mu g/m^3$，比其他采样点高出 3 倍以上；建筑水泥尘在金牛宾馆和天府广场的贡献明显高于其他监测点；机动车尾气尘和燃油尘在塔子山的污染最严重，在成华北巷污染最轻。

6.4.3　源解析结果的稳定性分析

源解析结果的稳定性，是指源解析结果所给出的各源类的分担率在一定时期内是稳定的，也就是说，在污染源没有发生明显变化和正常的污染气象条件下，源分担率不会随环境空气中颗粒物浓度变化而变化。

源解析结果之所以具有稳定性，首先是因为对环境空气中颗粒物有贡献的主要源类的成分谱是稳定的，不随其进入环境空气中的量的变化而变化；由于源分担率是由源类和受体的成分谱决定的，不受颗粒物浓度的影响，因此在源成分谱不变、受体成分谱基本稳定的情况下，各源类的分担率必然是相对稳定的。

源分担率的这一个特征在环境管理上具有重要意义，正因为源分担率的这种稳定特性，使得源解析结果能够在一个相当长的期间内指导污染源的削减工作。

6.5 可吸入颗粒物载带的多环芳烃来源识别与解析

在引发生物体癌症的原因中有70%～90%来自环境因素，特别是环境中的化学致癌物。到目前为止，总计发现了2 000多种可疑化学致癌物质，多环芳烃（PAHs）就是其中重要的一类。这类化合物广泛存在于环境中，主要是有机物在低温缺氧条件下不完全燃烧，并进一步热合成的产物。多环芳烃的致癌特性也是其成为颗粒有机物（particulate organic matter，POM）研究重点的重要原因之一。1995—1998年发表于有关环境、大气和化学等学科学术刊物上的大气气溶胶论文中有关多环芳烃研究内容的就多达100余篇，这些文献的共同论断是多环芳烃具有疏水亲颗粒特征，对人体健康存在致畸、致癌、致突变作用。

环境空气中多环芳烃污染造成的危害主要表现为两个方面：①环境含量水平的多环芳烃，在大气中能与NO_2+HNO_3以及O_3发生化学反应，形成具有直接致突变性的硝基多环芳烃和氧化多环芳烃；②多环芳烃主要富集于细粒子上，而粗粒子中多环芳烃的含量很少，吸附有多环芳烃的细粒子随呼吸作用进入人体并沉积在支气管和肺泡上，对人体造成很大危害。正因如此，美国国家环境保护局（US EPA）将包括苯并[*a*]芘（BaP）在内的16种多环芳烃作为优先控制污染物，我国也将BaP写入《环境空气质量标准》（GB 3095—1996）中，规定其日平均浓度限值为0.01 $\mu g/m^3$。为了改善环境空气质量，保护人群健康，进行多环芳烃来源解析，并根据解析结果制定切实有效的控制措施是非常必要的。

根据化学质量平衡（CMB）受体模型进行大气颗粒物载带的多环芳烃源解析的工作程序（图6-21），本章着重讨论以下几方面的研究内容。

（1）测定成都市夏季和冬季两季可吸入颗粒物载带的多环芳烃的浓度，对其污染程度进行比较分析。

（2）根据污染源调查结果，确定市区多环芳烃的主要排放源，并建立相应的源成分谱。

（3）应用CMB受体模型对成都市可吸入颗粒物载带的多环芳烃的来源进行解析。

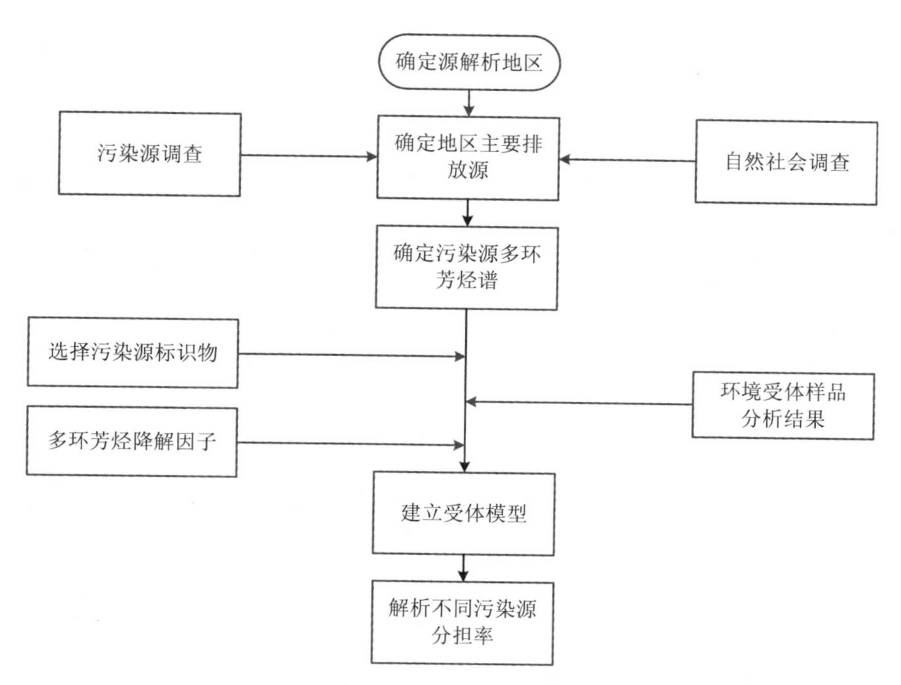

图 6-21　利用 CMB 受体模型进行颗粒物载带的多环芳烃源解析工作程序

6.5.1　成都市可吸入颗粒物载带的多环芳烃的测定

6.5.1.1　受体样品的分析

采集的样品经前处理后，用气相色谱-质谱联用技术进行测定，共检测出其中 30 多种多环芳烃和 40 多种非烃类杂环化合物，两次采样的分析结果分别列于表 6-45 和表 6-46 中。

表 6-45　成都市夏季颗粒物中多环芳烃及杂环非烃化合物的质量浓度　单位：ng/m³

芳香烃化合物	PM_{10}							$PM_{2.5}$	TSP
	金牛宾馆	草堂干	成华北巷	塔子山	植物园	天府广场	平均值	天府广场	天府广场
萘	0.128	0.069	0.181	0.314	0.329	0.501	0.254	0.393	0.447
甲基萘（2 种异构体）	0.122	0.055	0.18	0.171	0.23	0.895	0.276	0.683	0.837
2-乙基萘	0	0	0	0	0	0.022	0.004	0.02	0.022
1-乙基+2,6-二甲基萘+2,7-二甲基萘	0.041	0.034	0.087	0.139	0.05	0.336	0.115	0.265	0.309
二甲基萘（7 种异构体）	0.424	0.4	1.234	0.833	0.662	0.792	0.724	0.647	1.145

芳香烃化合物	PM10							PM2.5	TSP
	金牛宾馆	草堂干	成华北巷	塔子山	植物园	天府广场	平均值	天府广场	天府广场
三甲基萘（8 种异构体）	0.835	0.589	1.372	2.206	0.972	2.039	1.336	1.78	2.569
蒽	0.26	0.218	0.112	0.368	0.122	0.187	0.211	0.147	0.205
菲	3.404	3.158	1.863	4.405	1.857	3.094	2.964	2.709	2.912
甲基菲（4 种异构体）	1.364	1.382	0.737	1.312	1.089	1.379	1.211	1.079	1.400
二甲基菲（14 种异构体）	1.177	1.346	0.556	1.064	0.771	1.108	1.004	0.869	1.251
惹烯	0.166	0.109	0.203	0.117	0.099	0.201	0.149	0.15	0.205
荧蒽	3.363	3.711	1.472	2.771	2.504	3.089	2.818	2.247	3.617
芘	7.881	4.957	4.22	7.346	5.857	5.349	5.935	4.973	5.932
甲基芘（3 种异构体）	2.711	2.241	1.185	2.395	1.773	1.669	1.996	1.35	2.137
苯并[*a*]芴	0.472	0.412	0.22	0.416	0.284	0.316	0.353	0.234	0.346
苯并[*b*]芴	0.293	0.264	0.139	0.252	0.212	0.178	0.223	0.145	0.250
苯并[*c*]蒽	0.636	0.563	0.252	0.57	0.435	0.397	0.476	0.31	0.498
苯并[*a*]蒽	4.289	3.87	1.596	4.076	2.519	2.023	3.062	1.724	2.712
䓛+三苯并苯	7.412	6.509	3.75	7.16	4.638	4.776	5.708	4.03	5.683
苯并[*b*]荧蒽	16.371	16.389	9.272	17.492	7.721	14.973	13.703	13.252	15.255
苯并[*k*]荧蒽	14.333	14.57	7.824	15.044	9.119	12.454	12.224	11.299	13.396
苯并[*j*]荧蒽	2.383	1.926	0.683	1.933	0.962	0.859	1.458	0.695	1.178
苯并[*e*]芘	13.7	13.168	7.754	15.175	9.058	10.552	11.568	9.263	11.66
苯并[*a*]芘	8.599	6.464	2.972	7.858	3.36	4.771	5.671	3.787	5.321
苝	1.472	1.291	0.473	1.38	0.798	0.646	1.010	0.538	1.088
茚并[1,2,3-*cd*]芘	7.514	5.28	2.705	5.574	3.189	3.681	4.657	2.835	4.922
苯并[*g,h,i*]苝	8.209	7.256	3.457	6.226	3.504	4.25	5.484	3.25	5.617
二苯并[*a,h*]蒽	1.211	1.303	0.161	0.573	0.246	0.262	0.626	0.209	0.601
间四联苯	1.906	2.056	0.402	1.416	0.583	1.526	1.315	1.304	1.683
芴	0.544	0.551	0.233	0.821	0.153	0.615	0.486	0.543	0.62
甲基芴（3 种异构体）	0.191	0.194	0.132	0.263	0.183	0.304	0.211	0.265	0.332
联苯	0.173	0.175	0.198	0.18	0.162	0.166	0.176	0.14	0.156
甲基联苯（3 种异构体）	0.032	0.038	0.022	0.072	0.017	0.166	0.058	0.144	0.158

芳香烃化合物	PM10							PM2.5	TSP
	金牛宾馆	草堂干	成华北巷	塔子山	植物园	天府广场	平均值	天府广场	天府广场
二甲基联苯（5 种异构体）	0.047	0.047	0.024	0.076	0.026	0.129	0.058	0.113	0.122
芳烃总量	111.662	100.594	55.67	110.002	63.483	83.705	87.519	71.391	94.59
PAHs/TOT	0.084	0.068	0.048	0.107	0.046	0.048	0.067	0.108	0.05
喹啉	0.061	0.024	0.13	0.106	0.038	0.055	0.069	0.046	0.063
异喹啉	0.152	0.108	0.273	0.167	0.076	0.141	0.153	0.046	0.165
4-叔丁基-2-甲氧基苯酚	26.432	24.344	32.132	31.351	22.858	19.866	26.164	11.254	22.748
2,5-环已二烯-1,4-二酮	1.387	0.963	1.869	1.533	1.552	1.309	1.436	0.955	1.565
6,10,14-三甲基-2-十五烷酮	0.771	0.614	0.438	0.791	0.821	0.476	0.652	0.407	0.441
2,6-叔丁基-4-乙基苯酚	8.389	5.834	11.416	9.523	9.918	4.679	8.293	3.892	6.528
苯并吖啶	0.78	0.78	0.323	0.82	0.571	0.447	0.620	0.327	0.561
豆甾醇	2.931	2.186	1.082	1.191	1.661	1.711	1.794	1.164	1.916
谷甾醇	6.302	4.233	2.657	3.244	3.615	3.87	3.987	2.877	4.244
二苯并呋喃	0.463	0.492	0.317	1.075	0.227	0.413	0.498	0.153	0.527
甲基二苯并呋喃（1）	0.185	0.21	0.136	0.468	0.097	0.174	0.212	0.103	0.220
甲基二苯并呋喃（2）	0.231	0.263	0.186	0.535	0.134	0.175	0.254	0.112	0.219
甲基二苯并呋喃（3）	0.068	0.07	0.063	0.141	0.05	0.081	0.079	0.06	0.085
二苯并噻吩	0.731	0.699	0.559	1.357	0.429	0.601	0.729	0.445	0.636
4-甲基二苯并噻吩	0.181	0.152	0.142	0.224	0.192	0.153	0.174	0.117	0.164
2-甲基二苯并噻吩	0.081	0.073	0.048	0.098	0.087	0.065	0.075	0.047	0.066
3-甲基二苯并噻吩	0.066	0.066	0.047	0.094	0.066	0.051	0.065	0.038	0.058
1-甲基二苯并噻吩	0.127	0.094	0.033	0.089	0.112	0.057	0.085	0.037	0.069
磷酸酯	2.568	2.922	3.418	3.114	4.688	3.489	3.367	2.351	3.894
丁二酸酯类	0.207	0.38	0.387	0.516	0.108	0.284	0.314	0.106	0.323
戊二酸酯类	1.447	3.325	3.577	3.671	1.307	2.64	2.661	1.487	3.145
已二酸酯类	1.364	2.628	3.104	3.42	0.905	2.042	2.244	1.128	2.065

芳香烃化合物	PM$_{10}$							PM$_{2.5}$	TSP
	金牛宾馆	草堂干	成华北巷	塔子山	植物园	天府广场	平均值	天府广场	天府广场
9,10-蒽二酮	1.469	1.684	1.067	1.267	1.407	1.536	1.405	1.162	1.546
邻苯二甲酸二乙基酯	424.292	517.103	766.935	1 218.264	316.755	549.108	632.076	491.964	480.626
对苯二甲酸二乙基酯	22.516	53.318	59.691	62.76	19.559	41.252	43.183	37.101	42.982
邻苯二甲酸丁基异丁基酯（1）	530.811	643.8	777.32	1 375.408	299.137	826.075	742.092	692.123	839.238
邻苯二甲酸丁基异丁基酯（2）	1.382	1.769	2.057	2.008	2.124	1.499	1.807	1.038	1.561
邻苯二甲酸二正丁基酯	0	0.462	0.328	2.335	0	2.249	0.896	1.779	1.947
邻苯二甲酸二辛基酯	69.057	65.906	42.445	66.095	40.965	81.358	60.971	62.306	111.996
C16-酰胺（1）	5.876	6.563	5.782	5.839	5.158	5.461	5.780	4.269	7.098
C18-酰胺（2）	2.819	3.595	5.883	2.764	2.707	2.526	3.382	1.803	3.435
C18-酰胺（3）	2.819	3.506	5.458	2.764	2.776	2.592	3.319	1.782	3.271
C22-酰胺（4）	6.627	8.334	3.503	4.687	3.765	4.896	5.302	2.963	7.522
酰胺（5）	1.118	1.67	0.14	0	1.253	1.39	0.929	1.227	1.378
2,5-二异丁基噻吩	1.921	3.199	3.89	3.909	2.15	2.337	2.901	1.423	2.667
十四烷酸异丙基酯	2.035	5.557	6.286	4.475	4.374	5.286	4.669	3.96	5.11
苯并[*b*]萘并[2,1-*d*]噻吩	0.804	0.815	0.455	0.744	0.862	0.627	0.718	0.465	0.734
苯并[*b*]萘并[1,2-*d*]噻吩	0.243	0.284	0.104	0.275	0.234	0.135	0.213	0.098	0.164
苯并[*b*]萘并[2,3-*d*]噻吩	0.178	0.186	0.086	0.174	0.183	0.123	0.155	0.089	0.153
吖啶	2.569	2.51	1.56	2.717	2.029	1.626	2.169	1.115	1.717
甲基喹啉	0.163	0.773	0.77	0.378	0.137	0.6	0.470	0.263	0.59
4-异丙基苯酚	3.102	2.919	4.12	4.983	2.046	2.792	3.327	2.155	2.795
苯并[*a*]醌	0.475	0.506	0.18	0.37	0.344	0.283	0.360	0.212	0.392
非烃总量/（μg/m^3）	1 135.201	1 374.92	1 750.397	2 825.745	757.476	1 576.53	1 570.045	1 336.444	1 566.625
非烃/TOT	0.857	0.933	1.495	2.745	0.551	0.607	1.198	1.344	0.553

表 6-46　成都市冬季颗粒物中多环芳烃及杂环非烃化合物的质量浓度　单位：ng/m³

芳香烃化合物	PM_{10}							TSP	$PM_{2.5}$
	金牛宾馆	草堂干休所	成华北巷	塔子山	植物园	天府广场	平均值	天府广场	天府广场
萘	0.582	0.29	0.254	1.662	1.11	0.116	0.669	0.302	0.166
甲基萘（2 种异构体）	0.845	0.11	0.101	1.966	3.262	0.681	1.161	1.22	1.063
2-乙基萘	0.121	0	0	0.136	0.314	0.123	0.116	0.314	0.313
1-乙基＋2,6-二甲基萘+2,7-二甲基萘	1.03	0.041	0.043	1.834	3.308	0.627	1.147	0.999	1.652
二甲基萘（7 种异构体）	2.641	0.473	0.33	3.872	8.739	2.594	3.108	4.338	5.504
三甲基萘（8 种异构体）	3.338	0.689	0.648	4.227	10.73	3.908	3.923	6.879	8.426
优达啉	0.112	0.043	0.038	0.166	0.26	0.111	0.122	0.197	0.15
菲	2.868	1.908	1.603	3.953	3.229	1.731	2.549	2.629	2.762
蒽	0.594	0.362	0.26	0.809	0.473	0.244	0.457	0.388	0.428
甲基菲（4 种异构体）	4.189	2.972	2.192	6.019	4.127	2.111	3.602	4.157	4.519
甲基蒽	0.42	0.222	0.138	0.607	0.242	0.117	0.291	0.207	0.232
1+2+9-乙基菲	0.333	0.249	0.183	0.462	0.242	0.167	0.273	0.308	0.461
二甲基菲（12 种异构体）	4.153	2.935	2.077	6.18	2.843	1.649	3.306	3.392	4.78
惹烯	0.761	0.51	0.341	2.107	0.406	0.296	0.737	0.582	0.749
荧蒽	13.176	15.271	10.868	18.832	22.25	7.641	14.673	18.423	13.977
芘	12.546	12.709	9.455	17.1	17.77	7.009	12.765	15.301	11.723
苯并[*a*]芴	0.845	0.847	0.592	1.162	1.205	0.456	0.851	1.014	0.749
苯并[*b*]芴	0.701	0.656	0.496	0.873	0.925	0.359	0.668	0.785	0.601
甲基芘（3 种异构体）	4.336	4.331	3.215	5.862	6.124	2.594	4.410	5.283	4.194
苯并[*c*]蒽	2.219	1.767	1.32	2.708	1.908	0.844	1.794	1.711	1.938
苯并[*a*]蒽	13.764	9.526	6.771	15.846	8.99	4.785	9.947	8.932	11.195
䓛	17.242	13.525	10.543	20.399	14.105	8.518	14.055	14.244	17.452
苯并[*b*]荧蒽	18.039	16.407	15.224	23.772	17.256	10.507	16.868	19.81	21.483
苯并[*k*]荧蒽	16.68	14.621	12.959	21.738	15.213	8.54	14.959	16.82	17.429
苯并[*j*]荧蒽	3.593	2.564	2.395	4.833	2.496	1.45	2.889	2.676	3.561

芳香烃化合物	PM10							TSP	PM2.5
	金牛宾馆	草堂干休所	成华北巷	塔子山	植物园	天府广场	平均值	天府广场	天府广场
苯并荧蒽（异构体）	3.593	2.564	2.395	4.833	2.496	1.436	2.886	2.657	3.519
苯并[*e*]芘	27.155	24.9	22.214	34.917	25.211	19.326	25.621	29.432	38.937
苯并[*a*]芘	29.306	23.657	18.329	34.809	21.76	15.511	23.895	21.746	37.03
苝	4.355	3.561	2.8	5.075	3.132	2.272	3.533	3.292	5.428
茚并[1,2,3-*cd*]芘	10.832	8.046	6.613	10.795	7.346	5.762	8.232	9.829	15.105
苯并[*g,h,i*]苝	10.087	7.813	6.914	9.894	6.87	5.834	7.902	10.803	14.707
二苯并[*a,h*]蒽	1.715	1.252	0.974	1.784	1.109	1.249	1.347	1.834	3.165
间四联苯	1.609	1.577	1.135	2.368	1.215	0.878	1.464	1.325	2.762
芴	0.305	0.187	0.157	0.413	0.349	0.3	0.285	0.454	0.895
甲基芴（4 种异构体）	0.516	0.315	0.247	0.711	0.587	0.354	0.455	0.601	1.005
联苯	0.259	0.036	0.038	0.441	0.564	0.298	0.273	0.789	0.93
甲基联苯（3 种异构体）	0.398	0.032	0.032	0.668	1.274	0.487	0.482	1.092	1.247
二甲基联苯（7 种异构体）	0.516	0.114	0.129	0.383	0.787	0.365	0.382	0.778	0.882
晕苯	0.767	0.473	0.456	0.409	0.171	0.744	0.503	1.128	2.053
芳烃总量	216.539	177.553	144.479	274.627	220.398	121.99	192.598	216.667	263.172
芳烃总量/TOT	0.093	0.084	0.072	0.08	0.074	0.051	0.076	0.066	0.047
喹啉	0.266	1.401	0.444	0.32	2.029	0.341	0.800	0.562	0.803
异喹啉	0.126	0.317	0.068	0.152	0.616	0.263	0.257	0.405	0.791
4-叔丁基-2-甲氧基苯酚	1.036	0.72	2.457	2.028	1.739	1.759	1.623	2.459	5.693
2,5-环已二烯-1,4-二酮	0.119	0.056	0.116	0.165	0.689	0.272	0.236	0.596	0.61
6,10,14-三甲基-2-十五烷酮	0.261	0.188	0.198	0.351	0.345	0.184	0.255	0.332	0.538
2,6-叔丁基-4-乙基苯酚	0.192	0.576	0.863	1.008	1.29	0.632	0.760	1.292	2.113
苯并吖啶	1.216	0.642	0.438	1.461	0.907	0.56	0.871	1.004	1.549
豆甾醇	0	0.012	0.003	0	1.245	0.072	0.222	0.131	0.191
谷甾醇	0.148	0.094	0.025	0.269	0.152	0.165	0.142	0.241	0.529

芳香烃化合物	PM_{10}							TSP	$PM_{2.5}$
	金牛宾馆	草堂干休所	成华北巷	塔子山	植物园	天府广场	平均值	天府广场	天府广场
二苯并呋喃	0.586	0.287	0.286	1.395	1.734	1.243	0.922	1.867	3.978
甲基二苯并呋喃（1）	0.275	0.11	0.114	0.451	0.878	0.488	0.386	0.85	1.379
甲基二苯并呋喃（2）	0.314	0.169	0.177	0.486	0.861	0.73	0.456	1.099	1.984
甲基二苯并呋喃（3）	0.122	0.056	0.052	0.215	0.394	0.196	0.173	0.318	0.279
二苯并噻吩	0.526	0.682	0.364	0.641	1.646	0.908	0.795	1.259	2.41
4-甲基二苯并噻吩	0.302	0.284	0.209	0.367	0.456	0.386	0.334	0.567	1.337
2-甲基二苯并噻吩	0.146	0.243	0.102	0.177	0.416	0.106	0.198	0.197	0.309
3-甲基二苯并噻吩	0.113	0.286	0.081	0.147	0.485	0.12	0.205	0.18	0.329
1-甲基二苯并噻吩	0.441	0.345	0.203	0.6	0.315	0.206	0.352	0.305	0.537
磷酸酯	0.689	0.45	0.385	0.469	0.551	0.392	0.489	0.61	0.905
丁二酸酯	0.135	0.255	0.242	0.173	0.434	0.395	0.272	0.61	1.409
戊二酸酯	0.365	0.399	0.826	0.696	0.605	0.911	0.634	1.442	3.121
已二酸酯	0.097	0.187	0.229	0.269	0.313	0.189	0.214	0.289	0.52
9,10-蒽二酮	1.569	1.14	1.056	2.056	1.202	1.553	1.429	2.461	5.262
邻苯二甲酸二乙基酯	24.307	25.987	40.297	36.461	96.493	32.923	42.745	47.44	87.928
对苯二甲酸二乙基酯	2.484	2.182	2.64	3.12	4.821	2.108	2.893	3.829	5.657
邻苯二甲酸丁基异丁基酯（1）	63.635	63.02	81.745	107.536	105.854	57.562	79.892	87.994	154.475
邻苯二甲酸丁基异丁基酯（2）	0.202	0.187	0.173	0.194	0.451	0.221	0.238	0.386	0.635
邻苯二甲酸二正丁基酯	0	0.038	0	0	0.042	0.19	0.045	0.267	0.553
邻苯二甲酸二辛基酯	90.393	74.47	41.368	124.06	44.082	45.842	70.036	68.821	125.04
酰胺 1（C16）	7.955	5.871	3.267	12.652	3.497	4.857	6.350	7.883	15.885
酰胺 2（C18）	4.215	2.66	1.284	5.745	1.15	2.128	2.864	3.515	5.895
酰胺 3（C18）	4.215	2.729	1.284	5.745	1.232	2.128	2.889	3.515	6.01

芳香烃化合物	PM_{10}							TSP	$PM_{2.5}$
	金牛宾馆	草堂干休所	成华北巷	塔子山	植物园	天府广场	平均值	天府广场	天府广场
酰胺 4（C22）	0.295	0	0	0	8.141	0.376	1.469	0.626	1.336
酰胺 5	0.577	0.895	0	0	1.499	0.879	0.642	1.445	2.848
2,5 二异丁基噻吩	0.137	0.512	0.193	0.292	6.423	0.156	1.286	0.25	0.298
十四烷酸（1-甲基）乙酯	0.267	0.922	1.273	1.095	1.685	1.443	1.114	1.952	4.719
苯并[*b*]萘并[2,1-*d*]噻吩	2.831	3.634	1.261	3.237	4.68	1.691	2.889	2.666	5.701
苯并[*b*]萘并[1,2-*d*]噻吩	0.337	3.196	0.097	0.485	5.503	0.203	1.637	0.289	0.573
苯并[*b*]萘并[2,3-*d*]噻吩	0.68	4.113	0.256	0.709	6.47	0.368	2.099	0.571	1.073
吖啶	0.956	3.99	0.732	1.174	6.433	0.763	2.341	1.167	2.497
甲基喹啉	0.317	0.818	0.386	0.376	1.445	0.603	0.658	0.943	2.019
4-异丙基苯酚	0.022	0.602	0.072	0.111	1.164	0.066	0.340	0.094	0.211
苯并[*a*]醌	0.36	0.231	0.103	0.304	9.533	0.327	1.810	0.472	0.842
非烃总量	213.23	204.954	185.373	317.192	329.899	166.906	236.259	253.204	460.771
非烃总量/TOT	0.092	0.097	0.092	0.092	0.111	0.07	0.092	0.077	0.082

6.5.1.2 成都市多环芳烃污染水平

在世界范围内，对城区、郊区、远郊区和荒芜地区环境空气中多环芳烃进行测定，其中特别注意测定苯并[*a*]芘（BaP）。《环境空气质量标准》（GB 3095—1996）中，增加了可吸入颗粒物中 BaP 日平均浓度限值，规定为 10 ng/m^3。

在本研究采样期间，成都市夏、冬两季可吸入颗粒物中 BaP 成都市平均浓度分别为 5.7 ng/m^3 和 25.6 ng/m^3，夏季各站位检测值均没有超过 GB 3095—1996 中规定的日平均浓度标准，但冬季则全部超标，冬季 BaP 的浓度约是夏季的 4.5 倍。

近年国内外城市大气颗粒物中 BaP 污染水平见表 6-47 和表 6-48。分析结果不难看出，大多数国外城市 BaP 污染程度低于国内城市；在国内城市中能源消耗量大的重工业城市和燃煤采暖的北方城市 BaP 污染最为严重，而南方的粤港澳地区稍好一点。将本次分析结果与国内外部分城市污染水平进行比较，成都市环境空气中 BaP 的污染水平虽然低于国内大部分城市，但与国外一些城市及我国沿海地区相比，污染状况还比较突出。

表 6-47 我国某些城市大气颗粒物中 BaP 的污染水平 单位：ng/m³

城市	采样时间	BaP	
		范围	平均值
广州	1994 年 4 月	0.08～7.07	1.53
	1994 年 7 月	0.85～1.94	1.35
	1994 年 11 月	2.34～25.03	12.84
香港	1995 年 3 月	ND～1.91	0.86
澳门	1995 年 11 月	ND～2.61	0.89
兰州	1996 年 3 月	22.6～113.9	79.2
	1996 年 7 月	ND～87.0	40.73
青岛	1997 年/1998 年	—	4.90
太原	1998 年	32.0～119.3	74.7
澳门	1998 年	0.74～8.10	3.56

表 6-48 国外某些城市大气颗粒物中 BaP 的污染水平 单位：ng/m³

城市（国家）	采样时间	BaP	
		范围	平均值
雅加达（印度尼西亚）	1992 年/1993 年	0.83～10.2	4.37
墨尔本（澳大利亚）	1993 年 1—12 月	0.02～0.83	0.17
首尔（韩国）	1993 年 3—12 月	0.55～4.15	1.17
曼谷（泰国）	1993 年/1994 年	0.18～2.44	0.98
芝加哥（美国）	1995 年 6—10 月	—	1.6
伦敦（英国）	1995 年/1996 年	0.01～2.88	0.41
希腊	1996 年/1997 年	0.39～2.33	1.41
那不勒斯（意大利）	1996 年/1997 年	0.03～13.0	2.23
阿尔及尔（阿尔及利亚）	1998 年 5—9 月	0.07～2.1	0.42

将成都市可吸入颗粒物中夏季和冬季两次所测定的有代表性的 11 种多环芳烃的浓度进行比较，见图 6-22。如图所示，成都市冬季可吸入颗粒物载带的多环芳烃污染水平高于夏季。

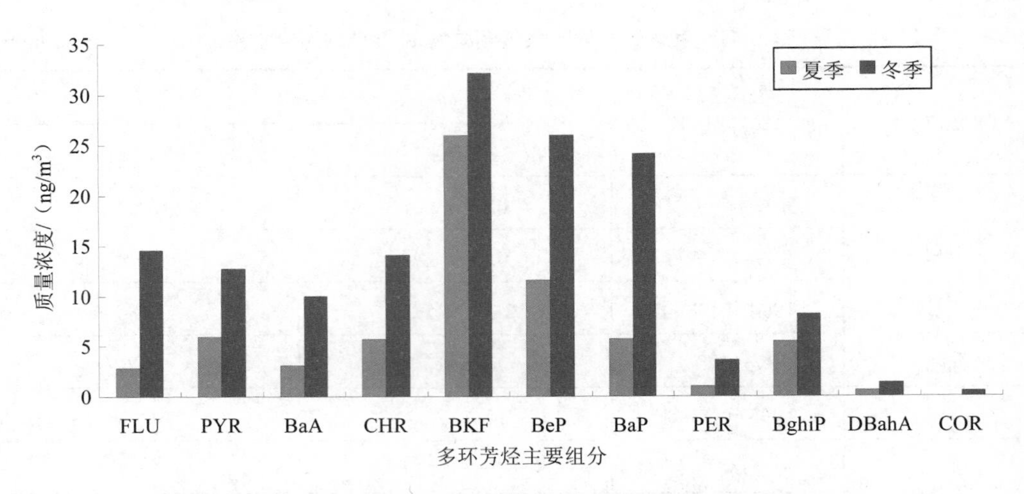

图 6-22 两次监测的可吸入颗粒物中多环芳烃主要组分污染水平比较

6.5.2 大气颗粒物载带的多环芳烃来源识别和解析

6.5.2.1 大气颗粒物载带的多环芳烃源解析方法概述

随着大气污染化学的进展，污染物的来源解析研究不仅仅以无机物作为标识物，而且还扩展到以有机物作为标识物；由对大气颗粒物进行源解析转移到对吸附于颗粒物载带的半挥发、有毒性的化合物的源解析上。以多环芳烃为例，人们已经认识到燃烧过程产生不同的多环芳烃化合物，可以作为不同类型燃烧源的标识物。

大多数对多环芳烃进行源解析的研究，根据可利用的源即受体的数据来选择恰当可行的受体模型。受体模型是通过对大气环境样品（受体）的化学和显微分析，识别污染源和确定各污染源贡献率的一系列技术。受体模型的最终目的是识别对受体有贡献的污染源，并定量计算各污染源的分担率。受体模型不依赖于排放源排放条件、气象、地形等数据，不用追踪污染物的迁移过程，避开了应用扩散模型遇到的困难，因而自 20 世纪 70 年代应用以来发展很快。

用于多环芳烃来源识别的源解析受体模型分类，见图 6-23。

6.5.2.2 利用 CMB 受体模型解析可吸入颗粒物载带的多环芳烃的来源

（1）多环芳烃污染源的调查和主要污染源的确定

1）主要污染源的确定。

我国城市目前尚未建立起完善的多环芳烃污染源排放清单，这为确定一个地区多环芳烃主要污染源带来了困难。

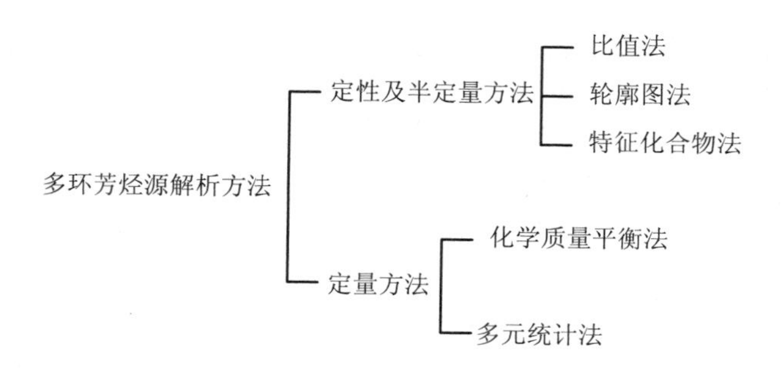

图 6-23　多环芳烃来源识别和解析方法

多环芳烃是有机物不完全燃烧的产物，烟气的排放是多环芳烃污染环境空气的重要途径之一，因此在进行污染源调查的基础上确定成都市排放烟气的主要工业门类就成为确定该市多环芳烃污染源的关键环节。成都市经过几十年的发展建设，已成为一个工业门类比较齐全的城市，煤炭在成都市城区工业能源消费燃料结构中占很大的比例，燃煤尘的排放是成都市多环芳烃污染的一个重要来源。

近几年来，成都市机动车保有量迅速增加，截至 1999 年，机动车保有量已经达到 14 万辆。但机动车维修保养较差，单车污染物排放水平较高。机动车保有量的迅速增加给城市交通带来了较大压力，由于成都市道路狭窄，丁字路口多，红绿灯多，立交桥少，许多道路通风不畅，机动车怠速多，污染物排放量大且不易扩散。机动车尾气排放是成都市多环芳烃污染的又一重要来源。

因为土壤风沙尘和扬尘是颗粒物的主要贡献源，因此在确定多环芳烃污染源时，也考虑了这两类污染源。

综上所述，将燃煤、机动车、土壤风沙尘、扬尘和冶金尘 5 类污染源作为成都市多环芳烃的可能来源，进行进一步研究。

2）多环芳烃源成分谱的建立。

多环芳烃是有机物不完全燃烧的产物，燃烧条件的差异常导致多环芳烃生成量的巨大差异；颗粒物载带的多环芳烃的含量水平很低，这与 CMB 受体模型软件要求的源成分谱数量级存在差异。本研究采用归一化处理方法建立多环芳烃污染源的成分谱，方法为：将样品的分析结果中每种多环芳烃含量除以所测定的 13 种多环芳烃的总含量，进行归一化处理，归一化处理后的结果作为污染源的多环芳烃成分谱，具体见表 6-49。

表 6-49 污染源多环芳烃源成分谱

多环芳烃		燃煤	机动车	土壤风沙尘	扬尘	冶金尘
菲	PHE	0.359 3	0.007 9	0.211 6	0.152 2	0.117 0
蒽	ANT	0.028 1	0.000 6	0.012 6	0.010 3	0.018 6
荧蒽	FLU	0.113 0	0.021 3	0.169 7	0.227 3	0.188 7
芘	PYR	0.072 3	0.014 7	0.109 7	0.145 2	0.128 9
苯并[*a*]蒽	BaA	0.019 1	0.061 8	0.037 2	0.036 3	0.062 4
䓛	CHR	0.173 1	0.023 8	0.256 4	0.197 5	0.123 8
苯并[*b*]荧蒽	BkF	0.020 0	0.005 4	0.020 6	0.022 5	0.032 1
苯并[*e*]芘	BeP	0.026 1	0.043 4	0.063 7	0.081 8	0.107 5
苯并[*a*]芘	BaP	0.015 9	0.043 1	0.037 2	0.061 2	0.069 5
苝	PER	0.008 9	0.010 7	0.013 1	0.019 2	0.026 3
二苯并[*a*,*h*]蒽	DBahA	0.035 2	0.009 0	0.011 2	0.005 6	0.009 5
苯并[*g*,*h*,*i*]苝	BghiP	0.027 1	0.425 5	0.036 9	0.037 6	0.048 7
晕苯	COR	0.101 9	0.332 8	0.020 1	0.003 3	0.067 0
∑PAHs		1.000 0	1.000 0	1.000 0	1.000 0	1.000 0

（2）污染源标识物的确定

为了比较多环芳烃源成分谱特点，将燃煤污染源、机动车尾气污染源、土壤风沙尘污染源、扬尘污染源和冶金污染源 5 类源归一化成分谱进行比较，见图 6-24。

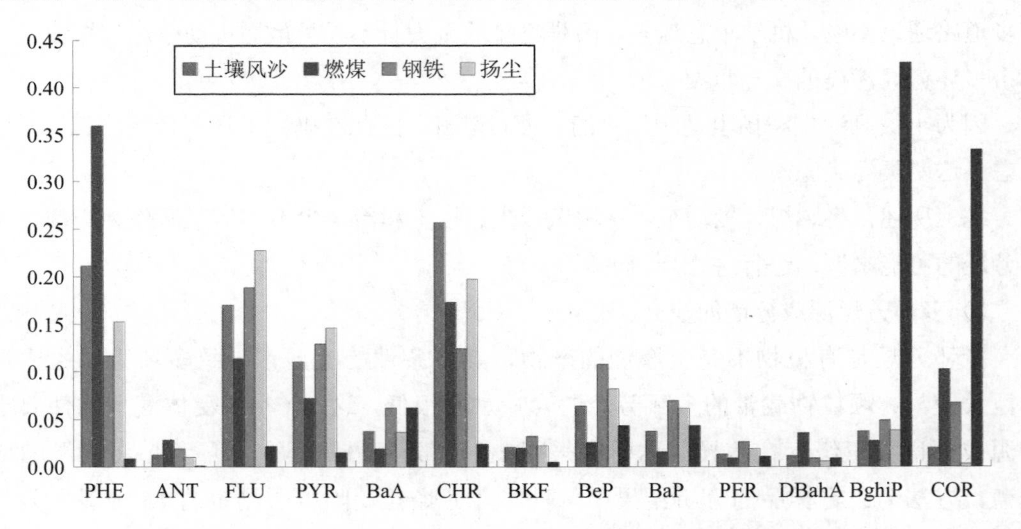

图 6-24 燃煤、机动车、土壤风沙尘、扬尘和冶金尘污染源多环芳烃成分谱比较

对图 6-24 分析可知，燃煤、土壤风沙尘和扬尘以及冶金污染源成分谱特征比较相似，而与机动车污染源成分谱特征差异明显。我们选择 CHR 作为燃煤、土壤风沙尘、扬尘和冶金尘的标识物，将 BghiP 和 COR 作为机动车污染源标识物。

（3）可吸入颗粒物载带的多环芳烃的来源解析

为了降低污染源排放物中和环境受体样品中多环芳烃实测浓度的标准偏差，对分析结果进行归一化处理，并将归一化浓度纳入 CMB 受体模型中进行拟合计算，确定各类污染源对大气颗粒物载带的多环芳烃的贡献率。

燃煤、土壤风沙尘、扬尘以及冶金 4 类污染源的多环芳烃成分谱特征非常相近，在进行解析过程中构成共线源，无法同时纳入 CMB 受体模型中进行拟合计算。土壤风沙尘源和扬尘污染源自身并不产生多环芳烃类污染物，其中含有多环芳烃主要是其他污染源排放物沉降所致，在冶金冶炼过程中由于焦炭的燃烧也产生多环芳烃，其排放特征与燃煤污染十分相似，而且由于冶金尘对于颗粒物的贡献较小，因此在不能将上述几类污染源和机动车污染源同时纳入模型的情况下，仅选择燃煤和机动车这两类重要的多环芳烃污染源参加拟合计算。

利用 CMB 软件，选择燃煤污染源和机动车污染源的标识物 CHR、BghiP、COR 作为参加拟合的物质，进行拟合计算以确定多环芳烃污染源贡献率，源解析结果见表 6-50。

表 6-50　成都市可吸入颗粒物载带的多环芳烃源解析结果

夏季		冬季	
污染源	贡献率/%	污染源	贡献率/%
机动车污染源	18	机动车污染源	7
燃煤污染源	72	燃煤污染源	86
其他	10	其他	7

（4）颗粒物中多环芳烃的来源特征

成都市可吸入颗粒物中多环芳烃源解析结果表明，在冬季燃煤污染源的贡献率为 86%，在夏季燃煤污染源的贡献率为 72%，说明燃煤污染源是可吸入颗粒物中多环芳烃的主要贡献源。

6.6　小结

1）成都市 PM_{10} 污染源确定为土壤风沙尘、燃煤尘、机动车尾气尘、扬尘、冶金尘、燃油尘、硫酸盐、硝酸盐 8 类。各源类的标识元素分别是 Si、Al、TC、Si、Fe、OC、SO_4^{2-}、NO_3^-。

2）受体成分谱中含量最高的组分是 TC，夏、冬两季 TC 的监测值分别占 PM_{10} 总质量分数的 17%和 28%；次高含量的主分是 SO_4^{2-}和 Si，其质量分数分别约为 10%（夏）、12%（冬）和 5%（夏）、14%（冬）；NO_3^-和 Ca 的质量分数分别约为 5%（夏、冬）和

3%（夏）、6%（冬），是仅次于 TC、Si、SO_4^{2-}的主要组分。其中 TC 主要含量是 OC，夏、冬两季 OC 的质量分数分别为 14%和 25%。

3）夏、冬两季受体中主量组分的总含量分别是 62%和 74%。夏、冬两季受体谱中，除 Si、Ca、Al 等地壳元素冬季百分含量有比较明显的增加外，其他组分的相对含量基本稳定。

4）成都市颗粒物源解析的结果表明：颗粒物来源的特点是除硫酸盐和硝酸盐（它们主要以二次生成物为主）外，其他各源类（扬尘、土壤风沙尘、燃煤尘、建筑水泥尘、机动车尾气尘、燃油尘）对受体的贡献几乎同等重要，或者说除冬季扬尘的贡献明显较大以外，其他源类在两季中对受体的贡献呈现较平均的状态。

5）在所识别的各源类中，治理的重点应以扬尘、燃煤以及与油品燃烧和使用有关的源类（如机动车尾气、燃油、烹调等）为主。其中扬尘是混合尘源类，它由来自于土壤风沙尘、燃煤尘、建筑尘等源类的颗粒物混合组成。因此可以把扬尘作为受体进行来源解析，确定其来源情况，成都市扬尘的来源解析结果为：土壤风沙尘占 46%，建筑尘占 24%，燃煤尘占 20%，机动车尾气尘占 4%，燃油尘占 3%。

6）可吸入颗粒物中多环芳烃的检测结果表明：夏季和冬季两次可吸入颗粒物中苯并[*a*]芘的成都市平均浓度分别为 5.7 ng/m^3 和 25.6 ng/m^3，冬季苯并[*a*]芘的浓度超过 GB 3095—1996 二级标准；燃煤污染是成都市可吸入颗粒物中多环芳烃的主要来源。

第7章　大气环境质量模拟与污染来源分析

利用空气质量模型这一大气环境系统分析的重要工具，在收集分析了各类污染源资料以及污染气象资料的基础上，定量地模拟各种污染源及其排放的污染物质对研究区域大气环境质量的影响，分析大气中二氧化硫（SO_2）、可吸入颗粒物（PM_{10}）等主要大气污染物的时空分布情况，并确定各类污染源对污染物浓度的分担率，可为成都市大气污染控制决策提供科学依据。

建立成都市区空气质量模型目的在于：

1）研究城区环境空气质量的时空分布规律，为实时监测网络提供补充；

2）研究当地污染气象条件与空气质量的关系，特别是重污染日的气象条件，为污染潜势预警预报提供平台；

3）定量分析特定污染源对目标区域的影响，为制定污染控制对策提供依据；

4）通过模型对提出的控制对策进行情景分析，为对策的环境效果和经济分析提供平台。

7.1　空气质量模型概述

7.1.1　空气质量模型及其软件介绍

经过认真调研和分析国内外相关课题的研究理论和经验，决定采用美国 EPA 推荐的大气质量多源复合模型（ISC3）作为本次课题研究的空气质量模型，加拿大 Lakes 环境软件公司已开发出该模型的软件 Windows 集成系统，软件除包含空气质量模型本身以外，还分别带有前处理及后处理程序，该软件系统具有功能多、使用灵活方便的特点。

ISC3 模型是美国 EPA 开发的一个为环境管理提供支持的复合源大气扩散模型。该模型包含了很全面的模型参数，在模拟污染源对环境质量的影响方面有着很大的选择余地。

模型可处理各种烟气抬升和扩散过程，如静风条件、风廓线指数、城乡扩散、污染物转化、沉积和沉降等，还可处理烟囱顶端尾流、城市建筑对点源排放的尾流作用，并考虑城市线源、面源的初始扩散尺度；可同时或分别对点源（point）、面源（area）、线源、体源（volume）、开放源（openpit）等多种污染源进行模拟，各类源的数量不限，还可以根据需要对排放源进行分组，以便对各源的贡献进行定量分析；可选择多套规则和（或）不规则接受点网格或离散接受点进行计算，网格距和模拟范围可变；可输出多种污染物的浓度以及颗粒物的沉积和干、湿沉降量等计算结果；污染物可选取 SO_2、TSP、PM_{10}、NO_x 和 CO 等种类；可选择逐时、数小时、日、月及年等多种平均时段；可处理复杂的地形条件；可利用逐时的常规气象观测数据进行计算；还可分析单个污染源或污染源组对接受点浓度/沉降量的贡献。

ISCST3 模型是基于统计理论的正态烟流模式，使用的公式为目前广泛应用的稳态封闭型高斯扩散方程。在模型中，根据经验结果，对应用于城市尺度的扩散方程进行了必要的修正。模型利用逐时气象数据来确定气象条件对烟流抬升、传输和扩散的影响。在模型中，认为前一时段排放的污染物对后一时段的污染物浓度没有影响，即各时段的浓度仅由该时段的排放源参数和气象参数决定。

7.1.2 模型输入文件的建立

ISCST3 模型的前处理软件是一套模型输入文件的生成软件。按照规定要求的步骤输入各种数据，由软件自动生成模型输入文件，其中的一些污染物排放源和气象数据参数的输入既可以选取默认参数，又可以根据实际情况选取修正参数。

模型输入文件中应包括 5 类信息：模型控制、源输入、受点定义、气象参数和输出定义。模型控制部分主要定义进行模拟的污染物种类、平均时段、扩散参数类型选择等；源输入部分包括源类型、坐标、高度、排放强度、排放不均匀系数等；受点可定义为直角坐标系受点（等间距网格、不等间距网格、离散点）和极坐标系受点（规则或不规则网格、离散点）；气象参数包括气象数据文件名所在路径、测风点高度等，在气象数据文件中给出逐时的风向、风速、气温、稳定度、混合层高度等数据；输出定义部分要给出输出表格式、后处理文件名及路径等。

本研究采用平面直角坐标系，把面源网格均置于网格中央，将坐标原点设在市区中心天府广场。目前，成都市还缺乏点源附近的建筑物数据，因此在本研究中暂不考虑建筑物尾流对污染物扩散的影响。成都市空气质量模型的输入主要由以下部分组成。

（1）气象输入参数

1）2000 年 1 月 1 日 1：00 至 12 月 31 日 24：00 的逐时风向、风速、气温、大气稳定度、城区混合层高度、城郊混合层高度；数据为成都中心气象台常规气象观测资料，用以模拟全年平均的环境影响；

2）2001 年 6 月 9 日 1：00 至 6 月 30 日 24：00 逐时风向、风速、气温、大气稳定度、城区混合层高度、城郊混合层高度；数据来源为夏季强化监测期本项目同步气象观测资料，用以模拟夏季强化监测期间的环境质量状况。

3）2002 年 1 月 8 日 1：00 至 1 月 28 日 24：00 逐时风向、风速、气温、大气稳定度、城区混合层高度、城郊混合层高度；数据来源为冬季强化监测期本项目同步气象观测资料，用以模拟冬季强化监测期间的环境质量状况。

（2）大气污染源及输入参数

1）点源：包括 5 个燃煤电厂，三环路以内的工业锅炉、工业窑炉和工艺排放，医院、大专院校、宾馆等民用锅炉等通过烟囱的有组织排放源；

2）线源：主要交通干线（一级路：人民路、蜀都大道、一环路、二环路）的交通扬尘、机动车尾气尘均以线源表示；

3）面源：居民生活、第三产业、一级路以外的道路交通扬尘、机动车排尘，建筑扬尘等无组织排放源。

（3）研究的主要污染因子是：PM_{10}，SO_2。

7.2　ISC3 空气质量模型验证

7.2.1　强化监测期空气质量浓度的模拟检验

为了解强化监测期城区环境空气质量，根据课题总体设计，课题组于 2001 年 6 月 9 日—7 月 5 日和 2002 年 1 月 8 日—28 日分别组织了规模较大的夏季和冬季环境空气质量强化监测。现用建立的空气质量模型对同期大气环境中的 SO_2 和 PM_{10} 浓度进行模拟，其目的：用实测结果对模型进行检验；进一步分析 SO_2 和 PM_{10} 浓度的区域分布和变化规律。

图 7-1 为强化监测期 16 个监测点位 SO_2 月均浓度实测值和模拟值的比较折线图，可见，实测值和模拟值变化规律基本一致。

图 7-2 为实测值和模拟值之间的回归曲线，相关系数为 0.7。

图 7-3 为强化监测期部分点位 PM_{10} 日均浓度变化规律和相关分析图。由图可知，实测值和模拟值变化规律基本一致，具有比较高的相关性。因此，强化监测期实测值与模拟值的比较分析结果表明，建立的空气质量模型具有较高的模拟精度。

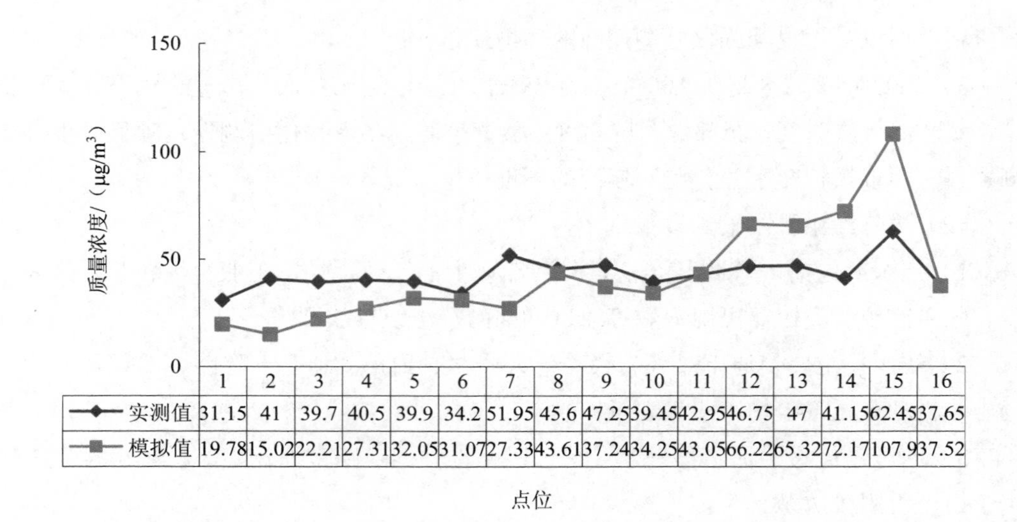

图 7-1 强化监测期 16 个监测点位 SO_2 月均浓度实测值和模拟值比较

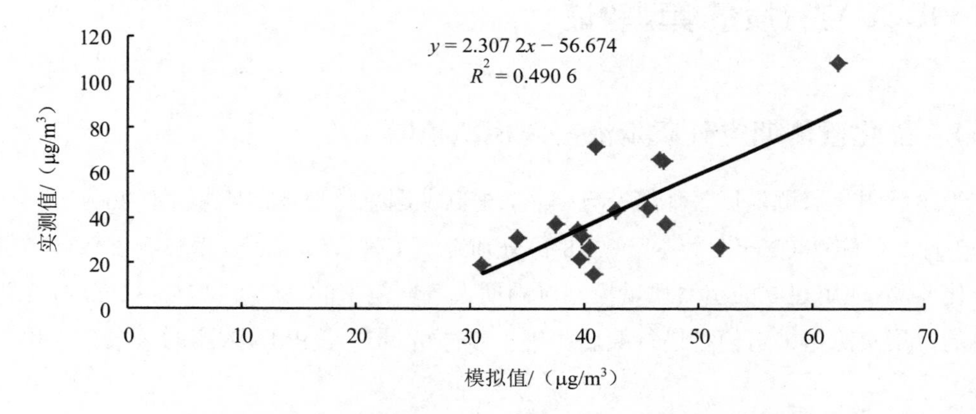

图 7-2 强化监测期 16 个监测点位 SO_2 月均浓度实测值和模拟值相关分析

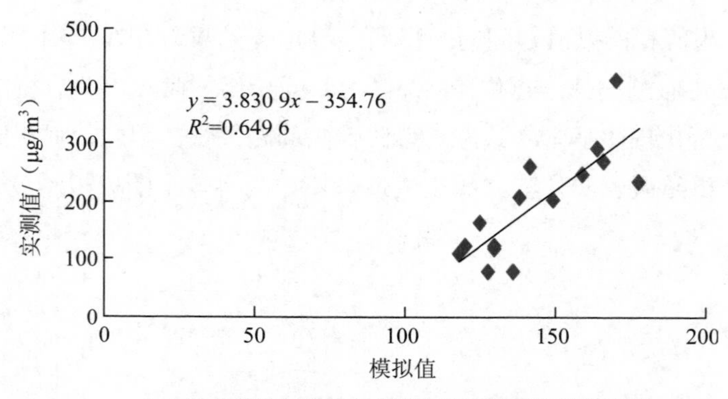

（a）冬季帝殿宾馆 PM_{10} 模拟值与实测值相关性分析

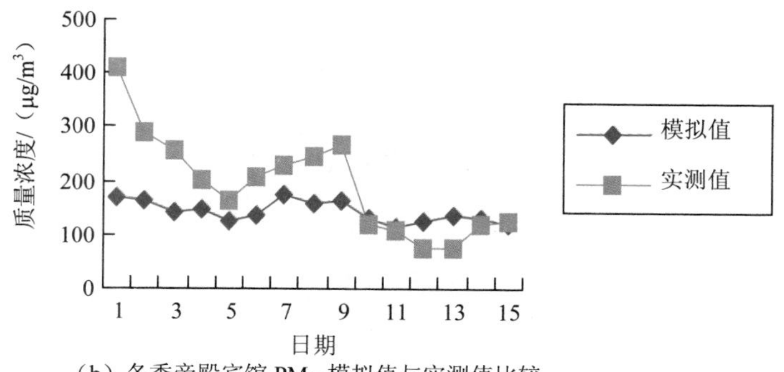

（b）冬季帝殿宾馆 PM_{10} 模拟值与实测值比较

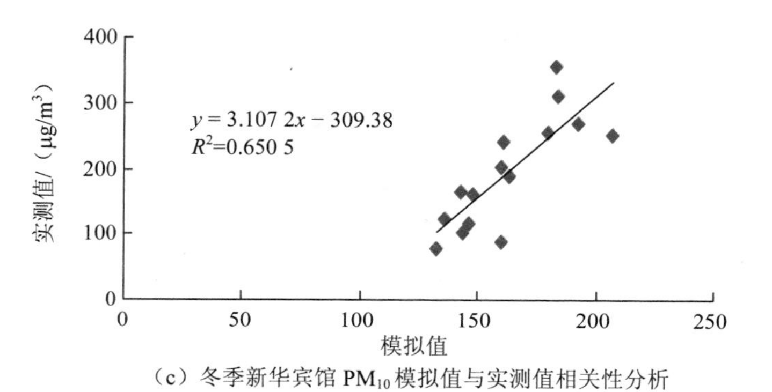

（c）冬季新华宾馆 PM_{10} 模拟值与实测值相关性分析

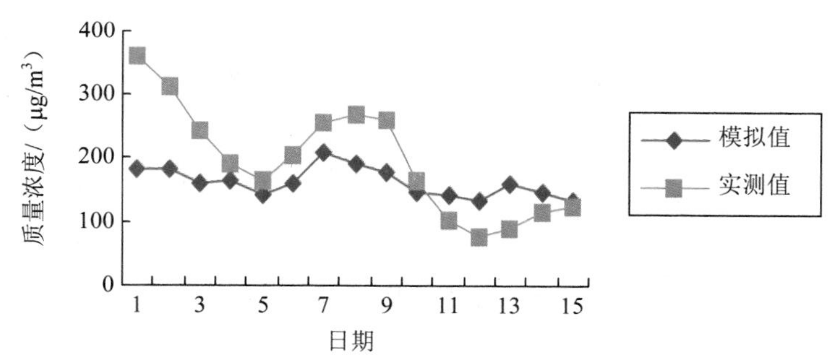

（d）冬季新华宾馆 PM_{10} 模拟值与实测值比较

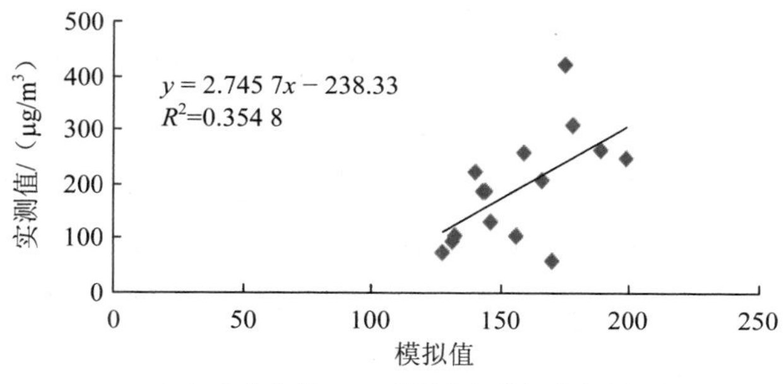

（e）成华北巷 PM_{10} 实测值与模拟值相关分析

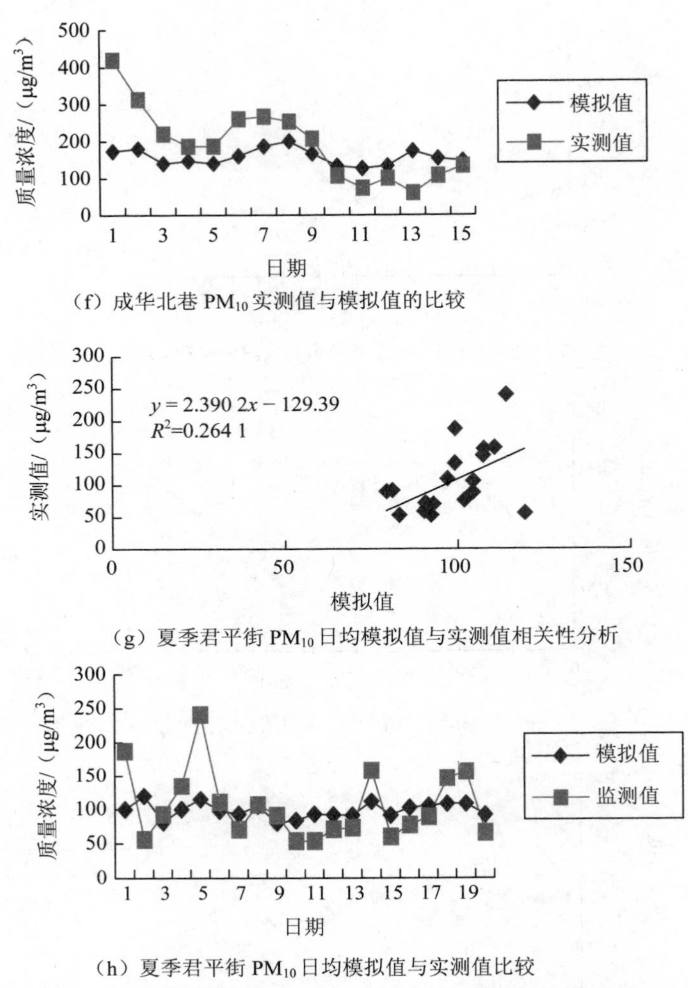

（f）成华北巷 PM_{10} 实测值与模拟值的比较

（g）夏季君平街 PM_{10} 日均模拟值与实测值相关性分析

（h）夏季君平街 PM_{10} 日均模拟值与实测值比较

图 7-3　强化监测期部分点位 PM_{10} 实测值与模拟值对比分析

7.2.2　地面 SO_2 浓度分布模拟结果与土壤中硫异常分布规律比较

图 7-4 中的上、下两图分别给出 SO_2 地面年均浓度分布与城区表层土壤中硫含量分布的比较。硫在表层土壤中的分布规律［图 7-4（b）］是四川省地质调查院于 2001 年完成的"成都市多目标地球化学调查"成果中硫异常分布图，在同一项目的土壤深部（1.50 m 以下）调查结果表明不存在硫异常，说明表层土壤中硫的异常与人类活动有关。由图可知，城区土壤中的硫与环境空气中硫的地域分布规律在一定程度上存在相似性，说明土壤和大气中硫因酸沉降和扬尘而存在着较强的传输和交换。同时，由于土壤中的硫是多年长期积累的结果，其分布规律与环境空气中 SO_2 的分布又不完全相似。

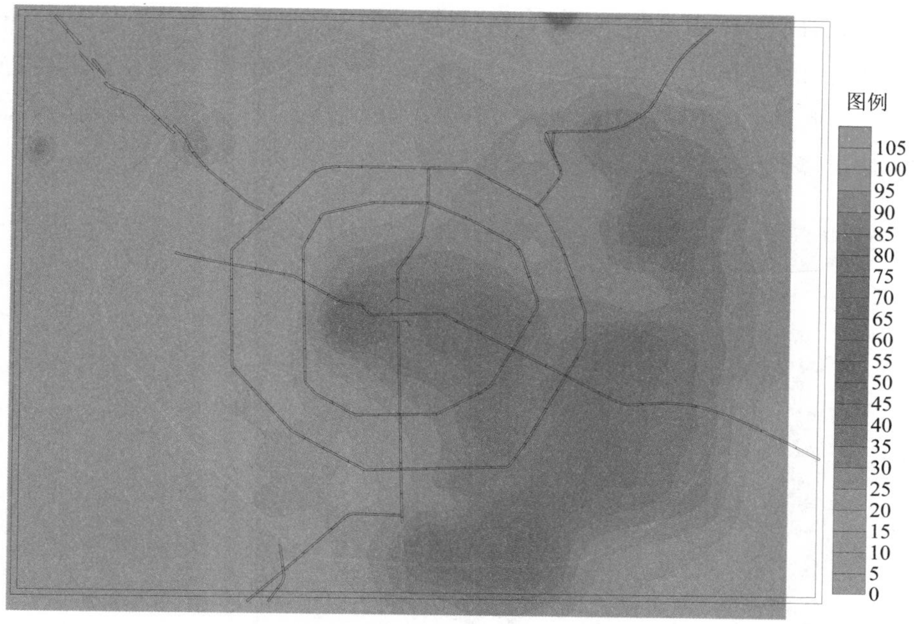

（a）城区 SO_2 地面年均质量浓度分布

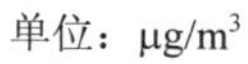

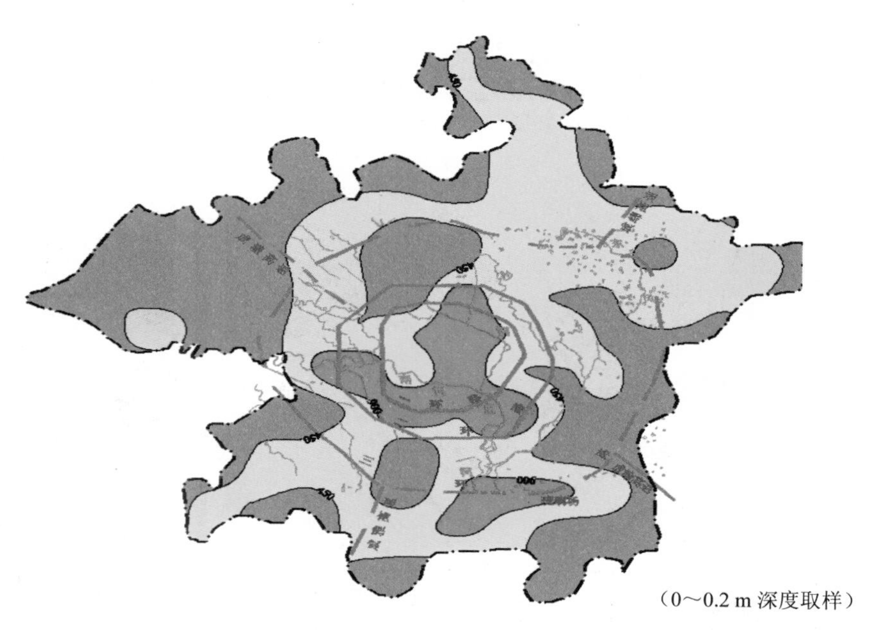

（0～0.2 m 深度取样）

（b）地区土壤中硫含量分布

图 7-4　城区 SO_2 地面年均质量浓度与表层土壤中硫含量分布比较

图 7-5 为模拟的环境空气中 PM_{10} 浓度分布与地表土壤中汞异常分布的比较，两者在空间分布上有明显的相似性。文献表明（《城乡生态环境》，1994（2）：25），燃煤烟尘（特别是民用燃煤烟尘）、道路扬尘中汞含量较高，而燃煤烟尘和道路扬尘是 PM_{10} 的主要贡献源，地表土壤中汞的污染与大气中颗粒物的沉降有密切关系。这进一步说明建立的空气质量模型反映了 PM_{10} 的空间分布规律。

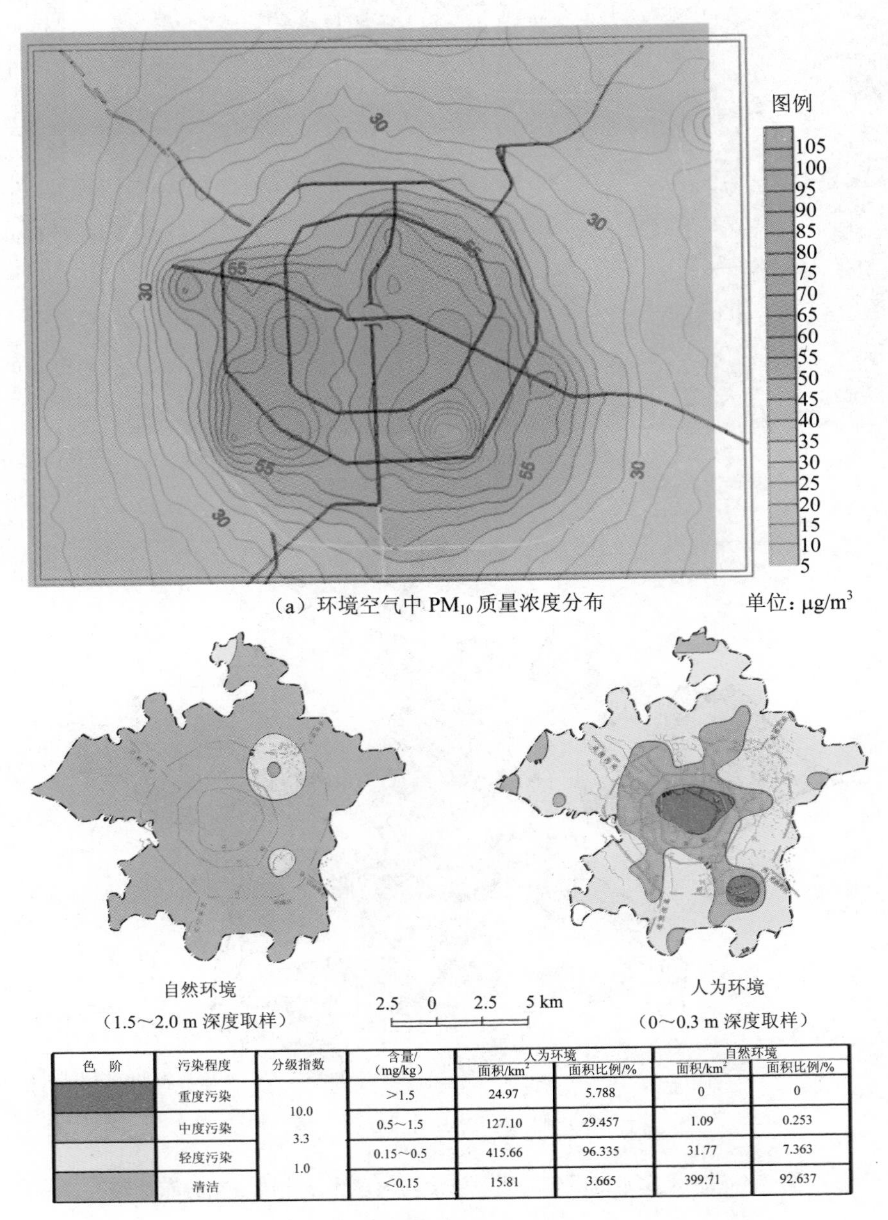

（a）环境空气中 PM_{10} 质量浓度分布 单位：μg/m³

色阶	污染程度	分级指数	含量/（mg/kg）	人为环境		自然环境	
				面积/km²	面积比例/%	面积/km²	面积比例/%
	重度污染		＞1.5	24.97	5.788	0	0
	中度污染	10.0	0.5～1.5	127.10	29.457	1.09	0.253
	轻度污染	3.3	0.15～0.5	415.66	96.335	31.77	7.363
	清洁	1.0	＜0.15	15.81	3.665	399.71	92.637

（b）表层土壤中汞的异常分布

图 7-5 环境空气中 PM_{10} 年均质量浓度与表层土壤中汞的异常分布比较

7.2.3 模拟地面浓度分布与排放量分布规律比较

图 7-6 给出城区二氧化硫和 TSP 排放量的网络分布图，分别与图 7-4（a）和图 7-5（a）具有相似性，间接证明了所建空气质量模型的可靠性。

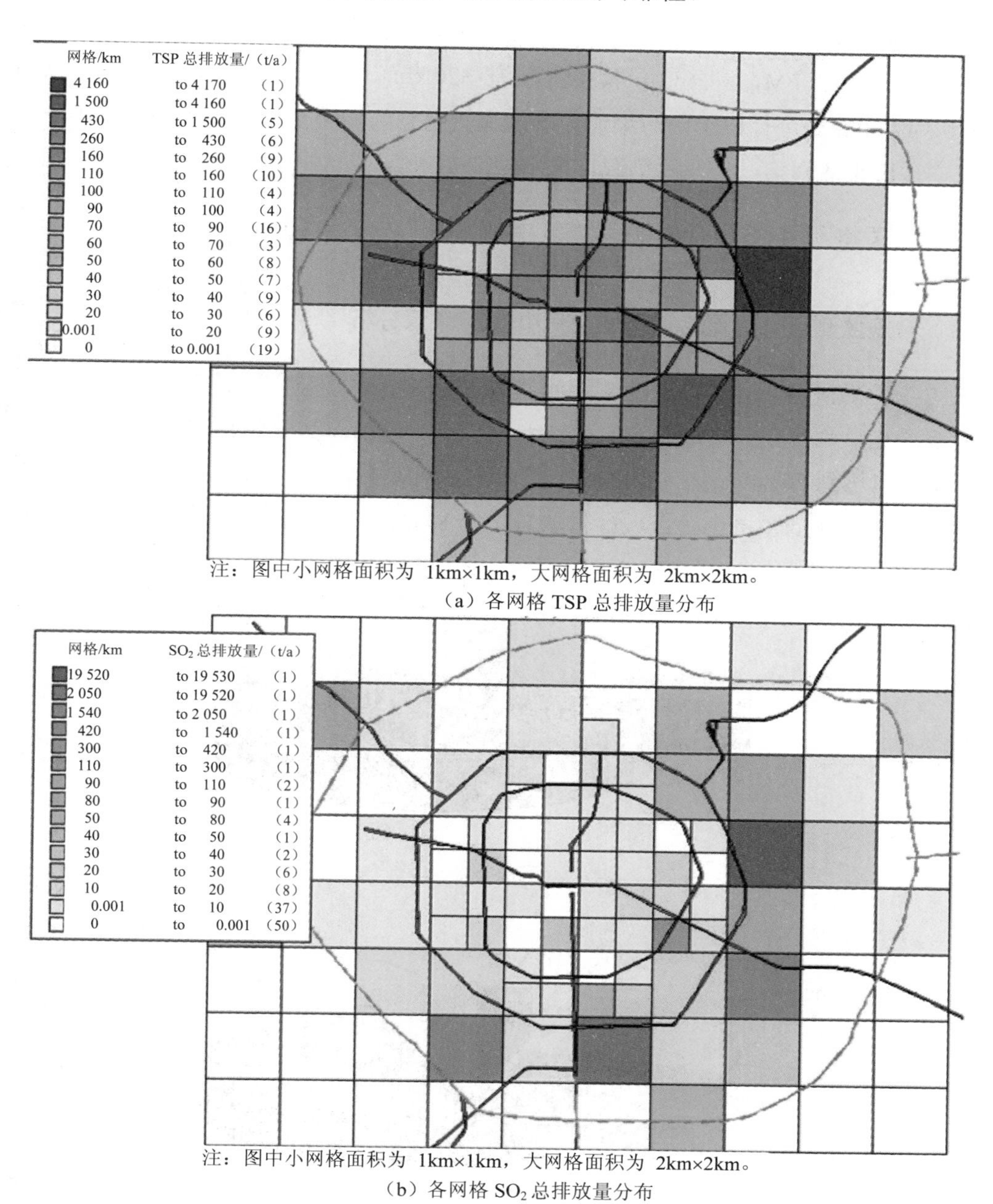

注：图中小网格面积为 1km×1km，大网格面积为 2km×2km。

（a）各网格 TSP 总排放量分布

注：图中小网格面积为 1km×1km，大网格面积为 2km×2km。

（b）各网格 SO_2 总排放量分布

图 7-6 城区二氧化硫和 TSP 排放量分布

7.3 环境空气质量模拟与污染物来源分析

采用建立和经过验证的空气质量模型，利用本次调查得到的 2000 年污染源和气象等模型输入参数，对城区环境空气中的主要污染物浓度及其来源进行模拟分析。模拟的空气污染物种类为 PM_{10} 和 SO_2，模拟区域为 320 km^2（20 km×16 km），模拟网格为 1 000 m×1 000 m。进行模拟的污染源为本次调查得到的城区全部工业锅炉、窑炉、工艺尾气、居民生活和第三产业污染源，采用同期实测逐时气象数据。

7.3.1 城区空气中 SO_2 浓度模拟及来源分析

7.3.1.1 常规监测点与重点污染区域空气中 SO_2 来源分析

图 7-7 为城区冬、夏季强化监测期间监测点空气中平均 SO_2 来源分析。由图可见，冬季和夏季电厂都是主要贡献源，所占比例达到 50%～70%，其中冬季影响最大，为 70%以上，夏季也达到 50%以上。居民生活的贡献占 20%左右，由于居民生活是低架的无组织排放的面源，排放量虽小（占城区排放总量的 8%），但影响较大，达到 18%～27%。

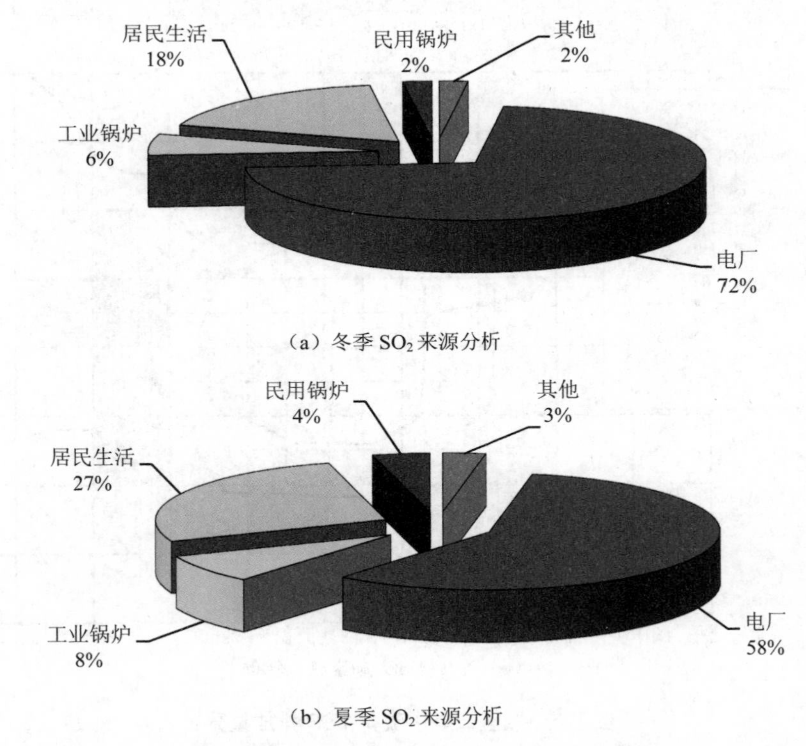

图 7-7 城区冬季、夏季强化监测期间监测点空气中平均 SO_2 来源分析

图 7-8 为城区冬季、夏季强化监测期间重污染监测点空气中 SO_2 来源分析。选择 2 个典型的重点污染区域（冬季为位于东南郊的保温瓶厂，夏季为位于东北郊的理工学院）对其 SO_2 来源进行了分析。重点污染区域中，燃煤电厂的贡献最大，SO_2 浓度贡献均达到 70%以上，因此电厂排放是造成成都市部分地区出现较高 SO_2 浓度的重要原因。

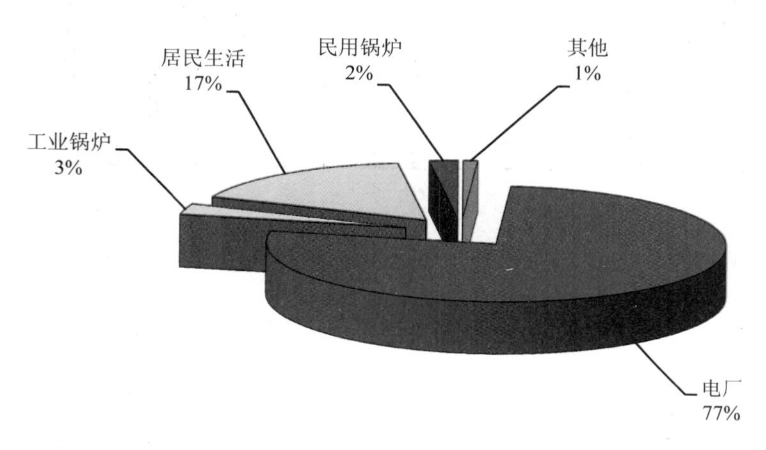

（a）夏季重污染区域（理工学院）SO_2 来源分析

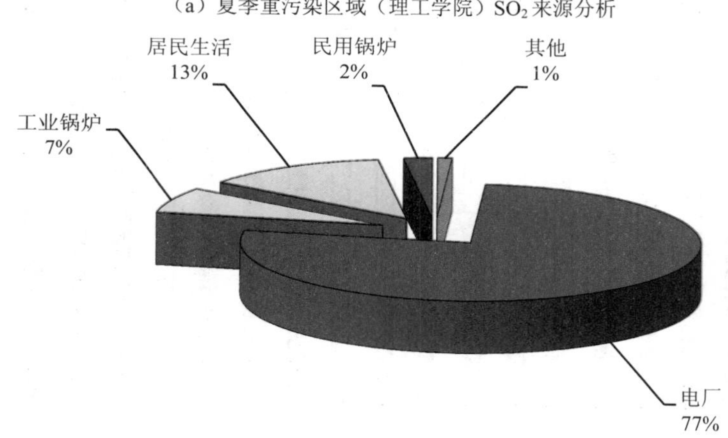

（b）冬季重污染区域（保温瓶厂）SO_2 来源分析

图 7-8 城区冬季、夏季强化监测期间重污染监测点空气中 SO_2 来源分析

冬季、夏季强化监测期间 17 个强化监测点位加天府广场 SO_2 浓度贡献分别见图 7-9 和图 7-10。由于风向和局地污染源的作用，不同点位燃煤电厂的影响程度不同，个别点位电厂的贡献达到 80%以上；冬季和夏季各点不同类别污染源贡献不同，主要是由于主导风向不同。

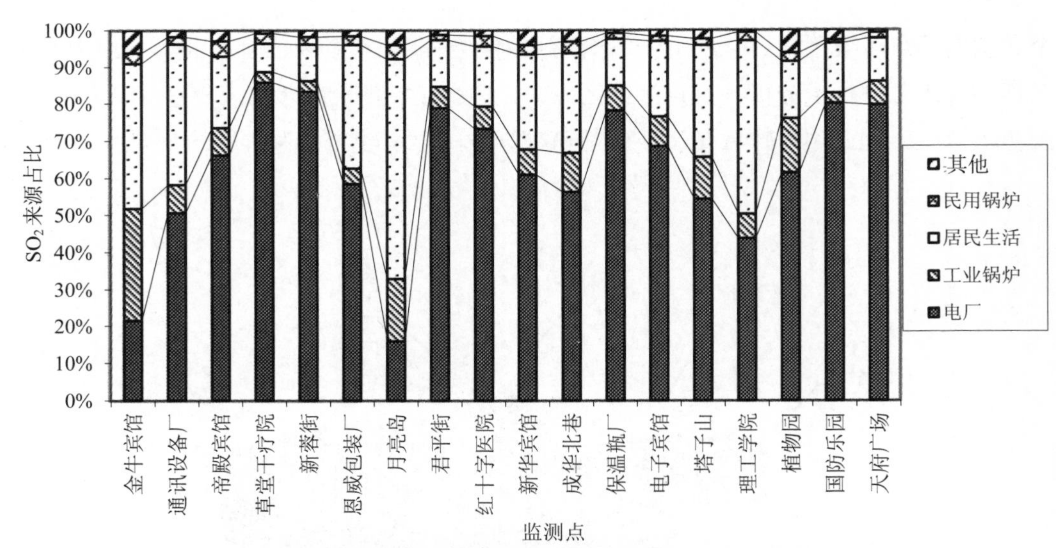

图 7-9　冬季强化监测期间各监测点 SO_2 来源分析

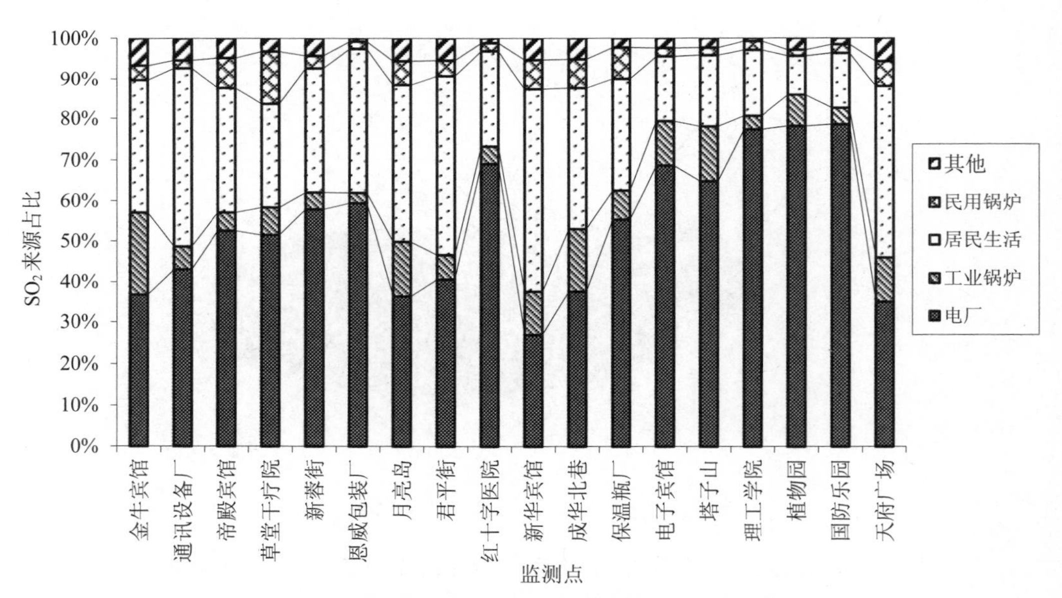

图 7-10　夏季强化监测期间各监测点 SO_2 来源分析

7.3.1.2　全年空气中 SO_2 来源模拟分析

图 7-11 是 18 个监测点位总体全年平均 SO_2 污染来源模拟分析结果，图 7-12 是城区 18 个监测点位的全年平均 SO_2 污染来源分析结果。就城区总体平均来看，全年环境空气

中的 SO_2 主要贡献源为燃煤电厂，其贡献率平均为 43%；贡献率由大到小为居民生活源、工业燃煤锅炉、民用燃煤锅炉排放源；包括 5 个常规监测点位在内的 18 个监测点的 SO_2 污染来源分析结果表明，不同点位电厂的年均贡献率为 20%～70%。应当指出的是，此处模拟的植物园 SO_2 浓度主要为本次调查得到的三环路内污染源的贡献，因此电厂对该点的相对贡献率最大，但也只反映了城区最大污染源的相对影响最大，实际上尚有不属于本次调查目标区域的本地源和外地源的贡献。

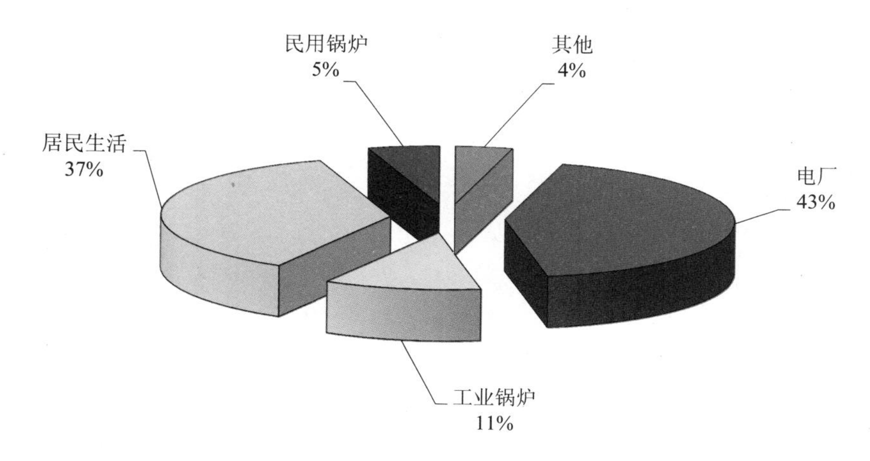

图 7-11　城区各监测点年平均 SO_2 污染来源分析

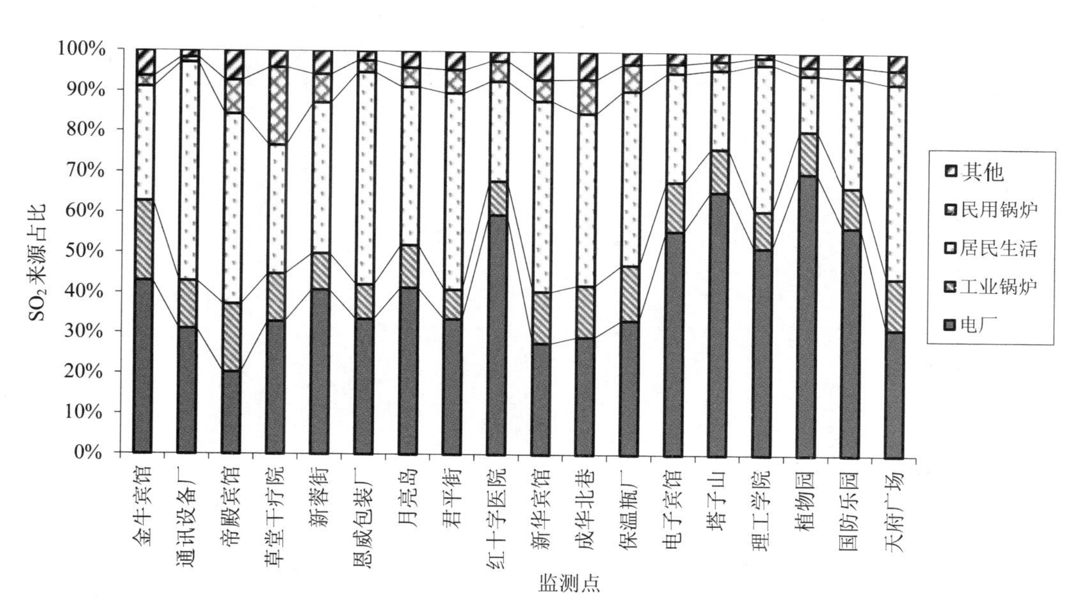

图 7-12　城区各监测点平均 SO_2 来源分析

7.3.1.3 强化监测期间城区大气 SO_2 地面浓度分布

图 7-13 为模拟的强化监测期（夏季和冬季）SO_2 月均最大浓度分布图。由图可见，由于夏季主导风为西南风、冬季为东风，夏、冬两季 SO_2 分布有所不同。夏季高浓度区在城区东北部，冬季在西南部。

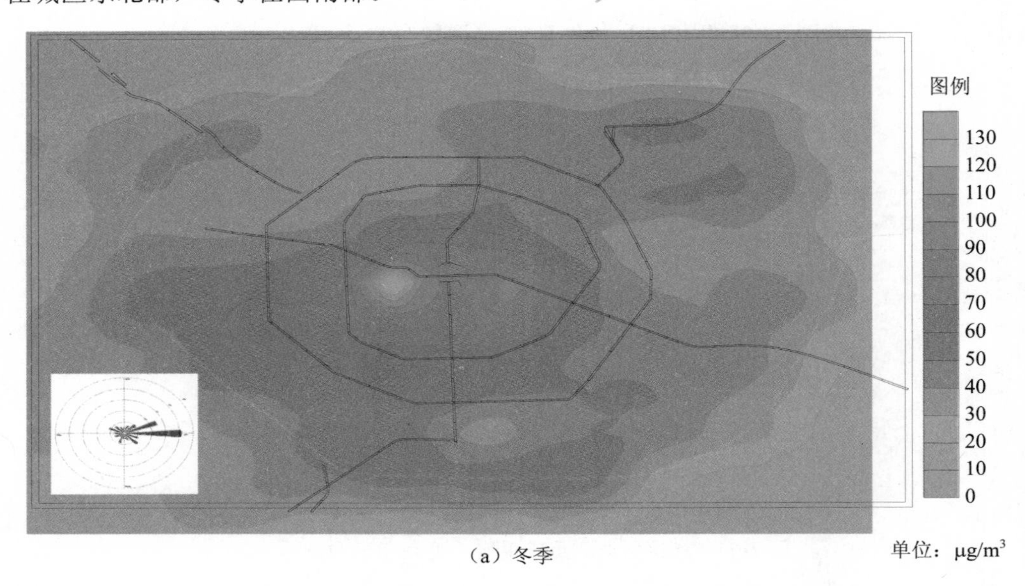

（a）冬季

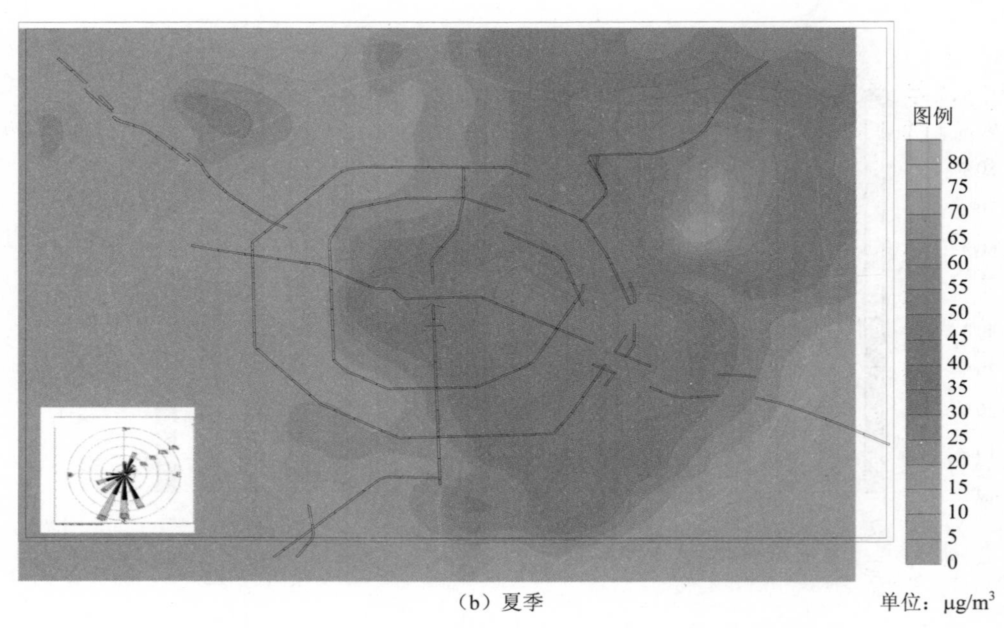

（b）夏季

图 7-13 强化监测期（夏季和冬季）SO_2 月均最大浓度分布

图 7-14 为居民生活排放源造成的大气中 SO_2 浓度分布。居民生活排放主要表现为面源污染特征，即浓度分布与源强分布基本一致，季节性变化不大。局地污染较重的区域为部分老城区如宽巷子居委会、小天竺居委会、天涯石北街的天北居委会等区域。据实地调查，这些地区使用燃煤做燃料的居民超过了 70%。

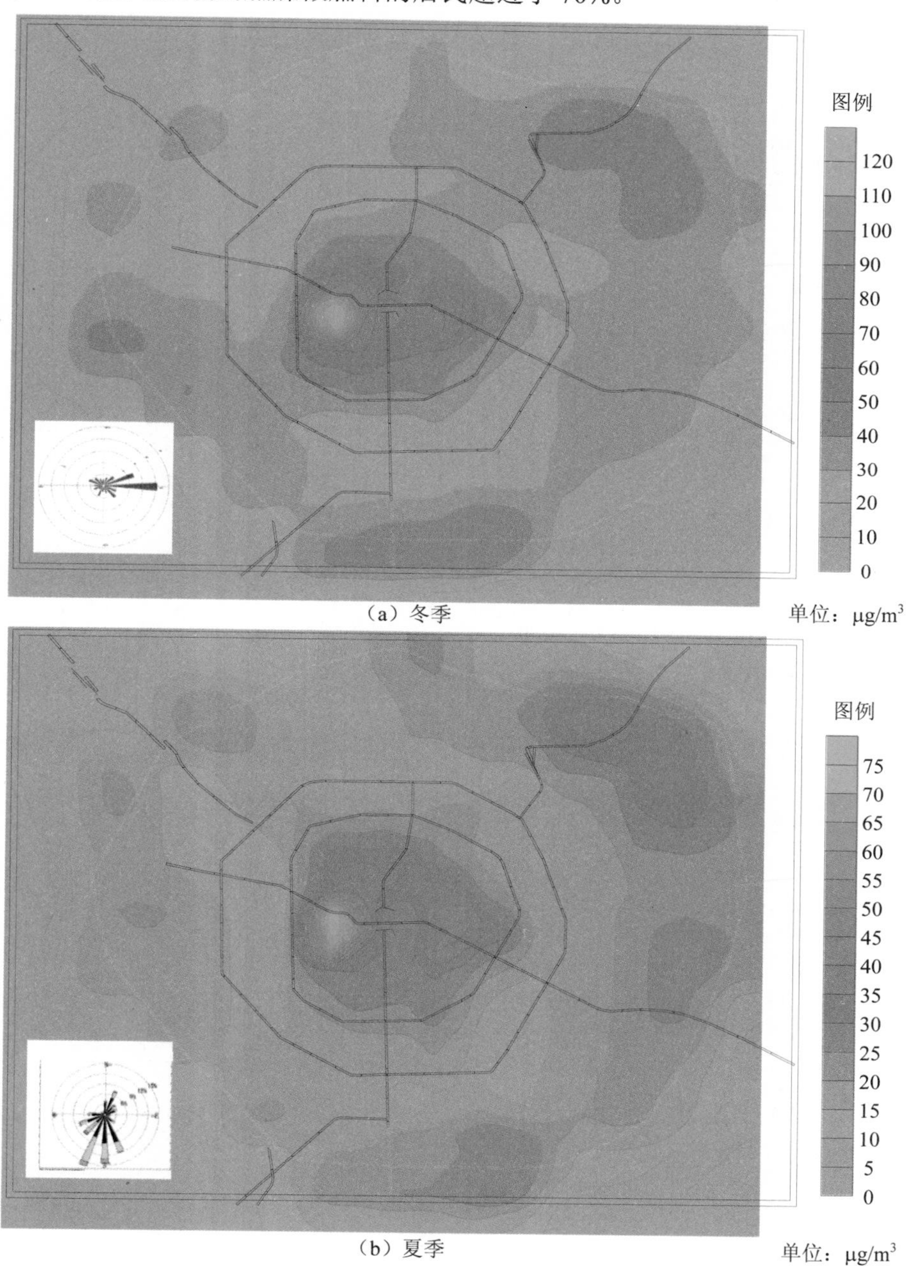

图 7-14　居民生活排放源产生的 SO_2 的分布

图 7-15 为电厂排放源造成的大气中 SO_2 浓度分布。电厂包括位于东郊跳蹬河的成都热电厂、嘉陵成都热电厂、华能电厂，位于三瓦窑的三瓦窑热电厂和位于高新区的南星热电股份公司，其中位于跳蹬河的三家热电厂的 SO_2 排放量占城区总排放量的 80%以上。由于主导风向的不同，冬季高浓度区主要分布在西南部，夏季高浓度区分布在东北部。值得注意的是，城区中心有大片区域是冬季电厂的 SO_2 污染最大浓度区。

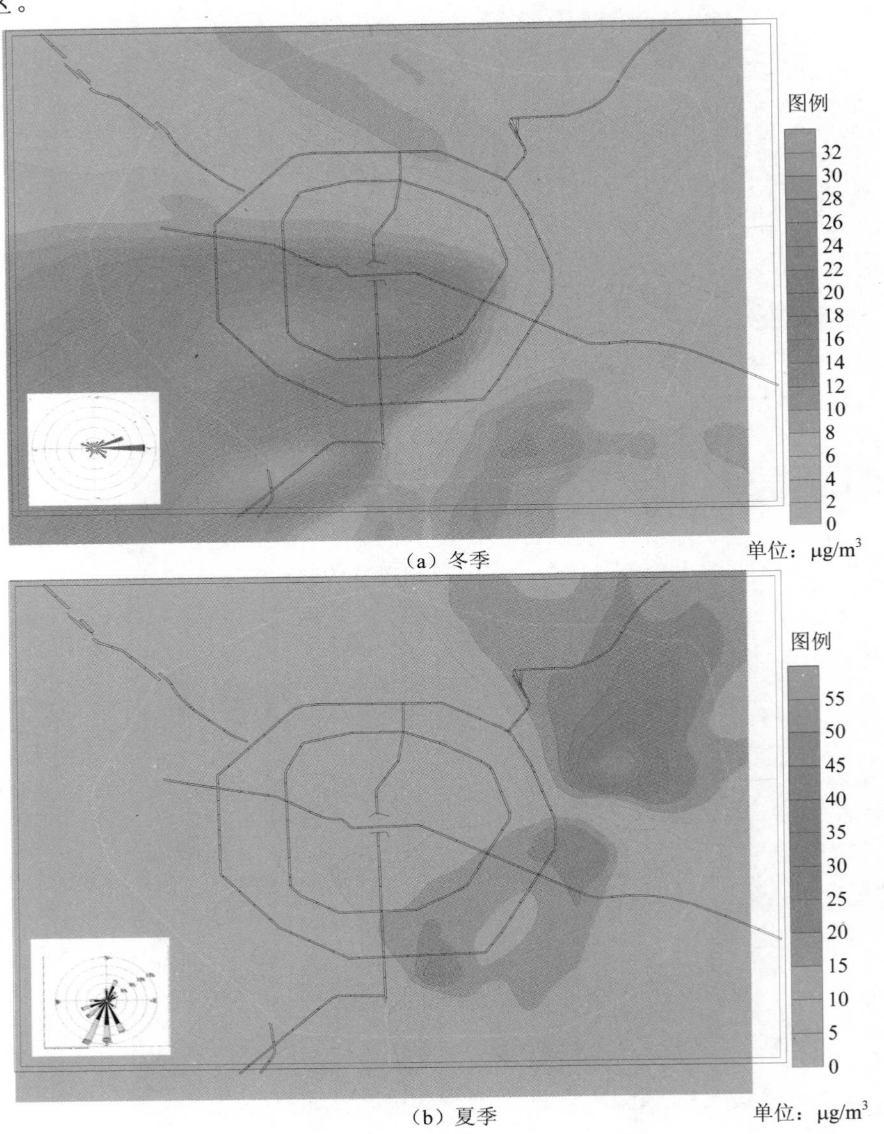

（a）冬季

（b）夏季

图 7-15 电厂排放源产生的 SO_2 的分布

综上所述，就 SO_2 模拟结果可得到如下结论：

1）通过空气质量模型的模拟分析表明，从年平均来看，燃煤电厂对城区 SO_2 地面浓度的贡献最大，平均达到 70%以上；

2）在部分以燃煤为燃料的老城区，居民生活源引起的局部污染较重；

3）从整体看，城区地面环境空气中，SO_2 浓度一般不会超过 GB 3095—1996 二级标准，但在部分重污染区和冬季重污染日，在不利的气象条件下，由于燃煤电厂和居民生活排放的综合作用，有超标现象发生。

7.3.2　城区空气中 PM_{10} 浓度模拟及来源分析

参加模拟的主要 PM_{10} 排放源为三环路以内的燃煤电厂、工业燃煤锅炉排放的烟尘，工艺过程和工业窑炉排放的工业粉尘等点状污染源，以及作为面源处理的交通扬尘和机动车排放尘。由于居民生活、第三产业排放的试验模拟表明，其引起的环境影响相对较小，此处未予考虑。交通扬尘和机动车排放尘的排放参数参考了国内同类课题的污染源调查结果。

7.3.2.1　强化监测期间城区可吸入尘来源分析

图 7-16 和图 7-17 分别为 2001 年夏季（6 月）和冬季（2002 年 1 月）强化监测期可吸入颗粒物（PM_{10}）来源分析。图示为监测期间位于三环路以内的 4 个常规监测点位。图中“其他”为未参加模拟源类的贡献。

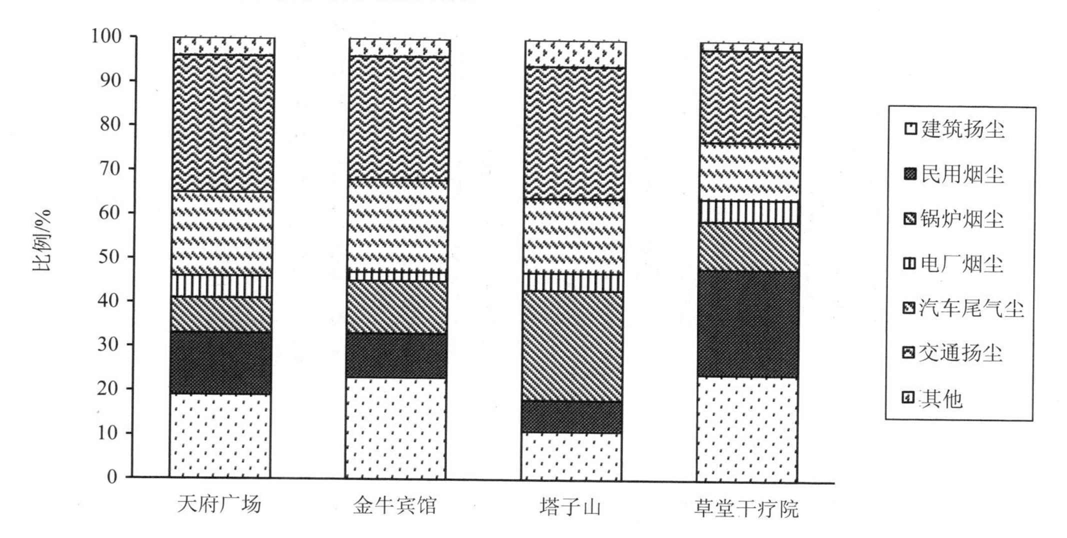

图 7-16　成都市夏季强化监测期重点监测点位 PM_{10} 来源分析

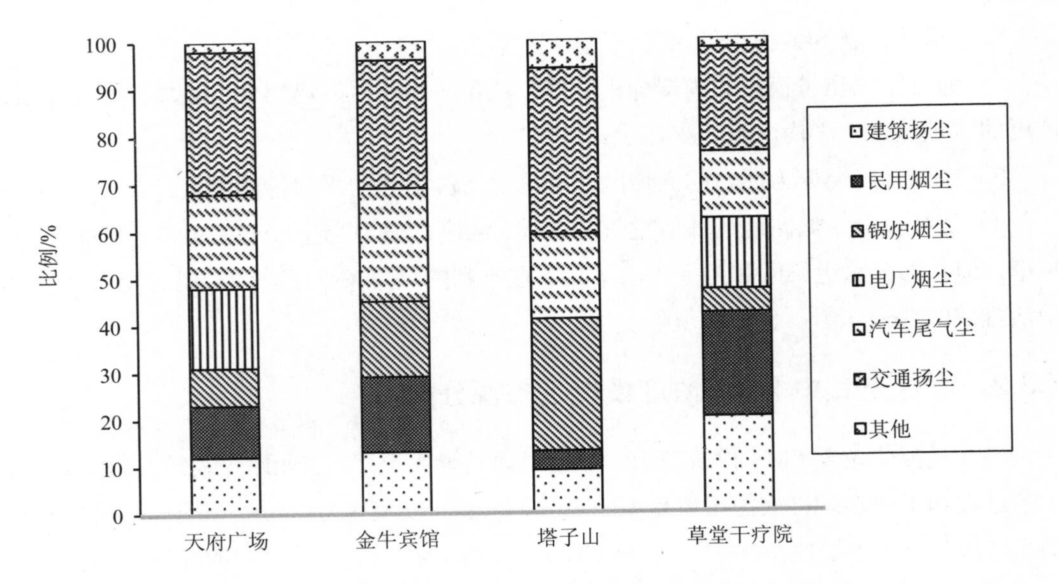

图 7-17 成都市冬季强化监测期重点监测点位 PM_{10} 来源分析

图 7-18 和图 7-19 给出了全年平均 PM_{10} 污染来源分析结果。

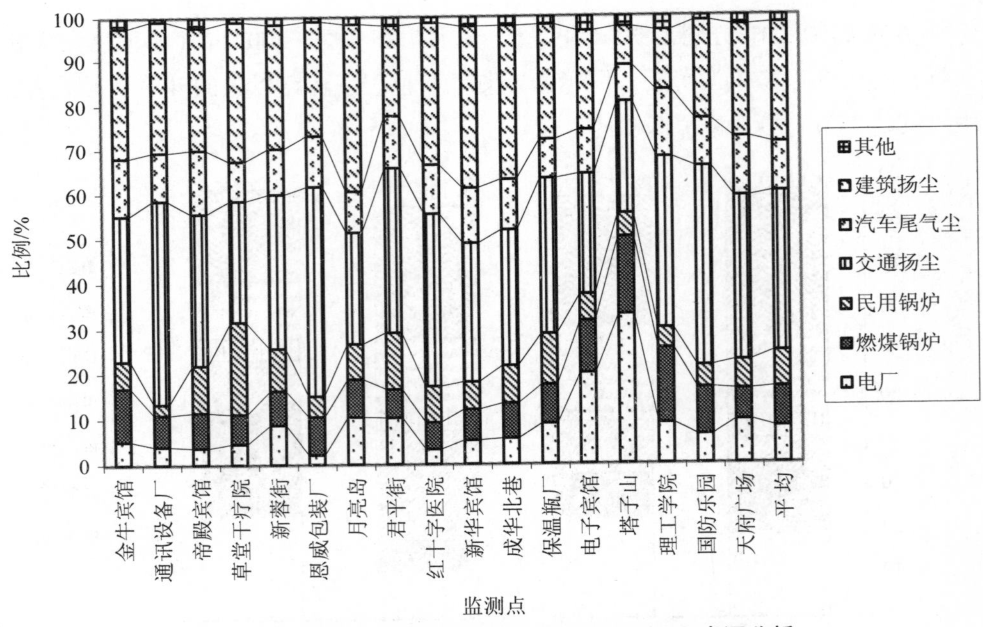

图 7-18 成都市区典型点位环境空气中年均 PM_{10} 来源分析

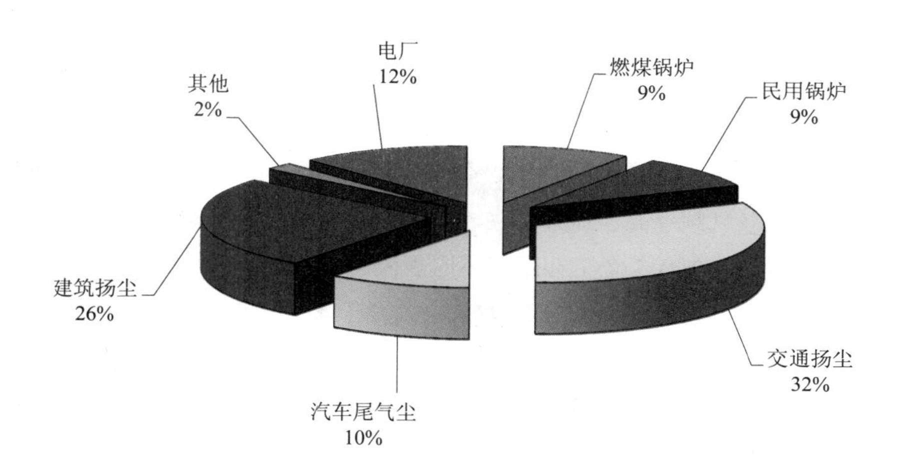

图 7-19 成都市区环境空气中全年平均 PM_{10} 来源分析

由图可见以下结果。

1）夏季大气 PM_{10} 来源构成中，燃煤烟尘的贡献率为 24%～40%，平均为 32%；交通扬尘的贡献率为 19%～30%，平均为 27%；建筑扬尘的贡献率为 11%～25%，平均为 20%；机动车尾气尘的贡献率为 13%～21%，平均为 17.5%。其中燃煤烟尘贡献最大，它包括以燃煤电厂和工业燃煤锅炉为代表的工业燃煤烟尘和民用锅炉中（包括部分学校、医院、宾馆、团体食堂和浴池等）仍用煤做燃料的锅炉排放的燃煤烟尘。其次分别为交通扬尘、建筑扬尘和机动车尾气尘。冬季主要来源构成次序有变化，即交通扬尘（平均为 35%）＞燃煤烟尘（平均为 23%）=机动车尾气尘（平均为 23%）＞建筑扬尘（平均为 20%）。

2）PM_{10} 污染以面源为主。交通扬尘、建筑扬尘、机动车尾气尘均为地面无组织排放的面源，其对 PM_{10} 的贡献大于 65%，因此 PM_{10} 以面源污染为主，PM_{10} 污染控制应重点放在面源的防治上。

3）扬尘（包括建筑扬尘和交通扬尘）总的贡献比达 45%以上，对空气质量的影响最大。其中交通扬尘包括了飘浮于大气中各种来源的粒子沉降后，经机械扰动而再次扬起的二次扬尘，因此交通扬尘成分复杂。由于市区正在大规模建设，各种民用建筑工地和市政工程施工工地星罗棋布，而调查表明施工工地的建筑扬尘防护管理措施相对落后，局部污染相当严重。因此扬尘污染重与成都市实际情况符合。

4）燃煤烟尘的贡献约为 30%，说明成都市燃煤污染仍相当严重。从图 7-18 进一步分析可知，分布于市区的各种工业和民用燃煤锅炉（不包括电厂）是污染影响的主要来源。由于这部分锅炉烟囱排放口低，影响较为严重。根据市政府有关计划，成都市民用燃煤锅炉将于年内实施煤改气工程，东郊工业区改造工程将使大部分工业锅炉外迁。待计划实施后，将大大减轻燃煤烟尘的影响。

5）区域背景问题及背景浓度影响。区域背景浓度是指区域范围内污染物在大气中的平均浓度。区域背景浓度分布范围大、相对稳定，是区域内所有排放源和气候气象条件综合作用的结果。对成都市而言，构成区域背景的主要原因有两个：①中心城区本土排放的污染物，因静风频率高、风速小、不易扩散而长期飘浮于空气中的部分污染物；②由于中心城市周围分布有 7 个工业区和不同规模的县域经济区，以及郊区居民主要以燃煤为燃料等因素（根据 2001 年成都市城市环境综合整治定量考核统计数据，2001 年成都成都市燃煤消费量为 862.32 万 t，是中心城区的 4.3 倍），产生的污染物对中心城区的影响。根据其构成分析，区域背景浓度是变化的，即随区域污染源和气象条件的变化而变化。根据实际监测结果分析，成都地区 PM_{10} 区域背景质量浓度平均为 60 μg/m^3。由于区域背景浓度的存在，要彻底解决城区大气污染问题，只针对市区内污染源治理是不够的，必须在大范围内综合治理。

7.3.2.2 城区可吸入颗粒物的空间分布规律

图 7-20 为城区三环路内各种污染源对 PM_{10} 地面浓度的综合作用效果。

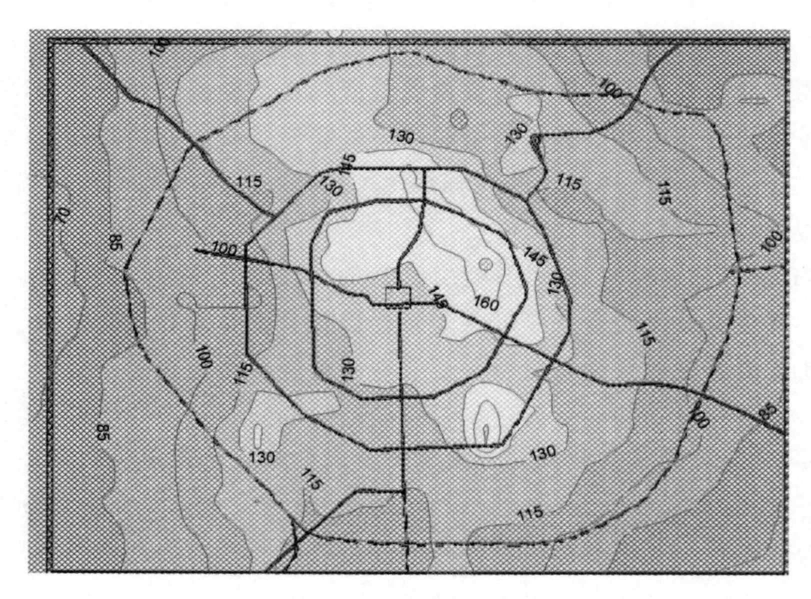

图 7-20 城区 PM_{10} 分布

图中显示可吸入尘的重污染区域在城区中心偏北的部分区域；城区南部、西部、东北部也有小部分重污染区。重污染区的这种分布规律与 2001 年的夏季强化监测成果是一致的（见第 3 章）。

图 7-21 为 5 家燃煤热电厂（成都热电厂、嘉陵成都电厂、华能成都电厂、三瓦窑热电厂和南星热电股份公司）的烟尘污染分布。由于风向、风速和其他气象条件的作用，它们主要对城区西南部、东北部和东南部产生影响。冬季和夏季显示了不同的污染特征，冬季影响重且影响区域为城中区西南部；夏季影响轻，主要影响区域为城区东北部和西南部的小部分区域。由于电厂为高架源，对 PM_{10} 产生的相对贡献比较小。

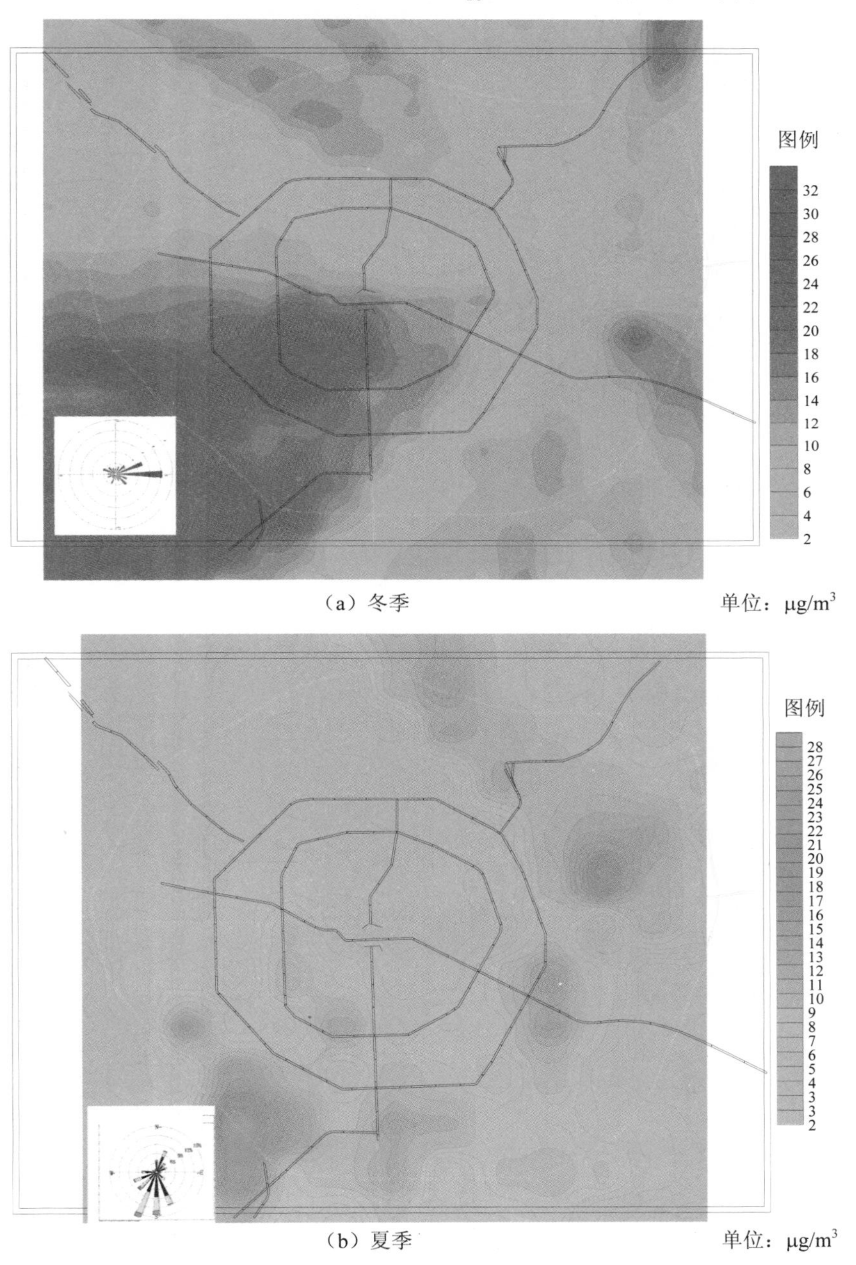

（a）冬季

（b）夏季

图 7-21　强化监测期城区电厂排放 PM_{10} 质量浓度分布

图 7-22 为中小型工业燃煤锅炉烟尘污染分布。由于其分布比较分散、排放高度较低（一般在 50 m 以下，平均约为 30 m），主要对其周围的区域造成污染。

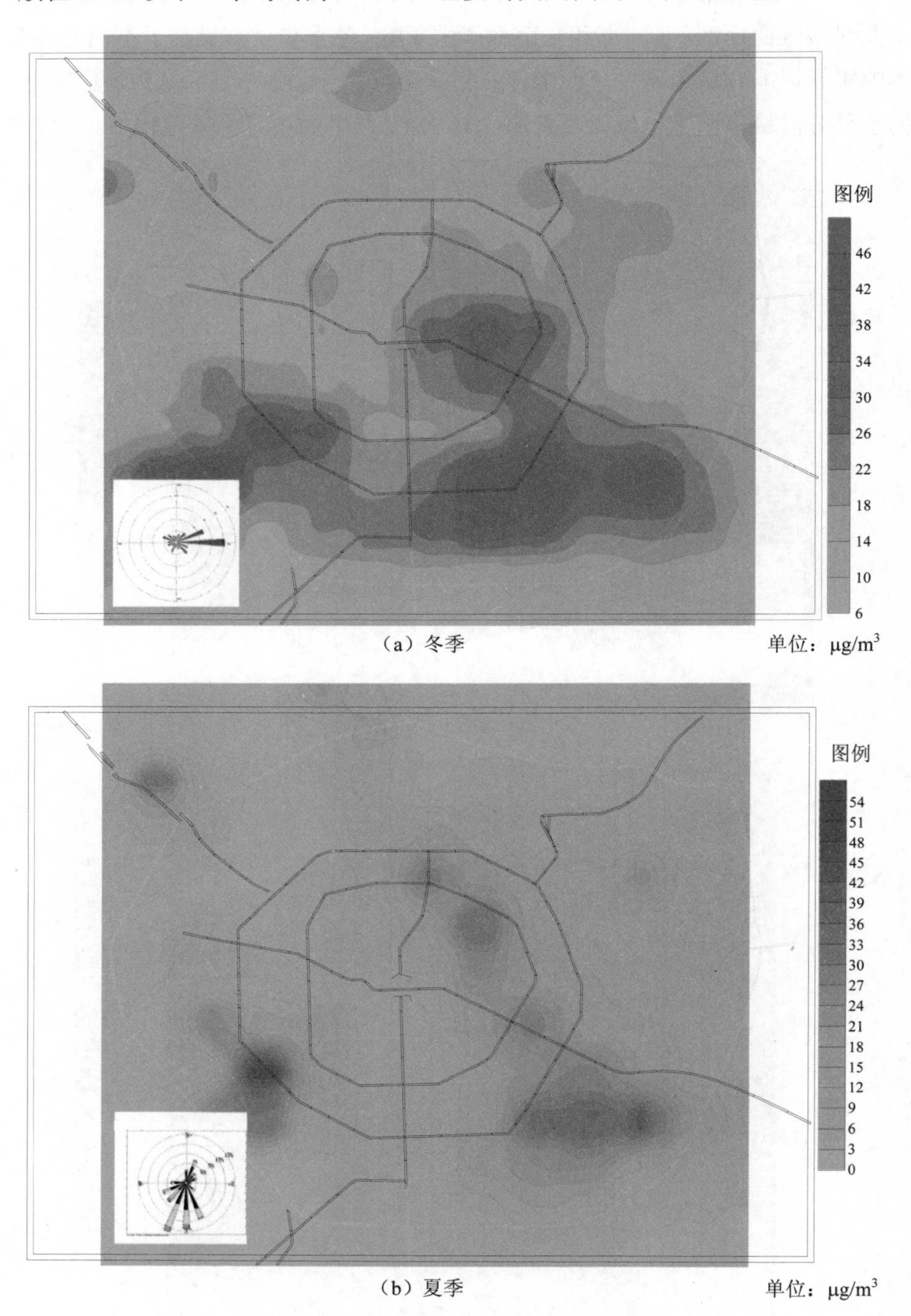

（a）冬季

（b）夏季

图 7-22　强化监测期城区工业锅炉排放 PM_{10} 质量浓度分布

图 7-23 为强化监测期城区交通扬尘污染分布图。与图 7-27 总浓度分布图对照可知，其分布趋势与总浓度基本一致，进一步说明交通扬尘是城区 PM_{10} 污染的主要影响因素。

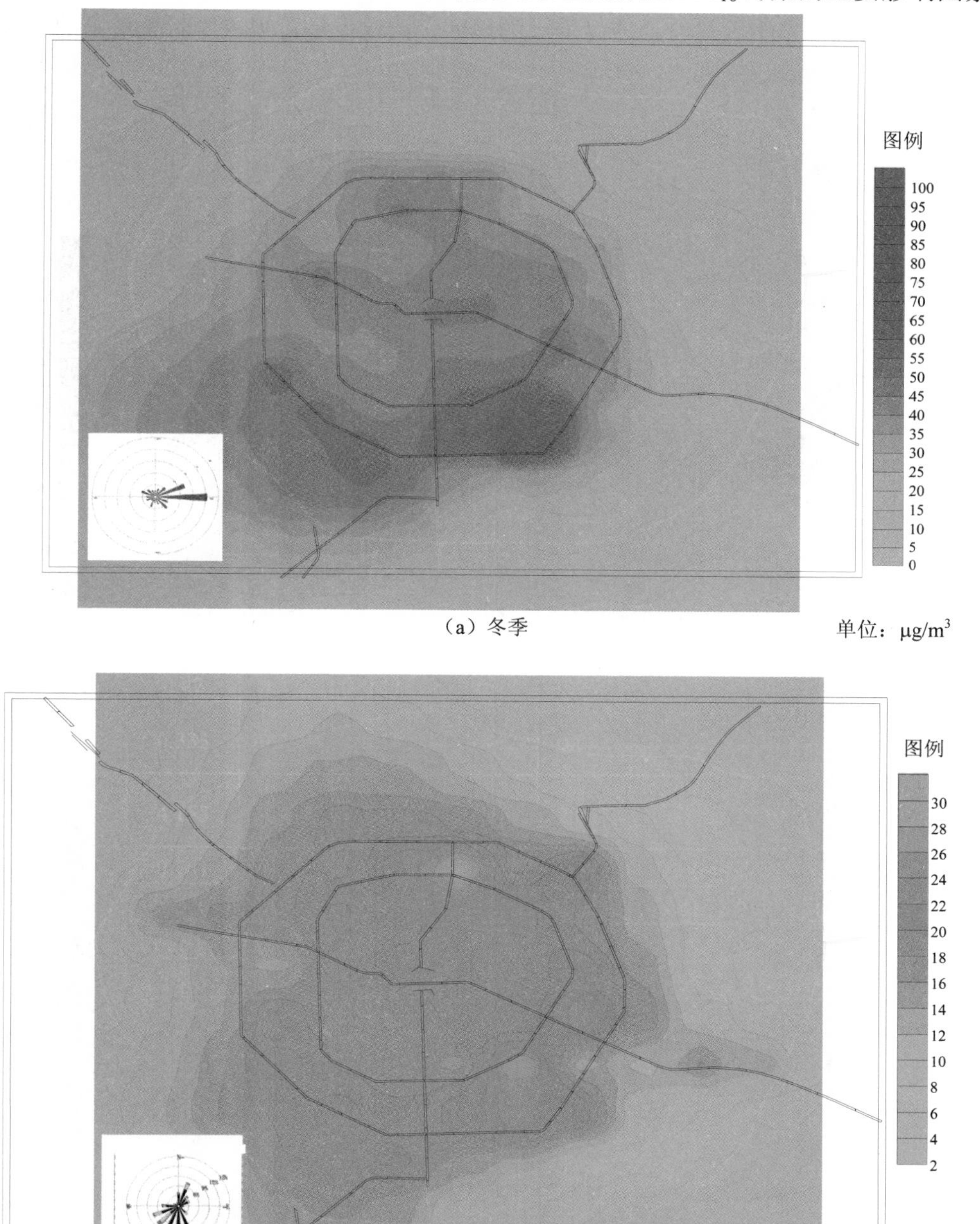

（a）冬季　单位：μg/m³

（b）夏季　单位：μg/m³

图 7-23　强化监测期城区交通扬尘质量浓度分布

图 7-24 为机动车排尘的污染分布情况。它与交通扬尘的分布规律是一致的，只是

相对影响比交通扬尘较小。交通扬尘和机动车排尘的影响趋势主要与交通道路的分布密度有关，道路密度高的地区交通流量大，其产生的各种颗粒物量也较大，对空气中的PM_{10}贡献较大。市中区是交通密度最大的地区，因此也是可吸入尘污染最重的区域。

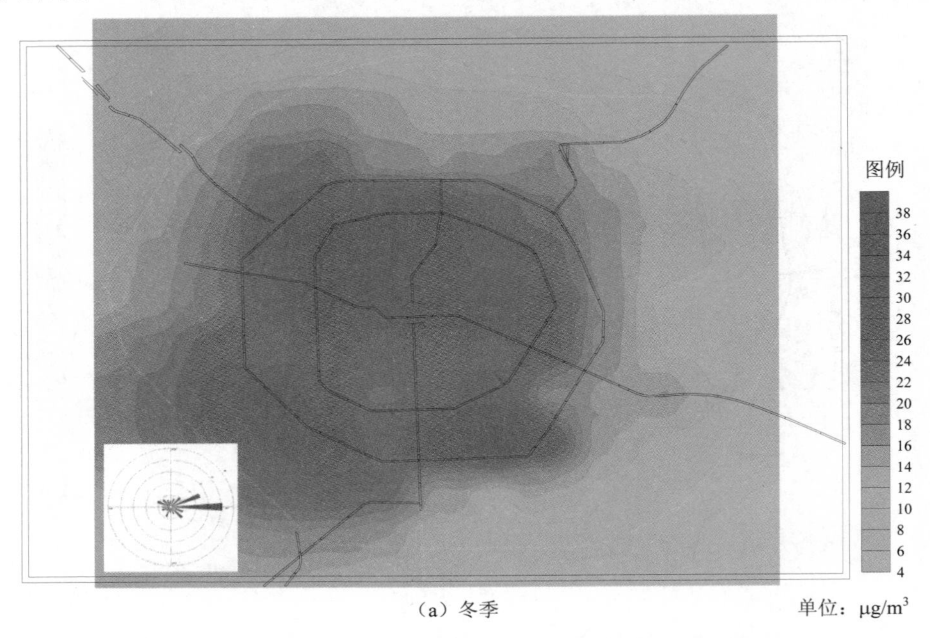

（a）冬季　　单位：μg/m^3

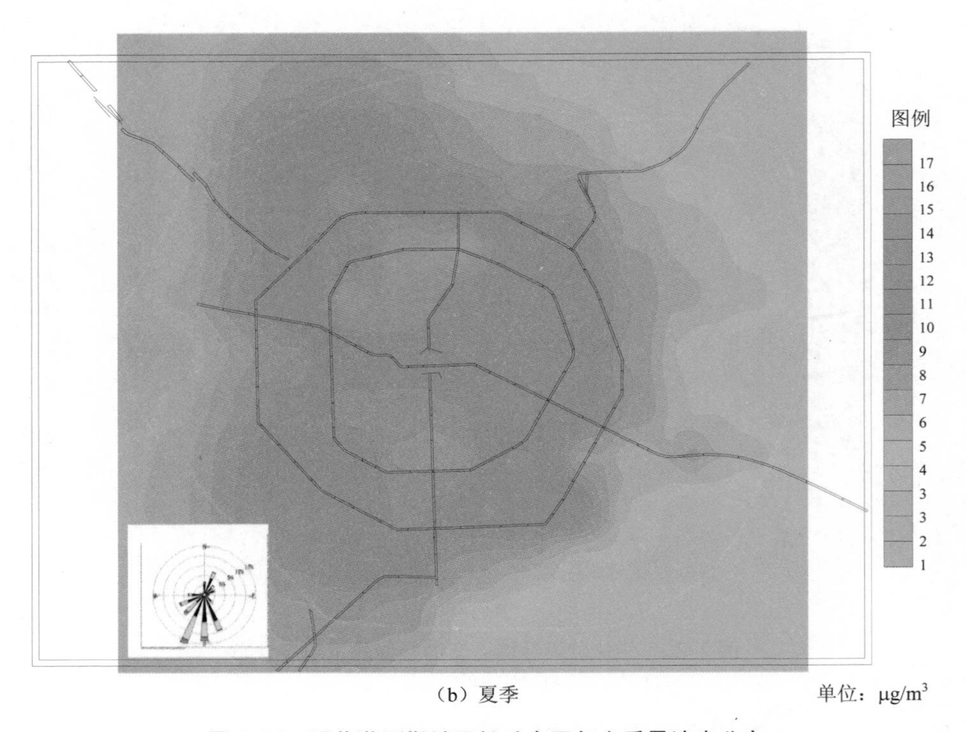

（b）夏季　　单位：μg/m^3

图 7-24　强化监测期城区机动车尾气尘质量浓度分布

图 7-25 和图 7-26 分别为建筑扬尘、民用燃煤锅炉烟尘的影响分布。

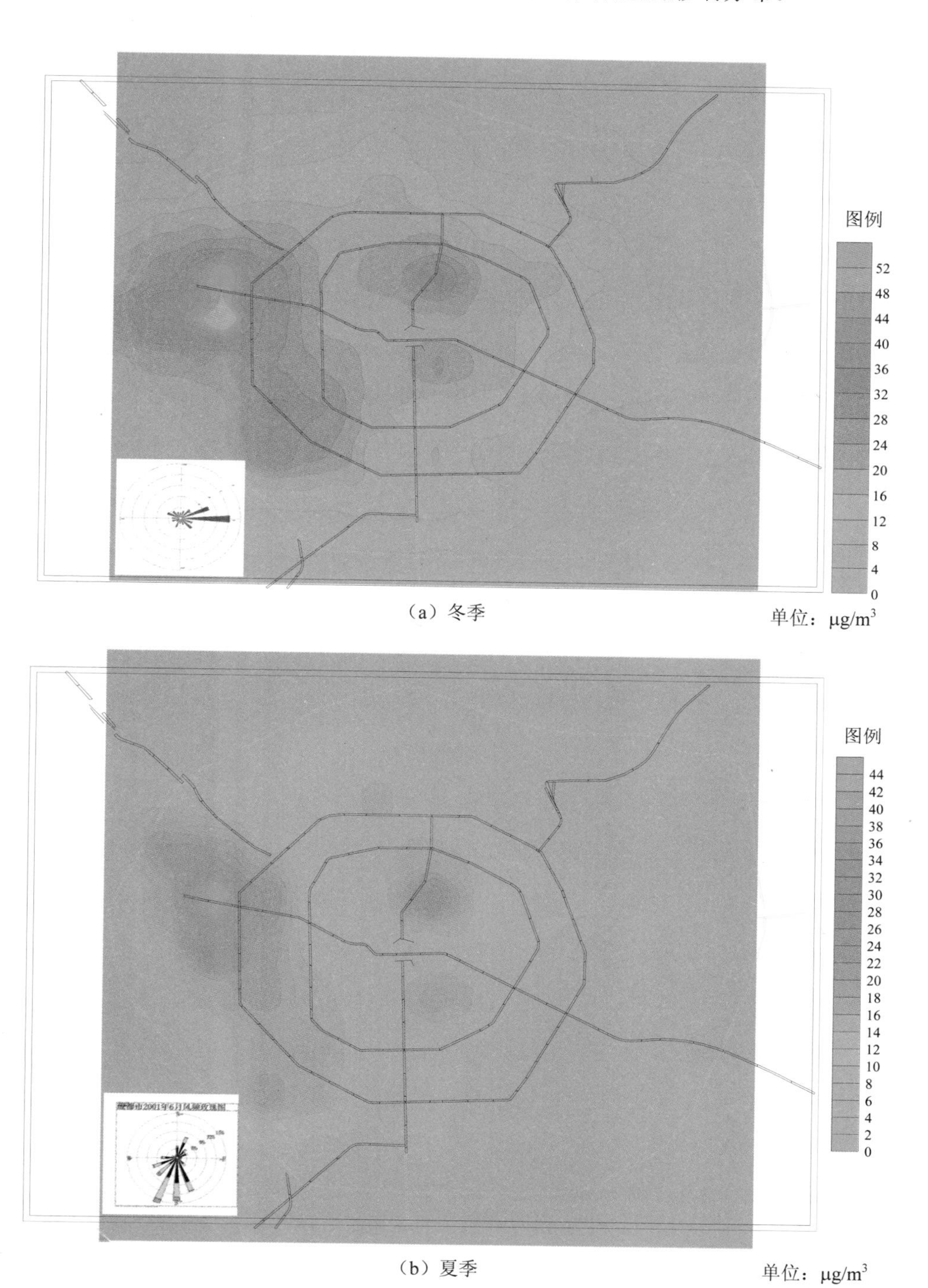

图 7-25　强化监测期城区建筑扬尘（PM_{10}）质量浓度分布

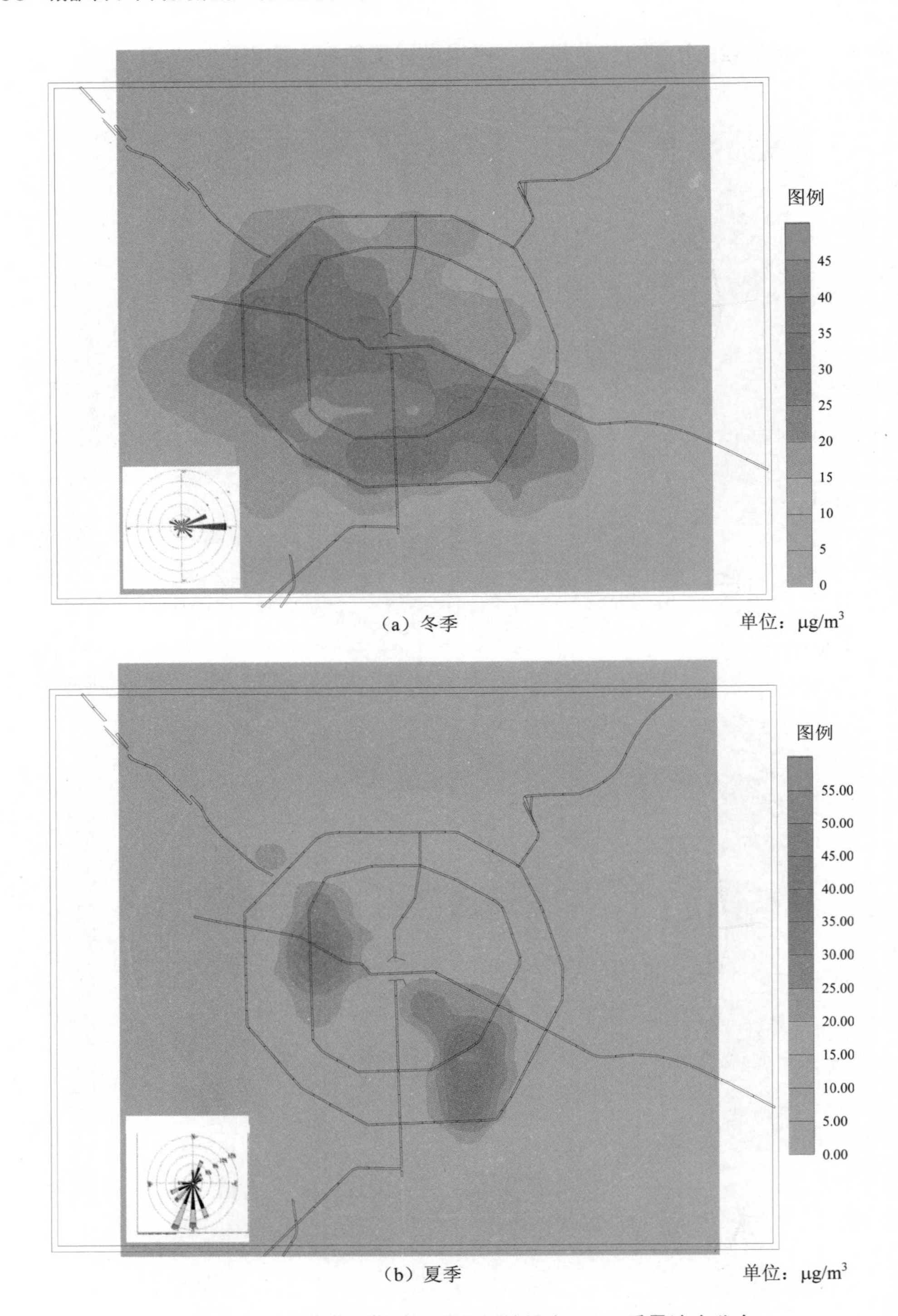

（a）冬季

（b）夏季

图 7-26　强化监测期城区民用锅炉烟尘 PM_{10} 质量浓度分布

图 7-27 为冬、夏两季强化监测期总的 PM_{10} 浓度分布图。

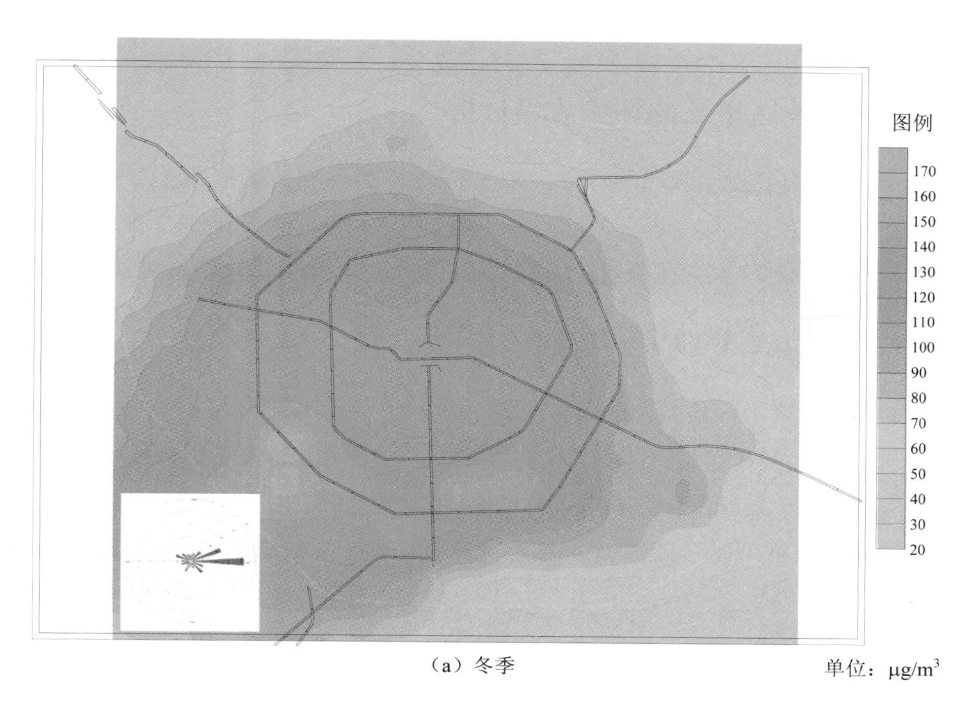

（a）冬季　　单位：μg/m³

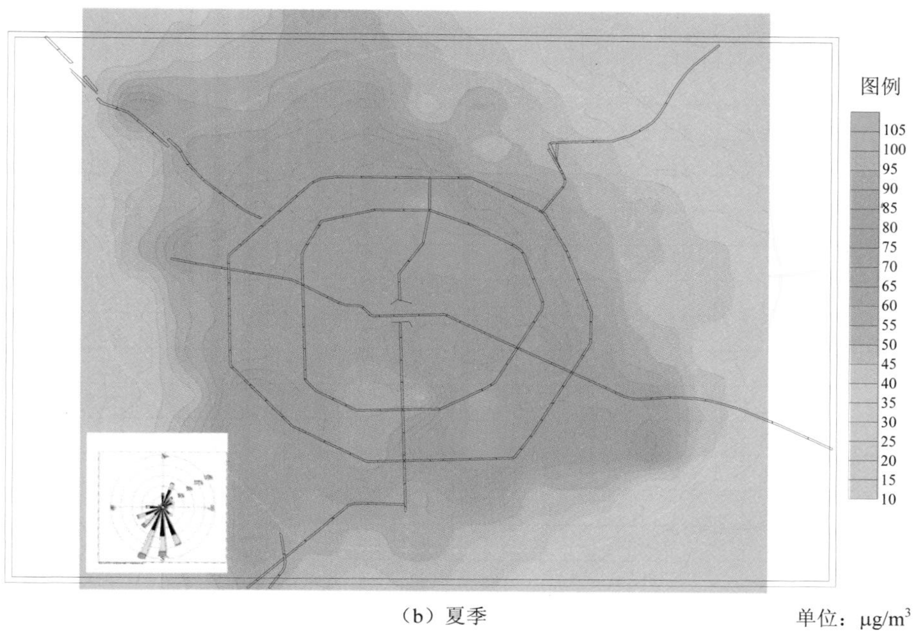

（b）夏季　　单位：μg/m³

图 7-27　强化监测期城区 PM_{10} 质量浓度分布

7.4 污染控制对策环境效果分析

7.4.1 东郊工业区搬迁的环境效果分析

根据成都市经济委员会发布的《关于成都市东郊工业区结构调整的思路和建议》，搬迁改造一批污染扰民企业、淘汰退出一批劣势企业。将对东郊 104 家企业进行调整，其中与大气污染有关的企业 29 家。现用建立的空气质量模型对该措施的环境效果进行模拟分析。

7.4.1.1 东郊工业搬迁后 PM_{10} 削减情况分析

结果如表 7-1 所示，分两种情况讨论。

1）东郊工业区搬迁改造，包括 5 家燃煤热电厂搬迁在内。由表 7-1 可知，总体 PM_{10} 削减质量浓度为 7.5 μg/m³，总削减效率可达 5.5%，其中燃煤电厂搬迁削减效率为 4.0%。市区内塔子山和成都理工学院区域削减效果最大，削减质量浓度分别为 23.7 μg/m³ 和 13.4 μg/m³。

表 7-1 东郊工业搬迁（包括电厂）后 PM_{10} 质量浓度削减情况

点　位	采取措施前质量浓度/（μg/m³）	5 家电厂搬迁		其他工厂搬迁		总削减效果	
		削减质量浓度/（μg/m³）	削减效率/%	削减质量浓度/（μg/m³）	削减效率/%	削减质量浓度/（μg/m³）	削减效率/%
金牛宾馆	94.4	1.8	1.9	0.5	0.5	3.0	2.4
通信设备厂	116.0	2.2	1.9	0.5	0.4	3.4	2.4
帝殿宾馆	100.7	1.5	1.5	0.7	0.7	2.2	2.2
草堂干疗院	128.6	3.1	2.4	0.8	0.6	3.9	3.1
新蓉街	123.8	5.6	4.5	0.8	0.6	6.4	5.1
恩威包装厂	158.1	2.1	1.3	1.2	0.8	6.5	2.1
月亮岛	100.0	4.2	4.2	0.9	0.9	5.1	5.1
君平街	115.5	5.7	4.9	1.4	1.2	8.2	6.1
红十字医院	169.2	3.6	2.1	1.8	1.1	10.6	3.2
新华宾馆	118.3	3.1	2.6	1.4	1.2	4.5	3.8
成华北巷	121.6	3.5	2.9	2.2	1.8	5.7	4.7
保温瓶厂	131.6	6.3	4.8	3.6	2.7	9.9	7.6
电子宾馆	102.2	8.4	8.2	3.3	3.2	11.7	11.5
塔子山	110.4	16.6	15.1	7.1	6.4	23.7	21.5
理工学院	105.4	4.0	3.8	3.2	3.0	13.4	6.8
国防乐园	126.2	4.2	3.3	1.1	0.9	6.8	4.2
天府广场	118.1	5.5	4.6	1.8	1.5	7.3	6.2
平均	120.0	4.8	4.1	1.9	1.6	7.8	5.8

2）东郊工业区搬迁改造，不包括燃煤电厂。由表 7-1 知，此时对 PM_{10} 的削减效率仅为 1.8%。

7.4.1.2　东郊工业区搬迁后 SO_2 质量浓度削减情况分析

方案一：包括电厂搬迁。表 7-2 为东郊工业搬迁后 SO_2 质量浓度削减情况模拟分析结果。包括 5 家电厂搬迁后，总质量浓度削减率达到 33.2%，其中电厂搬迁削减 30.1%，其他企业搬迁削减 3.1%。市区 18 个点位中塔子山公园和红十字医院削减率最高，分别达 60.8%和 46.9%。

表 7-2　东郊工业搬迁 SO_2 质量浓度削减情况分析（方案一）

点位	采取措施前质量浓度/（μg/m³）	其他工厂搬迁		电厂搬迁		总削减效果	
		削减质量浓度/（μg/m³）	削减效率/%	削减质量浓度/（μg/m³）	削减效率/%	削减质量浓度/（μg/m³）	削减效率/%
金牛宾馆	27.4	0.2	0.7	5.3	19.3	5.5	20.1
铁路通信设备厂	35.6	0.3	0.8	6.4	18.0	6.7	18.8
帝殿宾馆	30.3	0.5	1.7	3.1	10.2	3.6	11.9
草堂干疗院	37.1	0.4	1.1	7.3	19.7	7.7	20.8
新荣街	46.1	0.6	1.3	12.7	27.5	13.3	28.9
恩威包装厂	41.7	0.7	1.7	8.9	21.3	9.6	23.0
月亮岛	39.3	0.5	1.3	10.1	25.7	10.6	27.0
君平街	57.4	0.7	1.2	14.2	24.7	14.9	26.0
红十字医院	56.1	1.8	3.2	24.5	43.7	26.3	46.9
新华宾馆	41.6	1	2.4	7.3	17.5	8.3	20.0
成平北巷	44.6	1.6	3.6	8.6	19.3	10.2	22.9
保温瓶厂	67.6	4.1	6.1	17.5	25.9	21.6	32.0
电子宾馆	57.2	3.1	5.4	23.4	40.9	26.5	46.3
塔子山	86.9	5.8	6.7	47.0	54.1	53.5	60.8
理工学院	70.4	3.6	5.1	28.5	40.5	32.1	45.6
植物园	29.7	0.6	2.0	10.3	34.7	10.9	36.7
国防乐园	33.6	0.7	2.1	10.5	31.3	11.2	33.3
天府广场	60.3	1.1	1.8	14.1	23.4	15.2	25.2
平均	47.9	1.5	2.7	14.4	27.7	16.0	30.3

注：采取措施前区域背景质量浓度为 15 μg/m³。

方案二：电厂脱硫。电厂实施石灰石-石膏法脱硫，其脱硫率在 90%左右。以 90%计，采取脱硫措施后，市区平均削减质量浓度为 13 μg/m³，平均年削减效率 27.1%。其他工厂搬迁加电厂脱硫对污染的总体效果见表 7-3。

表 7-3　东郊工业搬迁 SO_2 质量浓度削减情况分析（方案二）

点位	采取措施前质量浓度/（μg/m³）	其他工厂搬迁		电厂脱硫		总削减效果	
		削减质量浓度/（μg/m³）	削减效率/%	削减质量浓度/（μg/m³）	削减效率/%	削减质量浓度/（μg/m³）	削减效率/%
金牛宾馆	27.4	0.2	0.7	4.8	17.5	5.0	18.2
铁路通信设备厂	35.6	0.3	0.8	5.7	16.2	6.0	17.0
帝殿宾馆	30.3	0.5	1.7	2.8	9.2	3.3	10.9
草堂干疗院	37.1	0.4	1.1	6.5	17.6	6.9	18.7
新荣街	46.1	0.6	1.3	11.4	24.8	12.0	26.1
恩威包装厂	41.7	0.7	1.7	8.1	19.3	8.8	21.0
月亮岛	39.3	0.5	1.3	9.1	23.0	9.6	24.3
君平街	57.4	0.7	1.2	12.8	22.3	13.5	23.5
红十字医院	56.1	1.8	3.2	22.0	39.3	23.8	42.5
新华宾馆	41.6	1.0	2.4	6.6	15.8	7.6	18.2
成平北巷	44.6	1.6	3.6	7.7	17.3	9.3	20.9
保温瓶厂	67.6	4.1	6.1	15.7	23.3	19.8	29.4
电子宾馆	57.2	3.1	5.4	21.1	36.9	24.2	42.3
塔塔子山	86.9	5.8	6.7	42.3	48.7	48.1	55.4
理工学院	70.4	3.6	5.1	25.6	36.4	29.2	41.5
植物园	29.7	0.6	2.0	9.3	31.3	9.9	33.3
国防乐园	33.6	0.7	2.1	9.5	28.2	10.2	30.3
天府广场	60.3	1.1	1.8	12.7	21.1	13.8	22.9
平均	47.9	1.5	2.7	13.0	24.9	14.5	27.6

注：采取措施前区域背景质量浓度为 15 μg/m³。

7.4.2　机动车尾气尘治理措施的环境效果分析

7.4.2.1　市区道路机动车流量构成分析

表 7-4 给出了调查所得城区各种道路上行驶的汽油车、柴油车、摩托车的平均流量，以及相应的机动车尾气尘的单位排放量 [g/（km·h)]。可以看出，虽然柴油车和摩托车流量远小于汽油车车流量，但其尾气尘排放量远大于汽油车。

表 7-4　市区道路上不同车型平均车流量及尾气尘单位排放量

项　目	汽油车	柴油车	摩托车
车流量/（辆/h）	1 235	34	51
单位排放量/[g/（h·km）]	19.488	92.2	64.44

图 7-28 的车型比和尾气尘排放量占比图表明，虽然汽油车比例为 90%以上，但排放的尾气尘仅占 11%，而柴油车和摩托车比例只有 7%，但排放的尾气尘达 89%。因此机动车尾气尘的主要治理方向为柴油车和摩托车的污染控制。

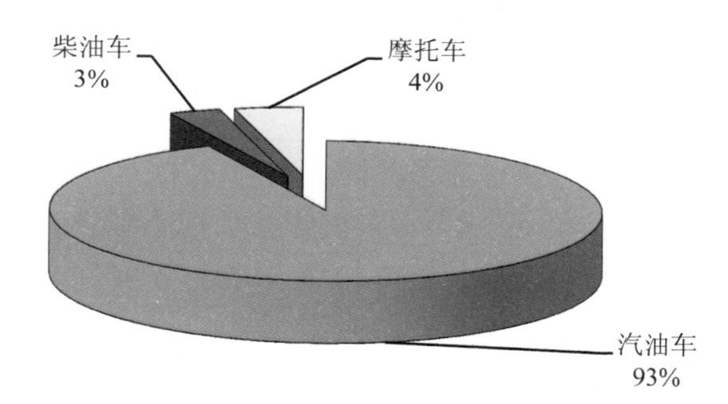

（a）成都市城区不同车型车流量比例

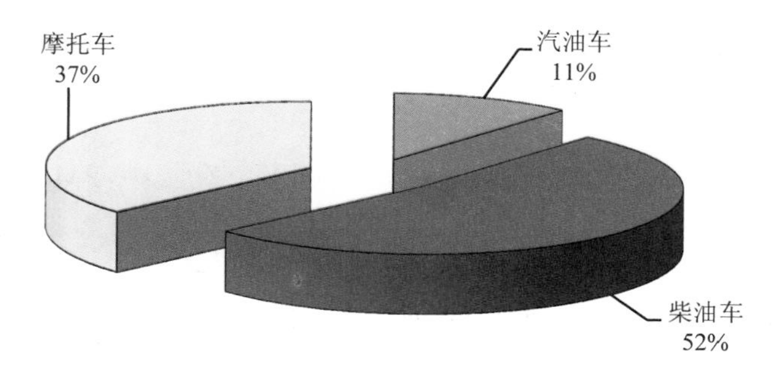

（b）机动车尾气尘不同车型排放量分析

图 7-28　车型比和尾气尘排放量占比

7.4.2.2 机动车尾气尘的治理措施及效果分析

假设通过控制措施，使市区内柴油车和摩托车均减少 60%，则尾气尘排放量减少约 50%。对此措施的环境效果模拟分析，结果如表 7-5 所示。

表 7-5 机动车尾气尘污染控制对策环境效果分析（PM_{10}质量浓度削减情况）

点位	采取措施前质量浓度/（μg/m³）	汽车尾气尘	
		削减质量浓度/（μg/m³）	削减效率/%
金牛宾馆	94.4	2.2	2.4
通信设备厂	116.0	3.0	2.6
帝殿宾馆	100.7	2.9	2.9
草堂干疗院	128.6	3.0	2.4
新蓉街	123.8	3.3	2.7
恩威包装厂	158.1	5.7	3.6
月亮岛	100.0	1.8	1.8
君平街	115.5	3.3	2.9
红十字医院	169.2	6.0	3.5
新华宾馆	118.3	3.6	3.0
成华北巷	121.6	3.4	2.8
保温瓶厂	131.6	3.2	2.4
电子宾馆	102.2	2.1	2.1
塔子山	110.4	2.0	1.8
理工学院	105.4	3.4	3.3
国防乐园	126.2	3.6	2.9
天府广场	118.1	3.9	3.3
平均	120.0	3.3	2.7

注：采取措施前环境背景质量浓度为 60 μg/m³。

在机动车尾气尘排放量减少 50%的情况下，空气中 PM_{10} 质量浓度平均削减约 3 μg/m³，削减率为 2.8%。

7.4.3 扬尘污染控制措施的环境效果分析

成都市政府从 2001 年开始，大力加强城市扬尘污染控制措施，主要控制对象为交通扬尘和建筑施工扬尘。根据国内城市先进经验，城市扬尘控制对策措施后，道路扬尘清扫可削减 50%，建筑工地围挡削减 10%、工地覆盖削减 20%，按此比例削减后，对空气中 PM_{10} 质量浓度的削减情况见表 7-6。

表 7-6　PM_{10} 污染控制对策环境效果分析

点　位	采取措施前质量浓度/（μg/m³）	交通扬尘		建筑扬尘		总削减效果	
		削减质量浓度/（μg/m³）	削减效率/%	削减质量浓度/（μg/m³）	削减效率/%	削减质量浓度/（μg/m³）	削减效率/%
金牛宾馆	94.4	5.6	5.9	3.0	3.2	8.6	9.1
通信设备厂	116.0	12.6	10.9	5.0	4.3	17.6	15.2
帝殿宾馆	100.7	6.9	6.8	3.4	3.4	10.3	10.2
草堂干疗院	128.6	9.2	7.2	6.5	5.1	15.7	12.2
新蓉街	123.8	10.9	8.8	5.4	4.3	16.3	13.2
恩威包装厂	158.1	22.8	14.4	7.6	4.8	30.4	19.3
月亮岛	100.0	4.9	4.9	4.5	4.5	9.5	9.5
君平街	115.5	10.1		3.4	2.9	13.5	2.9
红十字医院	169.2	20.9	12.4	10.5	6.2	31.5	18.6
新华宾馆	118.3	9.0	7.6	6.4	5.4	15.4	13.0
成华北巷	121.6	9.3	7.6	6.4	5.3	15.7	12.9
保温瓶厂	131.6	12.3	9.4	5.6	4.2	17.9	13.6
电子宾馆	102.2	5.7	5.5	2.8	2.8	8.5	8.3
塔子山	110.4	6.3	5.7	1.4	1.2	7.7	7.0
理工学院	105.4	8.6	8.2	1.8	1.8	10.5	9.9
国防乐园	126.2	14.6	11.6	4.4	3.5	19.0	15.1
天府广场	118.1	10.6	9.0	4.4	3.7	15.0	12.7
平均	120.0	10.6	8.5	4.9	3.9	15.5	11.9

注：采取措施前考虑环境背景质量浓度为 60 μg/m³。

表 7-6 表明，扬尘控制措施实施后平均削减城区空气中 PM_{10} 质量浓度为 15 μg/m³，削减率约为 13%，其中道路扬尘削减效果大于建筑扬尘，市区中心大于城郊。扬尘控制措施更重要的作用在于使靠近地面人类活动层中总悬浮颗粒物大量削减。

以上措施总的环境效果汇总见表 7-7。由表 7-6 可知，以上措施对 PM_{10} 总的削减质量浓度为 25.4 μg/m³，总削减效率为 21.2%。SO_2 总削减质量浓度为 14～16 μg/m³，总削减率为 30%～33%。扬尘控制措施对 PM_{10} 削减效果最大，电厂搬迁或脱硫措施对治理 SO_2 污染效果最显著。

以上治理措施对空气中 PM_{10} 和 SO_2 质量浓度的削减效果是有限的，削减效率只能达到 21%～33%，要彻底改善空气环境质量，必须提高污染治理力度。此外，仅仅针对城区是不够的，必须进行区域环境污染综合治理。

表 7-7 各种控制措施污染物质量浓度平均削减效果分析汇总 单位：μg/m³

项目	采取措施前	5 家电厂搬迁	5 家电厂脱硫	其他工厂搬迁	交通扬尘控制	建筑扬尘控制	汽车尾气尘控制	总削减效果	
								削减浓度	削减效率/%
PM_{10}	120.0	4.8		1.8	10.6	4.9	3.3	25.4	21.2
SO_2	47.9	14.4		1.5				16.0	33.4
	47.9		13.0	1.5				14.5	30.3

7.5 小结

7.5.1 空气质量模型及检验结论

在大气污染源调查数据、污染气象历史统计数据和两次强化监测数据等大量数据资料基础上，建立了成都市工业排放源、民用和第三产业排放源、交通污染源、建筑扬尘排放源等点、线、面、体源构成的复合型环境空气质量模型。

模型检验结果表明，本次建立的空气质量模型具有较高的拟合精度，基本反映了成都市城区大气污染物运移演化规律，可以用来对环境空气中 PM_{10} 和 SO_2 等污染物的来源进行分析，为控制对策的提出和效果分析提供依据和平台。

7.5.2 空气质量模拟和空气污染来源分析结论

（1）空气 SO_2 污染来源分析

对环境空气中 SO_2 来源分析表明，燃煤电厂是城区环境空气中 SO_2 的主要贡献源，其贡献率年平均达 40%以上，其中冬季最大，平均达 70%以上，夏季达 50%以上；由于民用（包括居民生活和民用锅炉）燃料燃烧排放 SO_2 为低架面源，虽然排放量小，但对空气质量的贡献率年均达 35%以上，也应给予足够重视。

从地面 SO_2 污染趋势分析，城区西部和东南部的部分区域污染较重；夏季东北部的十里店附近污染较重。

（2）空气中 PM_{10} 污染来源分析

1）根据空气质量模型模拟结果，对 PM_{10} 贡献源按其贡献率大小排序为：

夏季：燃煤烟尘（平均为 32%）＞交通扬尘（平均为 27%）＞建筑扬尘（平均为 20%）＞机动车尾气尘（平均为 17.5%）。

冬季：交通扬尘（平均为 35%）＞燃煤烟尘（平均为 23%）=机动车尾气尘（平均为 23%）＞建筑扬尘（平均为 20%）。

全年平均 PM_{10} 主要污染来源贡献率为：交通扬尘（32%）＞燃煤烟尘（30%）＞建

筑扬尘（26%）＞机动车尾气尘（10%）。

2）各种扬尘特别是交通扬尘和建筑扬尘是大气中可吸入尘的主要来源。无论从平均结果还是不同区域的分析结果看，交通扬尘和建筑扬尘已成为城区大气 PM_{10} 的最大污染源。

3）从颗粒物质量浓度的空间分布看，城区中心偏北的大片区域，是颗粒物污染比较严重的地区，主要由交通因素引起。城区西南部、东南部和东北部也分布有小片的重污染区域，主要由交通和工业燃煤烟尘引起。

4）可吸入尘污染以面源为主。交通扬尘、建筑扬尘、机动车尾气尘均为地面无组织排放的面源，其对 PM_{10} 的贡献率大于 65%，因此 PM_{10} 以面源污染为特征。PM_{10} 污染控制应重点放在面源的防治上。

5）燃煤烟尘的贡献率约为 30%，说明成都市燃煤污染仍相当严重。

6）区域背景质量浓度影响的存在，要求在大范围内进行综合治理，才能彻底解决大气尘的污染问题。构成区域背景的主要原因有两个：①中心城区本土排放的污染物，因静风频率高、风速小、不易扩散而长期飘浮于空气中的部分污染物；②由于中心城市周围分布的工业区和不同规模的县域经济区，以及郊区居民主要以燃煤为燃料等因素，产生的污染物对中心城区的影响。根据实际监测结果和模拟分析，成都地区 PM_{10} 区域背景质量浓度平均为 60 $\mu g/m^3$。由于区域背景质量浓度的存在，要彻底解决城区大气污染问题，只针对市区内污染源治理是不够的，必须在大范围内进行综合治理。

7.5.3　污染控制措施的环境效果分析结论

1）污染控制措施的环境效果分析表明，包括东郊工业区搬迁、扬尘控制、机动车尾气治理的污染控制措施，对城区环境空气中 PM_{10} 和 SO_2 的削减率分别为 21%和 33%。

2）扬尘控制措施对 PM_{10} 削减效果最大，电厂搬迁或脱硫措施对治理 SO_2 污染效果最显著。

3）机动车流量分析和尾气尘排放量分析表明，占城区总机动车流量不到 10%的柴油车和摩托车，排放的尾气尘占尾气尘总排放量近 90%，因此，机动车尾气尘的治理方向主要为柴油车和摩托车。

4）效果分析时扬尘减排量只考虑了 30%～50%，尚有较大的减排潜力，因此应在巩固现有扬尘治理成果的基础上，进一步加强控制力度，是治理城区环境空气中首要污染物的重要措施。

第 8 章　大气污染控制对策

8.1　成都市控制大气污染已有措施与有效性分析

8.1.1　已有控制措施与减排潜力

“九五”期间，成都市环保工作坚持“四个推进”，在城市经济和城乡建设快速发展、人口不断增加的情况下，市辖区环境质量保持了基本稳定，且部分地区的环境状况有所改善。2002 年成都市开展了“创建国家环境保护模范城市”活动，按照“创模”行动计划，成都市采取一系列的大气污染控制措施，通过这些措施的实施，使成都市环境空气质量得到明显改善。

8.1.1.1　措施一：东郊工业区结构调整

东郊工业区是成都市的老工业基地，经过新中国成立以来 40 多年的建设和发展，已形成了电子、机械、冶金工业为主体，多种行业并举、门类较为齐全的工业体系，在成华、锦江两区近 40 km^2 的规划建成区域内，工业用地达 14 km^2，聚集了 253 家大中型工业企业。随着成都市城市建设的发展，原来意义上的东郊工业区，已成为市区的一部分，过度集中的工业企业，使城市环境受到严重影响，成都市政府决定并已分步实施对东郊工业区进行结构调整。

调整范围：以一环路以外，南至府河以内，东至沙河以内，北起解放北路，沿驷马桥路经八里庄、二仙桥接牛龙桥至沙河口区域为重点调整区域。

调整模式：对东郊工业区进行结构调整有 4 种实施模式：

☞ 就地发展：污染小、技术含量高的高新企业就地发展；

☞ 整体置换：对污染重的企业整体搬迁；

☞ 部分外迁：对企业污染重的生产车间外迁；

☞ 就地淘汰：对发展无后劲的企业实施破产。

搬迁方向：龙泉驿、青白江、新都等经济技术开发区。

在 5～10 年完成东郊工业区工业结构的战略性调整，使工业区转变为以生活居住、城市物流、金融商贸、公共服务为主的东部新城区。

控制措施的减排潜力：东郊工业区工业结构的战略性调整实施以后，工业区内的工业污染源将会得到大幅度的削减，表 8-1 为东郊工业区工业结构调整大气污染源的削减潜力。

表 8-1　措施一的大气污染物削减潜力

单位名称	污染源		燃料及消耗量		污染物减排量/（kg/a）		
	炉类	台数	燃料	消耗量/t（或 m^3）	SO_2	TSP	NO_x
成都电冶厂	锅炉	1	天然气	1 836 000	1 159	527	6 257
成都电冶厂	锅炉	2	煤	6 823	109 168	16 375	61 953
成都电冶厂	窑炉	1	天然气	2 340 424	2 151	670	7 957
成都淀粉厂	锅炉	1	煤	700	11 200	16 800	6 356
成都发动机集团有限公司	窑炉	2	天然气	240 000	151	69	816
成都工程机械集团有限公司	锅炉	1	煤	236	3 776	2 124	2 142
成都罐头食品厂	锅炉	2	洗精煤	8 050	25 760	48 300	73 096
成都光明器材厂	窑炉	14	天然气	3 930 000	2 478	1 125	13 363
成都国光电气股份有限公司	窑炉	1	天然气	18 700	120	54	636
成都红胶厂	锅炉	2	精煤	1 800	5 760	10 800	16 344
成都化工股份有限公司	锅炉	2	洗煤	15 000	48 000	13 500	136 152
成都机车车辆厂	锅炉	3	天然气	960 000	606	276	3 264
成都机车车辆厂	窑炉	7	天然气	85 440	53	24	293
成都锦江电器制造有限公司	窑炉	1	散煤	45	8	448	408
成都科龙冰箱有限公司	窑炉	1	天然气	1 440	1		5
成都量具刃具股份有限公司	锅炉	1	天然气	600 000	378	172	2 040
成都量具刃具股份有限公司	窑炉	3	天然气	156 000	98	45	530
成都日用化工总厂（火柴厂）	锅炉	2	煤	752.4	12 032	18 048	6 832
成都蓉东制药厂	锅炉	1	洗精煤	655	2 096	5 895	5 960
成都天驰东风电镀有限公司	锅炉	1	煤	240	3 839	5 760	2 180
成都西南玻璃厂	窑炉	4	天然气	16 640 000	10 484	4 762	56 584
成都信达实业股份有限公司	锅炉	1	精煤	781	2 499	2 343	7 091
成都冶金实验厂	锅炉	1	天然气	64 000	40	18	218
成都冶金实验厂	窑炉	2			39 668	9 042	53 368
成都轴承集团有限公司	锅炉	1	煤	198.5	318	1 194	1 800
国投南光有限公司	锅炉	1	煤	184	2 945	2 087	1 670

单位名称	污染源		燃料及消耗量		污染物减排量/（kg/a）		
	炉类	台数	燃料	消耗量/t（或 m^3）	SO_2	TSP	NO_x
国投南光有限公司	锅炉	1	煤	285	4 560	4 942	2 588
河南安彩集团成都电子玻璃有限公司	窑炉	2	天然气	27 886 000	17 571	7 982	94 838
明达玻璃（成都）有限公司	窑炉	4	天然气	80 300 000	98 462	135 079	753 973
攀钢集团成都无缝钢管有限责任公司	窑炉	14	天然气	91 217 274	57 825	26 240	325 308
四川川化集团成都望江化工厂	锅炉	1	煤	410	6 564	9 840	3 720
铁道部成都木材防腐厂	锅炉	1	煤	1 929	30 864	46 296	17 510
铁道部成都木材防腐厂	锅炉	1	煤	1 929	51 868.8	3 542	17 510
中国人民解放军 5701 工厂	锅炉	2	燃料煤	720	11 520	21 600	6 537
中牧股份成都药械厂	锅炉	1	煤	1 800	28 800	43 196	16 344
华能成都电厂	锅炉	1	原煤	240 350	6 266 640	1 710 000	2 490 000
嘉陵成都电厂	锅炉	4	原煤	558 006	8 928 000	1 392 000	5 067 000
成都热电厂	锅炉	5	原煤	401 350	11 415 000	7 040 000	3 560 000
锅炉及窑炉小计					592 823	459 175	1 705 643
电厂小计					26 609 640	10 142 000	11 117 000
总计					27 202 463	10 601 175	12 822 643

污染企业全部搬迁后，将削减污染物 SO_2 27 202 t/a、NO_x 12 822 t/a 和 TSP 10 601 t/a，分别占城区排放总量的 65.7%、43.3%和 29.3%；如果不考虑区内电厂的搬迁，将削减污染物 SO_2 593 t/a、NO_x 1 706 t/a 和 TSP 459 t/a，分别占排放总量的 1.4%、5.8%和 1.3%，占工业排放总量的 1.5%、8.8%和 3.1%。

8.1.1.2 措施二：推广使用清洁能源

（1）改造燃煤设施，使用清洁能源，强化能源结构调整

☞ 2002 年年底基本完成城区二环路以内燃煤生活锅炉、大灶的清洁能源改造任务；2003 年年底前完成二环路至三环路范围内 50%以上的燃煤生活锅炉、大灶的清洁能源改造任务。

☞ 民用气化率保持在 98.5%以上，新建住宅必须使用清洁能源。

（2）控制措施减排潜力

改造燃煤设施、使用清洁能源、强化能源结构调整这些措施实施以后，成都市区内特别是二环以内居民生活污染源的排放量将会得到大幅度的削减，表 8-2 为措施二的大气污染源的削减潜力。这一措施的实施，将削减 SO_2 2 345.5 t/a、NO_x 485.6 t/a、TSP 259.3 t/a，分别占城区排放总量的 5.7%、1.6%、0.7%。其中民用源将削减 SO_2 57.5 t/a、

NO_x 147.6 t/a、TSP 162.3 t/a，占民用污染源排放总量的 34.8%、52.0%、53.6%；居民生活源将削减 SO_2 2 288.0 t/a、NO_x 338.0 t/a、TSP 97.0 t/a，占居民生活污染源排放总量的 67.8%、24.7%、17.4%。

表 8-2　措施二的大气污染物的削减潜力　单位：kg/a

污染源名称			污染物减排量		
			SO_2	TSP	NO_x
民用源	二环以内	高等学校	49 423	99 260	60 681
		宾馆	16 247	42 159	53 597
		医院	47 214	147 553	132 014
		小计	112 884	288 972	246 292
	二环路至三环路间	高等学校	24 147	8 807	14 394
		宾馆	81	180	360
		医院	10 160	14 607	15 209
		小计	34 388	23 594	29 963
小计			147 272	312 566	276 255
居民生活			2 288 000	97 000	338 000
总计			2 435 272	409 566	614 255

注：居民生活约削减煤 14.3 万 t/a。

8.1.1.3　措施三：城市扬尘控制

（1）贯彻落实《成都市城市扬尘污染防治管理暂行规定》（成都市人民政府令第 86 号），加强扬尘控制

☞ 建筑工地扬尘控制；

☞ 房屋、市政、公用、道路等基础设施施工扬尘控制；

☞ 清扫、保洁时的扬尘控制；

☞ 车辆运输时的扬尘控制；

☞ 物料堆料场的扬尘控制。

（2）绿化工程

《成都市在创建国家环境保护模范城市自然生态保护与园林绿化行动计划》中提出，将具体实施以下 4 大工程，以确保成都市建城区绿化覆盖率从目前的 26.5%增加到 30%：

☞ 熊猫基地三期工程：新增绿地面积 60 万 m^2；

☞ 城市新建小区绿化工程：每年新增绿地面积约 100 万 m^2；

☞ 三环路内外绿化工厂：立交桥绿化以立交桥为中心，建成 120 万 m^2 的绿地，三环路其他路段的两侧 50 m 范围内建成 510 万 m^2 的城市绿化带；

☞ 沙河综合整治项目：将形成 357 万 m^2 的园林式绿地。

（3）控制措施减排潜力

城市扬尘控制对策实施以后，清扫按削减 50%、建筑工地围挡按削减 10%、建筑工地覆盖按削减 20%考虑，成都市区内扬尘污染源的排放量将会得到大幅度削减，表 8-3 为措施三的大气污染源的削减潜力，这一对策的实施，将削减 TSP 7 920 t/a、PM_{10} 3 308 t/a，占城区 TSP 排放总量的 21.9%，占交通扬尘和建筑扬尘排放总量的 39.2%。

表 8-3 措施三的大气污染物的削减潜力 单位：t/a

污染源名称		污染物减排量	
		TSP	PM_{10}
交通扬尘	清扫	2 173	652
建筑扬尘	围挡	1 087	326
	覆盖	4 660	2 330
总计		7 920	3 308

8.1.1.4 措施四：机动车污染控制

（1）成都市对机动车污染源排放将采用以下技术和管理措施，以确保机动车的排放达标率达到 80%：

☞ 修改《成都市机动车污染防治管理办法》（成都市人民政府令第 44 号）；

☞ 严格新机动车入户管理，污染排放不达标的车辆不予入户；

☞ 加大机动车的路检力度，重罚超标车主并督促其治理达标；

☞ 加强对机动车维修企业的监督管理，经维修的机动车其污染物排放必须达标；

☞ 加快公交车、出租车等客运车辆，邮政车、环卫车和水泥罐装车等货运车及机关事业单位公务用车的油改汽步伐。

（2）控制措施减排潜力

成都市 2000 年机动车的排放达标率为 78.27%，如果确保机动车的排放达标率达到 80%，机动车污染排放量有所减少，但削减量不大，而上述措施的实施将稳定和巩固机动车的污染物排放达标。

上述措施实施后，空气污染物的减排潜力汇总见表 8-4。

表 8-4 现有措施空气污染物的减排潜力

措施名称	SO_2		NO_x		TSP	
	削减量/（kg/a）	比例/%	削减量/（kg/a）	比例/%	削减量/（kg/a）	比例/%
搬迁	27 202	65.7	12 822	43.3	10 601	29.3
搬迁（除电厂）	395	1.4	1 706	5.8	459	1.3
清洁能源	2 345.5	5.7	485.6	1.6	259.3	0.7
扬尘控制					7 920	21.9
城区现有总量	41 389		29 583		36 138	

8.1.2 现有对策污染控制效果预测

表 8-5 给出了通过实施工业区搬迁、清洁能源替代、电厂搬迁（方案一）或电厂脱硫（方案二）措施后，各监测点 SO_2 年均浓度削减情况，图 8-1 给出了措施实施前后各点 SO_2 年均浓度的比较。可以看出 18 个监测点中，浓度削减范围为 7～61μg/m^3，塔子山、保温瓶厂及成都理工学院等几个站点 SO_2 年均浓度减少量较大；而离市中心区较远的几个点由于受城区污染源的影响相对较小，因此浓度削减值也不大。塔子山点采取措施前浓度的模拟值超过标准值，采取措施后可以达标。总之，各点环境质量都有较为明显的改善。

表 8-5 各种措施实施后 SO_2 质量浓度的削减效果　　单位：μg/m^3

站　点	采取措施前	采取措施后削减量					
		东郊工业搬迁	电厂搬迁	电厂脱硫	清洁能源	方案 1 总效果	方案 2 总效果
金牛宾馆	27.4	0.2	5.3	4.8	2.1	7.6	7.1
通信设备厂	35.6	0.3	6.4	5.7	6.1	12.8	12.2
帝殿宾馆	30.3	0.5	3.1	2.8	4.4	8.0	7.7
草堂干疗院	37.1	0.4	7.3	6.5	7.5	15.2	14.4
新荣街	46.1	0.6	12.7	11.4	7.8	21.1	19.8
恩威包装厂	41.7	0.7	8.9	8.1	7.9	17.5	16.6
月亮岛	39.3	0.5	10.1	9.1	6.0	16.6	15.6
君平街	57.4	0.7	14.2	12.8	14.8	29.7	28.3
红十字医院	56.1	1.8	24.5	22.0	7.2	33.5	31.0
新华宾馆	41.6	1.0	7.3	6.6	7.3	15.6	14.9
成平北巷	44.6	1.6	8.6	7.7	10.4	20.6	19.7
保温瓶厂	67.6	4.1	17.5	15.7	20.8	42.4	40.7
电子宾馆	57.2	3.1	23.4	21.1	6.7	33.2	30.8
塔塔子山	86.9	5.8	47.0	42.3	8.8	61.6	56.9
理工学院	70.4	3.6	28.5	25.6	11.2	43.3	40.5
植物园	29.7	0.6	10.3	9.3	1.4	12.3	11.3
国防乐园	33.6	0.7	10.5	9.5	3.1	14.3	13.3
天府广场	60.3	1.1	14.1	12.7	13.4	28.6	27.2
平均	47.9	1.5	14.4	13.0	8.2	24.1	22.7

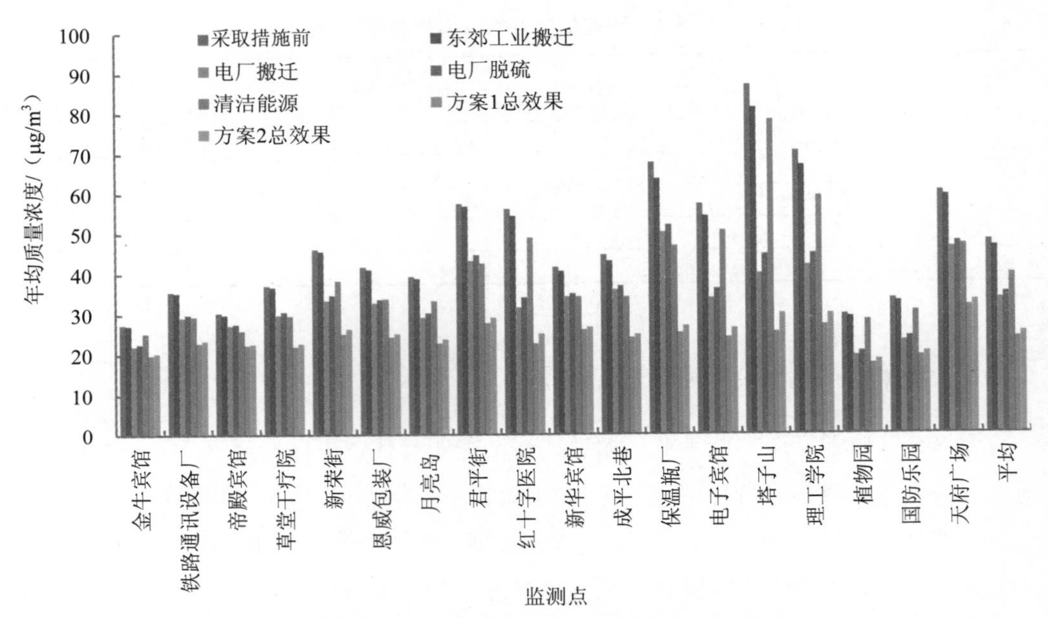

图 8-1　措施实施前后各监测点 SO_2 年均质量浓度的比较

表 8-6 给出了通过工业区搬迁以及扬尘控制措施实施后，各监测点 PM_{10} 年均质量浓度降低的情况，图 8-2 给出了措施实施前后各点 PM_{10} 年均质量浓度的比较。可以看出在 18 个测点中，质量浓度削减范围为 14～43 μg/m³，塔子山、红十字医院及恩威包装厂等几个站点 PM_{10} 年均质量浓度减少量较大，而植物园、国防乐园等离市中心区较远的几个站点由于受城区污染源的影响相对较小，因此质量浓度削减值也不大。总之，各点 PM_{10} 年均质量浓度都有较为明显的减低。

表 8-6　各种措施实施后 PM_{10} 质量浓度的削减效果　　单位：μg/m³

站　点	采取措施前	采取措施后削减量					
		电厂搬迁	东郊工业搬迁	汽车尾气治理	交通扬尘治理	建筑扬尘治理	总效果
金牛宾馆	94.4	1.9	1.8	2.2	5.6	3.0	14.5
通信设备厂	116.0	1.9	2.2	3.0	12.6	5.0	24.7
帝殿宾馆	100.7	1.5	1.5	2.9	6.9	3.4	16.2
草堂干疗院	128.6	2.4	3.1	3.0	9.2	6.5	24.2
新蓉街	123.8	4.5	5.6	3.3	10.9	5.4	29.7
恩威包装厂	158.1	1.3	2.1	5.7	22.8	7.6	39.5
月亮岛	100.0	4.2	4.2	1.8	4.9	4.5	19.6

站　点	采取措施前	采取措施后削减量					
		电厂搬迁	东郊工业搬迁	汽车尾气治理	交通扬尘治理	建筑扬尘治理	总效果
君平街	115.5	4.9	5.7	3.3	10.1	3.4	27.4
红十字医院	169.2	2.1	3.6	6.0	20.9	10.5	43.1
新华宾馆	118.3	2.6	3.1	3.6	9.0	6.4	24.7
成华北巷	121.6	2.9	3.5	3.4	9.3	6.4	25.5
保温瓶厂	131.6	4.8	6.3	3.2	12.3	5.6	32.2
电子宾馆	102.2	8.2	8.4	2.1	5.7	2.8	27.2
塔子山	110.4	15.1	16.6	2.0	6.3	1.4	41.4
理工学院	105.4	3.8	4.0	3.4	8.6	1.8	21.6
国防乐园	126.2	3.3	4.2	3.6	14.6	4.4	30.1
天府广场	118.1	4.6	5.5	3.9	10.6	4.4	29.0
平均	120.0	4.1	4.8	3.3	10.6	4.9	27.7

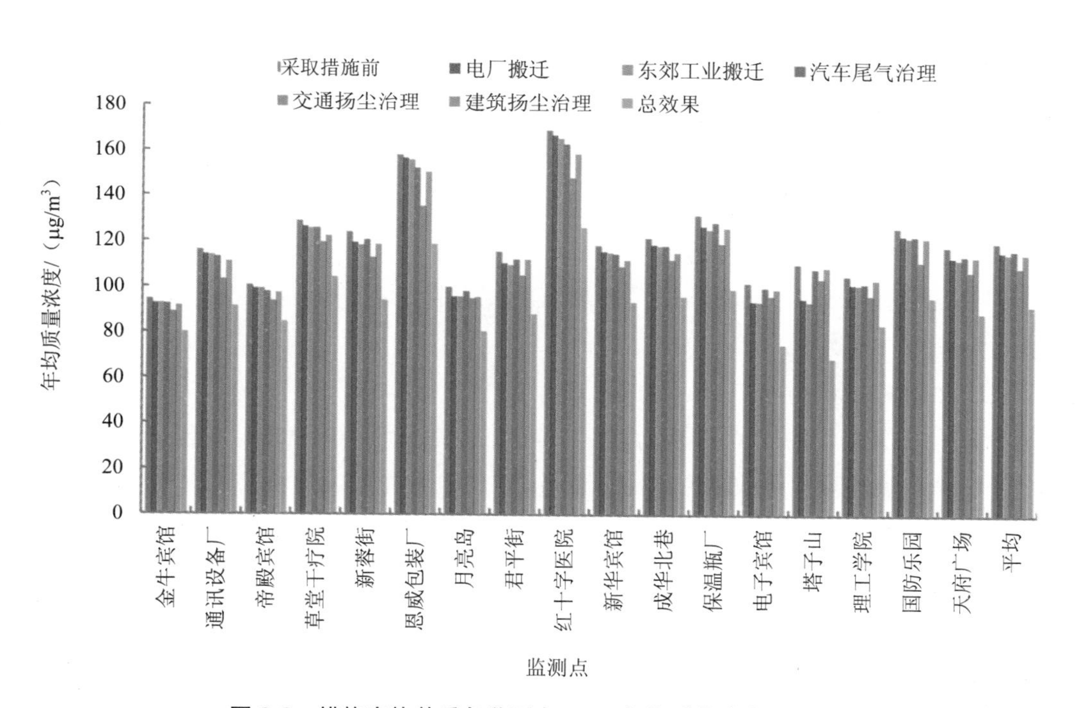

图 8-2　措施实施前后各监测点 PM_{10} 年均质量浓度的比较

8.2 成都市控制大气污染进一步对策建议

8.2.1 措施一：电力行业污染控制

8.2.1.1 成都市区严禁新建燃煤电厂

《国务院关于酸雨控制区和二氧化硫污染控制区有关问题的批复》（国函[1998]5 号）规定，除以热定电的热电厂外，禁止在大中城市城区及近郊区新建燃煤火电厂。成都市地处酸雨控制区，大气污染严重，因此成都市应严禁新建燃煤电厂。

8.2.1.2 电厂烟气治理

（1）烟气脱硫

烟气脱硫是国外大规模商业应用的脱硫方式，脱硫效率依方法不同，可在较大范围内（60%～95%）变动，由于石灰石-石膏法的适应性强，可应用范围宽，技术成熟可靠，并有从国外引进消化吸收技术的支持，因此电力部门首推石灰石-石膏法。

成都市现有 5 家火电厂（2000 年南星电厂已关闭），均无脱硫措施（华能电厂有 1/3 的烟气进行了电子束脱硫），建议对燃煤含硫量在 1%以上的电厂实施脱硫，保证其脱硫率在 90%左右，这样可大大削减成都市二氧化硫的排放量。

（2）加强对电厂燃煤的含硫监测

对含硫量在 1%以下的燃煤电厂的煤质，实施定时煤质检测监管制度，保证电厂的燃煤含硫量在 1%以下。

（3）加强对电厂电除尘器运行的管理

成都市 5 家电厂均安装了电除尘器，其除尘效率和对其的管理好坏密切相关，正常运行下，4 电场的烟尘排放浓度达 100 mg/m^3，5 电场的烟尘排放浓度达 50 mg/m^3，根据成都市 5 家电厂烟尘浓度的监测结果，与除尘器正常运行的排放浓度差距较大，因此，应加强对电厂电除尘器运行的管理。

（4）加强对电厂烟气排放的在线监测

对所有电厂安装烟气排放在线监测系统，并实施联网，以加强环境管理部门对电厂空气污染物排放的实时监控。

8.2.1.3 对东郊 3 个燃煤电厂实施搬迁

对地处东郊的华能成都电厂、成都热电厂、嘉陵成都电厂实施搬迁。

成都市 5 家电厂均进行烟气脱硫和东郊工业区 3 个燃煤电厂搬迁这两个措施实施以后，成都市电厂污染源的排放量将会得到大幅度的削减。表 8-7 为电力污染防治对策的大气污染物的削减潜力，如果对所有电厂实施脱硫，将削减 SO_2 32 704 t/a；如果对东郊工业区 3 个电厂实施搬迁，将削减 SO_2 26 610 t/a、NO_x 11 117 t/a、TSP 10 142 t/a。

表 8-7　电力污染防治对策的大气污染物的削减潜力　单位：t/a

方案	污染源名称	污染物减排量		
		SO_2	TSP	NO_x
脱硫方案	华能成都电厂	5 640	0	0
	成都热电厂	10 274	0	0
	嘉陵成都电厂	8 035	0	0
	三瓦窑热电厂	4 291	0	0
	南星热电厂	4 464	0	0
	合计	32 704	0	0
搬迁方案	华能成都电厂	6 267	1 710	2 490
	成都热电厂	11 415	7 040	3 560
	嘉陵成都电厂	8 928	1 392	5 067
	合计	26 610	10 142	11 117

8.2.2　措施二：机动车污染控制

8.2.2.1　机动车保有量及用油量预测

根据成都市城市交通发展战略，到 2010 年，成都市人均 GDP 在 2000 年的基础上翻一番，随着经济的不断发展，居民的收入水平和购买力不断提高，包括私人轿车在内的机动车数量将大幅增加。考虑机动车拥有量及相应的油耗量与经济发展密切相关，所以在预测成都市机动车未来的情况时，首先以经济发展为前提。成都市政府把 2010 年作为城市交通发展战略的远景目标，2005 年作为中期目标，所以在预测今后成都市机动车拥有量、油耗量及污染负荷时，也将以 2005 和 2010 年两个时段为预测时段。关于 2005 年和 2010 年有关的经济发展指标见表 8-8。

表 8-8　成都市城区 2000—2010 年人口与经济

年份	生产总值/亿元	人口/万
2000	1 100	220～240
2005	1 700	240～260
2010	2 630	260～280

2000—2010年，成都市国内生产总值计划年均增长率为10.4%，由于国家投资政策向西部倾斜，使成都市正处于经济快速增长时期，在实际执行中，成都市的国内生产总值年均增长率为9%～10%。因此，在较长一段时间内，成都市机动车的年均增长率仍然将在20%以上。

机动车拥有量的预测可按如式（8-1）计算：

$$A_n=A_m\times(1+C)^{n-m} \tag{8-1}$$

式中：A——机动车拥有量，万辆；

n——预测年份；

m——预测基础年份；

C——平均增长率，%。

按上式推算，可预测未来10年机动车拥有量如表8-9所示。

表8-9　2005—2010年成都市机动车拥有量预测　单位：万辆

年份	成都市	城区
2005	179.2	88.6
2010	445.8	220.4

如果今后车用燃料结构与机动车燃油经济指标没有大的改变，那么到2005年和2010年，依据当时成都市机动车拥有量和经济增长情况，可预测2005—2010年机动车的油耗量见表8-10。

表8-10　2005—2010年成都市城区机动车油耗量预测

年份	城区机动车拥有量/万辆	机动车油耗量/万t
2005	88.6	310.1
2010	220.4	771.4

8.2.2.2　机动车污染负荷预测

据资料表明，2000年成都市城区机动车拥有量为35.6万辆，年耗油量约为124.6万t，机动车污染年负荷：CO为15.9万t、NO_x为0.8万t、HC为1.6万t。若2000年后成都市机动车的燃料结构不发生根本性变化，城区道路状况没有大的改善，且不对现行的机动车排放标准作更严格的规定，可推算未来10年后成都市机动车排污负荷情况，见表8-11。

表 8-11　2005—2010 年成都市城区机动车的排污负荷预测

项目	2000 年	2005 年	2010 年
机动车拥有量/万辆	35.6	88.6	220.4
耗油量/万 t	124.6	310.1	771.4
排放 CO 量/万 t	15.9	39.6	98.4
排放 NO_x 量/万 t	0.8	2.0	5.0
排放 HC 量/万 t	1.6	4.0	9.9

“十五”期间国家把汽车工业，特别是轿车工业作为支柱产业之一，并鼓励私人购买小汽车，在 2000 年以后的 10 年中，随着经济的不断发展，居民收入水平和购买能力不断提高，轿车进入居民家庭已成事实。1995 年，成都市拥有私人轿车的家庭不足 1%，1999 年成都市拥有私人轿车的家庭约近 3%，2010 年成都市拥有私人轿车的家庭可能会达到 20%左右。这样，成都市机动车的拥有量将不止前述预测，相应地，机动车将来的油耗量和污染负荷也会有所增加。

到 2005 年和 2010 年，由于成都市机动车排污负荷的大量增加，致使城区 CO、NO_x 和 HC 污染加重，机动车排放的颗粒物也将严重污染空气。预计在今后 10 年内，随着清洁能源的使用和工业污染的治理，SO_2 排放量将大量削减，机动车污染物的排放量将大大超过城区固定源污染物的排放量，成都市将从现在煤烟和机动车尾气的混合污染转变成为以机动车尾气污染为主。

8.2.2.3　成都市机动车污染控制对策措施的建议

（1）健全机构，设立成都市控制机动车污染管理机构

该机构直接对市政府和市环境保护局负责，其职能是集监、管、检为一体。工作内容可包括：对市内汽车生产企业进行排放技术监督；对生产不合格车辆的企业、对车用燃料质量问题、报废车辆的违规进行处置；对违反控制机动车污染法规制度、政策规定的单位及个人等，责成或协同有关部门作出相应的处罚。该机构对先进的机动车排放技术、汽车生产厂家的产品状况、在用车的质量等应进行分析研究，以及对市场上使用的尾气净化产品进行匹配研究，提出一套适合成都市市情的最佳技术方案。该机构应指导协调有关部门开展相应的控污监管工作，指导督促市、区、县环保部门开展机动车的控污工作。

（2）以法治污，制定管理办法，限制或减少机动车污染物的排放

2000 年国家也发布一系列新的汽车排放标准，北京、上海等经济发达城市已制定了较严格的地方标准，广州市从 1994 年起相继颁布了多种地方性法规，使机动车尾气污染防治工作具有坚强的法律保障。成都市也可借鉴外地经验，尽快出台较为严格的地方

法规。

目前，成都市机动车污染排放监督管理是以行业按各自为政的方式展开的，致使污染物排放标准、城市环境保护目标和机动车污染治理规划很难真正落实到位。近年来相继公布的管理办法、制度、通告等，按现在的有关要求，需进行修订、更改，并加大法治内容，使成都市地方性的机动车污染控制管理条例更科学，并形成完善的体系，即立法、执法、处罚、仲裁更具操作性，特别强调检测监督体系。建立机动车排污收费制度、专用车检测制度、旧车淘汰制度、达标车行驶制度、定型车认证制度等。

（3）对在用机动车进行分类管理

应对在用车设置环保标志，达标车使用绿色标志，超标车使用黄色标志，车辆达到报废年限但其排放仍符合标准的使用红色标志。公安部门应制定交通规则，限制红色和黄色标志的机动车在特殊路段和特定时段通行。绿标车可与机动车年检一样有效期为一年，红标车和黄标车则分别为半年和三个月，以促使这些车辆及时维护和检修。

（4）加强在用机动车排放污染的监督检查

对在用车必须强化检查/维护（I/M）制度，即建立统一、规范、先进的在用车排放检查、维修体系。使整车性能状况得到改善，在使用时间内一直保持良好的技术状况。实施在用车的检查/维护制度是最经济、合理、科学、有效的控制在用车排放的措施。成都市控制机动车污染的监管机构，要在用车的排放检测体系、检测站及其子站实施计算机网络管理，建立随车档案和网络数据库，以便于分析检查/维护制度执行情况和当地机动车排放状况。加强对在用车辆的例行检查和抽查，一经发现超标，除处罚外，应强制其安装净化装置。对车主实行计分制，几次超标后，可暂扣行驶证，或停止其行驶若干时间。对电喷、安装有效净化器、使用清洁能源的汽车，应有明显的绿色环保标志。

执行检查/维护制度要建立严格的质量保证体系，对承担检查/维护任务的检查站、维修站要进行资质认定，并签定合同，要定期、不定期地对检查站和维修站进行全方面检查，确保工作顺利进行。

加强对出租车的检查/维护工作。由于绝大多数出租车长时间、超强度在市内运行，一般又缺乏保养，一辆出租车的排放量至少相当于 6～7 辆非营运车，为此应规定出租车必须使用排放污染物较低的车型。

（5）实施控制机动车污染的技术措施

1）推广压缩天然气和液化石油汽车。

近几年成都市加大了推广压缩天然气汽车的力度，在此基础上，应进一步把该技术推广到更多车型和车种。天然气是很理想的清洁能源，不含铅，与汽油比，可使 CO 减少 97%，HC 减少 72%，NO_x 减少 40%。压缩天然气汽车比汽油车的运行费用低 40%以上，具有明显的经济效益。成都市开发天然气汽车有很多的有利条件，如成都周边的天然气资源丰富，储量达 250 亿 m^3，配套利用供气能力达 6 亿 m^3/a；成都地区天然气汽车的研究与开发技术力量强，技术较成熟，有关汽车改装、加气站、储存及检测等技术措施配套齐全，在国内有优势。天然气汽车不是无污染汽车，随着天然气汽车的增多，涉及污染物总量控制问题。成都市的天然气汽车仅处于汽油车的改装阶段，国外的天然气汽车已进入第三代，与此相匹配的发动机技术、整车性能技术十分成熟，为此，成都市应加快天然气汽车的研究工作。

在世界上以天然气和石油液化气为燃料的汽车拥有量约为 5 600 万辆，而俄罗斯、意大利、新西兰燃气汽车拥有量都在 100 万辆以上。出于改善城市空气质量的目的，世界各国才热衷于开发以液化气为燃料的车辆。成都市也值得推广液化石油气汽车。

2）推广电喷发动机及三元催化净化器。

电子控制系统、无铅汽油和三元催化技术的结合是当前世界上最成熟和最广泛应用的汽车污染净化技术。推广使用无铅汽油，为安装三元催化净化器和推广电喷发动机提供了先决条件，据资料介绍，使用三元催化净化器和电喷发动机后，汽车排出的污染物浓度可降低 75%～80%。但是三元催化净化器寿命较短，需要定期进行检测、更换。

3）运用燃油添加剂技术。

燃油添加剂节油率可达 3%～5%，对尾气排放的 CO 可降低 60%～80%，降低 HC 可达 35%～65%。柴油添加剂可降低烟度 30%～70%。燃油添加剂具有使用方便、产出大于投入（节油价值大于购买价值）等优点。无铅汽油不等于是清洁汽油。在无铅汽油中添加一定的洁净型添加剂，可成为在发动机燃油系统和燃烧系统中不产生胶质和积炭的清洁型燃油，也就可以经济而有效地降低尾气排放。1990 年美国的《〈清洁大气法〉修正案》中就规定必须在汽油中加符合标准的清洁添加剂，如今美国汽车尾气中的 CO、HC 分别比控制前下降了 98%、96%，这自然是综合治理的效果，但清洁添加剂无可置疑地起到重要的作用。

4）推广应用电动自行车与电动汽车。

以电力为动力的机动车是“零排污”的环保车。成都市处于水电丰富的大西南，推行实施电动自行车、电动汽车具备先天条件。应对“成都造”的“倍特”电动自行车进行宣传，鼓励市民购买，为逐步取代污染大的燃油助力车、摩托车开辟一条新途径。目前电动汽车正逐步进入实用阶段，继二滩电站后的紫平铺水库一旦建成，成都市用电更为丰富，有条件的用户还可以购买电动汽车。

5）开发使用轻轨电车。

现代轻轨电车应用高新技术后，具有无污染、低噪声、运输量大、速度快和投资少的突出优点。以欧、美为中心已有 330 个城市开始使用轻轨电车。专家认为，大城市可以稳步发展高速有轨电车。目前，越来越多的城市已意识到轻轨电车的重要性。广州近期决定安装 19 km 轻轨电车路线，昆明市正与瑞士合作开发现代轻轨电车，北京市目前就在西郊铺设电车线路进行可行性研究。成都市占天时地利之便，更应不失良机组织人力、物力着手实施此事。

（6）市政建设与交通管理措施

城市道路和交通状况是影响机动车污染排放的重要因素，城市道路立交和高架可以大大改善机动车行驶条件，有利于污染物的扩散。成都市在加速建设绕城高速路的同时，对主要交通路口应着手规划和建设立交桥和高架路。

城市公交工具的人均污染排放量要低得多，成都市应鼓励和改进大型公交设施，可考虑设置公交专用道或专行线，提高公交车的行驶速度和使用效率，以减小市民对出租车的依赖程度，由此可使成都市区的空气质量得到最大限度的改善。

地铁比公共汽车、轻轨铁路有较大优势，如耽误时间少，速度快，服务可靠，不仅可缓解地面交通压力，还可大大减少尾气污染。成都市应尽快实施地铁工程。

建立现代的交通指挥系统，在特定区域和特定时段实施通行证制度；高峰期加强车辆疏导；合理规划停车场；实行不同地段停车收费标准不同的政策，在闹市区提高停车收费标准，引导机动车合理流动，减少重点路段的车流量，引导公众采用公共交通方式。

8.2.3 措施三：扬尘源控制措施

根据成都市大气颗粒物源解析的结果，扬尘在 PM_{10} 中的贡献率在夏季为 16%，在冬季为 34%，可见，扬尘源是成都市大气污染的重要来源，控制扬尘污染也就显得十分重要。

8.2.3.1 交通扬尘控制措施

（1）技术措施

市区内道路的积尘在机动车扰动下会扬起而进入空气中。控制交通扬尘污染应首先从大量减少进入道路的尘土、减少扬尘降尘、整修道路并同时发展机扫技术入手。交通扬尘控制的技术性措施包括改善道路质量、道路冲刷及清扫、减少道路遗撒等。

改善道路质量：对规划区内的等级外道路和未铺筑道路进行铺筑路面、表面用穿透性化学品处理或在路基中加入土壤化学稳定剂，都可减少道路扬尘。铺筑路面的控制效率可达 85%左右，用穿透性化学品处理表面和在路基中加入土壤化学稳定剂的控制效率约为 50%。街道路面铺装是治理城市扬尘的有效措施之一，但铺装路面的费用较高。表面化学处理的费用较低，但需要不断地施行才能有效。

道路冲刷及清扫：用水冲刷道路较机扫的费用较低。但用传统的洒水、清扫等方式来降尘治标不治本；因此，应逐步发展使用真空吸尘式道路清洁器对路面进行正常清扫，清扫效果会进一步提高，其中较好的道路路面尘土的削减率可上升至 80%～90%，其他路面尘土削减率也可达 70%～80%。

减少道路遗撒：为了控制道路遗撒，应使车辆尽量密闭，不得超载，加上覆盖，避免事故性遗撒，并逐步改用密闭集装箱式运输。有关管理部门要加强对渣土运输车的管理，禁止非密闭运土、渣、灰车辆在道路上行驶，加强夜间巡查，对遗撒车辆处以重罚。凡在成都市从事运输的单位和个人，必须在环境卫生管理部门办理运输车辆准运证，签定防止车辆运输遗撒、泄漏责任书，有效遏制道路遗撒，减少扬尘。

（2）管理措施

交通管制：对局部浓度高的道路沿线，适当进行交通控制，如限制速度和限制交通量等。大力发展以轨道为主的城市交通综合体系，同时注意控制道路交通的使用，引导出行者理性地选择对城市整体有利的交通方式，形成可持续发展的城市交通模式和交通设施供应策略。还可针对环境容量对汽车交通作些限定：例如，在一些易发生交通拥堵的道路实行收费制，以减少汽车流量，以公共汽车为重点加强公共交通服务，部分路段车速限制在 30～45 km/h 等。

街道卫生实行“门前三包”：路面清洁除由环卫部门负责外，许多工作还需要单位、居民来承担。发动大家的力量，保持城市的清洁，实行责任制，负责清扫路面的尘土，并进行有效的处理。这样，不仅清扫了路面，削减人为扰动造成的扬尘，而且缓解了清洁人力、物力不足的矛盾。

道路施工管理：目前市区内多条道路同时新建、扩建，路中或路旁积土很多，机动车过后扬尘污染严重。建议改为分段封闭施工方式，最大限度地缩短施工工期，及时对多余土方进行清运，防止道路积土太多。

8.2.3.2　施工工地扬尘

随着成都市城市建设发展步伐的加快，市区房地产开发、市政建设、道路施工、房屋拆迁等建筑工地将进一步增多，虽然目前施工工地扬尘对 PM_{10} 的贡献率不显著（夏季为 11%、冬季为 9%），但是如果不注意采取有效的控制措施防患于未然，施工工地扬尘的污染也可能成为 PM_{10} 的重要污染源。施工工地扬尘污染防治措施如下。

（1）技术措施

围挡：建筑及市政施工时，采用施工工地围挡的方式将施工区与人们活动的区域严格分开，使挖掘出的泥土不进入行车道路等区域，以免扰动产生扬尘，其抑尘效果在市政及道路施工中较为明显。围挡可分为两种方式：第一种是钢板的方式，第二种是砌筑砖墙的方式。目前，这两种方法已在很多施工工地中使用，而采用钢板围挡更为普遍。第二种方式由于是砌筑在地面上，因此封闭严密，第一种方式是使用很多块钢板组装起来，因此在围挡不严密的情况下，泥土会从挡板底部或钢板连接处逸出，使路面尘负荷明显增加，在频繁的人为扰动及风蚀作用下产生扬尘。因此建议在钢板底部采用砖块砌筑在钢板外部，可有效防止尘土逸出。若围挡严密，两种方式均能产生很好的减排效果，监测结果表明，围挡可减少扬尘 10%左右。

道路硬化：道路硬化是一种适合在建筑施工工地普遍采用的降尘措施。具体说就是将施工工地内的土路修筑成坚固的水泥路或采用钢板覆盖，从而防止运输车辆、施工机械以及大风造成的施工工地扬尘。施工现场内运输车辆、施工机械活动十分频繁，因此道路硬化可以取得较为明显的减尘效果，据监测可减少扬尘 15%～20%。在市政及道路施工中，比较经济的方法是采用石子或钢板覆盖的方式来控制由于车辆行驶、风力较大时产生的汽车及风蚀扬尘，减尘效果可达 10%～15%。

覆盖：在市政及道路施工中，土方量大，且堆放时间长，在风力较大的情况下，风蚀扬尘严重，对局地环境影响较大，应采取覆盖的方法减少扬尘。覆盖是指在裸土或堆料表面采用苫盖织物、喷洒化学覆盖剂、洒水等方式或在存留时间较长的裸土上进行简易绿化来抑制大风吹扬。监测结果表明：覆盖可使扬尘削减 10%～20%。

洗车：各种物料运输车辆在建筑及市政施工工地进出频繁，车身、车轮上沾有很多泥土。这些车辆进入道路后，会将泥土带到道路上，造成难以控制的交通扬尘。因此运输车辆在进入道路前一定要经过清洗，洗车用水可循环利用。

（2）管理措施

实行施工工地无组织排放申报制度：国外一些国家在施工开工前，施工单位需向有关部门提交施工扬尘治理措施清单，对不符合环保要求的施工单位可以不予开工。该管理措施可以利用强制性手段保证施工扬尘治理措施的实施。

使用商品混凝土替代现场搅拌混凝土：使用商品混凝土替代现场搅拌混凝土不但可以保证混凝土的质量，而且可以减少现场搅拌水泥、白灰等物料造成的细颗粒飞扬，从而抑制作业及风蚀扬尘。

采用集装箱式运输车：运输车辆采取覆盖措施，对砖石等粗料比较适用，但对水泥、土方等细颗粒料仍然存在不同程度的逸散及遗撒现象，这些细料带到公路上经过反复碾压，会造成难以控制的扬尘，因此，采用集装箱式封闭运输车可有效控制细颗粒料的遗撒。

合理规划施工时间和施工程序：应尽量避免在大风季节进行大规模的土方作业。在市政及道路施工中应避免大规模同时施工，最大限度地减少土方暴露时间。合理规划，避免反复掘路情况的发生。

加强道路及市政施工工地周围的交通管制：根据实际情况，对施工现场周围的主要路段实行交通管制，限制车流量，从源头上控制交通扬尘的产生。同时，设置专人负责市政及道路工地周围的清洁工作，随时减少路面的尘负荷。

8.2.3.3 料堆扬尘

（1）技术措施

控制料堆扬尘的措施包括建地下或地面封闭式料库、采用表面化学凝结剂或土壤凝结剂、洒水、覆盖、堆料间道路铺装等。其中地下或地面封闭式料库主要用于较大的料场或煤场，表面土壤凝结剂或稳定剂、洒水、覆盖等则是各类料场和堆煤场最常用的措施。

（2）管理措施

用天然气等清洁燃料替代煤后不会有煤炭的运输、装卸、堆放过程，也不需要堆煤场，消除了这些环节所产生的扬尘。每增加 1 亿 m^3 的天然气，可减少煤及渣的运输量 20 万～30 万 t，按载重量为 8 t 的汽车计算，可减少运输 2.5 万～3.8 万次，同时可减少由堆煤产生的风蚀尘 116 t/a（TSP）。可见采用天然气等清洁能源替代煤不但减少了汽油费和运输成本，而且还会减少料堆扬尘的排放。

8.2.3.4 裸露土面

裸露土面扬尘产生于自然风蚀过程，控制裸露土面扬尘的措施包括绿化、土面硬化与铺装、采用土壤保水调理剂、表面土壤凝结剂覆盖等。地面硬化铺装主要用于城区；绿化、使用表面土壤凝结剂覆盖等措施适用于城区和郊区的各类裸露土面。

绿化：绿化是减少污染、调节城市小气候、改善局部生态环境的重要措施，是解决城市可持续发展的重要手段之一，也是控制扬尘污染的有效方法。研究结果表明，平均每公顷绿地的滞尘量为 1.5 t 左右，降尘率为 58%，即使在晴好的天气，绿地与非绿地比较，空气中的粉尘含量分别降低 8%～40%。在各类树木当中，属常绿类植物的滞尘效果最好。对于各类草坪，滞尘效果的差异并不是很大。成都周边地区应大力修造隔离带、防护林，以栽植高大乔木为主，并适当种植灌木和草坪。采取可持续的绿化方法，即注重栽种本土树种、让城市自身的野花、野草和野生灌木长起来。目前成都市绿化种类单调，草本、小树较多，应做到“乔、灌、草”错落有序，这样既可以净化空气，减少机动车污染，同时也可起到美化环境的作用。

土面硬化与铺装：土面硬化与铺装是消除城市裸露尘土的直接措施。但大范围、大面积地采用这种措施会带来一系列生态环境问题，如阻止雨水被土壤吸收、下大雨时给城市排水系统增加巨大的负担甚至酿成水灾、使雨水从路面流失或被太阳蒸发进而使城市变为地表干燥的缺水地区、不利于本地植物和动物的生存、使地面平均温度上升从而增强城市热岛效应等。在城市改造中应使用通透性地面材料及本土植物绿化取代土面硬化与铺装，此举可以减少裸露土面产生的扬尘，同时也是提高城市质量、减少燥热、防治水灾和保护水资源的重要措施。

8.2.4 措施四：工业污染控制

结合产业结构调整，明确城市功能区划，在城区优先发展科技含量高的节能环保型产业，加强工业污染治理，污染企业搬迁过程中要防止污染源转移，禁止大气污染严重的企业迁到市区上风向区域。

加强污染严重企业的工业锅炉、工业炉窑、工艺排放口达标排放的监督管理，确保治理设施的正常运行，使污染物稳定达标排放；没有设施或治理达不到要求，超标排放污染物的排污单位必须限期治理，使其达标排放。不符合国家产业政策或城市规划的排污单位应予以关闭或搬迁改造。

逐步淘汰高能耗、重污染的燃煤工业锅炉。积极改建燃气锅炉和蓄能式电锅炉。未达到排放标准和总量控制指标的燃煤工业锅炉必须限期治理，环保部门监督其改用清洁燃料或安装脱硫设施、高效除尘器等有效治理措施，达到排放要求。

按照国家经贸委要求，分期分批淘汰高能耗、重污染的各类工业炉窑，积极发展低能耗、轻污染或无污染的炉窑。工业炉窑应优先考虑使用电、天然气等清洁能源。不能达标排放的工业炉窑必须改用清洁燃料或安装脱硫设施、高效除尘器等有效治理措施，达到排放要求。

按照国家经贸委的要求，继续分批淘汰各类严重污染大气环境的生产工艺和设备。以实行清洁生产为主要的控制措施，在生产工艺过程中加强硫、氮等大气污染物的回收，并使之资源化。达不到排放标准的工艺废气排放口必须配套脱硫设施、高效除尘器等有效治理措施，使之达到排放要求。

8.2.5 措施五：城区周围污染源治理

大气污染具有区域性特征，城区周围地区的大气污染物排放会对城区空气质量产生一定影响，因此应加强城区周围地区尤其是城乡接合部的管理。

郊区农村要严格执行《成都市禁止焚烧农作物秸秆办法》（成都市人民政府第 79 号令），使农作物秸秆科学、合理地回收利用。郊区各城镇居民生活、餐饮服务业要积极推行天然气、液化石油气等清洁能源的利用，在广大农村积极推广沼气。防止被关闭的“十五小”企业死灰复燃，大力发展郊区绿色生态产业，使民营企业上规模、上水平。通过广大郊区农村能源结构和生产、生活方式的改变，减轻由于农村经济快速发展带来的大气环境污染，避免城市周边农村地区大气环境污染对市区的影响。

8.3 小结

（1）成都市已有大气污染控制措施

2002 年成都市开展了创建国家环境保护模范城市活动，按照创模行动计划，成都市将采取一系列大气污染控制措施，包括东郊工业区结构调整、推广使用清洁能源、城市扬尘控制、机动车污染控制等。

（2）成都市控制大气污染进一步对策建议

1）电力行业污染控制。

电力行业是成都大气污染的主要来源，为进一步改善目前大气污染严重的状况，应采取以下措施：市区严禁新建燃煤电厂，对燃煤含硫量在 1%以上的电厂实施石灰石-石膏法烟气脱硫，加强对电厂电除尘器运行的管理，搬迁东郊 3 个燃煤电厂。

2）机动车污染控制。

☞ 健全机构，设立成都市控制机动车污染管理机构；

☞ 以法治污，制定管理办法，限制或减少机动车污染物的排放；

☞ 对在用机动车进行分类管理；

☞ 加强在用机动车排放污染的监督检查；

☞ 实施控制机动车污染的技术措施；

☞ 采取相应的市政建设与交通管理措施。

3）扬尘源控制措施。

可吸入颗粒物是成都市大气污染的首要污染物，扬尘是成都市可吸入颗粒物的主要来源，应采取严格的措施控制扬尘污染，见表 8-12。

表 8-12　各类扬尘源控制措施

扬尘源	控制措施	
	技术措施	管理措施
交通扬尘	改善道路质量；道路冲刷及清扫；减少道路遗撒	交通管制；街道卫生实行“门前三包”；道路施工管理
建筑及市政施工扬尘	工地围挡；施工道路硬化；覆盖；洗车	使用商品混凝土代替现场搅拌混凝土；采用集装箱式运输车；合理规划施工时间和施工程序；对市政施工工地周围实行交通管制；实行施工工地无组织排放申报制度
料堆扬尘	建地下或地面封闭式料库；采用表面化学凝结剂或土壤凝结剂；洒水、覆盖、料堆间道路铺装	
裸露土面扬尘	绿化；土面硬化与铺装；采用土壤保水调理剂；表面土壤凝结剂覆盖等	

4）工业污染控制。

调整产业结构，明确城市功能，优先发展科技含量高的节能环保型产业。机械、冶金、建材等行业的工业锅炉、工业炉窑、工艺排放口要达标排放，按照国家有关规定，逐步淘汰高能耗、重污染的燃煤工业锅炉、工业炉窑和生产工艺和设备，优先考虑使用电、天然气等清洁能源，实行清洁生产。未达到排放标准和总量控制指标的燃煤工业锅炉、工业炉窑和工艺排放口必须限期治理，环保部门监督其改用清洁燃料或安装脱硫设施、高效除尘器等有效治理措施，使之达到排放要求。

5）城区周围污染源治理。

城市周围地区的大气污染物排放是影响城市大气环境的潜在因素，必须加强城区周围地区尤其是城乡接合部的管理。郊区农村要严格禁止焚烧农作物秸杆、积极推广沼气，郊区各城镇居民生活、餐饮服务业要积极推行天然气、液化石油气等清洁能源的利用。防止被关闭的“十五小”企业死灰复燃，大力发展郊区绿色生态产业，使民营企业上规模、上水平。